有機薄膜太陽電池の開発動向

Development Trend of Thin Film Organic Photovoltaic Cells

監修：上原　赫
　　　吉川　暹

シーエムシー出版

まえがき

　世界の石油価格の指標の一つであるニューヨーク・カンタイル取引所の原油先物相場は2005年8月28日ついに1バレルあたり70.80ドルをつけ、初めて70ドル台に乗った。米国や中国などの需要が拡大する中、来年度はさらに上昇するとの見方もある。さらに、地球温暖化の影響で、台風やハリケーンが大型化し、従来の常識をはるかに越える大規模な被害が発生し、早急な二酸化炭素の削減が叫ばれる中、クリーンで無尽蔵の太陽光発電の拡大が待望されているが、現行のシリコン太陽電池は他の電源コストに比べ太刀打ちできない高価格がネックになっている。独立行政法人　新エネルギー・産業技術総合開発機構（NEDO）が昨年6月に発表した2030年に向けた太陽光発電ロードマップ（PV2030）によると、2030年までに7円/kWhに発電コストを下げ、家庭用電力の1/2（全電力の10%）を太陽光発電でまかなう計画である。これに対応できる有力候補の一つが有機薄膜太陽電池である。

　有機薄膜太陽電池の特長は、シリコン太陽電池や色素増感太陽電池（グレッツェルセル）よりもはるかに軽量で低コスト、しかも加工性が良く、いかなる形状や用途にも対応可能である。資源的制約もなく材料的にもエネルギー的にも環境調和型となりうる。将来、宇宙空間での太陽光発電所にも利用できるように設計可能である。

　本書は、学問的な基礎を光合成の初期過程の理論におき、メカニズム的に全く逆のプロセスでありながら材料面と素子構造面で共通の基盤を持つ有機EL素子と対比しつつ、光電変換効率と応用研究の面で先行しているグレッツェルセルと、将来の実用化に備えて材料合成と大量生産プロセスにも配慮し、未来の情報デバイスや宇宙太陽光発電への展開も視野に入れた現時点での有機薄膜太陽電池の最新技術の集大成である。

　変換効率5%を越えた有機薄膜太陽電池は、すでに実用化段階に入っている有機EL素子の10年前の状況に似ているといわれ、今後の指数関数的な発展を前に、本書がmile stoneとしての役割を果たし、有機薄膜太陽電池の基礎理論の理解、最新の研究開発動向の把握、そして新技術の開発と新ビジネスの開拓の一助となれば誠に幸いである。

　なお、本書の出版に先立ち、2005年7月に京大会館で200名の参加者を得て開催された21世紀COE「環境調和型エネルギーの研究教育拠点（拠点リーダー：吉川　暹）」太陽電池タスク主催のシンポジウム『有機薄膜太陽電池の最前線』でご講演いただいた講師の方々が本書の執筆者の大半を占めており、当日の活発な討論が本書に反映されていることを付記し、関係者各位に謝意を表する。おわりに、本書を監修する機会を与えて頂いたシーエムシー出版㈱の西出寿士氏に感謝申し上げる。

2005年10月

監修者を代表して　　上原　赫

普及版の刊行にあたって

本書は2005年に『有機薄膜太陽電池の最新技術』として刊行されました。普及版の刊行にあたり，内容は当時のままであり加筆・訂正などの手は加えておりませんので，ご了承ください。

2010年10月

シーエムシー出版　編集部

執筆者一覧(執筆順)

上原　　赫	京都大学　エネルギー理工学研究所　客員教授；大阪府立大学名誉教授
	(現)上原先端科学研究所　所長；大阪府立大学名誉教授
吉川　　暹	京都大学　エネルギー理工学研究所　教授
三室　　守	(現)京都大学　大学院人間・環境学研究科　教授
内藤　裕義	(現)大阪府立大学　大学院工学研究科　電子・数物系専攻　教授
藤枝　卓也	フジエダ電子出版㈲　代表取締役；京都大学　エネルギー理工学研究所　分子集合体設計研究室　非常勤職員
小夫家芳明	奈良先端科学技術大学院大学　物質創成科学研究科　教授
柴田　麗子	立命館大学　理工学部　助手
民秋　　均	立命館大学　理工学部　教授
	(現)立命館大学　総合理工学院　教授
永田　衛男	名古屋工業大学　大学院VBL部門　研究員
南後　　守	名古屋工業大学　大学院工学研究科　教授
大佐々崇宏	大阪大学　太陽エネルギー化学研究センター
松村　道雄	大阪大学　太陽エネルギー化学研究センター　教授
平本　昌宏	(現)分子科学研究所　分子スケールナノサイエンスセンター　教授
内田　聡一	(現)新日本石油㈱　研究開発本部　中央技術研究所　水素・新エネルギー研究所　エネルギーデバイスグループ　チーフスタッフ
錦谷　禎範	新日本石油㈱　研究開発本部　中央技術研究所　副所長
高橋　光信	(現)金沢大学　理工研究域・物質化学系　教授
村田　和彦	㈱日本触媒　事業企画室　電子・情報材料開発グループ　グループリーダー
中村　潤一	㈱日本触媒　研究開発部　先端技術研究所　電子情報材料研究部　研究員
阪井　　淳	(現)パナソニック電工㈱　先行技術開発研究所　副参事
安達　淳治	松下電工㈱　先行技術開発研究所　微細加工プロセス研究室

(つづく)

今堀　博	京都大学　大学院工学研究科　分子工学専攻　教授	
	（現）京都大学　物質―細胞統合システム拠点　教授	
梅山有和	京都大学　大学院工学研究科　分子工学専攻　助手	
八木繁幸	（現）大阪府立大学　大学院工学研究科　物質・化学系専攻	
	応用化学分野　准教授	
中澄博行	（現）大阪府立大学　大学院工学研究科　物質・化学系専攻	
	応用化学分野　教授	
上田裕清	（現）神戸大学　大学院工学研究科　教授	
瀬川浩司	（現）東京大学　先端科学技術研究センター　教授	
山﨑康寛	（現）オリヱント化学工業㈱　新規事業部　部長	
大野敏信	（現）（地独）大阪市立工業研究所　有機材料研究部長	
中村洋介	（現）群馬大学　大学院工学研究科　応用化学・生物化学専攻	
	教授	
今野高志	群馬大学　大学院工学研究科　ナノ材料システム工学専攻	
	（現）新日鐵化学㈱　有機ディスプレイ材料センター	
西村　淳	群馬大学　大学院工学研究科　ナノ材料システム工学専攻　教授	
荒木圭一	信州大学　繊維学部　機能高分子学科　谷口研究室　研究員	
	（現）㈱KRI　ナノデバイス研究部　研究員	
市川　結	（現）信州大学　繊維学部　化学・材料系　准教授	
谷口彬雄	（現）信州大学名誉教授；特任教授	
森　竜雄	（現）名古屋大学　大学院工学研究科　電子情報システム専攻	
	准教授	
小野田光宣	（現）兵庫県立大学　大学院工学研究科　教授	
福田　猛	京都大学　化学研究所　教授	
辻井敬亘	（現）京都大学　化学研究所　教授	
伊﨑昌伸	（現）豊橋技術科学大学　生産システム工学系　教授	
城田靖彦	（現）福井工業大学　環境生命化学科　教授；大阪大学名誉教授	
大森　裕	（現）大阪大学　先端科学イノベーションセンター　教授	
Mark Thompson	University of Southern California　Department of Chemistry	
Biwu Ma	University of Southern California　Department of Chemistry	

Peter Djurovich	University of Southern California	Department of Chemistry
Jian Li	University of Southern California	Department of Chemistry
Elizabeth Mayo	University of Southern California	Department of Chemistry
Sterphen Forrest	Princeton University	Department of Electrical Engineering
Barry Rand	Princeton University	Department of Electrical Engineering
Rhonda Salzman	Princeton University	Department of Electrical Engineering
近松 真之	㈱産業技術総合研究所　光技術研究部門　分子薄膜グループ　研究員	
坂口 幸一	㈱産業技術総合研究所　光技術研究部門　分子薄膜グループ　特別研究員	
吉田 郵司	(現)㈱産業技術総合研究所　太陽光発電研究センター　研究チーム長	
阿澄 玲子	(現)㈱産業技術総合研究所　光技術研究部門　分子薄膜グループ　グループ長	
八瀬 清志	(現)㈱産業技術総合研究所　ナノシステム研究部門　研究部門長	
中野谷 一	千歳科学技術大学　大学院光科学研究科 (現)九州大学　工学府　物質創造工学専攻	
安達 千波矢	千歳科学技術大学　光科学部　物質光科学科　教授 (現)九州大学　未来化学創造センター　教授	
横山 正明	大阪大学　大学院工学研究科　生命先端工学専攻　教授	
外岡 和彦	㈱産業技術総合研究所　エレクトロニクス研究部門　主任研究員	
吉田 司	(現)岐阜大学　大学院工学研究科　環境エネルギーシステム専攻　准教授	
雉鳥 優二郎	桐蔭横浜大学　大学院工学研究科	
宮坂 力	(現)桐蔭横浜大学　大学院工学研究科　研究科長・教授	
村上 拓郎	スイス連邦工科大学（EPFL）　博士研究員	
手島 健次郎	ペクセル・テクノロジーズ㈱　特任研究員	
篠原 真毅	(現)京都大学　生存圏研究所　准教授	
松本 紘	京都大学　生存圏研究所　教授	

執筆者の所属表記は，注記以外は2005年当時のものを使用しております．

目　　次

序章　有機光電変換系の可能性と課題　　吉川暹，上原赫

1　はじめに …………………………………… 1
2　有機光電変換系の可能性 ………………… 1
　2.1　有機薄膜太陽電池研究の進歩 ……… 1
　2.2　色素増感太陽電池（Grätzelセル）
　　　の進展 ……………………………… 3
　2.3　有機EL素子における進歩 ………… 5
　2.4　光合成系研究の進展 ………………… 5
　2.5　超高効率化への期待 ………………… 6
3　おわりに …………………………………… 7

第1章　基礎理論と光合成

1　光合成細菌における光電変換反応の機
　構とそれを支える反応場 …… 三室守 … 9
　1.1　はじめに ……………………………… 9
　1.2　光合成細菌の誕生と種類 …………… 9
　1.3　光化学反応中心複合体 ……………… 10
　1.4　紅色光合成細菌の光化学反応場 …… 11
　1.5　紅色光合成細菌の光電変換反応 …… 13
　1.6　アンテナ系の構造と機能 …………… 15
　1.7　反応場の単一性と生物の多様性 …… 16
2　バクテリアの光合成初期過程における
　励起子移動と電荷分離 ……… 上原赫 … 19
　2.1　はじめに ……………………………… 19
　2.2　励起子生成と移動 …………………… 19
　　2.2.1　紅色光合成細菌のアンテナ色素
　　　　　系の励起子移動 …………………… 19
　　2.2.2　カロテノイドによる励起三重項
　　　　　状態のBChlの消光 ……………… 21
　　2.2.3　緑色イオウ光合成細菌のクロロ
　　　　　ゾーム ……………………………… 22
　　2.2.4　コヒーレントなエネルギーと反
　　　　　応中心への移動 …………………… 22
　2.3　電荷分離と再結合の速度 …………… 23
　2.4　おわりに ……………………………… 26
3　有機半導体の電荷輸送とその機構
　　　　　　　　　　　　　…… 内藤裕義 … 28
　3.1　はじめに ……………………………… 28
　3.2　有機結晶半導体 ……………………… 28
　3.3　電荷移動度評価法 …………………… 29
　3.4　有機アモルファス半導体 …………… 30
　3.5　まとめ ………………………………… 32
4　有機薄膜太陽電池の基礎理論の概念
　　　　　　　　…… 藤枝卓也，吉川暹 … 34
　4.1　太陽電池セルの等価回路 …………… 34
　4.2　分子性固体の電子構造 ……………… 35
　4.3　非局在化 ……………………………… 37
　4.4　バンド伝導 …………………………… 38

	4.5	出力電圧と擬フェルミ準位 ………	39
	4.6	有機薄膜太陽電池の構造 …………	41
	4.7	おわりに ……………………	42
5	人工光合成系の構築……小夫家芳明…	44
	5.1	はじめに ……………………	44
	5.2	光合成を構成するシステム—光捕集アンテナと光合成反応中心 ………	44
	5.3	電荷分離中心機能体の構築 ………	45
	5.4	環状光捕集機能体 ……………	47
	5.5	展開 ………………………	50
6	アンテナ色素の合成とモデル系の構築 ………………柴田麗子,民秋均…	51
7	光合成細菌の光電変換材料を用いたデバイスへの応用 …………………永田衞男,南後守…	56
	7.1	はじめに ……………………	56
	7.2	光合成膜での光電変換 …………	56
	7.3	アンテナ系タンパク質／色素複合体の光電変換能 …………	57
		7.3.1 LB膜法 ……………………	58
		7.3.2 SAM法 ……………………	58
		7.3.3 脂質二分子膜への組織化 ……	59
		7.3.4 モデルタンパク質を用いた光電変換機能 …………………	60
	7.4	まとめ ……………………	61

第2章 有機薄膜太陽電池のコンセプトとアーキテクチャー

1	有機薄膜太陽電池の原理と新アーキテクチャーの可能性…上原赫,吉川暹…	63
	1.1 はじめに ………………………	63
	1.2 有機薄膜太陽電池の原理と光合成の初期過程 …………………	63
	1.3 最近の有機薄膜太陽電池の素子構造と新アーキテクチャーの可能性 …	64
	1.3.1 有機ヘテロ接合素子 …………	64
	1.3.2 バルクヘテロ接合型素子 ……	65
	1.3.3 カーボンナノチューブを用いたバルクヘテロ接合型素子 ……	66
	1.3.4 ナノコンポジット型素子 ……	66
	1.3.5 D-σ-A色素と酸化亜鉛ナノピラー電極を組み合わせた3次元素子 ………………………	66
	1.3.6 デュアルヘテロ接合（タンデム）型素子 ………………………	68
	1.3.7 電極の外部に色素増感層を持つ素子構造 …………………	68
	1.4 おわりに ………………………	70
2	有機ヘテロ接合型薄膜太陽電池 ……………大佐々崇宏,松村道雄…	72
	2.1 はじめに ………………………	72
	2.2 初期の有機薄膜太陽電池 …………	72
	2.3 有機ヘテロ接合型太陽電池 ………	73
	2.4 有機ヘテロ接合型素子における動作機構 ………………………	74
	2.5 有機／有機界面の微細構造制御 …	76
	2.6 おわりに ………………………	77
3	p-i-n接合を持つ有機薄膜太陽電池	

	················平本昌宏···	79
3.1	はじめに ················	79
3.2	ナノ構造制御された共蒸着層を i 層 として持つ p-i-n 接合型セル ······	79
3.3	非常に厚い透明 NTCDA 保護層による ショート問題の解決 ············	81
3.4	NTCDA 蒸着膜の pn 制御とオーミック 接合形成 ················	83
3.5	長期安定性試験 ············	84
3.6	おわりに ················	85

4 バルクヘテロ接合型有機薄膜太陽電池
················内田聡一, 錦谷禎範··· 87

4.1	はじめに ················	87
4.2	バルクヘテロ接合型太陽電池のしくみ	88
4.3	光電変換特性モデル ········	89
4.4	低分子系バルクヘテロ接合型太陽電池の実際 ················	90
4.4.1	CuPc：C_{60} の共蒸着膜をバルクヘテロ接合層とする太陽電池···	90
4.4.2	CuPc：PTCBI の共蒸着膜をバルクヘテロ接合層とする太陽電池	92
4.5	共蒸着により得られる低分子系バルクヘテロ接合膜の構造 ······	93
4.6	おわりに ················	94

5 共役系ポリマーを用いた有機薄膜太陽電池
······高橋光信, 村田和彦, 中村潤一··· 96

5.1	はじめに ················	96
5.2	仕事関数の異なる電極で有機物固体を挟んだ時の閉回路平衡状態における有機膜にかかる電位プロフィール ················	97
5.3	バルクヘテロジャンクション型太陽電池 ················	98
5.3.1	低分子混合型太陽電池 ······	98
5.3.2	共役系高分子混合型太陽電池 ···	99
5.4	共役系高分子浸透構造型太陽電池···	101
5.5	開放光電圧を支配する因子 ········	103

6 ナノコンポジット型有機太陽電池及び スクリーン印刷法の適用
················阪井淳, 安達淳治··· 105

6.1	はじめに ················	105
6.2	ナノコンポジット型有機太陽電池の発電原理 ················	106
6.3	化合物半導体ナノ結晶の生成 ·····	107
6.4	ナノコンポジット太陽電池の特徴 ················	108
6.5	ナノコンポジット有機太陽電池の課題 ················	109
6.6	有機薄膜太陽電池へのスクリーン印刷法の適用 ············	110
6.7	おわりに ················	112

7 分子素子型有機薄膜太陽電池
················今堀博, 梅山有和··· 114

7.1	はじめに ················	114
7.2	色素増感・バルクヘテロ接合型太陽電池 ················	115
7.2.1	ポルフィリンデンドリマーとフラーレンを用いた有機太陽電池 ················	115

7.2.2 ポルフィリン修飾金ナノ微粒子とフラーレンを用いた有機太陽電池 ……………………… 117
7.3 今後の展開 …………………… 119

第3章 有機薄膜太陽電池：光電変換材料

1 有機デバイス用色素の基本特性 ……………… 八木繁幸, 中澄博行… 121
  1.1 緒言 …………………………… 121
  1.2 電子移動ドナーーアクセプター対の構築 ………………………… 122
  1.3 ジアリール尿素骨格を連結部位とする亜鉛ポルフィリン二量体とビオロゲンとの錯形成を介した光誘起電子移動 …………………… 122
  1.4 亜鉛ポルフィリン上に収斂的な双極子配列を有するビオロゲン認識レセプターの開発 ………………… 124
  1.5 長寿命電荷分離を目指したポルフィリンヘテロ二量体型ビオロゲン認識レセプター ……………………… 125
  1.6 結言 …………………………… 126
2 有機色素の分子配向制御 … 上田裕清… 128
  2.1 はじめに ……………………… 128
  2.2 エピタキシャル成長とは ……… 128
  2.3 有機色素のエピタキシャル成長 … 129
  2.4 高分子配向膜（PTFE 摩擦転写膜）を基板とする有機色素の配向制御 …………………………… 132
3 ポルフィリンJ会合体のナノ構造制御と励起子物性 ……………… 瀬川浩司… 137
  3.1 はじめに ……………………… 137
  3.2 ポルフィリンJ会合体の吸収スペクトル ……………………… 137
  3.3 非水溶性ポルフィリンJ会合体 Langmuir-Blodgett 膜の作成 …… 138
  3.4 非水溶性ポルフィリンJ会合体 Langmuir-Blodgett 膜の構造 …… 139
  3.5 非水溶性ポルフィリンJ会合体ヘテロ Langmuir-Blodgett 膜 ……… 141
  3.6 自己組織化によるポルフィリンJ会合体単分子膜の酸化チタン上への形成と色素増感太陽電池への応用 … 141
  3.7 まとめ ………………………… 142
4 μ-オキソ架橋型フタロシアニン二量体の開発 ………………… 山﨑康寛… 144
  4.1 機能性フタロシアニン色素 …… 144
  4.2 太陽電池で検討されるフタロシアニン色素 …………………… 144
  4.3 μ-オキソ架橋型フタロシアニン二量体 …………………………… 145
    4.3.1 μ-オキソ架橋型ホモ金属（III）フタロシアニン二量体 …… 145
    4.3.2 μ-オキソ架橋型ヘテロ金属（III）フタロシアニン二量体… 147
    4.3.3 感光体一次電気特性評価 …… 148
  4.4 D-σ-A 型色素モデル化合物としてのμ-オキソ架橋型フタロシアニン

二量体 ………………………… 148	6　フラーレン反応化学：材料設計に使う
4.4.1　デバイス化 ……………… 148	フラーレン修飾反応
4.4.2　評価方法と結果 ………… 149	………中村洋介，今野高志，西村淳… 165
4.5　「D-σ-A」型フタロシアニン二量体	6.1　はじめに：フラーレンの物性と反応
の選択的合成 …………………… 151	性 ………………………………… 165
4.5.1　μ-オキソ架橋型ヘテロ金属フ	6.2　フラーレンと機能要素材料（または
タロシアニン二量体 ………… 151	材料表面）との結合形成に利用され
4.5.2　μ-オキソ架橋型ヘテロ金属ミ	る反応 …………………………… 166
クストダイマーへの応用 …… 152	6.2.1　Prato 反応………………… 166
4.5.3　光電変換材料等の光機能性材料	6.2.2　Bingel 反応 ……………… 167
への応用 ……………………… 153	6.2.3　Diels-Alder 反応及び関連反応
4.6　結語 …………………………… 154	………………………………… 167
5　電子活性な有機フラーレンの合成と性	6.2.4　その他 …………………… 168
質………………………大野敏信… 156	6.3　材料の機能化に用いるビルディング
5.1　はじめに ……………………… 156	ブロックとしてのフラーレン試薬
5.2　フラーレンの修飾 …………… 157	………………………………… 168
5.3　電子活性な有機フラーレン ……… 157	6.3.1　フラーレン部位と特定の官能基
5.3.1　C_{60}-ドナー連結系：トリアリー	の間に起こり得る反応による制
ルアミンを有するメタノフラー	約……………………………… 168
レンの合成と性質 …………… 158	6.3.2　材料表面との反応を想定した官
5.3.2　C_{60}-アクセプター連結系 …… 161	能基の導入 ……………………… 169
5.4　まとめ ………………………… 162	6.4　おわりに ……………………… 170

第4章　有機薄膜太陽電池：キャリアー移動材料と電極

1　1Dナノ材料の創製とエネルギー変換材	1.4　TiO_2 ナノワイヤーの色素増感太陽
料への応用……………吉川暹… 172	電池への応用 …………………… 175
1.1　はじめに ……………………… 172	1.5　部分ナノワイヤー化 TiO_2 の色素増
1.2　1Dナノ材料の光電変換系における	感太陽電池への応用 …………… 176
利用 ……………………………… 173	1.6　まとめ ………………………… 179
1.3　1Dナノ材料の創製 …………… 174	2　キャリア輸送性有機材料の開発とその

　　　　応用…荒木圭一,市川結,谷口彬雄… 180
　2.1　はじめに …………………… 180
　2.2　高移動度電子輸送材料 …… 180
　2.3　Bpy-OXDの電子輸送性クラッド層
　　　　への応用 ………………… 182
　2.4　高耐熱性ホール輸送材料とウェット
　　　　プロセスへの応用 ………… 184
　2.5　まとめ …………………… 185
3　ホールブロッキング材料の性能と積層
　　効果………………………森竜雄… 186
　3.1　はじめに …………………… 186
　3.2　ホールブロッキング材料の多結晶化
　　　　現象 ………………………… 186
　3.3　BAlqとBCPのホールブロッキング
　　　　性の比較 …………………… 187
　3.4　BCPのホールブロッキング性 … 188
　3.5　BAlqのホールブロッキング性の消
　　　　失（再結合領域の移動）………… 189
　3.6　まとめ …………………… 191
4　導電性高分子・フラーレンの泳動電着
　　………………………小野田光宣… 193
　4.1　はじめに …………………… 193
　4.2　導電性高分子の溶液物性 …… 195
　4.3　導電性高分子コロイド懸濁液濃度の
　　　　調整 ………………………… 196
　4.4　MEHPPVおよびC_{60}懸濁液……… 198

　4.5　MEHPPV-C_{60}複合懸濁液………… 199
　4.6　MEHPPV-C_{60}複合膜…………… 200
　4.7　まとめ …………………… 202
5　新しい表面：濃厚ポリマーブラシ
　　………………………福田猛,辻井敬亘… 205
　5.1　はじめに …………………… 205
　5.2　ポリマーブラシの精密合成：表面開
　　　　始リビングラジカル重合 …… 206
　5.3　濃厚ポリマーブラシの構造と物性… 208
　5.4　おわりに …………………… 211
6　有機薄膜型ならびに酸化物ヘテロ接合
　　型太陽電池への酸化亜鉛の応用
　　………………………伊﨑昌伸… 214
　6.1　酸化亜鉛（ZnO）……………… 214
　6.2　ZnO層の電気化学的形成 …… 214
　6.3　硝酸還元反応を用いた半導体ZnO
　　　　膜の陰極析出 ……………… 216
　6.4　室温紫外発光ZnO膜のヘテロエピ
　　　　タキシャル陰極析出 ………… 217
　6.5　硝酸還元反応を用いた酸化亜鉛層の
　　　　化学析出 …………………… 218
　6.6　有機薄膜型太陽電池用ZnOナノピ
　　　　ラー電極 …………………… 219
　6.7　ZnOを用いた酸化物系ヘテロ接合型
　　　　太陽電池 …………………… 220

第5章　有機薄膜太陽電池：有機ELと有機薄膜太陽電池の周辺領域

1　アモルファス分子材料を用いる有機EL
　　素子………………………城田靖彦… 222

　1.1　はじめに …………………… 222
　1.2　有機EL素子用アモルファス分子材

　　　　料 …………………………… 224
　1.2.1　正孔注入材料 ……………… 224
　1.2.2　正孔輸送材料 ……………… 225
　1.2.3　電子輸送材料 ……………… 226
　1.2.4　正孔ブロッキング材料 ……… 226
　1.2.5　発光材料 …………………… 228
1.3　アモルファス分子材料を用いる有機
　　　EL素子の作製と性能 …………… 229
　1.3.1　新しい正孔注入材料，正孔輸送
　　　　材料を用いた緑色発光素子 … 229
　1.3.2　青紫色発光有機EL素子……… 229
　1.3.3　赤色発光有機EL素子………… 230
　1.3.4　多色発光有機EL素子………… 230
1.4　おわりに ………………………… 231

2　フレキシブル有機EL素子とその光集
　　積デバイスへの応用………**大森裕**… 233
2.1　はじめに ………………………… 233
2.2　ウェットプロセスで作製した高輝
　　　度・高効率燐光素子 …………… 233
　2.2.1　緑色燐光素子 ………………… 233
　2.2.2　赤色燐光素子 ………………… 235
2.3　有機ELの光集積デバイスへの応用
　　　……………………………………… 236
2.4　まとめ …………………………… 238

3　OLEDs and Solar Cells：Novel
　　Device Structures and Materials
　　Designed for Each Application
　　有機発光ダイオードと有機薄膜太陽電
　　池：新素子構造と材料設計 …………
　　………**Mark Thompson, Biwu Ma,
　　Peter Djurovich, Jian Li,**

　　**Elizabeth Mayo, Stephen Forrest,
　　Barry Rand, Rhonda Salzman,
　　上原赫**…………………………… 240

4　有機ELから光電変換素子へ－発光層
　　と受光層を有する有機複合素子の開発－
　　……………………**近松真之，坂口幸一，
　　吉田郵司，阿澄玲子，八瀬清志**… 244
4.1　はじめに ………………………… 244
4.2　光応答型有機EL素子 …………… 245
4.3　光応答型有機EL素子の高効率化 … 247
4.4　おわりに ………………………… 248

5　ビススチリルベンゼン誘導体を活性層
　　とする有機DFBレーザーの発振特性
　　………………**中野谷一，安達千波矢**… 250

6　有機薄膜における光・電気双方向変換
　　を利用した光機能デバイス
　　………………………**横山正明**… 258
6.1　はじめに ………………………… 258
6.2　有機／金属界面現象としての光電流
　　　増倍現象 ………………………… 258
　6.2.1　有機薄膜における光電流増倍現
　　　　象 ……………………………… 258
　6.2.2　光電流増倍機構 ……………… 259
6.3　光電流増倍現象を利用した新規光デ
　　　バイス …………………………… 261
　6.3.1　光-光変換デバイス …………… 261
　6.3.2　光増幅デバイス ……………… 262
　6.3.3　光スイッチング ……………… 263
　6.3.4　光演算デバイス ……………… 263
6.4　おわりに ………………………… 266

第6章　有機薄膜太陽電池：応用の可能性

1　透明太陽電池の研究・開発
　　……………………外岡和彦… 268
　1.1　太陽光エネルギーの利用 ………… 268
　1.2　透明な太陽電池のための材料 …… 269
　1.3　透明な半導体pn接合から太陽電池
　　　へ ……………………………………… 271
2　デザイン自在のカラフル太陽電池：電
　　気自動車用太陽電池塗装をめざして
　　……………………………吉田司… 275
3　プラスチック色素増感太陽電池の高効
　　率化とモジュール化
　　…………雉鳥優二郎, 宮坂力… 282
　3.1　はじめに ……………………………… 282
　3.2　プラスチック電極に用いる半導体の
　　　低温成膜法 …………………………… 282
　3.3　エネルギー変換効率の改善 ……… 284
　3.4　プラスチックDSCモジュールの製
　　　作 ……………………………………… 285
　3.5　今後の開発に向けて ……………… 286
4　色素増感半導体を用いる光キャパシタ
　　の開発
　　……宮坂力, 村上拓郎, 手島健次郎… 288
　4.1　はじめに ……………………………… 288
　4.2　光充電機能を持つキャパシタ "光
　　　キャパシタ" ………………………… 288
　4.3　光キャパシタの充放電性能 ……… 289
　4.4　おわりに ……………………………… 291
5　導電性ポリマーを用いたエネルギー貯
　　蔵型色素増感太陽電池……瀬川浩司… 293
　5.1　色素増感太陽電池とエネルギー貯蔵
　　　……………………………………… 293
　5.2　エネルギー貯蔵型色素増感太陽電池
　　　の構造 ………………………………… 294
　5.3　導電性高分子を用いたES-DSSC
　　　……………………………………… 295
　5.4　セパレータの改良 ………………… 297
　5.5　電荷蓄積電極の改良 ……………… 298
　5.6　おわりに ……………………………… 299
6　宇宙太陽光発電長期計画
　　……………篠原真毅, 松本紘… 301
　6.1　はじめに ……………………………… 301
　6.2　宇宙太陽発電所SPS ……………… 301
　6.3　SPSに必要な太陽電池 …………… 304
　6.4　SPS長期計画 ……………………… 305
　6.5　おわりに ……………………………… 306

付録

用語の解説………………………… 311　｜　仕事関数表……………………………… 313

序章 有機光電変換系の可能性と課題

吉川　暹[*1]，上原　赫[*2]

1 はじめに

　結晶シリコンなどのバルク太陽電池を第一世代，a-Si や化合物半導体などの薄膜材料を用いたものを第二世代と呼ぶことはほぼ定着しているが，何を第三世代太陽電池と呼ぶかについては必ずしも意見は一致していないのが現状である。早くから第三世代という表現をとってきた M. Green は，50％以上の超高効率セルを提案しており，最も挑戦的な目標を掲げているといえる。筆者らは，有機太陽電池が最も可能性の高い第三世代太陽電池と考えている。その理由はいくつかあるが，第一に有機系の持つ設計の自由度があげられる。蛋白の持つデザイン多様性が光合成系を作り上げたように，有機光電変換系の可能性は無限である。さらに，軽量・安価・資源制約のなさなど有機材料を用いることからくる多くのメリットを考えると，部分的にでも有機系を含む系を有機と見做すならば，将来は必ずや有機太陽電池の時代が来るものといえよう。

　有機光電変換系に含まれる領域としては，有機薄膜太陽電池を始め，色素増感型太陽電池，有機 EL 素子，光合成科学の 4 つの分野をあげることができる。これらの領域では，90 年代，共に目覚しい発展をとげ，独自の研究が展開されてきたが，共通する科学と技術基盤の上に構築されており，今後はこれらの分野が学際化し急速に融合していくものと考えられる。本書はこのようなコンセプトのもとに，有機薄膜太陽電池を中心にしつつも関連する分野の進展についてもカバーできるように配慮している。本書が，この分野の発展の一助となれば幸いである。

2 有機光電変換系の可能性

2.1 有機薄膜太陽電池研究の進歩

　有機薄膜太陽電池では，光電変換のプロセスを分子による(1)光吸収・励起子発生，(2)励起子の移動，(3)励起子における電荷分離，(4)両極への電荷輸送の 4 つの過程に分解して考えることができる。この内，光吸収過程については，有機分子では内部量子効率が高く 100％近いことから

---

　*1　Susumu Yoshikawa　京都大学　エネルギー理工学研究所　教授
　*2　Kaku Uehara　京都大学　エネルギー理工学研究所　客員教授；大阪府立大学名誉教授

有機薄膜太陽電池の最新技術

表1 有機薄膜太陽電池（OSC）研究の歴史

2004	tandem heterojunction PVセル（Forrest）
1999	bulk polymer/PCBM heterojunctionPVセル（Brabec）
1995	bulk polymer/PCBM heterojunctionPVセル（Yu）
1995	C_{60}-linked molecular type PVセル（Imahori）
1995	bulk polymer/polymer heterojunction PVセル（Hall）
1994	bulk polymer/C_{60} heterojunction PVセル（Yu）
1993	Polymer/C_{60} heterojunction PVセル（Sariciftci）
1991	dye/dye bulk heterojunction PVセル（Hiramoto）
1986	heterojunction PVセル（Tang）
1958	MgPcでの光起電力観察（Calvin）
1906	anthraceneの光導電性の発見（Pochettino）

100nm以下の薄膜でも高効率な変換系が可能であり、電極による電荷収集の過程も高効率なプロセスである。しかしながら、励起子が電荷分離する過程が10％以下という低いプロセスであり、電荷移動度が無機半導体と比べ極端に低いために、励起子の失活や、電荷のトラップ、電荷の再結合など、多くの課題が残されている。

従って、全体の効率を上げるためには、如何に、効率よく電荷分離を起こし電荷を速やかに輸送できる材料を設計してやるのかが課題となっている。即ち、電荷分離を生ずるpn接合界面構造の表面積を大きくするとともに、ドナーアクセプター界面から電極へのビルトイン電場をできるだけ大きくしてやることにより、電荷の輸送効率を上げてやる必要がある。

有機薄膜太陽電池の発展の歴史（表1）は、効率的な励起子発生、電荷分離、電荷輸送系の開発に尽きる。最初に有機のヘテロ接合においても実用的なPVセルが可能であることを示したのは、コダックのTangである。1986年、彼は、p型有機半導体である銅フタロシアニンとn型半導体であるペリレン誘導体を積層することにより、始めて有機のpnヘテロジャンクション素子を構築し、白色光で1％レベルの変換効率を得た[1]。

その後、1991年には平本らが、pn層の間に共蒸着することにより、低分子のバルクヘテロジャンクションを形成することで高い電流密度が得られることを報告している[2]。

1992年Sariciftciは初めて、p型半導体である導電性高分子とフラーレンC_{60}のヘテロジャンクションセルによって、効率のよい電荷分離が可能であることを示した[3]。C_{60}をアクセプターとする効率的なD/A系では、ポリマーとC_{60}の混合あるいは二層系で、光電子移動がサブピコ秒という速いスピードで生じることがわかってきた。残された正電荷はポーラロンとして高分子鎖に広く非局在化することにより、安定化され長寿命化しているが、分子間電荷輸送はホッピングメカニズムによるものと考えられている。

1995年にHallsは、n型の高分子半導体とp型の高分子半導体のブレンドにより生じた、ミ

序章　有機光電変換系の可能性と課題

クロ相分離構造においても，効率的な電荷分離が起こることを示した。具体的には，ポリフェニレンビニレン PPV のビニル位をシアノ基で置換した CN-PPV と 2-メトキシ-5-エチル-ヘキシロキシ置換した MEH-PPV の混合溶液から直接製膜することによって，それぞれ単独で用いた場合に比べ 100 倍及び 20 倍の変換効率を示した[4]。これは無機半導体ではありえないことであり，有機系における分子レベルでの接合の重要さを示唆するものである。この系に置換ポリチオフェン層を付加することで，擬似太陽光下 1.9%の変換効率が報告されている[5]。

今堀はフラーレンに各種ドナー，センシタイザーを直接結合した分子型の有機薄膜太陽電池を発展させた。これは分子レベルで接合を直接構築してしまおうとする試みであるといえる。フラーレンはバルキーな構造を持つことから，これまでのような平面構造を基本とする共役系とは異なり，多くの電子を吸収できる。これを直接ドナーと結合することで電荷分離を加速し，逆に電荷再結合を遅らせることにより，効率的な電荷分離の実現が可能となった[6]。更に，フェロセン-ポルフィリン-C_{60} の結合分子を金基板上に自己組織化させることによって MV^{2+} 存在下，酸素を電子受容体とする系で量子収率 25%を達成している[7]。

高分子／フラーレンのブレンド系を調べ，バルクヘテロジャンクションという言葉を導入したのは Yu である[8]。ポリマー／C_{60} の bilayer 系の整流効果は 10^4 に上るが，光電変換効率は界面が狭いことから大変小さい。これを解決するために，フラーレンのポリマーへの相溶性を高めることを目指して，PCBM が合成され D/A composite film をつくることが試みられた[8]。MEH-PPV/PCBM 系では光電変換特性は 10^2 以上改善されている[9]。最近では，P3HT/PCBM 系で 3.6%の効率が得られるようになっている[10]。

Alivisatos は n 型の化合物半導体と導電性高分子をブレンドしたナノコンポジット系が有機太陽電池の効率を著しく向上させることを報告している[11]。ナノコンポジットの研究は松下電工の安達淳治らによっても進められている。また，Forrest はタンデム構造セルを構築し，変換効率 5.7%という高い値を達成した[12]。

以上のように，変換効率は Tang の 1%の報告から 20 年で 5 倍以上に伸びたことになり，この 20 年の展開は，アモルファスシリコンや DSC に比較しても，格段に速い。そのブレークスルーをもたらしたものをあげるとすれば，バルクヘテロ接合と C_{60} 誘導体 PCBM の導入であろう。残されたドナー，電荷輸送材料などの材料開発が今後の発展のキーとなるものといえるが，最近では多くの研究者が 8～10%の効率も視野に入ってきたものと考えている。

2.2　色素増感太陽電池（Grätzel セル）の進展

多孔質チタニアの表面を一層の Ru 色素で覆った光電極と I^-/I_3^- レドックス系を組み合わせた太陽電池を Grätzel セル（色素増感太陽電池）と称している[13]。溶液を用いることから湿式太

有機薄膜太陽電池の最新技術

陽電池の限界という側面はあるものの，a-Si に匹敵する高効率を達成していることから実用化に最も近い有機太陽電池と期待されている。

この電池の成功は，Ru ビピリジル錯体という吸光度が高く，太陽スペクトルに非常にマッチした色素を用いたことと，チタニア電極の 1,000 を超える高い roughness factor とチタニア界面への色素の単分子吸着による効率的な電子注入，及び高速の電荷分離と沃素アニオンによる酸化色素の還元など，多くの因子に帰することができる。

1972 年本多，藤島ら[14]によって報告された TiO_2 電極による水の光分解反応では，半導体電極上で水が酸化され，酸素になるとともに，対極上では水が還元されて水素を発生する。全体として，太陽光を吸収して水の光分解が進行する事となる。しかし，この反応では，チタニアのバンドギャップが大きい事から，紫外光しか吸収できず可視光を利用できない。このジレンマは光吸収と電荷の発生を分離する事で解決できる。即ち，色素が可視光を吸収し，励起子からのチタニア CB への電子注入によって，安定なサイクルが形成されうる。

色素増感太陽電池は，このような原理を実現するものとして 1991 年にスイス・ローザンヌ工科大学（EPFL）の M. Grätzel 教授により，初めて報告された[13]。その後，1993 年には 10％を超える変換効率が発表され，世界的な研究ブームを巻き起こしてきた[15]。色素による光吸収と，速い電子移動，高効率な電荷分離といったプロセスのアナロジーから，当初から Grätzel 自身，このタイプの太陽電池を光合成型と称したこともあり，同様な高効率化が期待されたが，その後の研究では，殆ど効率は改善されなかった。

効率は最初に発表された Ru 色素の 7.9％から N3 色素に変更することで 8.3％に，Black dye と呼ばれる 3 座配位子の terpyridyl-Ru 錯体では吸収端が 900nm までのびることによって 10.4％を達成している。この値は，アメリカの国立再生可能エネルギー研究所（NREL）による公式データとして長く引用されてきたが，昨年，産総研太陽電池評価センターがシャープのセルについて 10.8％を報告しており，客観的な評価機関による値としては世界最高値を更新した。以上のように DSC は，十分な太陽光下では，短絡電流密度は 16〜22mA/cm^2，開放電圧 0.7〜0.8V，曲線因子 0.65〜0.75 が可能であり，現状で既にアモルファスシリコンに匹敵するものといえる。

実用化の目安となる 20 年以上の耐久性を持たすためには，色素のレドックスサイクルは 10^8 以上が必要といわれる。このような要請にこたえるために，最近では，資源的な制約のない有機色素の開発が盛んである。㈱林原と産業技術総合研究所（AIST）光反応制御研究センターにより開発されたクマリンのジチオフェニル誘導体が 7.7％という高い効率を示した[16]。最近ではメロシアニン，スクアリウム，インドリン系の色素が開発され 8％を越えるものも出てきた。I_3^-/I^- のレドックス複合体のかわりにイオン性液体を用いたり，擬固体化により溶液リークの問題を減少させるなど種々の工夫が図られている。実用化に向けた研究では，わが国での関心が最も

高く,50社以上が開発に参入しているとされている。しかし,Grätzel の基本特許を超えることは難しいものと思われる[17]。

2.3 有機 EL 素子における進歩

有機薄膜太陽電池では,電荷輸送,電極など多くの技術を有機 EL からそのまま援用することが可能と考えられる。現在の有機 EL の研究もコダックの Tang の研究が発端となっている[18]。しかしその後の要素技術の展開はわが国が速く,1997年には始めて緑色の実用化がスタートしている。2001年にはフルカラーが携帯に使用され,2003年にはデジカメにも搭載され本格的な量産体制に入っている。2010年には PDA,DVD などへの展開も開始され,市場規模は4,000億円を超えるものと予想されている。既に $300\mathrm{cd/m^2}$ が実現され,40インチサイズ,厚さ2.1mm,画素数 $1,280\times768$ のディスプレーがインクジェット方式で作成されている。このようなフィルム化での成功は,軽量可搬なフレクシブル・ディスプレーとしての大きな可能性を示すものであり,その実用化に向けた研究も進められている。

以上のような有機 EL の急速な展開には高効率な燐光発光の発見により,外部量子効率12%以上のものが実現したことと,ポリビニルカルバゾールのような高分子鎖に色素を共重合させることにより同種の高分子化による RGB 発光を可能とした点が大きい。太陽電池と有機 EL の最も大きな相違点は発光と発電に必要な光吸収材料と発光材料の違いであるが,このような高分子鎖を用いたスウィッチング技術により,将来的には発光と発電を同じシステムの中で実現可能であろう。

2.4 光合成系研究の進展

光合成は光電変換の自然モデルとして重要である。とりわけその高い変換効率は,有機太陽電池の重要なモデルといえる。特に,近年,光合成系のアンテナ分子や反応中心などの構造が,分子レベルで解明されたことから,これを模倣した系が間もなく可能になろう。光合成は「太陽エネルギーの化学的固定」システムであり,光エネルギーは,最終的には有機化合物中の化学結合(共有結合)として固定されており,系はそのためにこそ最適化されている。反応は還元反応であることから電子注入を行うための電子供与体として水または硫化水素を利用することが大きな特徴であり,反応の副産物として酸素またはイオウが放出される。

光合成系はシリコン太陽電池にない集光システムを持っている。有機太陽電池ではシリコンの p-n 接合と異なり,光励起によって直接キャリアが生成するのではなく,必ず励起子を経由してキャリアが生成することから,光合成系にみられる集光システムに学ぶところが多い。酸素発生型の光反応中心における酸化還元プロセスは,光化学系 I,光化学系 II という直列に働く2段の

プロセスからなっており，光合成過程を担うタンパク群はチラコイド膜上の超分子複合体を形成しており，DNA 中の 100～200kbp にコードされていることが知られている。主に，光捕集を担うアンテナタンパク（LHCII など），光化学系 I のアンテナと光反応中心 I との複合体，光反応系 II のアンテナと光反応中心 II との複合体，光化学系 I，II をつなぐ電子伝達系およびプロトン輸送の機能を担うチトクロム b 複合体，プロトン輸送 ATP 合成酵素複合体（Cf_o，CF_1）などが中心である。現在，これらの蛋白質の分子構造が解明され，分子レベルでの機構の解明が進んでいる。近年，明らかにされた紅色光合成細菌のアンテナ系は，直径 6.8nm の LH2 リングにバクテリオクロロフィル分子が 27 分子存在し，この LH2 が最大 10 個リンクし，励起エネルギーはこれらのリングに蓄えられた後，最終的に電荷分離センターを中心に持つ LH1 リングに伝達され，電子と正孔に電荷分離されることがわかっている。今後このようなシステムの分子工学的モデル構築が重要な課題である。

緑色植物やシアノバクテリアの光合成の全反応は下式に従い 8 光量子を吸収して CO_2 1 分子を還元し，O_2 を放出するという反応にまとめられる。光量子捕捉は，100％近い効率で行われるものと考えられている。

$$H_2O + CO_2 + 8h\nu \rightarrow O_2 + (CH_2O)$$

ここで CO_2 を糖に変えるのに必要なエネルギーは 114kcal/mol である。一方，反応には 680nm，1.82eV（42.1kcal/mol）の赤色光が 8 光量子必要であることから，337kcal/mol のエネルギーが使われることとなり，オーバーオールの反応のエネルギー効率は 34％である。実際の反応は，ATP 合成により担われているが，もしこれを電気エネルギーとして取り出すことができれば，非常に高い効率を持った，光電変換系の構築に繋がるものと期待される。

2.5 超高効率化への期待

UNSW 大の M. Green は，薄膜技術をベースとする第二世代の太陽電池の延長上に第三世代の超高効率の太陽電池の可能性を提案。このようなセルは，理論的には，熱力学的限界である，86.8％の効率が可能とされるが，その殆どは，今は，概念的な提案であり，開発はこれからである。

① Infinite tandem cell

独立のセルをタンデムに連結した構造と，2 電極間に複数セルを作りこんでしまうものとがある。そのどちらの場合にも，無限のセルを積み重ねた極限のタンデム構造では，熱力学的な限界である 86.8％の効率が期待できるとされる。Si-SiO_2 の quantum well 構造によって，Si-wafer の中にこのようなタンデムセルを作る試みがなされている。

序章　有機光電変換系の可能性と課題

② Hot carrier cell

　hot carrier のエネルギーが格子を構成する原子との衝突によって失われるのを避ける事が出来れば，熱過程によるエネルギーロスを減らす事が出来る。その為には，出来るだけ早く hot carrier を捕まえるか，緩和を出来るだけ遅らせればよい。このようなセルとして，狭いバンド幅の材料を電極との間に構成する事が考えられている。このような構造でも，50%を越える効率を期待できる。

③ Impurity photovoltaic cell

　半導体の中に第3のバンドが含まれる事により，three band solar cell が構成される事となる。このような構造のセルは，基本的には infinite tandem cell と同じ 86.8% の効率が期待できる。narrow band 材料を適当に選ぶことによって，広範なエネルギー順位に対応できる事から，後者よりもスペクトル変化に対する自由度が高い事が期待される。

　これらの研究の拠点として，オーストラリアの UNSW 大のグループでは第3世代太陽電池研究所を NRC の中に発足させた。ここでは，超高効率を目標とする多くの試みがなされている。第一の課題は，Si ベースの量子井戸や超格子を利用することによって量子効果の発現を期待するものである。SiC をホスト材料とする IPV(Impurity Photovoltaic Effect) セルは多段吸光を志向する研究開発がなされている。第二の課題として取り組まれているのが，素子背面の up-converter と前面の down-converter の形成による太陽光集光効率の向上である。第三には，熱拡散によるロスを最小とするために，ホットキャリヤーのための単一エネルギー準位電子フィルターの導入である。

　残念ながらわが国ではこのような次世代を見つめた新規太陽電池の研究は殆どプロジェクトとして取り上げられていないのが現状である。今後，新構造素子の基礎研究グループの形成が期待される。

3　おわりに

　昨年は，世界で最初の太陽電池がベル研から発表されて丁度半世紀である。ここ数年，実用が飛躍的に進み，生産が年々倍増し，ついに年生産量が 1 GW を越えるに至った。しかし，未だにその大半はシリコンベースの太陽電池である。2004 年度，新エネルギー・産業技術総合開発機構（NEDO）はわが国の PV ロードマップを発表したが，これによれば，各種太陽電池の開発の目標値は，バルク結晶 Si 太陽電池で，2030 年の目標値が，厚さ $50\mu m$，変換効率 25%，モジュール値で 22% となっている。変換効率に加えて，材料使用量 1 g/W ならびに太陽電池製造コスト 50 円/W も同時にターゲットとなっている。薄膜 Si 太陽電池では，2030 年にモジュール

有機薄膜太陽電池の最新技術

効率18%，セル効率20%が目標となっている。2030年を目指した目標値は，どの材料系でも極めて挑戦的であるが，中でも目を引くのは有機太陽電池の代表として色素増感太陽電池が目標セルとして初めて導入されたことである。この背景には，最近の有機太陽電池研究の大きな進展があり，次世代太陽電池の最も可能性の高い候補として注目されていることを示している。その中で，最も高い効率を示している色素増感型太陽電池では，2030年の目標値はモジュールで15%，セル効率で18%となっており，現在のセル効率11%からするとかなりチャレンジングな値となっている。自由度の大きな有機太陽電池の今後の発展が期待される。

文　献

1) C. W. Tang, *Appl. Phys. Lett.*, **48**, 183 (1986)
2) M. Hiramoto, H. Fujiwara, M. Yokiyama, *Appl. Phys. Lett.*, **58**, 1062 (1991)
3) N. S. Sariciftci et al., *Science*, **258**, 1474 (1992)
4) J. M. Halls et al., *Nature*, **376**, 498 (1995)
5) M. Granstroem et al., *Nature*, **395**, 257 (1998)
6) H. Imahori et al., *Chem. Phys. Lett.*, **263**, 545 (1996)
7) H. Imahori et al., *J. Phys. Chem. B*, **104**, 2099 (2000)
8) G. Yu, K. Pakbaz, A. J. Heeger, *Appl. Phys. Lett.*, **64**, 3422 (1994); G. Yu, J. Gao, J. C. Hummelen, F. Wudl, A. J. Heeger, *Science*, **270**, 1789 (1995)
9) C. J. Brabec, F. Padinger, N. S. Sariciftci, J. C. Hummelen, *J. Appl. Phys.*, **85**, 6866 (1999)
10) F. Padinger et al., *Adv. Funct. Mater.*, **13-1**, 85 (2003)
11) A. P. Alivisatos, *Science*, **271**, 933–937 (1996)
12) J. Xue, S. Uchida, B. P. Rand, S. R. Forrest, *Appl. Phys. Lett.*, **85**, 5757 (2004)
13) B. O'Regan, M. Graetzel, *Nature*, **353**, 737 (1991)
14) A. Fujishima, K. Honda, *Bull. Chem. Soc. Japan*, **44**, 1148 (1971)
15) M. K. Nazeeruddin, M. Graetzel et al., *J. Amer. Chem. Soc.*, **115**, 6382 (1993)
16) K. Hara, H. Arakawa et al., 6th Intern. Symp. Photore. Photofunc. Mater., 94 (2003)
17) 稲田成行, 日経先端技術, No.38, 10–13 (2003)
18) C. W. Tang et al, *Appl. Phys. Lett.*, 51 (1987)

第1章　基礎理論と光合成

1　光合成細菌における光電変換反応の機構とそれを支える反応場

三室　守*

1.1　はじめに

　21世紀後半には石油,石炭などの化石燃料が枯渇するためにエネルギー問題が深刻化することが現実的な問題として指摘されている。その解決策として,代替エネルギーを探し,その生産・利用方法を確立することが急務とされている。現在は化石燃料への依存度が極めて高いが,今後は特定の手段に頼ることなく様々な手段を駆使してエネルギー源を獲得し,確保することが重要であり,かつ現実的な戦略である。

　そうした観点から見て,地球上への究極のエネルギー源である太陽光の利用が最重要課題と考えられる。その利用には,①太陽電池などによる直接的利用,②生物,もしくはその一部の反応系を使った水素発生,アルコール生成などの間接的利用が考えられる。後者の場合はその効率が決して高くはないことが予想され,十分なエネルギーを確保するためには,効率を高めることが急務となる。前者は製造工程で出る廃棄物処理を含めての生産コストを考慮しても,今後のエネルギー獲得のひとつの方向性であることは確かである。

　太陽光エネルギーを最も効率よく電気エネルギーへ変換しているのは光合成生物であり,その初期反応は100％に近いエネルギー変換効率を持つ。こうした高い効率は,単に効率の高い機能素子を使えばよいのではなく,その他の様々な要因が複合的に支え合い,完成されたシステムとして実現されている。光合成生物には,酸素発生型光合成生物と無酸素型光合成生物があるが,太陽光エネルギーの変換は基本的には同じ機構である。そこで,以下には,高いエネルギー変換効率を実現し,今後の人工系構築の基礎的情報を多く含む光合成細菌の光化学反応系について述べる。

1.2　光合成細菌の誕生と種類

　現在の知識では,光合成細菌は約35億年前に地球上に誕生したと考えられている[1]。その当時の大気には酸素がほとんどなく還元的であった。酸素はまったくなかったわけではなく,電子線による水の分解などでほんの僅かの量はあったものの,現在の4桁から10桁程度少ない量で

＊　Mamoru Mimuro　京都大学　大学院地球環境学堂／大学院人間・環境学研究科　教授

あったと見積もられている。光合成反応は究極的には還元反応であるから，電子の供給源が必須であるが，光合成細菌が誕生した時には，硫化物（気体，有機物）がその主な供給源であった。

光合成細菌は，光電変換に使う素子（光化学反応中心複合体と呼ぶ）の性質の違いによって大きくふたつのグループに区分できる。紅色光合成細菌と，緑色光合成細菌及びヘリオバクテリアのふたつである[1]。両者は光誘起電子移動反応そのものには大きな差異はないが，電子移動後の電荷の安定化の機構が異なっている。この機構の差異は，反応素子の種類やその空間的配置によって実現されているために，機能素子を包摂するタンパク質を含め，様々な差異がある[2]。これは，電荷分離とその後の安定化には複数の方法があることを示しており，人工的な模倣には，対象に応じて使い分けができることを示唆する。

1.3 光化学反応中心複合体

光エネルギーから電気化学エネルギーへの変換は，光化学反応中心複合体によって行われる[2]。この複合体はしばしば反応中心（Reaction Center, RC）と略称される。RC は，光化学反応を直接担う色素などの電子伝達成分（Co-factor と称されることが多い）とそれらを包摂するタンパク質から構成される。Co-factor の主なものは，バクテリオクロロフィル（BChl），バクテリオフェオフィチン（BPhe），キノン，カロテノイドである（図1に分子構造を示す）。キノン，カロテノイドは細菌の種類によってその分子種は変化する。さらに極めて重要なことであるが，細菌の中では電子移動は方向性のある反応系として作られている。これは生物のエネルギー通貨である ATP 合成のためである。方向性の実現のために，方向性を確保することのできる素子である生体膜中において，RC は特定の配向で配置されている。これは溶液系とは大きく異なる反応場の作られ方である。溶液中では光化学反応によって分離した電荷の再結合がしばしば起こり効率が低下するが，細胞中では逆反応を極力抑制する機構が作用し，いったん分離した電荷は短時間に空間的に遠ざけられることで再結合の確率が下がり，そのために電荷分離（電子移動）反応の効率が高くなっている。

RC に光エネルギーを供給する光捕集性色素（アンテナ）が存在する[3,4]。上記のふたつのグループに対応して，アンテナ系は大きな違いがある。紅色光合成細菌の RC にはアンテナ色素は結合することなく，電子移動を担う Co-factor だけが結合している。アンテナ色素を結合する複合体は独立して存在する（後述）。しかるに緑色光合成細菌やヘリオバクテリアでは Co-factor の他に 30〜50 分子のアンテナ色素が結合しており，光エネルギーの吸収，色素間の励起エネルギー移動，電子移動反応が複合体中で同時に進行する。光合成系での電子移動反応を考える際には後者のアンテナを含む系は複雑になるので，前者の紅色光合成細菌についてその原理を追うことにする。

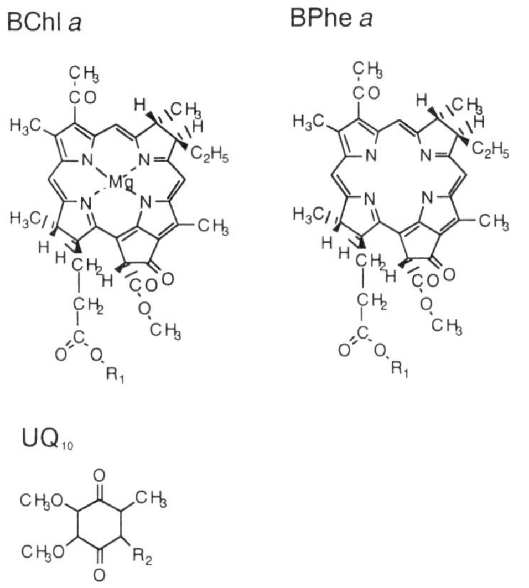

1.4 紅色光合成細菌の光化学反応場

紅色光合成細菌の最も代表的な種である Rhodobacter sphaeroides の反応中心の結晶構造を図2に示す[5]。3種類のタンパク質サブユニット（L, M, H 鎖）と Co-factor（4分子の BChl a, 2分子の BPhe a, 1分子のベンゾキノン, 1分子のカロテノイド, 1個の鉄原子）から構成される。なお, 細胞中ではさらに1分子のベンゾキノンが結合しているが, 複合体の結晶では失われている。L 鎖と M 鎖は起源を同じくする兄弟タンパク質であり, その一次構造の相同性は極めて高く, したがって高次構造もよく似ている。この性質によって, RC が2量体で構成されることが保証されている。H 鎖は膜貫通 α ヘリックスを1本持つだけで, 残りの部分は膜外にあって, L 鎖, M 鎖で構成される2量体を支える役目を持つ。H 鎖を欠く突然変異体が作られて, その活性測定がなされた時, ほとんど活性には影響がなかったことが知られるが, この構造を見ると納得できる。

図1 紅色光合成細菌 Rhodobacter sphaeroides の RC 構成分子（co-factor）の分子構造
BChl a, BPhe a, UQ_{10} を示す。R_1 はファーネシル基を, R_2 は $-(CH_2-CH=C(CH_3)-CH_2)_{10}-H$ を表す。

図3は co-factor の空間配置を示す。最も特徴的な構造は, 2分子の BChl a から構成される2量体 $(BChl\ a)_2$ で, スペシャルペアーと呼ばれる。これは電子供与体となる。2分子の BChl a のマクロサイクルは一部が重なりながら van der Waals contact している。その他に, モノマーの BChl a が2分子, さらに BPhe a が距離的に少し離れて2分子存在する。スペシャルペアーの中心と鉄原子を結ぶ軸を中心として, co-factor はほぼ2回回転対称構造を取る。180度回転した時には完全には重ならないので, 擬似2回回転対称構造ということができる。

こうした co-factor の配置を支えているのはタンパク質の構造である。L 鎖, M 鎖の高い相同性が2量体構造を実現している。図1にあるように BChl a の中心には Mg 原子が存在し, これがタンパク質アミノ酸側鎖との間で配位結合を形成し, 空間位置が決定される。BChl a とタンパク質の結合はこれだけではなく, マクロサイクルとアミノ酸側鎖との間には水素結合が形成され, その結果, 空間位置が決定される。BPhe a には中心金属がないので, 水素結合が BPhe a

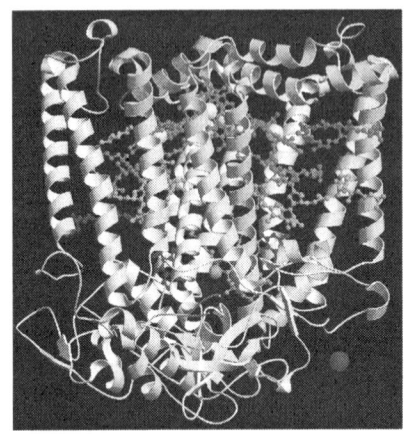

図2　RC の結晶構造

紅色光合成細菌 *Rhodobacter sphaeroides* の RC の結晶構造を示す。PDB データ 1M3X を基に作成した。

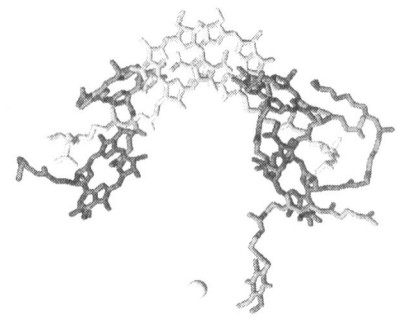

図3　RC での co-factor の空間配置

紅色光合成細菌 *Rhodobacter sphaeroides* の RC の結晶構造データ 1M3X（PDB）を基に作成した。(BChl a)$_2$，BChl a，BPhe a ならびに UQ$_{10}$ が描かれている。

の位置の決定要因となっている。キノン分子は結晶構造では1分子が特定されている。生化学的解析から RC には2分子が結合することが知られているので，複合体の調製の間に1分子が遊離したことになる。特定されている方を Q_A 分子，特定されていない方が Q_B 分子と呼ばれる。Q_A 分子は RC に結合したまま1電子の授受を行うが，Q_B 分子は2電子還元されると2分子のプロトンを結合して RC から遊離して膜中に拡散し，次の電子移動を担う機能分子であるシトクロム bc_1 複合体に電子とプロトンを渡す。

　RC 中心で起こる酸化還元反応では，当然，各成分の酸化還元電位が重要な意味を持つ。Co-factor 単独では溶媒の性質に応じた一定の電位が決まるが，タンパク質中ではアミノ酸側鎖との相互作用，特に水素結合によって電位が大きく影響を受ける。タンパク質は，空間的な位置の決定のみならず，酸化還元電位をも制御し，もっとも効率の良い反応系を作り上げている。

　タンパク質には，通常あまり意識をしない隠れた機能もある。それは反応の進行に必要な振動モードを提供することである。溶液系では熱エネルギーにより供給される振動モードが，タンパク質では特定の振動と共役して反応が進行する。RC での電荷分離過程を示す過渡吸収変化を詳細に観測すると，指数関数的な変化に振動成分が重なった変化が観測される。この振動成分がタンパク質の動きを示している。

第1章 基礎理論と光合成

1.5 紅色光合成細菌の光電変換反応

光合成細菌での光電変換(電子移動)反応の一般式は次のように書くことができる。

$$(\text{BChl } a)_2 + \text{BChl } a + \text{BPhe } a \xrightarrow{h\nu} (\text{BChl } a)_2^+ + \text{BChl } a^- + \text{BPhe } a \rightarrow (\text{BChl } a)_2^+ + \text{BChl } a + \text{BPhe } a^- \quad (1)$$

スペシャルペアーは直接励起される確率は低く、RC当たり最低30分子存在するアンテナBChl a での光吸収、その間の励起エネルギー移動を経て励起されることがほとんどである。多くの場合、アンテナ色素の数は30分子よりも多いために直接励起の確率は極めて低い。スペシャルペアーの励起後、電子移動反応が $(\text{BChl } a)_2$ とモノマーのBChl a の間で起こり、電子はBChl a に一旦渡された後、極めて短時間(3ピコ秒)にBPhe a まで渡される。最初の安定化状態はしたがって、$(\text{BChl } a)_2^+ + \text{BPhe } a^-$ という状態である。

この電子移動過程をより詳細に見ていくと、異なった描像が見えてくる。

電子移動反応速度 (K_{et}) はふたつの要因で規定される。電子トンネル因子と核因子である。

$$K_{et} = (4\pi/h) \cdot V_R^2 \cdot FC \quad (2)$$

ここで、V_R^2 は電子トンネル因子、FC は核因子を表す。

電子トンネル因子は次にように考えることができる。反応過程は断熱近似で記述される。電子移動がドナーとアクセプターの間で起こるには、幾つかの条件が整うことが必要である。まず、互いの分子の波動関数が重複する程度に近いこと、さらに両者のエネルギーレベルが合致すること、が求められる。波動関数の重なりは、電子の存在確率とも密に関連するために、極めて重要な指標となる。電子因子は、反応系と生成系の電子波動関数の重なりに比例し、次の式で現される。

$$V_R^2 = V_0^2 \exp(-\beta R) \quad (3)$$

ここで、R はドナーとアクセプター間の edge-to-edge 距離、β は定数である。

この式から明らかなように、電子移動の確率は距離に反比例して下がる。図4はRCや人工系での電子移動速度の実測値を距離の関数として示したものである[6]。この図では β は 1.4Å^{-1} と表されている。共有結合した化合物では β は 0.7Å^{-1}、また真空中では β は 2.8Å^{-1} であることが知られ、タンパク質中では中間的な値を取ることが判明する。この図から10Å程度離れると電子移動の確率は極めて低いことが予想されるが、実際には呼吸系の電子伝達系などでは、しばしば観測される。光合成系の場合は、励起されたスペシャルペアーの緩和過程との競争で電子移動が起こることが必要であり、そのためには十分に近い距離にドナーとアクセプターが存在するこ

とにより，両者の間で $K_{et}=10^{12}\,\text{sec}^{-1}$ に近い速度定数を持つ反応過程が実現されている。このことが高い効率を支えている。

電子移動はドナー，アクセプターのエネルギー準位が一致した時に起こる。両者のエネルギー準位は独立に（振動などによる）周囲の状況によって経時的に変動しており，両者の準位が一致する確率は必ずしも高くはない。したがって両者の準位が一致するまでには時間を要する。電子移動の時間のほとんどはこのエネルギー準位の一致に要する時間である。準位が一致すれば，実際には数十フェムト秒で電子移動は完了する。

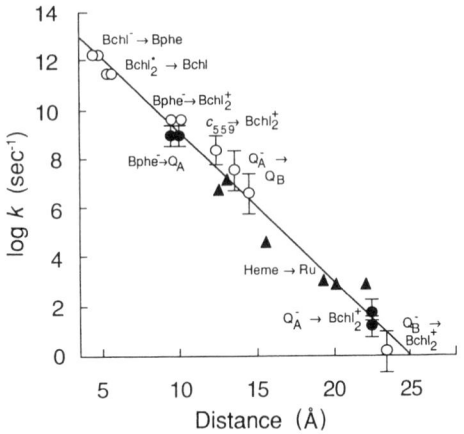

図4 電子移動速度の距離依存性
RCや人工系での電子移動速度を示している。図中の直線は $\beta=1.4\text{Å}^{-1}$ を示す。距離は，edge atom の中心間距離として定義されている。(Moser et al., 1993 から引用)

核因子は次のように考えることができる。核因子は反応系と生成系の核波動関数の重なり積分値である。これは Marcus が 1956 年に提出した理論であり，「電子移動のエネルギー差則」，または Marcus theory[7] と呼ばれる。中心的な役割を果たすのは「re-organization energy」（再配向エネルギー）と呼ばれる量である。すなわち，電子移動速度の核因子は次の式で表すことができる。

$$FC \propto \nu \exp\,(-\Delta GC_a/k_BT) = \nu \exp\,[-(\Delta G+\lambda)^2/(4\lambda k_BT)] \tag{4}$$

ここで ΔG は自由エネルギー差で，$\Delta G_f - \Delta G_i$ と定義される。ΔG_i，ΔG_f はそれぞれ，始状態，終状態の自由エネルギーを示す。λ は再配向エネルギー，k_B はボルツマン係数，T は絶対温度を示す。

この式が意味することは直感とは異なっている。直感的には，ΔG が大きいほど反応速度は大きいことが期待されるが，マーカス理論では，$-\Delta G=\lambda$ で最大の反応速度が与えられ，全体としては，反応速度は ΔG に対してベル型の曲線を描くことになる（図5）。$-\Delta G<\lambda$ では $-\Delta G$ が大きくなるにしたがって K_{et} は大きくなり，$-\Delta G>\lambda$ では $-\Delta G$ が大きくなるにしたがって K_{et} は小さくなる[8, 9]。

第1章　基礎理論と光合成

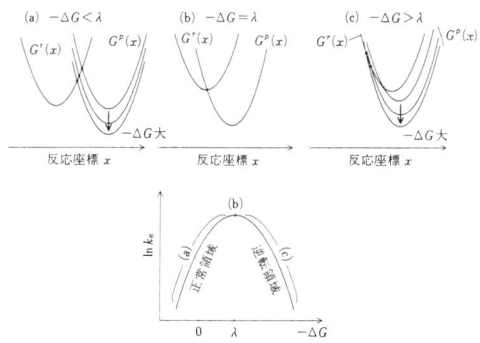

図5　3種類のエネルギーギャップと再配向エネルギーの関係におけるエネルギーダイアグラム（上）とエネルギーギャップ則（下）
(a)正常領域，(b)-ΔGとλのマッチングが取れたとき，(c)逆転領域
-ΔGとλの大きさの関係で，3つの場合として描かれている。-ΔG<λの場合，-ΔGが大きくなるにしたがって終状態のポテンシャル曲線が下に来るので，始状態との交点が下がり，結果として電子移動速度が速まる。-ΔG=λでは交点が始状態の原点なのですぐに終状態の曲線に移行するので電子移動速度は最速である。-ΔG>λでは，-ΔGが大きくなるにしたがって終状態のポテンシャル曲線が上がるので始状態との交点が上がり，電子移動速度は遅くなる。（垣谷，1998から引用）

1.6　アンテナ系の構造と機能

　反応中心複合体中の電子供与体である（BChl a)$_2$は全BChl a中の約0.5〜2％であるために，直接励起される可能性はかなり低い。ほとんどのBChl a分子は増感剤として機能しており，光エネルギーを吸収して，電子供与体に励起エネルギーを供給する。この増感剤となる色素群はアンテナ系と呼ばれる（光合成色素系，アンテナ色素系などと呼ばれることもあるが，同じ内容である）[3,4]。アンテナ系は機能的に2種に分類される。RC複合体と化学量論的，かつ構造的に複合体を作るLH1と，このLH1へ励起エネルギーを渡すLH2の2種である（図6）。LH2は強光下では合成が抑制されRCへのエネルギー供給が止められる。これは光合成細菌の持つ合目的的な環境応答反応である。

　アンテナ系は色素とアポタンパク質から構成される。色素としてBChlとカロテノイドが結合している。アポタンパク質にはα，βという2種のポリペプチドがあり，各々は約50アミノ酸から構成され，膜を1回貫通するαヘリックス領域を持つ。α-βのペアーが単量体を構成する。これらはLH1とLH2に共通の性質である。

　一方，違いもある。LH2は一般的にはB800-850複合体と呼ばれ，800nm，850nmに吸収極大を示す。高次構造としては8量体または9量体の対称構造を取る（図6）。BChl aは単量体当たり3分子結合し，その中の2分子は2量体を形成し，励起子相互作用の結果，吸収極大が大き

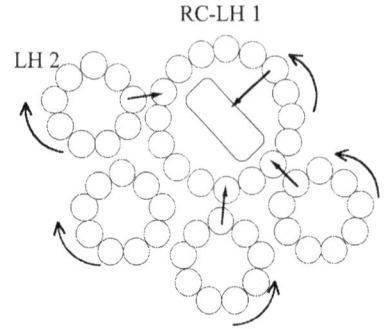

図6 紅色光合成細菌のアンテナ系の模式図
B. Robertらの文献[3]を基に改編した。LH 1, LH 2の中で円は($\alpha\beta$)サブユニットで構成される単量体を示す。矢印は励起エネルギーの流れを示す。LH 2からLH 1への励起エネルギー移動の後，RCへのエネルギー移動が起こり，光誘起電子移動反応が起こる。

くRed shiftしている（850nm吸収に対応）。残りの1分子は単量体で存在する（800nm吸収に対応）。カロテノイド分子は単量体当たり2分子が結合し，いずれもBChl aと空間的に近い場所に存在する。特定の数種の紅色光合成細菌のLH 2についてはその結晶構造が明らかにされている（図7）[10, 11]。

　LH 1はB870複合体またはB875複合体と呼ばれ，870nmまたは875nmに吸収極大がある。高次構造については，近年，結晶構造解析が行われているが，中心に存在するRCとの位置関係を含め必ずしも統一的な構造が明らかにされているわけではない。LH 2のように完全に閉じたリング構造ではなく，キノン分子の膜内での移送のためにリングの一部が開いた構造を強く示唆する結果が多い（図8）[12, 13]。しかし，種特異性もあり，解明までに時間が必要である。BChl aは単量体当たり2分子結合し，2量体を形成し，励起子相互作用の結果，吸収極大が大きくRed shiftしている（870nmまたは875nm吸収に対応）。

　励起エネルギー移動過程は，B800 → B850 → B870 → RCとなる。この過程では，B800 → B850の移動速度が，Förster modelで予測された値よりも遙かに速いことが観測されていた[14]。この現象は，励起子形成によって生じる禁制の吸収帯を通しての励起エネルギー移動であることが証明され，生物が量子的な性質を使っている稀有な例として知られている。B850 → B870の移動は異なる複合体の間で起こる励起エネルギー移動過程であるが，空間的に近いこと，エネルギー準位が接近していることなどから十分速い速度が保証されている。RCまでのエネルギー移動で律速段階はB870 → RCであり，その移動時間は数十ピコ秒である。約4nmの距離がこうした長い移動時間と関連すると考えられる。

1.7　反応場の単一性と生物の多様性

　紅色光合成細菌の中で，RCの結晶構造，色素組成，反応機構，アンテナ系の構造などが詳細に調べられている種は極めて限られた数しかない。多くの紅色光合成細菌については部分的な情報しかない。それらを総合した結果，現在，光誘起電子移動反応の様式，反応の場（RCの構造）は，種を問わず普遍性が高いと考えられている。このことは，光エネルギーを化学エネルギーに

第1章 基礎理論と光合成

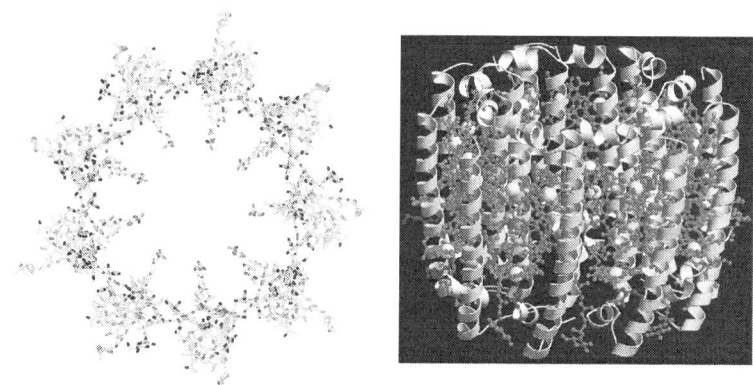

図7 LH2 の結晶構造
紅色光合成細菌 *Rhodopsuedomonas acidophila* の結晶構造データ 1IJD（PDB）を基に作成。（αβ）単量体9ユニットで構成されるアンテナ系である。膜面に垂直方向から見た図（左）と俯瞰図（右）。

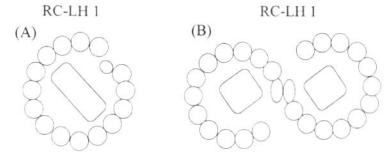

図8 RC-LH1 の模式図
現在提案されている構造を示す。現在までのところ、統一的な描像は得られていない。円は（αβ）単量体ユニットを示す。(A)は16量体のなかのひとつのユニットが（αβ）単量体ユニットではないものに置換されている例（3次元結晶についての解析、文献[12]から改変）、(B)は12量体にさらにPufXが含まれてC型のダイマー構造を取る例（2次元結晶と電子顕微鏡による解析、文献[13]から改変）。LH1の中はRCを示すが、形態は異なって観察されている。

変換するという反応系は他の選択肢がない完成したシステムであった、ということを示している。システムの最適化は部品の最適化とは必ずしも同じではない。ボトルネック（律速段階）の解消には、人工的には素子の代替も可能かもしれない。細菌の中では、壊れた素子は分解、再生され常にシステムが恒常的に高い効率を実現するような制御系が機能している。この制御系は生物特有のシステムであり、システム管理には極めて重要である。部品学からシステム学への方向転換が必要な時期に差し掛かっている。

一方、紅色光合成細菌の系統性を見ると理解できるように、個々の細菌の性質はかなり異なっている[1]。代謝様式と密に関連した生育環境の違い、光環境への応答性の違い、などが顕著である。今後、光合成細菌を活用して光エネルギー変換システムを作る場合、こうした生物の個性を大切にした選択と利用が求められる。

新しいシステム作りのためには、既に情報の蓄積のある種を利用しようとすることは常識的な

発想であるが，それだけでは成功しないかもしれない。過去約20年の間に新しい光合成細菌が発見され，それらが光合成研究の本質的な解明に役立ったという歴史がある。こうした教訓を活かすことが大切な局面もこれからはしばしばあると筆者は考えている。

文　　献

1) R. E. Blankenship, "Molecular Mechanisms of Photosynthesis", Blackwell Science, Malden, MA (2002)
2) T. Nogi and K. Miki, J. Biochem., **130**, 319 (2001)
3) B. Robert, R. J. Cogdell and R. van Grondelle, in "Light-harvesting antennas in photosynthesis" (B. R. Green and W. W. Parson eds.), Kluwer Academic Publishers, Dordrecht, pp. 169-194 (2003)
4) 三室　守「多様なアンテナ系」，シリーズ・ニューバイオフィジックスⅡ「電子と生命-新しいバイオエナジェティックスの展開」，垣谷俊昭，三室　守　編，pp.17-34，共立出版 (2000)
5) J. P. Allen et al., Proc. Natl. Acad. Sci. USA, **84**, 5730 (1987)
6) C. C. Moser et al., in "The photosynthetic reaction center" (J. Deisenhofer and J. R. Norris eds.), Vol. II, Academic Press, London, pp.1-22, (1993)
7) R. A. Marcus and N. Sutin, Biochim. Biophys. Acta, **811**, 265 (1985)
8) 垣谷俊昭，光・物質・生命と反応，丸善 (1998)
9) H. B. Gray and J. R. Winkler, Quat. Rev. Biophys., **36**, 341 (2003)
10) G. McDermott G et al., Nature, **374**, 517 (1995)
11) J. Koepke et al., Structure, **4**, 581 (1996)
12) R. J. Cogdell et al., Photosynth. Res., **81**, 207-214 (2004)
13) S. Scheuring et al., J. Biol. Chem., **279**, 3620 (2004)
14) 住　斉，「紅色光合成細菌のアンテナ系における励起エネルギー伝達の機構」，シリーズ・ニューバイオフィジックスⅡ「電子と生命-新しいバイオエナジェティックスの展開」，垣谷俊昭，三室　守編，pp.35-50，共立出版 (2000)

2 バクテリアの光合成初期過程における励起子移動と電荷分離

上原　赫*

2.1　はじめに

バクテリアや緑色植物などの光合成アンテナ系における光エネルギーの吸収から反応中心における光電荷分離とベクトル電子移動に至る光合成初期過程の光電変換効率（IPCE）は本章1節で述べられているとおり極めて高く100％に近いことが知られている。

その理由は2つあり，1つはアンテナ色素と電子伝達分子がタンパク質の中に，幾何学的に規則正しく配置され，励起子が自己消光が起こりにくい環境にあり，高速度で，失活することなく長距離移動することが出来るためであり，2つ目はアンテナからのエネルギー供給で反応中心色素ダイマーにおいて高効率に電荷分離した電子と正孔がそれぞれ反対方向に高速度でベクトル電荷輸送され，ほとんど再結合が起こらないためである。このような励起エネルギー移動と電荷分離はコヒーレント過程として進行することが示されている[1]。電極もリード線もなく，分子を多段階に連ねただけのシステムでこのような高効率を達成していることは，有機薄膜太陽電池を設計する上で極めて示唆的である。

そこでここでは，光合成初期過程における励起子移動と電荷分離をさらに深く理解し，有機薄膜太陽電池における問題点の奥にまで光をあて，さらなる高効率化へのブレークスルーの糸口をさぐる。

2.2　励起子生成と移動

2.2.1　紅色光合成細菌のアンテナ色素系の励起子移動

本章1節（三室守）で述べられている通り，紅色光合成細菌のアンテナ色素系はLH1およびLH2とよばれる指輪（リング）状の色素・タンパク複合体からなる（本章1節の図6参照）。LH1は反応中心（RC）タンパクを取り囲む大きなリングである。LH2はその周囲を取り囲む小さなリングであり，タンパク質の中にB800とB850とよばれるバクテリオクロロフィル（BChl）の会合体を含んでいる。LH2リングのB800とB850のBChl分子のクロリン環のみを図1に示す。B800のBChlは単量体として存在し，B850のBChlは2量体を形成し環状リングを形成している。黒の太線はQy遷移双極子をあらわし，その上の細長い矢印はその向きを示す。B800ではQy遷移による各BChlの励起は個々のBChlに局在しているが，B850では，Qy遷移はBChl間で共鳴し，B850リング全体に広がった励起子となっている。B850の励起状態が励起子である証拠はvan Oijen[3]によって示され，B850上の励起状態が，半周以上におよぶコヒー

---

*　Kaku Uehara　京都大学　エネルギー理工学研究所　客員教授；大阪府立大学名誉教授

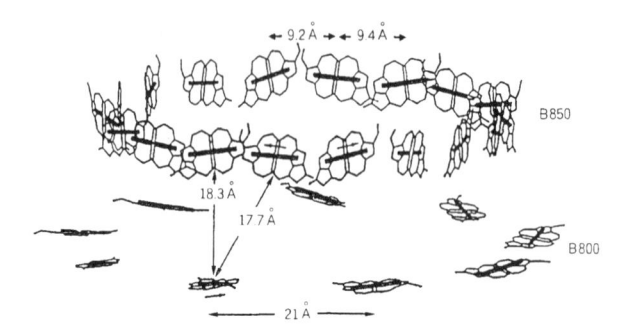

図1 紅色光合成細菌 Rps. Acidophila の LH2 アンテナ複合体を構成する B850 および B800 における BChl a の円形配列[2]
太線は Qy 遷移双極子を示す。その上の細い矢印は遷移モーメントの方向を示す。

レンス長をもつ励起子であると報告されている。

LH2 リングにおける B800 から B850 への 0.65～0.8ps の高速励起エネルギー移動は古典的なフェルスター理論では説明できない。B800 はストークスシフトが起こらないので，吸収スペクトルと発光スペクトルはほとんど同じである。そのため，ドナー（D）分子（B800）の発光スペクトルとアクセプター（A）分子（B850）の吸収スペクトルの重なりは生じず，両者の重なり積分がほとんどゼロとなってしまう。したがって，フェルスター理論に基づくエネルギー移動は起こり得ない。また，LH2（B850）から LH1（B875）への 3～5 ps の励起エネルギー移動，および LH1（B875）から RC への 30～50ps の励起エネルギー移動もそれらの最低励起子状態が光禁制であるため，発光が起こらないので，フェルスターの式からは励起エネルギー移動の速度定数はゼロとなり，フェルスター理論ではそれらの高速励起エネルギー移動を理解することができない。すなわち，光合成アンテナ系は新しい理論式を要請しているのである。

住（Sumi）ら[2]は B850 を励起子として励起状態を考え（量子力学コヒーレンスを仮定）理論式を導入し，D(B800)からA(B850)へのエネルギー移動を考える際に，孤立した B800 分子の1つから，B850 リングの最も距離が近い BChl 分子へのエネルギー移動のみを計算することによって，励起子を持つ色素会合体間における励起エネルギー移動を説明することに成功した。ドナー分子（B800）の発光スペクトルがどの位置にあっても，アクセプター（B850）励起子の状態密度関数が値を持つ限り，B850 リングに励起伝達できることを明らかにした。たとえ励起子が光禁制状態にあっても励起伝達が可能となる。LH2 では 16 本の光禁制準位を有効に利用し，2,000 cm^{-1} にわたる広い範囲のどのエネルギーでも受け取り得るようになっている。住らの新理論式

第1章 基礎理論と光合成

にもとづき，観測に合う励起エネルギー移動速度定数が得られている。カロテノイドからも非常に早く励起伝達可能である。太陽光エネルギーが第2励起子状態で吸収されると，すぐに最低励起子状態に緩和されるが，その状態は光学遷移禁止であるため，発光でエネルギーを失うことがない。たとえ，第2励起子状態にあっても，それらが発光で失活する前に，高速で励起を次の系に渡し，励起子が数十回まわる蓄積リングである。光合成細菌のアンテナ色素系は量子力学コヒーレンスを利用している。

2.2.2 カロテノイドによる励起三重項状態の BChl の消光

光合成系では，光エネルギーを吸収したアンテナ色素（クロロフィル分子とカロテノイド分子）では，励起一重項から励起三重項に系間交差することなく，生成した励起一重項の励起子は高速で，隣り合ったクロロフィル分子間を次々と長距離エネルギー移動する。三重項状態のクロロフィルは化学反応を起こしやすく基底状態の酸素と反応し，活性酸素として知られる一重項酸素を生成する。一重項酸素はクロロフィルと反応し，パーオキサイドを生成しクロロフィルを分解に導く。そこで，光合成系ではクロロフィルの分解を防ぐために，三重項クロロフィルと一重項酸素の消光剤としてカロテノイドを用いている。紅色光合成細菌のアンテナ集光系である LH2 タンパク質には図2aに示すように，リング状に配列したバクテリオクロロフィル（B800，B850）のそばにボディーガードのように立っているカロテノイド（Car）Spheroidene がいる。Car は

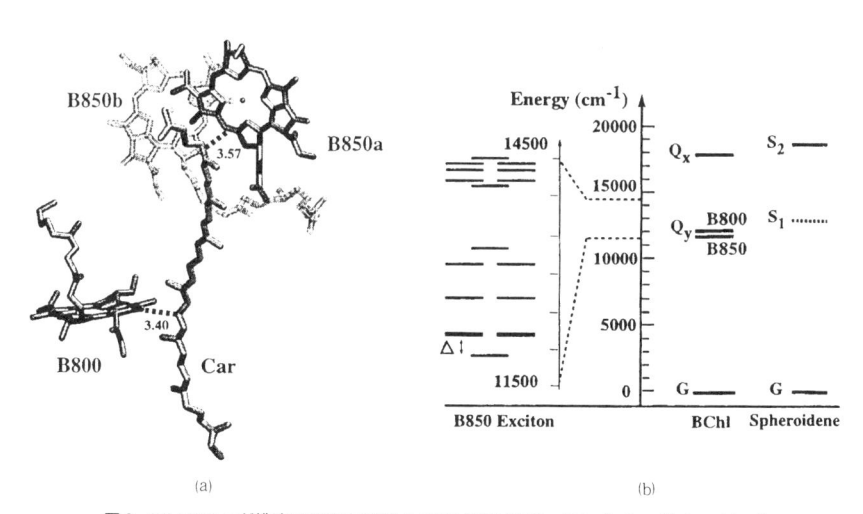

図2 (a)LH2 リング構造における B800 と B850 のそばに立っている Car（Spheroidene）
(b)Car（Spheroidene）と BChl および B800，B850 のエネルギーレベル
励起 Car は B800，B850 いずれにもエネルギー移動できる[4]。

BChlが吸収を持たないSoret帯とQ帯の間の光を吸収し超高速でBChlへのエネルギー移動を行う。同時に，消光剤としてCarが三重項になったBChlの分解を防止している。また仮に三重項BChlが酸素と反応して一重項酸素を発生してもCarがこれを速やかに消光し，基底状態の酸素に戻し，一重項酸素によるBChlの分解を防止している。BChlとCar（Spheroidene）のエネルギーレベルを図2bに示す。CarからB800へもB850へもエネルギー移動することが出来る。Carは光を吸収してBChlにエネルギー移動するアンテナ色素としての機能と三重項BChlや一重項酸素をクエンチする消光剤としての機能を併せ持っている。光合成系では励起一重項のBChlを用いて高速の励起エネルギー移動を達成している。励起三重項からの発光を用いる有機EL素子とは異なっている。

2.2.3 緑色イオウ光合成細菌のクロロゾーム

緑色イオウ光合成細菌は細胞の内側にクロロゾームと呼ばれるガラクトリピドの単分子膜で覆われた袋状のアンテナ集光器官が多数存在している。その袋の中には，バクテリオクロロフィル c または e (BChl) がタンパク質の関与なしにロッド状の自己会合体を形成している（図3a）。ロッドにはカロテノイドも含まれている[5]。SEM観察から，ロッドが束になったバンドル構造をとっていると推察されている。ロッドの構造について多くの説があり，励起エネルギー移動の詳しい検討は未だなされていないが，BChl分子が励起されると励起子がロッド全体に広がり，ロッド間を高速でエネルギー伝達しFMOタンパクを経由して反応中心に伝えられると信じられている（図3b）。

2.2.4 コヒーレントなエネルギーと反応中心への移動

反応中心スペシャルペアPはBChlのhead-to-tailダイマーであり，光許容励起状態は単量体より〜900cm^{-1}低い。Pは分光学的見地からも特殊なものであり，電子励起と低振動数振動モードとの強いカップリングが見られる。これは単量体のBChlでは見られないものであり，これらの振動モードはペア分子内のものに帰属される[6]。電子励起と共役して起こる原子核運動が電子移動を仲介する可能性は十分あり得るが，まだ実証されていない。反応中心のBChlが吸収する光子の量は，反応中心の最大反応速度には十分ではない。太陽光に直接さらされた時でも10Hz程度で，微弱光では0.1Hz程度であるが，反応中心における実際の化学反応は1,000Hzにも達する。アンテナから反応中心に励起エネルギーを与えることにより反応中心を最適な速度で動かし続けることができる[1]。反応中心のような巨大な多次元系においてもコヒーレントな原子核運動を観測できることが報告された[7]。アンテナにおけるコヒーレントな励起エネルギー移動と反応中心の原子核のコヒーレントな運動との関わりについての理論的な研究は途上にある。

アンテナ系における励起エネルギーの準位はRCに近づくほど低くなり，RCへは少し上り坂（up-hill）となる（図4）。また，距離的にも遠い。このため，励起は10ps以内にアンテナ系中

第1章　基礎理論と光合成

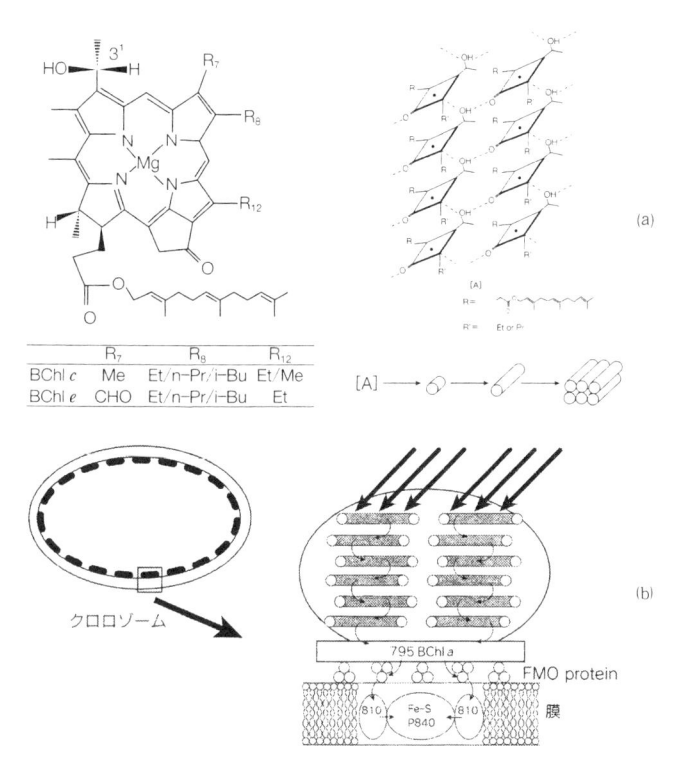

図3　(a)BChl c, e の自己会合体形成のモデル図および
(b)集光器官クロロゾーム中での光エネルギー移動

で熱平衡に達する。アンテナ系からRCへの励起エネルギー移動の速度定数の観測値は室温で$\sim 50\mathrm{ps}^{-1}$である。

2.3　電荷分離と再結合の速度

光合成系の電荷分離とその後の電子移動反応の速度については、マーカスの理論によって説明されるが、マーカスの理論そのものについては本章1節(三室守)に詳しく述べられているので説明を省略する。

光合成系で、励起状態から電荷分離状態への反応速度が3ピコ秒で極めて速いのに比べて、その逆の再結合による基底状態への失活速度は、図5からわかるように、3桁以上も遅く、ナノ秒オーダーになっている。後続の順方向電荷移動についても、基底状態に戻る再結合反応は、いず

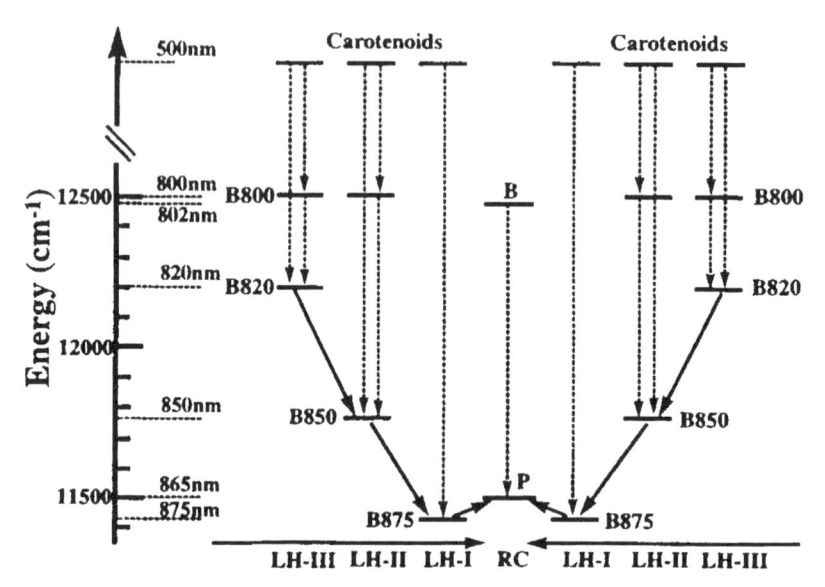

図4 紅色光合成細菌のBChl a のエネルギーレベル
励起エネルギーが反応中心RCへ集光される様子を示す。RCへは少し上り坂になっている[1]。

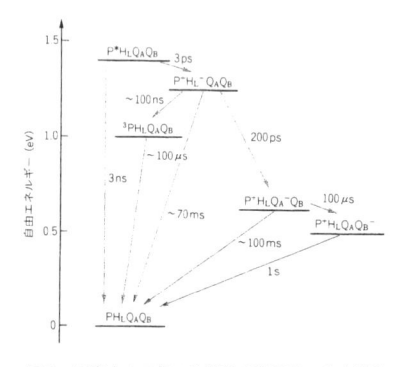

図5 反応中心で起こる電荷分離反応の時定数[8]

れも3桁以上も遅くなっていることから、一方向の電子移動（ベクトル電子移動）が達成されることがわかる。

このようなベクトル電子移動は半導体デバイスでは整流効果と呼んでおり、半導体のバンドの曲がりで実現している。一方、光合成系では、マーカスのエネルギーギャップ則から説明されており、本章1節（三室守）の図5に示す(b)の状態でマッチング（$-\Delta G=\lambda$）がとられ、電荷分離の活性化エネルギーがゼロになるように最適化されている。一方、再結合や逆方向の好ましくない電子移動には、マッチングから大きくはずして$-\Delta G>\lambda$とし、(c)の状態のいわゆる逆転領域においてできるだけ$-\Delta G$が大きく活性化エネルギーが高くなるようにセットされているといわれている。

第 1 章 基礎理論と光合成

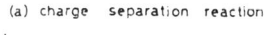

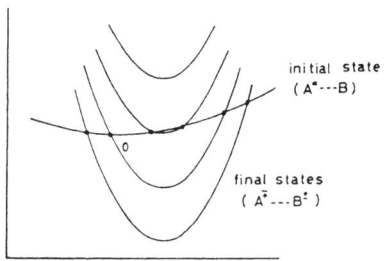

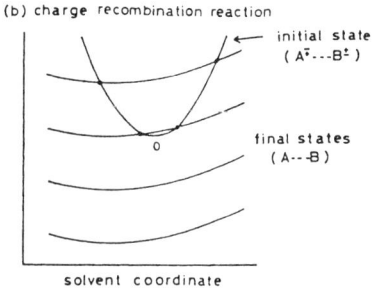

図6 二状態描写による電荷分離反応と電荷再結合反応のポテンシャルエネルギー図[9]

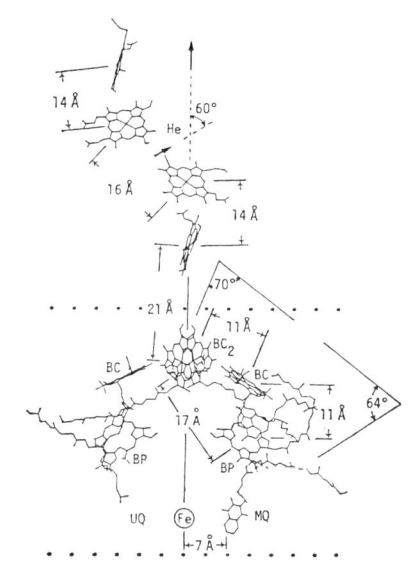

図7 光合成反応中心色素系分子の相互配置図と相互の距離[11]

BC2：バクテリオクロロフィル二量体，BC：バクテリオクロロフィル，BP：バクテリオフェオフィチン，MQ：メナキノン，UQ：ユビキノン，FE：非ヘム鉄，He：シトクロムのヘム鉄
垂直の矢印は二回軸。点線は膜の両表面をあらわし，この部分が膜中に存在し疎水的環境を提供する。

垣谷[9]は再結合反応がなぜ起こりにくくなるか，図6を用いてマーカス理論から説明している。上段(a)の電荷分離反応において，始状態 (A^*········B) ではポテンシャルの曲率が小さく，終状態 ($A^{\mp}$········$B^{\pm}$) ではポテンシャルの曲率が大きい (図6では終状態として4つの曲線が描かれている)。図からわかるように，終状態のエネルギーの底が始状態のエネルギーの底よりも低い限り，始状態の曲線と終状態の一番低い曲線が2点で交差し，しかも，その交差点は始状態のポテンシャル曲線の底からあまり高くない位置にあって，熱励起によって容易に到達できる。このことは始状態から終状態への電荷分離反応がほとんど活性化エネルギーを必要とせず，実質上，逆転領域は現れないことを意味する (逆転領域においても反応速度は減少しない)。

次に，下段(b)の電荷再結合反応を考えると，始状態 ($A^{\mp}$········$B^{\pm}$) のポテンシャル曲線の曲率は大きく，終状態 (A········B) のポテンシャル曲線の曲率は小さい。図から容易にわかるように，エネルギーギャップが正のとき，始状態と終状態の一番低いポテンシャル曲線は交差しない。ま

た，エネルギーギャップが負のときは，二つの曲線は交差するが，交差点は終状態のエネルギーの底が高くなればなるほど，高くなる。つまり電荷再結合反応では高い活性化エネルギーを必要とし，逆転領域が明瞭に現れることを意味する。

高橋[10]はπ共役高分子 MEH-PPV と C_{60} のブレンド膜において，再結合反応がマーカスの逆転領域にあり，再結合反応が起こりにくいため光電荷分離で生成した C_{60} アニオンラジカルとMEH-PPV カチオンラジカルの寿命が長くなると説明している。π共役が長くなるほど，始状態と終状態において分子の結合距離あるいは結合様式があまり変化しないため，近傍にある媒質の再配向の程度が小さくて済むためという。

2.4 おわりに

35億年前に誕生したバクテリアの光合成系が量子力学的コヒーレンスを考慮した理論によって最適化されていたとは驚きである。紅色光合成細菌の反応中心タンパクの色素系の配向配列の距離と角度を図7に示す。これらの色素分子平面間の配向角は60〜70°である理由や，色素分子間を電子が空間をトンネルするのか，タンパク質のポリペプチド鎖を伝って伝導するのかなど，未解決の問題がまだまだたくさん残っている。フェルスター理論やマーカス理論を超えた，量子論をふまえた励起子移動や電子移動の理論はまだ研究途上にある。新しい量子論にもとづく基礎理論の確立が待たれる。そうすれば，今よりいっそう的確に有機薄膜太陽電池の材料設計や素子構造の設計が可能となるであろう。

文　　献

1) G. R. Fleming, R. van Grondelle, *Physics Today*, **47**, 48 (1994)
2) 住　斉,「紅色光合成細菌のアンテナ系における励起エネルギー伝達の機構」, シリーズ　ニューバイオフィジックス II「電子と生命-新しいバイオエナジェティックスの展開」, 垣谷俊昭, 三室　守編, pp.35-50, 共立出版 (2000); H. Sumi, *J. Phys. Chem. B*, **103**, 252 (1999); H. Sumi, *J. Luminescence*, **87-89**, 71 (2000); H. Sumi, *Chem. Record*, **1**, 480 (2001)
3) A. M. van Oijen, M. Ketelaars, J. Kohler, T. J. Aartsma, J. Schmidt, *Science*, **285**, 400 (1999)
4) X. Hu, A. Damjanovic, T. Ritz, K. Schulten, *Proc. Natl. Acad. Sci. USA*, **95**, 5935 (1998)
5) J. M. Olson, *Photochem. Photobiol.*, **67**, 61 (1998)
6) A. P. Schreve, N. J. Cherepy, S. Franzen, S. G. Boxer, R. A. Machis, *Proc. Natl. Acad.*

Sci. USA., **88**, 11207 (1991)
7) M. H. Vos, F. Rappaport, J. C. Lambry, J. Breton, J.-L. Martin, *Nature*, **363**, 320 (1993)
8) 野澤庸則,「光合成反応中心-電子の源流」, シリーズ　ニューバイオフィッジクス II「電子と生命-新しいバイオエナジェティックスの展開」, 垣谷俊昭, 三室　守編, pp.35-50, 共立出版 (2000)
9) 垣谷俊昭, 分光研究, **35**, 365 (1986)
10) 高橋光信,「新しい有機太陽電池のオールプラスチック化への課題と対応策」, p.189, 技術情報協会 (2004)
11) 三木邦夫, J. Deisenhofer, H. Michel, 蛋白質・核酸・酵素, **34**, 726 (1989)

3 有機半導体の電荷輸送とその機構

3.1 はじめに

内藤裕義[*]

　有機太陽電池の電力変換効率向上のためにはいくつかの手法が考えられる[1]。なかでも，有機半導体の電荷移動度の向上は重要な課題である。本稿では，高移動度が期待できる有機結晶性半導体とバルクヘテロ接合太陽電池に用いられる有機アモルファス半導体の電荷輸送について述べる。

3.2 有機結晶半導体

　有機結晶半導体は大部分がアントラセンやペンタセンなどの低分子化合物で，分子性結晶と呼ばれている。分子間相互作用は van der Waals 力によるものであって弱いものである。従って，シリコンやゲルマニウムなどの無機結晶半導体とは異なり，有機結晶半導体は構成分子の物性を保持している。さらに，分子間の transfer integral が小さいため，価電子帯や伝導帯のバンド幅が小さく電荷移動度は室温では，アントラセン，ナフタレン，ペリレンで 1 cm^2/Vs 程度である[2]。これらの高純度有機結晶の移動度は温度低下により上昇し，その温度依存性は格子散乱，伝導機構はバンド伝導により説明されている[2]。

　有機結晶半導体で高移動度の材料を得るためにはどうしたらよいか？　残念ながら，依然として材料探索的手法しかないようである。ただ，単結晶を作製し，結晶構造を決定すれば，バンド計算によりバンド幅 W を見積もることができる。さらに，W より一格子点上に電荷が滞在する時間 τ を次式より見積もることができる[3]。

$$\tau \approx \frac{\eta}{W} \approx \frac{2}{3}\frac{10^{-15}}{W}$$

なお，W の単位は eV である。バンド幅が 0.1〜0.2eV 以上であれば τ はフォノンの振動周期（電荷が存在する分子がその形状を緩和させる時間）より短くなり，バンド伝導が可能となる。バンド幅が上述の値より小さくなると結晶材料でもホッピング伝導するようになる。従って，W の値により伝導機構と移動度の高低を知ることができる。

　最近の有機結晶半導体のトピックスとしては，室温において rubrene 単結晶の正孔移動度が 20cm^2/Vs を越えたという報告[4]が挙げられる。これは，太陽電池，有機薄膜トランジスタ（TFT）をはじめとする有機デバイスのさらなる高性能化を期待させる成果である。tetracene

---

　[*]　Hiroyoshi Naito　大阪府立大学　大学院工学研究科　電子・数物系専攻　教授

の tetraphenyl 誘導体である rubrene でこのような高い移動度が得られるとは意外であるが，π-stack 相互作用により，rubrene 分子間の transfer integral が大きくなり，高い移動度が生じていると考えられる[5]。文献[4]で興味深いのは有機単結晶の移動度評価法である。移動度は TFT を作製して TFT 特性から評価しているのであるが，TFT はソース・ドレイン電極を設けたゲート絶縁膜（polydimethylsiloxane）上に圧着することで簡単に作製している。移動度 μ は，

$$\left(\frac{\partial I_D}{\partial V_G}\right)_{V_D - const} = \frac{Z}{L}\mu C_i V_D$$

および

$$I_{D, sat} = \frac{Z}{2L}\mu C_i (V_G - V_o)^2$$

から評価されている[2]。ここで，I_D はドレイン電流，V_D はドレイン電圧，V_G はゲート電圧，Z はチャネル幅，L はチャネル長（ソース・ドレイン間距離），C_i は単位面積あたりのゲート絶縁膜の静電容量，V_o は閾値電圧，$I_{D, sat}$ はドレイン飽和電流である。圧着のみで TFT を作製するため，有機単結晶そのものを加工することなく移動度評価が可能で，しかも，ゲート絶縁膜上から取り外し，再度，圧着することができるため，移動度の異方性を評価できる[4]。上述のバンド計算とあわせて，今後，有機結晶半導体の簡便な移動度評価法として重要となると考えられる。

3.3 電荷移動度評価法

無機結晶半導体では移動度評価には Hall 効果の測定が用いられているが，有機半導体では，上述の TFT を用いる方法以外には，time-of-flight（TOF）法[6]，空間電荷制限電流（SCLC）測定[2]などが用いられている。Hall 効果は装置にもよるが，筆者の経験では，抵抗率が 1 Ωcm 以上であると測定がかなり困難となる。有機半導体はほぼ絶縁体であるため，Hall 効果による測定例が数少ない。一方，高抵抗材料の移動度評価に用いられているのが上述の TOF，SCLC 法である。

TOF 法ではドリフト移動度，μ_d，が評価できる。μ_d は印加電界（E）方向へのキャリアのドリフト速度 v と $v = \mu_d E$ なる関係で結ばれる。TOF 法では，パルス光照射後の光電流変化を追跡し，μ_d 等の電荷輸送過程に関連する物理量を評価する。測定ではキャリア注入を阻止するブロッキング電極と対向電極を設けたサンドイッチ状の試料に電圧を印加しておき，誘電緩和時間内に片方の電極から試料で強く吸収される光を短時間照射し，シート状のキャリア分布を照射電

極直下に生成する。注入されたキャリアは電界によりドリフトし対向電極に到達する。この間に外部回路に流れる電流を時間分解して計測する。もし，キャリアシートの v が一定で移動する場合，外部回路に流れる電流は $I=Q_0/t_r$ で，対向電極に到達したとき零になる。キャリアシートが対向電極に到達する時間を走行時間 t_r と言い，$t_r=L/\mu_d E$ で与えられる。ここで，Q_0 は注入電荷，L は試料膜厚である。L が既知であれば，μ_d が測定できる。印加電界の極性を変えれば電子，あるいは正孔の μ_d を独立に評価できる。加えて，TOF法の魅力的なところは，μ_d のみならず，キャリアの光生成効率，飛程，寿命，拡散係数，および試料内部の電界分布[7,8]，局在状態のエネルギー分布[9] を評価できることにある。

SCLC法はオーム性電極を有する有機半導体（一般に有機半導体の正孔伝導を調べる場合，有機半導体薄膜を金電極で挟み込んだサンドイッチ状の試料が用いられる）の定常状態での電流 (I)-電圧 (V) 特性を測定する方法である。禁制帯中に捕獲準位が存在しない場合，電圧を試料に印加し始めると $I \propto V$ のオーム性の電流が流れ，印加電圧を上げていくと $I \propto V^2$ なる領域に入る。このような電圧依存性を有する電流をSCLCと呼び，電流-電圧特性は，

$$I = \frac{9}{8}\varepsilon\mu\frac{V^2}{L^3}$$

で与えられる[2]。ここで，ε は試料の誘電率，μ は移動度である。SCLCと判断するには，電流の電圧依存性とあわせて試料膜厚 L 依存性も調べる必要がある。すなわち，上式の場合であると，複数の異なる膜厚を有する試料の電流-電圧特性を I/L 対 V/L^2 プロットし，各電流-電圧特性が同じデータ点列として与えられることを確認する必要がある。この膜厚依存性が認められればSCLCと判断でき，上式を用いて実験結果から移動度を得ることができる。

TOF法は電子，正孔のドリフト移動を同一の試料で測り分けることができるが，測定には1 μm 以上の試料膜厚が必要となる。SCLC測定でも電子および正孔のみが伝導する素子を作製すれば，電子，正孔の移動度を測定することができ，かつ，有機発光素子や太陽電池で用いられる程度の膜厚（〜50nm）の薄膜の移動度評価を行うことができる[10]。しかし，実際には半導体中に局在準位が存在すると正確な移動度の値を算出するのが難しくなる[2]。

3.4 有機アモルファス半導体

一般に，有機半導体は，軽く，生産コストが安く，大面積製膜でき，フレキシブルで，製膜自体が容易である特長を有しているが，このような特長を十分に発揮させるためには，スピンコートやキャスト，インクジェット法などの製膜法で製膜できる有機アモルファス半導体に限られてくる。太陽電池には，C_{60} と poly(paraphenylenevilylene)（PPV）のバルクヘテロ接合に有機

第1章　基礎理論と光合成

アモルファス半導体が用いられている[11]。

　アモルファス状態にある有機半導体の移動度は高々 10^{-2} cm^2/Vs 程度であり，この程度の移動度測定には主に TOF 法が用いられている。有機アモルファス半導体では，TOF 法で得られたドリフト移動度解析には Gill の経験式，Continuous Time Random Walk モデル，Multiple Trapping モデル，Gaussian Disorder モデル（GDM）などが提案されているが，最近では，GDM を用いるのが一般的である[12]。GDM では，単純立方格子上の各格子点（ホッピングサイト）に，正規分布に従うエネルギー的乱れ（diagonal disorder）と幾何学的乱れ（off-diagonal disorder）が存在し，それらが独立にキャリアのホッピングによる移動に影響を及ぼすと仮定する。Monte Carlo simulation による数値データを解析した結果，次式のような経験式が導かれた[12]。

$$\mu(\hat{\sigma}=,\Sigma,E) = \begin{cases} \mu_0 \exp\left[-\left(\frac{2}{3}\hat{\sigma}\right)^2\right]\exp[C(\hat{\sigma}^2-\Sigma^2)E^{1/2}] & (\Sigma \geq 1.5) \\ \mu_0 \exp\left[-\left(\frac{2}{3}\hat{\sigma}\right)^2\right]\exp[C(\hat{\sigma}^2-2.55)E^{1/2}] & (\Sigma \geq 1.5) \end{cases}$$

ここで，$\hat{\sigma}=\dfrac{\sigma}{kT}$　$\sigma=\dfrac{3}{2}kT_0$，σ は状態密度の幅，T_0 は状態密度の幅を温度単位で表わしたもの，Σ は幾何学的乱れの程度を表わすパラメーター，C は定数で，典型的な値は 2.9×10^{-4} (cm/V)$^{1/2}$，μ_0 はエネルギー的乱れが消失したときの仮想的なドリフト移動度の値である。

　上式を有機アモルファス半導体の輸送データに適用することにより σ や Σ の disorder parameter が算出できるが，これらの起源は長らく不明のままであった。近年，σ は電荷輸送性分子の双極子モーメントと電荷との相互作用によって記述できることが報告されている。電荷輸送性分子の永久双極子モーメントがランダムに分布するために電荷におよぼす静電ポテンシャルに揺らぎを生じ，それが van der Waals 力に起因するポテンシャルに重畳すると仮定する。従って，σ は van der Waals 力に起因する項 σ_{vdu} と双極子に起因する項 σ_d に分けられる。ここで van der Waals 力に起因する項が正規分布であると仮定すると $\sigma=(\sigma_d^2+\sigma_{vdu}^2)^{1/2}$ となる。双極子モーメントに起因する項は，

$$\sigma_d = \frac{Ac^{2/3}D}{a^2\varepsilon}$$

と見積もられていて，ここで，c は双極子の濃度，a は分子間距離，D は双極子モーメント，A の値として 3.06〜8.32 が報告されている[13]。上述の結果は，双極子モーメントと σ_d が比例することを意味しているが，実際に，双極子モーメントの異なる電荷輸送分子の σ は双極子モーメントに比例して大きくなることが示されている[12]。なお，この様な場合でも局在状態のエネルギー

分布を測定することが可能である[9]。

一方，Σの起源は，現在でもあまり明確にはなっていない。GDM の前提からΣの起源は，ホッピングサイト間距離の揺らぎと捉えるのが一般的である。また，GDM ではホッピングサイトを点として扱っているが，実際にはホッピングサイトには電荷輸送性分子が存在している。電荷輸送性分子にはπ電子系の発達した平面的な分子が多いが，分子間の配向方向の違いにより transfer integral は大きく変化する[14]。このため，Σの起源には transfer integral の揺らぎも大きな要因となることが容易に推察できる。さらに，伝導キャリアの percolation もΣの原因になることが示されている[15]。この様に，σとは異なりΣの中には分離不可能な複数の寄与がある事が分かる。Σの起源には不明確さを残すにせよ，GDM から得られるσの値より有機化合物の局在状態に関する情報を得ることができるため，GDM による解析は重要である。

GDM は低分子系の有機アモルファス半導体で提案されたモデルであるが，有機高分子半導体でも用いられている。この際，高分子のセグメントをホッピングサイトとみなして解析が行われている[16]。

σが双極子モーメントと電荷との相互作用に起因するとすると電荷のエネルギー分布は空間的な相関を有することになる。双極子モーメントと電荷との相互作用はクーロン相互作用であるため，近距離からの寄与は空間的に変化するが，長距離からの寄与はあまり変化しないためである。このようなエネルギー相関を取り込んだ輸送モデルが Correlated Disorder Model（CDM）[17] と呼ばれているものである。この場合のμは，

$$\mu = \mu_0 \exp\left[-\left(\frac{3\sigma}{5kT}\right)^2 + 0.78\left\{\left(\frac{\sigma}{kT}\right)^{1.5} - \Gamma\right\}\sqrt{\frac{eEa}{\sigma}}\right]$$

で与えられる。ここで，Γ は幾何学的乱れを表し，σ は双極子モーメント−電荷相互作用のみの寄与であると説明されている。広範囲の温度，電界で測定されたμの値は，GDM より CDM で良く記述できるようである。PPV 誘導体でも CDM による解析が行われ，エネルギー的乱れなどが評価されている。

3.5 まとめ

有機太陽電池に用いられる結晶半導体，アモルファス半導体の伝導に関してトピックス，評価法，伝導モデルを概説した。有機半導体に特有な評価法，伝導モデルの存在をご理解いただけると幸いである。さらに，ホッピング伝導系では，移動度端が存在するのか，存在するとすればその位置（1 光子吸収の吸収極大は励起子吸収によるもので，伝導準位は吸収極大の 0.3～1.0eV 高エネルギー側に存在することが多い）はどこかなど，無機半導体では意識されなかったことが

第1章 基礎理論と光合成

問題になってきている[18]。これらの物性は有機デバイス設計,有機デバイス解析にとっても重要な知見となるため,電荷伝導機構とあわせて重要な課題である。

文　　献

1) M. Thompson, 本書
2) R. Farchioni and G. Grosso, Organic Electronic Materials (Springer, Berlin, 2001)
3) J. L. Bredas, J. P. Calbert, D. A. da Silva Filho and J. Cornil, *Proc. Nat. Acad. Sci.*, **99**, 5804 (2002)
4) V. C. Sundar, J. Zaumseil, V. Podzorov, E. Menard, R. L. Willett, T. Someya, M. E. Gershenson and J. A. Rogers, *Science*, **303**, 1644 (2004); V. Podzorov *et al.*, *Phys. Rev. Lett.*, **93**, 086602 (2004)
5) D. A. da Silva Filho *et al.*, *Adv. Mater.*, in press (2005)
6) 内藤, 高分子, **51**, 958 (2002)
7) F. K. Dolezalek, in Photoconductivity and Related Phenomena, eds. J. Mort and D. M. Pai (Elsevier, Amsterdam, 1976)
8) 内藤, 電子写真学会誌, **27**, 578 (1988)
9) T. Nagase, K. Kishimoto and H. Naito, *J. Appl. Phys.*, **86**, 5026 (1999);永瀬, 内藤, 固体物理, **38**, 855 (2003)
10) K. Manabe, W. Hu, M. Matsumura and H. Naito, *J. Appl. Phys.*, **94**, 2024-2027 (2003)
11) C. J. Brabec, N. S. Sariciftci and J. C. Hummelen, *Adv. Funct. Mater.*, **11**, 16 (2001)
12) P. M. Borsenberger and D. S. Weiss, Organic Photoreceptors for Imaging Systems, (Marcel Dekker, New York, 1993); M. Pope and C. Swenberg, Electronic Processes in Organic Crystals and Polymers, 2 nd Ed. (Oxford University Press, New York, 1999); E. A. Silinsh and V. Capek, Organic Molecular Crystals (American Institute of Physics, New York, 1994)
13) A. Hirao and H. Nishizawa, *Phys. Rev. B*, **54**, 4755 (1996)
14) J. H. Slowik and I. Chen, *J. Appl. Phys.*, **54**, 4467 (1983)
15) N. Ogawa and H. Naito, *Electrical Engineering in Japan*, **140**, 1 (2002)
16) T. Nakamura, K. Oka, F. Hori, R. Oshima, H. Naito and T. Dohmaru, *J. Imaging Science and Technology*, **4**, 371 (1998)
17) P. E. Parris, V. M. Kenkre and D. H. Dunlap, *Phys. Rev. Lett.*, **87**, 12660 (2001)
18) 内藤, 応用物理学会誌, **73**, 924 (2004)

4 有機薄膜太陽電池の基礎理論の概念

藤枝卓也[*1], 吉川暹[*2]

4.1 太陽電池セルの等価回路[1)]

理想的な整流作用を示すダイオードを用いた太陽電池の光照射下での電流-電圧特性（J-V 特性）は、理想的ダイオードの J-V 曲線(a)を電流のマイナス方向へそのまま平行移動した(b)ようになる（図1(A)）。すなわち、ダイオードには基底状態、励起状態の2つの準位しか存在しないという2準位モデルに基づく理論 J-V 曲線、

$$j = j_0\left[\exp\left(\frac{eV'}{kT}\right) - 1\right] \quad [\text{理想的ダイオードの J-V 特性}] \qquad (1)$$

を $|j_{sc}|$ だけ下方へ平行移動した、（j_{sc} がマイナスの値をとることに注意せよ！）

$$j = j'_{sc} + j_0\left[\exp\left(\frac{eV'}{kT}\right) - 1\right] \quad [\text{理想的な J-V 特性}] \qquad (2)$$

が理想的な太陽電池特性となる。ここで、j_{sc} は飽和電流密度、j_0 は逆飽和電流密度である。この2準位モデルを用いて、そのエネルギーギャップより大きなエネルギーを持つ太陽光 [1.39kW] をすべて吸収して光電変換を行なった場合の理論光電変換効率は、エネルギーギャップがおよそ 1.3V の時に最大値30%をとる。これはより多くの光を吸収しようとエネルギーギャップを小さくすると、電流は増加するが、電圧は逆に低下するというトレードオフの関係が存在するためである。

しかしながら実際の太陽電池では、ダイオード特性の歪によるダイオード因子 γ、電極や積層有機薄膜の界面などにおけるシリーズ抵抗 R_s、および、内部短絡によってダイオードと並列にオーミックに流れる漏れ電流 j_p（抵抗値 R_p）が存在するため、現実的な J-V 特性は次式によって表わされる[2)]。

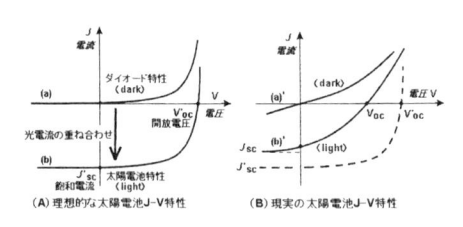

図1 理想的な太陽電池セルと現実の太陽電池セルの J-V 特性の比較

[*1] Takuya Fujieda　フジエダ電子出版㈲　代表取締役；京都大学　エネルギー理工学研究所　分子集合体設計研究室　非常勤職員

[*2] Susumu Yoshikawa　京都大学　エネルギー理工学研究所　教授

第1章 基礎理論と光合成

$$j = j'_{sc} + j_0\left[\exp\left(\frac{e(V-jR_s)}{\gamma kT}\right) - 1\right] + \frac{V-jR_s}{R_p} \quad [\text{現実的な J–V 特性}] \tag{3}$$

このJ–V曲線を図1(B)に、また、対応する電気等価回路を図2に示す。有機薄膜太陽電池の材料設計とは結局、この R_p をいかにして大きくし、R_s をいかにして小さくするかということになる。したがって、これらの抵抗値が太陽電池の構成材料のどのような物性と関係づけられるのか理解しておくことが重要であろう。この点については最後に再び議論する。

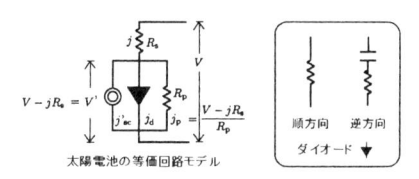

図2 現実の太陽電池の等価回路

・短絡電流が多い場合（R_p=小、R_s=0）、j_0=大
　⇒開放電圧が小さくなる。
・直列抵抗が大きい場合（R_p=∞、R_s=大）、
　⇒飽和電流が小さくなる。

4.2 分子性固体の電子構造

有機薄膜太陽電池では有機色素が光を吸収し、励起子を生成することから光電変換プロセスが始まる。続いて励起電子とホールが束縛されたまま、"同じ方向へ"移動する励起子拡散、電子とホールの束縛が絶たれる電荷分離、さらに電子、ホールが独立に移動するキャリア移動を経て、外部回路に電流が取り出されることになる。キャリア移動の場合、分子間で電子やホールの交換（輸送）を必ず伴うが、励起子拡散においては実際に電子やホールの交換をともなう場合［デクスター機構］[3]と伴わない場合［フェルスター機構］とがある[4]。しかし、このような励起子生成後の光電変換の素過程は、そのメカニズムの詳細に目をつむれば、半導体の

① 伝導帯中での電子の挙動
② 価電子帯中でのホールの挙動

という2つの物理現象として捉えることができる。実際、物質中の電子の拡散係数 D_e と移動度 μ_e とのあいだにはアインシュタインの関係式、

$$\mu_e kT = eD_e \tag{4}$$

が成り立っており、「拡散」と「移動」は共通の原理に還元されうる。

有機薄膜太陽電池に用いられる材料は、集電のための電極を除けば、ファンデルワールス力によって凝集した分子性固体（図3）で構成される。一般的に分子性固体では、分子内の相互作用に比べて分子間相互作用の方がずっと小さいため、電子波動関数は各分子上にかなり局在している。しかしながら、ある程度の分子間相互作用、すなわち、各分子軌道どおしの重なりによってバンドが形成され、占有分子軌道からは満たされたバンド、非占有分子軌道からは空のバンドが

作られる。また，最高被占分子軌道（HOMO）から形成される価電子帯と最低空分子軌道（LUMO）から形成される伝導帯との間にバンドギャップが存在するため，分子性固体はほとんどの場合，半導体，または絶縁体となる。

このときバンドを構成する分子軌道どうしの相互作用が大きくなればなるほどバンド幅は広くなり，逆に小さくなれば狭くなる。電子伝導性のような結晶全体にわたる電子物性は，バンドモデルを用いて首尾一貫した議論もある程度

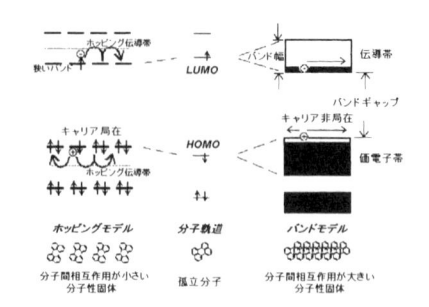

図3 分子性固体の電子構造の分類

可能である。しかし，バンド幅が熱エネルギー kT に対して十分大きいときとそうでないときでは，固体の電子物性は質的に大きく異なるので，バンドモデルとは別にホッピングモデルが存在する[5]。

半導体の電子の一部は価電子帯から伝導帯に励起され，価電子帯の上端にはホールが，伝導帯の下端には電子がそれぞれ $2\sim3\,kT$ 程度のエネルギー幅（＝運動エネルギー分布）を持って分布する。このとき，バンドが十分広ければ，伝導帯は部分的に満たされたバンドとなり，電子は金属のようなバンド伝導が可能となる。しかし，バンド幅が不十分だと熱的に励起された電子は後に説明するように大きな有効質量を持つことになる。その場合，格子振動（フォノン）との相互作用によって形成されるホッピング伝導帯を考慮するホッピングモデルが適用される。その境となるバンド幅は室温では，およそ0.05eVほどに相当する。多くの高分子化合物ではπ電子共役鎖の垂直方向でのバンド幅は0.01～0.1eVなので，その方向への電子移動はホッピング伝導，一方，共役鎖に沿った方向でのバンド幅は0.5～5 eVとなるので，その方向ではバンド幅が大きくなるに従い，ホッピング伝導からバンド伝導へと伝導機構が変化すると期待される。以上，エネルギーバンド幅に基づいた説明だが，1電子波動関数が結晶内に非局在化している電子構造を持てばバンド伝導となり，1分子内に局在化していれば分子から分子へ電子やホールがジャンプしていくホッピング伝導となる，というように電子の空間的な広がりに着目して述べることもできる。

なお，バンド伝導とホッピング伝導，これら2つの伝導機構は実験的には移動度の温度依存性から判別可能である。すなわち，温度の上昇とともに移動度が増加する場合はホッピング伝導，減少する場合はバンド伝導と考えてよい。また，伝導機構の違いによってキャリア移動度の値に大きな差があることから，移動度が$10\,[\mathrm{cm^2/Vs}]$以上ではバンド伝導，$1\,[\mathrm{cm^2/Vs}]$以下ではホッピング伝導と判断してもおおむね間違いない。

第1章 基礎理論と光合成

4.3 非局在化[6]

電子移動や励起子拡散の説明にしばしば使われる「非局在化」という概念について少し説明を加えておく（図4）。量子力学によれば，電子，光子に限らず，すべての物質は粒子性と波動性を合わせ持っている。すなわち，エネルギー ε，運動量 p を運ぶ粒子は，同時にプランク定数 h を用いた $\varepsilon=h\nu$, $p=h/\lambda$ なる関係式で定まる振動数 ν，もしくは波長 λ で特徴づけられる波動としての性質も持つ。この波動性・粒子性どちらの性質が強く現れるかは，物質が互いに相互作用し合う時間とその波動関数の空間的な広がりに依存する。これは不確定性原理として知られるように位置と運動量，もしくはエネルギーと時間，それぞれの確度がトレードオフとなっているためである。たとえば，古典的な粒子のように電子の存在する位置を正確に指定すれば，そのときの電子の運動量は不確定となり，波長を定めることはできなくなる。これとは逆に電子が全空間に非局在化，すなわち位置の情報を失うと運動量は正確に決まる（＝波長が正確に決まる）ようになり，波動としての性質が現れる。この状況は極限まで局在化した粒子の波動関数である δ 関数が逆フーリエ変換を用いて次のように表現できることを見ればよい。

$$\delta(x-x_0) = \frac{1}{2\pi} \int_{-\infty}^{\infty} \exp(ik(x-x_0))dk \tag{5}$$

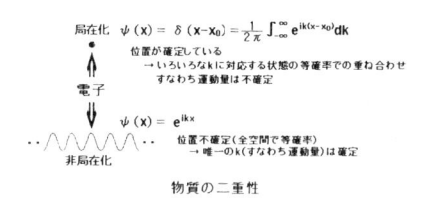

図4 物質の二重性（2つの極限状態）

ここで，$\psi(x)=\exp(ikx)$ は自由粒子の波動関数，つまり，ポテンシャル $V(x)=0$ というもっとも簡単なシュレーディンガー方程式の解で平面波と呼ばれる。平面波で表せる状態にある粒子を見い出す確率は，$|\exp(ikx)|^2=1$ であることから全空間どこでも同じである。したがって，粒子が非局在化していることを表し，そのときの運動量は $\hbar k$ の確定値をとる。一方，(5)式を見ると，波動関数，$\psi(x)=\delta(x-x_0)$ で表される極限まで局在化した粒子は $-\infty$ から $+\infty$ までのあらゆる運動量（波数 k）を持つ平面波の重ね合わせである。

実際の物質中の電子は，平面波が示すように無限に非局在化しているわけではなく，δ 関数で示されるように1点に局在しているわけでもない。孤立した分子では分子サイズ程度，金属中においてさえも，数オングストロームからナノメーター程度の有限空間に広がった「ひとつの波」として存在する。このような量子力学的な波動としての性質を一般的にコヒーレンス（可干渉性）と呼ぶ。また，空間におけるその実質的な広がりをコヒーレンス長といい，波動関数がデルタ関数 $\delta(x-x_0)$ であるときは 0，平面波 $\exp(ikx)$ であるときは，∞ ということになる。

バンド理論が適用可能な場合，電子状態は結晶格子の周期ポテンシャルと相互作用して変調さ

れた平面波 exp(ikx)・u(x) で近似される（ブロッホの定理）。つまり，電子は非局在化していると近似できる。電場などから力を受けた伝導帯にある電子がかなりの長い距離にわたって散乱されることなく，いくつもの原子を通り抜けるように進行することができるのはこのような理由による。電子のようなフェルミ粒子は1つの状態に1つの粒子しか収容できないが，ボース粒子は1つの状態にいくつでも粒子を収容することができる。1つの状態（＝1つの位相）に大量のボース粒子である光子を収容した状態がレーザー光，つまり，位相の揃った強い光ということになる。

4.4 バンド伝導

半導体中の伝導電子が非局在化している場合，その程度は結晶の完全性，すなわち，格子欠陥や不純物濃度，あるいは原子の熱振動による結晶の格子揺らぎの大きさから決まる。もちろん，結晶の完全性が高いほど非局在性が大きくなる。半導体中に電場勾配が存在すると，伝導電子は加速と散乱を繰り返しながら進んでいくと考えられる。電子を一つひとつ追跡するようなことはできないのであるが，古典的な描像において，散乱から次の散乱までの平均時間を緩和時間 τ，その間に電子の進む距離を平均自由行程 l と呼ぶ。ここで，電子の進む平均速度を v とすれば，$l = v\tau$ が成り立つ。電子を粒子と捕らえる古典論では，オームの法則は導けても，なぜ，平均自由行程 l が原子間距離よりはるかに大きな値をとるのか説明できず，バンド理論が必要となる。

バンド理論においては固体中で電子が受ける外力は一定の割合で遮蔽，または増幅されると考える。つまり，真空中に比べて見かけ上電子は重くなったり，軽くなったりする。固体中でニュートンの第2法則を形式的に満足させるためには，電子の質量をバンドのエネルギー分散 $\varepsilon(k)$ の曲率を用いて次のように定めればよく，有効質量と呼ばれる。

$$\frac{1}{m_e^*} = \frac{1}{\hbar^2} \frac{d^2 \varepsilon}{dk^2} \tag{6}$$

一般的な $\varepsilon(k)$ の形状からは，有効質量はバンド幅が広い場合は小さく，狭い場合は大きいと予想できる。また，バンドの中においてもバンドの両端で有効質量の絶対値は小さく，中央付近では大きい。ただし，バンドの上端では有効質量が負となり，この状態は，「正の質量を持ち，電子とは反対の正電荷を持った仮想粒子，ホール」として取り扱われる。多くの半導体において，キャリアとなる電子は伝導帯の底に数 kT の幅で存在しているので，小さな正の有効質量を持つことが多い。また，直接ギャップ半導体では，バンドギャップが大きいほど有効質量は小さい。ただし，電子が格子を大きく歪めてポーラロンを形成する場合，電子はその分だけ重くなり，バンドの底，もしくはそのすぐ下に不純物準位と同じように新しい準位が形成され，ホッピング伝

第1章 基礎理論と光合成

導を示す。

　バンド伝導によって波動的に伝播する性質を持つ電子の散乱はブラッグ反射によってよく記述される。伝導電子が結晶格子の熱振動であるフォノンによって散乱される際，運動量$\hbar k$は必ずしも保存されない。回折条件は，逆格子ベクトルGの分だけの不定性を許すからである。つまり，波数ベクトルkの電子がフォノンqを得て，波数k'に変化するときの変換則は，$k+q+G=k'$；$|k|=|k'|$となる。$G=0$である場合を正常過程，$G\neq 0$である場合をウムクラップ過程とよぶ。ウムクラップ過程は，電子の散乱角がπに近い反転に相当し，電子は電場によって得たエネルギーを格子に熱として与えて失う過程である。この反転散乱を引き起こすことができる$|q|$には最小値$|q_0|$が存在し，$|q|>|q_0|$を満足するフォノンの存在確率は温度Tが高くなると，exp(－T_0/T)に比例して増加する。つまり，バンド伝導において電気抵抗は温度の上昇とともに増加する。電子は結晶の欠陥，不純物原子などからも強い散乱を受け，実際上，これらによる散乱が電気抵抗の主要成分であることが多い[7]。

4.5 出力電圧と擬フェルミ準位

　太陽電池の理論出力電圧は半導体の底の電位ε_Cと価電子帯の上端の電位ε_Vの差，$\varepsilon_C-\varepsilon_V$ではない。バルクヘテロ接合を用いた電池の場合ならば，ドナー準位，アクセプター準位の差ではない。普通の化学電池の場合と同じように両極の電子の自由エネルギーの差ΔGから算出される。

　光吸収体のバンド構造がわかれば状態密度関数が求まる。すると，伝導帯にあるキャリア電子密度，価電子帯にあるホール密度はフェルミ－ディラック分布関数を用いて次式で計算可能である。

$$n_e = \int f(\varepsilon)D_e(\varepsilon)d\varepsilon, \quad n_h = \int (1-f(\varepsilon))D_h(\varepsilon)d\varepsilon \quad (7)$$

図5(A)に示すように，室温の輻射熱（T=300K）の下で熱力学平衡にある真

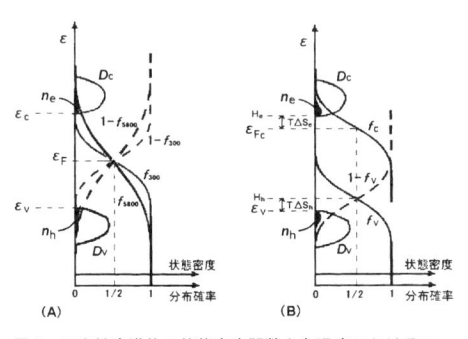

図5 (A)真性半導体の状態密度関数と各温度におけるフェルミ・ディラック分布関数
　　(B)真性半導体の状態密度関数と室温における擬フェルミディラック分布関数

図中の記号の意味は，D_c：伝導帯の状態密度関数，D_v：価電子帯の状態密度関数。
ε_c：伝導帯の底の電位，ε_V：価電子帯の上端の電位，
ε_F：フェルミ準位，f_{300}：室温での輻射場と平衡にあるFD分布関数，f_{5800}：太陽表面の輻射場と平衡にあるFD分布。
ε_{Fc}：伝導帯にある電子の擬フェルミ準位，ε_{Fv}：荷電子帯にあるホールの擬フェルミ準位，f_v：室温の輻射場と平衡にある価電子帯の擬FD分布，f_c：室温の輻射場と平衡にある伝導帯の擬FD分布。

有機薄膜太陽電池の最新技術

性半導体の場合、フェルミ分布関数 $f_{300}(\varepsilon)$ はギャップの中央にあるフェルミ準位 ε_F 付近で急激に変化し、伝導帯ではほとんど0、価電子帯では1に近い値をとる。そのため、暗闇での真性半導体のキャリア濃度は非常に小さい。一方、半導体に太陽光が照射され、太陽の温度5,800Kの輻射場との熱力学平衡を考える場合、フェルミ分布関数 $f_{5800}(\varepsilon)$ のエネルギー依存性は緩やかになり、伝導帯において有意な値をとるようになる。そのためキャリア密度は増加する。このようにして太陽光を当てた時の伝導帯にあるキャリア密度が計算でき、さらに拡散係数か移動度がわかれば、最終的に次式に従って太陽電池に流れる電流値を理論的に見積もることができる。

$$j_e = en_e\mu_e E + eD_e \nabla_x n_e$$
$$j_h = en_h\mu_h E + eD_h \nabla_x n_h \tag{8}$$

ここまでの話しは厳密ではあるが、実際に状態密度 $D_c(\varepsilon)$、内部電場を正確に求めることは現状では理論的にも実験的にも難しい。そこで、伝導帯の底付近の伝導電子は有効質量 m_e^* を持つ自由電子とみなす近似が用いられる。この近似によれば伝導帯中の電子のエネルギーは、

$$\varepsilon_e = \varepsilon_C + \frac{\hbar^2 k_e^2}{2m_e^*}, \quad \varepsilon_h = \varepsilon_V + \frac{\hbar^2 k_h^2}{2m_h^*} \tag{9}$$

と表すことになる(価電子帯の有効質量 m_h^* のホールに対する表式も右に併記することにする)。その場合、キャリア密度は、

$$n_e^* = N_C \exp\left(-\frac{\varepsilon_C - \varepsilon_F}{kT}\right), \quad n_h^* = N_V \exp\left(-\frac{\varepsilon_V - \varepsilon_F}{kT}\right) \tag{10}$$

ただし、

$$N_C = 2\left(\frac{2\pi m_e^* kT}{h^2}\right)^{3/2}, \quad N_V = 2\left(\frac{2\pi m_h^* kT}{h^2}\right)^{3/2} \tag{11}$$

で与えられる。

しかし、ここで用いられるフェルミ準位 ε_F は太陽光照射下で十分長い時間が経過した後の「伝導帯と価電子帯との間を行き来しながら熱平衡状態」にある電子の電気化学ポテンシャルであって、太陽電池の出力電圧とは直接関係づけられるものではない。太陽電池はそのような熱力学平衡にある電子(ホール)を利用しているのではなく、室温においては非平衡状態として伝導帯に過剰に存在している電子と、同じく、価電子帯に過剰に存在するホールの電気化学ポテンシャルの差を利用しているのである。つまり、伝導帯にある電子と価電子帯にあるホールそれぞれの

第 1 章　基礎理論と光合成

フェルミ準位を考えなければならない．それらを擬フェルミ準位と呼ぶ．頭に「擬」とつくのは，真の平衡状態ではなく，定常状態に対して擬似的に平衡状態の統計力学の考え方を適用するからである．光照射下で定常状態にあるとき，伝導帯にある電子の数は一定と考えられる．励起して伝導帯に入ってくる電子の数と失活して伝導帯から出て行く電子の数がつりあっているからである．十分な時間が経てば伝導帯の電子はそっくり入れ替わってしまうであろう．しかし，励起寿命より十分短い時間スケールであれば，伝導帯のキャリア電子の中のごく少数の電子だけが外界と交換され，同時に少量のエネルギーを交換しているとみなすことが可能であろう．ここで，外界とは価電子帯にある電子，太陽からの熱輻射や室温 300K における格子振動のことを指す．十分短い時間スケールで考えた伝導帯にある電子からなる系をグランドカノニカル集団とみなすことで，分布関数，

$$n_c = N_C \exp\left(-\frac{\varepsilon_C - \varepsilon_{FC}}{kT}\right), \quad n_h = N_V \exp\left(-\frac{\varepsilon_V - \varepsilon_{FV}}{kT}\right) \qquad (12)$$

を得ることができる．ただし，伝導帯の擬フェルミ準位を ε_{FC}，価電子帯のホールの擬フェルミ準位を ε_{FV} とした．すると，出力電圧 V は，

$$\varepsilon_{FC} - \varepsilon_{FV} = eV \qquad (13)$$

から得られる．吸収領域での擬フェルミ準位の差から求まる電圧 $(\varepsilon_{FC} - \varepsilon_{FV})/e$ は開放電圧 Voc の理論的な上限となる．

擬フェルミ準位 ε_{FC} は伝導帯の底 ε_C よりいくらかエネルギーの低いところにある（図 5 (B)）．それは，ε_C は光学遷移（電子親和力の値）から求められるエネルギー準位であるのに対して，ε_{FC} は電子が伝導体に滞在している時間（＝光学遷移の起こる時間に比べてずっと長い）に起こりうるすべての現象が考慮されている，「ギブス自由エネルギー」に基づくためである．つまり，自由電子として伝導帯中での加速，散乱の繰り返し等を考慮する分だけ熱力学的にはより大きなエントロピー ΔS を持ち，$-T\Delta S$ だけ自由エネルギーは ε_C より低くなるためである．このことは，出力電圧を上げるには伝導帯にある電子のエントロピーをできるだけ小さく（同様に価電子帯にあるホールのエントロピーも小さく）すればよいということを示している．

4.6　有機薄膜太陽電池の構造

バルクヘテロ接合型の有機薄膜太陽電池の場合，光生成された電子とホールは光吸収薄膜中に巨視的に見れば一様に混在している．これらを別々の電極から効率よく取り出すためには，電極と光吸収層との間にキャリア選択能のある薄膜を設置しなければならない．図 6 には模式的にこ

の構造をエネルギーダイヤグラムとして示す。電子伝導性を持つがホール伝導性を持たないn-型薄膜を通しては電子だけが電極まで到達し外部に取り出される。一方，ホール伝導性を持ち，電子伝導性を持たないp-型薄膜を通してはホールだけが電極に到達し外部に取り出される。これらキャリア選択薄性膜は整流作用を発現させるだけでなく，金属表面での励起電子とホールとの再結合を防ぐ役割もある。（－）極側に理想的なn型薄膜を用いれば，光吸収膜，n型薄膜にわたって伝導帯の電子密度はゆっくり変化し，伝導帯の擬フェルミ準位 ε_{FC} (x) は空間的にほぼ一定である。一方，価電子帯の擬フェルミ準位 ε_{FV} (x) は，n型薄膜中ではホール濃度が急激に減少することに対応して大きな勾配を持ち，電極界面にて伝導帯の擬フェルミ準位と ε_- で一致する。（＋）極側ではこれとは対称的に ε_{FC} がp-型薄膜中で大きな勾配を持ち，ε_{FV} はほぼ光吸収膜の値を持ったまま ε_+ で ε_{FC} と一致する。$(\varepsilon_+ - \varepsilon_-)/e$ が電池電圧を与える。キャリア選択性薄膜が理想的であれば，これは $(\varepsilon_{FC} - \varepsilon_{FC})$ に等しいが，理想からはずれるにしたがい電池電圧は小さくなる。つまり，キャリア選択性薄膜の性能が電池電圧を大きく支配している。

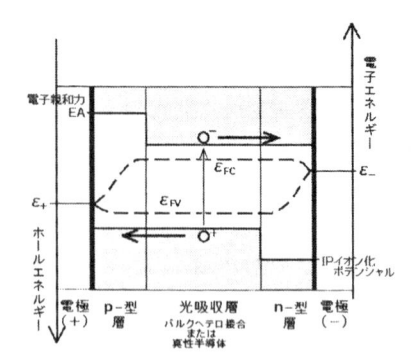

図6 典型的な有機薄膜太陽電池のエネルギーダイヤグラム

4.7 おわりに

以上，はじめに述べた電気等価回路に基づいた太陽電池の特性改善のためのポイントをまとめておく。

j'_{sc}：色素の光吸収波長の最適化，キャリアの再結合の低減。

j_0：ダイオード特性の改善，キャリア密度最適化。

V_{oc}：ドナー・アクセプターのエネルギー準位の最適化。ダイオード特性改善。

R_s：n型層の電子伝導，p層のホール伝導の改善，電極，薄膜間の界面抵抗。

R_p：n型層のホールブロック性，p型層の電子ブロック性の改善。

これらの改善項目はJ-V特性から素子の問題点を抽出する際の最初の手がかりとなろう。

第 1 章　基礎理論と光合成

文　　献

1) C. J. Brabec, V. Dyakonov, J. Parisi, N. S. Sariciftci edt. "Organic Photovoltaic", Capter 4&5, Springer (2003)
2) C. Waldauf, P. Schilinsky, J. Hauch, C. Brabec, *Thin Solid State*, **451-452**, 503 (2004)
3) T. Forster, *Ann. Phys.*, **2**, 55 (1948)
4) D. L. Dexter, *J. Chem. Phys.*, **21**, 836 (1953)
5) 本書, 内藤先生（大阪府立大学）
6) D. F. ウォールス, G. J. ミルバーン著, 霜田幸一, 張吉大訳,「量子光学」シュプリンガー・フェアラーク東京, 第 3 章 (2001)
7) J. H. デイヴィス著, 樺沢宇紀訳,「低次元半導体の物理」, シュプリンガー・フェアラーク東京, 第 8 章 (2004)（この教科書は薄膜の電子物性理論を学ぶ良書）

5 人工光合成系の構築

小夫家芳明*

5.1 はじめに

唯一の入力エネルギーを太陽に依存する地球は46億年から見れば最後の一瞬に，人類活動の産物による大きな摂動により危機的課題に直面している。1785年ワットが蒸気機関のエネルギーをピストン運動から円運動への転換に成功し，自ずと一定の制限のあった人力，馬力の利用から無限の動力エネルギーの使用を可能にする産業革命を誘起した。その後わずか二百数十年間で化石燃料の枯渇，地球規模の温暖化現象を招こうとしている。エネルギー多消費構造を変えずに化石燃料，核分裂，更に核融合など地球にとって外部エネルギー依存度を高めることは，地球の持続可能な生存を脅かすものである。地球に降り注ぐ入力エネルギーを一時的に変換して電力など別のエネルギー形態で利用することが最善の解である。

その点で光→電気エネルギーの変換が注目されるが，太陽電池がエネルギー提供構造を担う役割を果たすには多くのブレークスルーが必要である。光合成に限らず生命の営みを担っている機能はどれを見ても素晴らしい。自然の光合成の機能構築原理を学び，優れた機能の本質を探り，機能ユニットの構築を模索することで自然の機能に近づく試みについて紹介する。

5.2 光合成を構成するシステム—光捕集アンテナと光合成反応中心

光エネルギーを化学エネルギーに変換する機能中心は光合成反応中心であるが，天然の光合成システムはこの機能中心を多数用意するのではなく，希薄な太陽光エネルギーを捕集するアンテナユニットを周辺に多数配置してエネルギーを集約し，系全体の生産性を高めている。図1にX線構造解析に基づく紅色光合成細菌の膜中での配置図を示した[1, 2]。アンテナ部分は32個のバクテリオクロロフィル（BChl）から形成されている大環状構造のアンテナ錯体LH1と，同様な大環状構造のより小さな18個のBChlのB850とがいずれも膜面に垂直に配置されるバレル構造のBChl集積体を介して効率よく励起エネルギーを伝達することができる。B850は膜面に平行に配置されたB800（右端のLH2にのみ表示）と共にアンテナ錯体LH2を構成するもので，異なった配向分子を組み合わせることによりいずれの方向からの光エネルギーも効率よく吸収することを可能にしている。反応中心はLH1の内側の16本の膜貫通αヘリックスが取り囲む中央の空間に配置され，B800→B850→LH1とエネルギー勾配に従って集約される光エネルギーを受け取って，光→化学エネルギー変換機能の中核を担う。このB850，LH1のBChl色素配列は一対のα，β膜貫通タンパク質ヘリックスのヒスチジン側鎖のイミダゾールからクロロフィルの中心

---

* Yoshiaki Kobuke　奈良先端科学技術大学院大学　物質創成科学研究科　教授

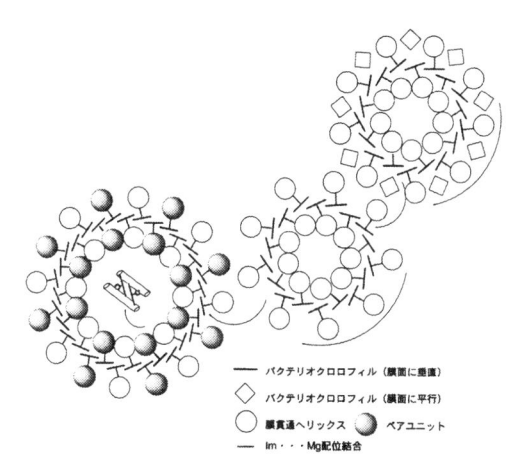

図1 紅色光合成バクテリアにおけるアンテナ-反応中心系の配置

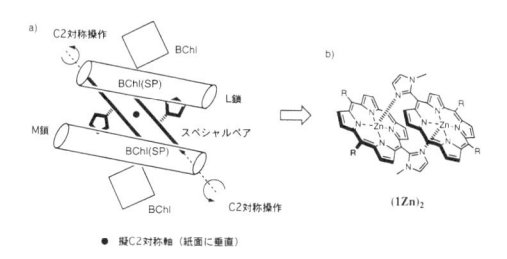

図2 紅色光合成バクテリアの反応中心の配列(a)とスペシャルペアモデル(b)

金属 Mg への配位結合したユニット（図1に動径方向の●で表示）を環状に配列したものである。

一方膜タンパクとして初めて X 線結晶構造解析に成功した紅色光合成細菌の反応中心は，二枚の BChl が中心をずらして平行に配列した構造のスペシャルペア（SP）を中心に電子受容体が配置され，SP を通る擬 C2 対称軸を有している（図2a）。

5.3　電荷分離中心機能体の構築

上記の結晶構造において BChl は L, M 鎖中の膜貫通ヘリックスから提供されるイミダゾリル基の Mg 中心への配位を受けて2量体構造を作っている。BChl 分子軸に関して反旋的に C2 対

称操作を行うとイミダゾリル基は相手側の BChl（Zn ポルフィリンで代用）に担持できるので、イミダゾリル Zn ポルフィリンはタンパク質を使わずに相補的配位結合により SP 構造を形成すると考えられる（図2b）。

事実イミダゾリル Zn ポルフィリン錯体 **1Zn** は定量的に SP 構造の2量体（**1Zn**)$_2$（それぞれの 18π 電子系が中心をずらして互いに van der Waals 接触）として存在し、平衡定数がトルエン中で $10^{11}M^{-1}$（Gibbs の自由エネルギー変化は 15kcal mol^{-1}）に達した[3]。通常の N-メチルイミダゾールの Zn ポルフィリンに対する平衡定数約 10^4M^{-1} に対し極めて大きく、相補性が安定構造の形成に大きく寄与している。

これにより構造化学的に天然系に忠実な SP 構造体が得られた。酸化還元電位を測定すると2量体は単量体（過剰の N-メチルイミダゾールを添加して調製）に比べ、ほぼ同じ第一酸化電位を示し、（直感的に予測される）電位の易酸化側シフトは起こっていない。しかし2量体を構成するポルフィリンの一方が酸化されると、対面するポルフィリンの酸化電位は難酸化側にシフトし、また、酸化還元電位の溶媒効果も2量体は単量体の約半分で、カチオンラジカルが SP 構造全体に非局在化していることを示した。

そこで、SP 構造の電荷分離反応に対する効果を検討するため、電子受容体のピロメリットイミドを固定した化合物（**2Zn**)$_2$, (**3Zn**)$_2$, (**4Zn**)$_2$ を合成した。これらはいずれも溶液中で相補的2量体を形成しているので、単量体を得るため過剰量（200等量）の N-メチルイミダゾールを添加し **2Zn**, **3Zn** と **4Zn** とした。表1にそれぞれの蛍光消光の度合いと電荷分離（CS）及び電荷再結合（CR）の時定数を挙げた。

いずれの系列においても蛍光消光度は単量体より2量体のほうが大きく、2量体での電子移動の速やかさを示している。また単量体では CS より CR のほうが速く、電荷分離の効率が悪い。一方2量体では見事に逆転している。従って<u>2量体の形成は CS を加速する一方で CR を減速し、電荷分離を効率よく、電荷分離種の寿命を長くしている</u>。何故このようなことが可能かは Marcus プロットを用いて説明される。2量体の場合にはカチオンラジカルが2枚のポルフィリンに非局在化するので溶媒の再配向に必要なエネルギーが少なく、Marcus 放物線が左方にシフトする。上述の通り単量体・2量体で酸化還元電位の変化はなく横軸位置は同じなので、放物線の左側（Marcus の正常領域）に位置する CS（$-\Delta G$ が小さい）の速度はそのまま上方で交点を見つける（加速される）。一方 $-\Delta G$ が大きく Marcus の逆転領域に位置する CR の速度は単量体の放物線から真っ直ぐ降ろした2量体上の交点で減速される[4]（図3）。

SP 構造体はカチオンラジカルを非局在化し再配向エネルギーを下げ、電荷分離効率を高めている。この結論を直接天然系に適用しても良いかは定かではないが、LM 鎖が集まって C2 対称に色素を配置する理由はキノンを2つ用意すること以外には SP 構造体を形成することで、同様

第1章 基礎理論と光合成

表1 ピロメリット置換ポルフィリン2量体，単量体における電荷分離

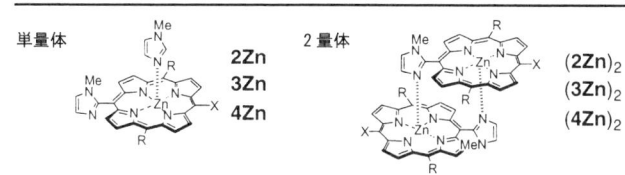

単量体 2Zn, 3Zn, 4Zn 2量体 (2Zn)₂, (3Zn)₂, (4Zn)₂

		電荷分離/ps	電荷再結合/ps	蛍光消光度/%
2	単量体	11	2	99.1
	2量体	2	12	99.5
3	単量体	100	10	95.2
	2量体	24	48	98.3
4	単量体	1000	100	70.3
	2量体	60	2670	94.6

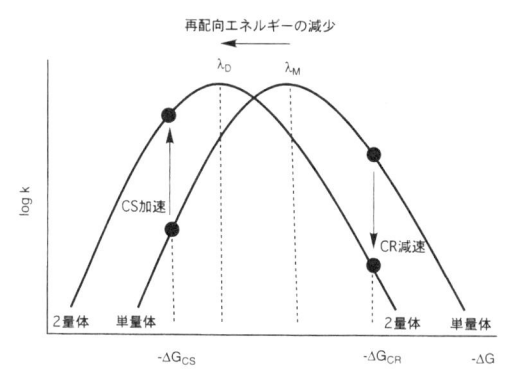

図3 マーカスプロット．2量体形成による再配向エネルギーの減少とCS，CR速度に及ぼす効果

な効果が期待される。これを人工光合成系に使うと，効率的な光電荷分離が達成され，電荷分離状態寿命が長くすることが出来る。

5.4 環状光捕集機能体

図1の光捕集アンテナ錯体は内外のα, β膜貫通ヘリックスが挟み込む2枚のクロロフィルユニット（LH1についてペアを表示）を環状に配列したもので，上記と同様な相補的配位組織化が可能で，イミダゾリルZnポルフィリンは反応中心，アンテナに共通する構造構築原理となり得ると期待された。そこで2つのイミダゾリルZnポルフィリンを120°の角度で連結した単位ユニット**5Zn**を用いると，6個のユニットが環状に繋がった構造体r-(**5Zn**)₆が形成され，合計12個のポルフィリンから成る大環状アンテナポルフィリン錯体が無理なく生成すると期待される（図4，太矢印）。しかし粗生成物のゲル濾過クロマトグラム（GPC）は各種混合物が混在した。これをCHCl₃/MeOHに溶かし（3.5μMの低濃度），次いで溶液を濃縮乾固し，再びGPC分析すると高分子量成分はほぼ完全に消失し，

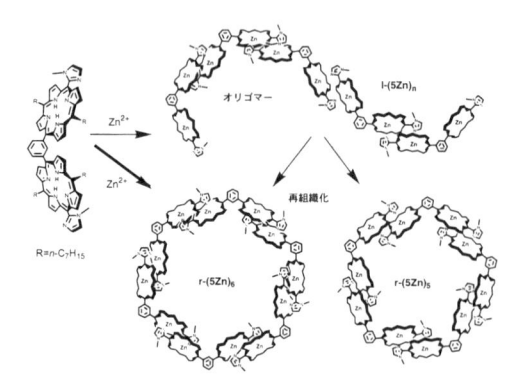

図4 フェニレン連結ビス（イミダゾリル Zn ポリフィリン）の配位組織化

2つの鋭いピークに収束した。即ち分離手法を用いることなく2成分のみが得られた[5]。これは次のように説明できる。当初の Zn 導入は濃厚条件下で、ユニットの供給が十分に行われ、環状体と直鎖体が共に生成する。次に配位結合を切断する溶媒（MeOH）共存下に希釈すると生成した配位結合は切断され、次の濃縮過程で徐々に再組織化が行われる。しかし希釈条件下ではユニットの供給が不十分なので、末端は分子内で相手を捜そうとし、他端と結合すれば相補的組織体が形成できる。この際環状6量体は最も好都合な生成物であり、また環状5量体も120°→108°の環歪みを全体で分け合うことにより生成する。

これら環状構造体の構造については GPC などから種々の証拠が得られたが、閉環メタセシス反応を用いて配位組織体を共有結合で連結することによって最終的な確証を得た。即ちメソ位置にアリルエステル、エーテル基を導入し Grubbs 触媒を作用させると、定量的に閉環メタセシス反応が進行し、配位組織体が互いに共有結合によって連結出来た[6]。出発 Gable ポルフィリンのメソ置換基をアリル置換基に置き換え、同様な手法で環状体に組織化した後メタセシス反応を行った。GPC を用いて分離した2つの成分は 7,909.9（6量体）と 6,592.4（5量体）を与え、それぞれ $r-(6Zn)_6$、$r-(6Zn)_5$ であると同定した[6]。

ポルフィリン組織体をアンテナ体と主張する為には2つの指標（1. 吸収した光励起エネルギーの保持、2. 励起エネルギーの速やかな伝達）を満たす必要がある。色素類の集積はしばしばエネルギー消光を引き起こすが、上記で得られた環状組織体の蛍光強度、寿命はユニット成分のそれと同じで、励起エネルギーは保持されている。一方隣接2量体間のエネルギー移動速度は蛍光偏光解消、過渡吸収スペクトルにより評価し、$r-(6Zn)_6$、$r-(6Zn)_5$ でそれぞれ 5.3、8.0 ピコ秒が得られた[7]。即ち2ナノ秒の寿命の間に数百回の速やかなエネルギー移動が可能である（図5

第1章　基礎理論と光合成

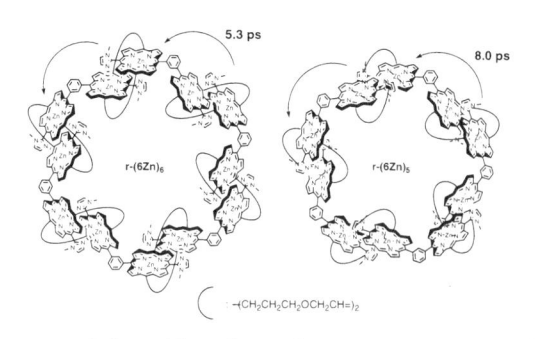

図5　メタセシス固定した環状6量体と5量体におけるエネルギーホッピング速度

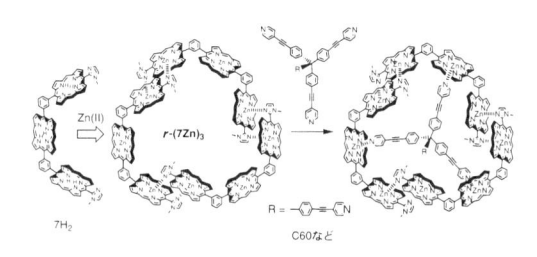

図6　大環状トリ（トリスポルフィリン）r-$(7Zn)_3$ へのトリピリジルゲストの取り込み

矢印）。しかし2量体間はポルフィリンと直交するフェニレン基を介していて，励起子相互作用が弱く天然系の速度0.1〜0.2ピコ秒に比べると遅い。

更に上記のフェニレン連結ビスポルフィリンをトリスポルフィリン7Zn に変えて，環状アンテナ体を構築した[8]。同様な再組織化法により，環状の3量体 r-$(7Zn)_3$ のみ，即ち最も安定な6員環構造が選択的に得られた（図6）。この場合副生の可能性がある2量体（4員環構造）は，大きな環歪みの為生成できない。この組織体は上記の5，6量体と異なり未配位のポルフィリンを環内に3個有し，環中央に向けて3つの配位箇所を提供している。トリピリジルゲストを用いて滴定すると，通常のピリジン配位子の平衡定数 10^3〜$10^4 M^{-1}$ に比べると極めて大きな約 $10^9 M^{-1}$ の大きな平衡定数で強く捕捉され，環内部への協同的な取り込みが行われた。これはLH1が環内部に反応中心を抱え込んでいる機能に相当する。トリスピリジル配位子の R 置換基は任意に選ぶことができ，電子受容体を導入してLH1-反応中心複合体が得られる。

以上をまとめ，図1の光合成バクテリア組織体がいずれも大きな平衡定数を示す人工系で表現することが可能となった（図7）。

49

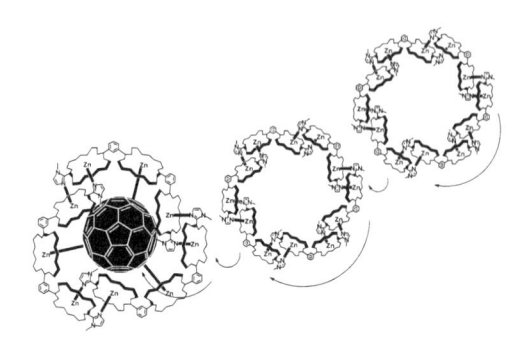

図7 紅色光合成バクテリアの配置を模した人工アンテナ,反応中心複合組織体

5.5 展開

以上の光合成構築ユニットは薄膜太陽電池の設計において重要な指針を与え,その方面の展開から有益な結果を得ているが本稿では割愛する。

文　献

1) a) G. McDermott, S. M. Prince, A. A. Freer, A. M. Hawthornthwaite-Lawless, M. Z. Papiz, R. J. Cogdell, and N. W. Isaacs, *Nature*, **374**, 517 (1995); b) S. Karrasch, P. A. Bullough, and R. Ghosh, *EMBO J.*, **14**, 631 (1995)
2) a) J. Deisenhofer, O. Epp, K. Miki, R. Huber, and H. Michel, *J. Mol. Biol.*, **180**, 385 (1984); b) J. Deisenhofer, and H. Michel, *Angew. Chem. Int. Ed. Engl.*, **28**, 829 (1989)
3) Y. Kobuke and H. Miyaji, *J. Am. Chem. Soc.*, **116**, 4111 (1994)
4) H. Ozeki, A. Nomoto, K. Ogawa, Y. Kobuke, M. Murakami, K. Hosoda, M. Ohtani, S. Nakashima, H. Miyasaka, and T. Okada, *Chem. Eur. J.*, **10**, 6393 (2004)
5) a) R. Takahashi and Y. Kobuke, *J. Am. Chem. Soc.*, **125**, 2372 (2003); b) R. Takahashi and Y. Kobuke, *J. Org. Chem.*, **70**, 2745 (2005)
6) a) A. Ohashi, A. Satake, and Y. Kobuke, *Bull. Chem. Soc. Jpn.*, **77**, 365 (2004); b) C. Ikeda, A. Satake, and Y. Kobuke, *Org. Lett.*, **5**, 4935 (2003)
7) I.-W. Hwang, D. M. Ko, T. K. Ahn, D. Kim, F. Ito, Y. Ishibashi, S. R. Khan, Y. Nagasawa, H. Miyasaka, C. Ikeda, R. Takahashi, K. Ogawa, A. Satake, and Y. Kobuke, *Chem. Eur. J.*, **11**, 3753 (2005)
8) Y. Kuramochi, A. Satake, and Y. Kobuke, *J. Am. Chem. Soc.*, **126**, 8668 (2004)

6 アンテナ色素の合成とモデル系の構築

柴田麗子[*1], 民秋 均[*2]

光合成器官を構成する色素としては,クロロフィル類やバクテリオクロロフィル類が知られている[1]。クロロフィル類は主に真核生物の光合成器官に見られ,バクテリオクロロフィル類は原核生物の細菌類にのみ見い出されている。これらの色素が形成する光合成器官の1つである光収穫アンテナのほとんどが,色素とタンパク質が相互作用することで形成されているが,色素分子の自己会合によって形成されるものも知られている。後者のアンテナは,緑色光合成細菌が持つクロロゾームと呼ばれる特異的な器官においてのみ見られる[2]。このクロロゾームでの主要色素は,バクテリオクロロフィル類に分類されるバクテリオクロロフィル(BChl)-$c/d/e$である(図1)。これらの色素は名称とは異なり,その π 骨格としてバクテリオクロリン環ではなくクロリン環を有している点に注意する必要がある。BChl-$c/d/e$は,3^1位に水酸基を持ち,13^2位にメトキシカルボニル基を有していない点で他のタンパク質相互作用型のクロロフィルと異なっている。これらの色素は,3^1位の水酸基の中心マグネシウム金属への配位結合およびその水酸基と13位のカルボニル基との水素結合によって,脂質の一分子膜で包まれたクロロゾーム中で自己会合体形成を行っている[3]。

一方,BChl-$c/d/e$は,17^2位のエステル上(図1のR_{17})に数種類の長鎖炭化水素鎖を有している。例えば,緑色非硫黄細菌の1つである *Chloroflexus*(*Cfl.*)*aurantiacus* のクロロゾームには,セチル(C_{16}),ステアリル(C_{18}),オレイル(C_{18}),フィチル(C_{20}),ゲラニルゲラニル(C_{20})といった側鎖を有するBChl-cが存在し[4],緑色硫黄細菌でのBChl-$c/d/e$では主にファルネシル基が見られる(図1)。これらの17位側鎖がクロロゾーム内部のBChlの自己集積体においてどのような位置に配置されているのかということや,どのような機能を発現しているのかということに対しては,今だに未解明な部分が多く,現在も研究が続けられている。自己会合体での多数の長鎖炭化水素鎖による疎水場の提供によって,脂質一分子膜によって囲まれている色素会合体の安定化が見込まれており,17位の長鎖が内側に向いているミセル型,逆向きの逆ミセル型,細胞膜構造と同じ二分子膜型の3つの超分子構造がその自己会合体に対して提唱されている(図2)[5]。しかし,天然クロロゾームそのものを用いた研究には限界があるために,モデル系を用いることによってクロロゾームの超分子構造と機能を解明しようとする試みが,我々を含めいくつかの研究グループによって行われている。ここでは,その一部を17位の側鎖に注目し

---

*1 Reiko Shibata 立命館大学 理工学部 助手
*2 Hitoshi Tamiaki 立命館大学 理工学部 教授

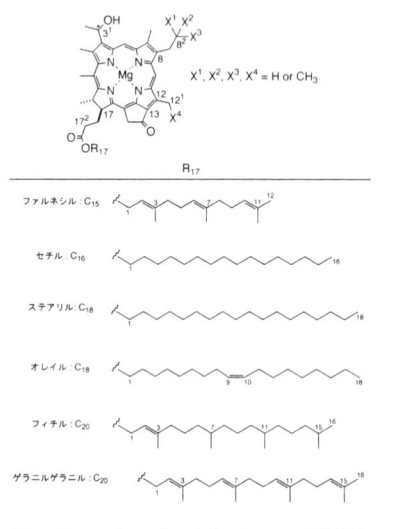

図1 クロロゾーム内にある BChl-c の分子構造

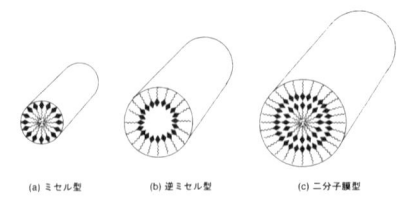

図2 クロロゾームの予想される超分子構造モデル

て述べることにする。

まずは、緑色光合成細菌の培養時に付加的にアルコールを添加して、新規な光合成色素を作らせた[6]。緑色非硫黄細菌である *Cfl. aurantiacus* の培養液に、天然色素の側鎖と同一成分のセチル、ステアリル、フィチルアルコールを添加した時は、対応する側鎖エステルを持つ BChl-c の比率が増加した。また、非天然型直鎖状のデシル（C_{10}）、ドデシル（C_{12}）アルコール添加時には対応する炭化水素鎖エステルの BChl-c が新たに合成されたが、イコシルアルコール（C_{20}）では微量しか、ドコシルアルコール（C_{22}）では全く導入されなかった。これらの添加アルコールに対応する BChl-c が増加した菌体およびクロロゾームの可視吸収（Qy 帯の極大吸収：$\lambda_{max} \approx 740nm$、図3参照）と蛍光発光スペクトル（発光極大 $\lambda_{em} \approx 750nm$）に差は見られず、側鎖の違いによる会合体のスペクトルの違いは観測されなかった。

次に光合成細菌から色素を単離してから新規な化合物に変換し、その自己会合体を構築した。緑色硫黄細菌である *Chlorobium(Chl.) tepidum* から BChl-c を単離したが、この BChl-c は、3^1 位のエピマー体（R体とS体）および 8^2 位と 12^1 位にメチル化度の異なったアルキル側鎖を有する同族体（ホモログ）を含んだ混合物として存在している。単離した BChl-c の 17 位長鎖はファルネシル基であったが、メタノール（C_1）、1-プロパノール（C_3）、1-ヘキサノール（C_6）中で撹拌することによって対応するアルキル基のエステル交換反応を行った[7]。これらの変換 BChl-c をノニオン系界面活性剤であるトリトン X-100（TX-100）の水溶性ミセル中で自己会合させ、それらの可視吸収スペクトルを測定した。17 位長鎖がファルネシル基およびヘキシル基の BChl-c は、それぞれ $\lambda_{max}=743$ と $740nm$ に吸収を持ち、クロロゾーム（$\lambda_{max}=742nm$）に類似した吸収スペクトルを示した。一方、17 位側鎖がプロピル基およびメチル基になった BChl

第1章 基礎理論と光合成

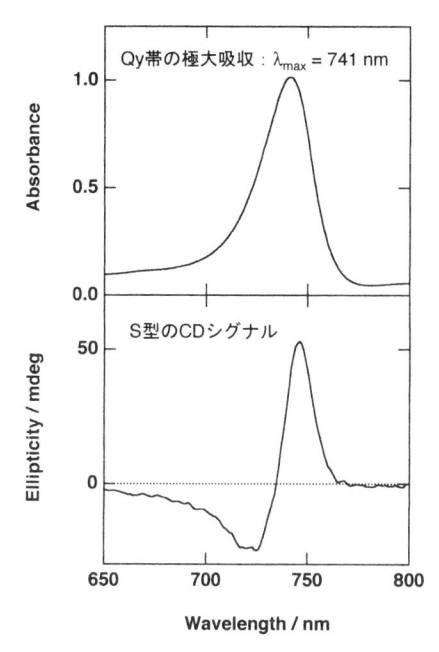

図3 *Cfl. aurantiacus* クロロゾームの VIS スペクトル（上）と CD スペクトル（下）

$-c$ では，それぞれ $\lambda_{max}=752$ と 751nm になり，吸収極大値が増大していた。

さらに，単一エピマーでなおかつ単一ホモログの BChl-c を *Cfl. aurantiacus* から単離したが，この BChl-c は，3^1 位が R 体で 8 位と 12 位がエチル基とメチル基であり，17 位側鎖にステアリル基を有していた。この色素の中心金属を亜鉛に変換した化合物は[8]，メタノール中において単量体の吸収スペクトル（$\lambda_{max}=662$nm）を示したが，リン脂質である α-レシチンを用いた水溶液中では会合体（$\lambda_{max}=720$nm）を形成した。さらに，17位側鎖をメチル基に変換しても同様の自己会合が観測できたが，会合体のQy 吸収極大値はメチルエステルの方が 12nm 長波長シフトしていた。また，中心金属が亜鉛であってもクロロゾーム様の自己会合体を形成することができ，天然型のマグネシウム体に比べて比較的安定であるため，モデル化合物として適当であることもわかった[9]。

緑色細菌から抽出した天然 BChl 色素は，上述のようにエピマー体およびホモログ体の混合物である。そこで，より単純化のために分子構造が単一の Chl-a を原料として，様々な長さのイソプレノイド型長鎖アルキル鎖を 17 位に有し，3 位にヒドロキシメチル基を有するクロリン亜鉛錯体 1 を合成した（図4）[10]。これらの可視吸収と円二色性（CD）スペクトルを測定し，その会合能を検討した。単量体（THF 中）および会合体（1% THF-hexane 中，$\lambda_{max}=734$nm）では，側鎖の長さの違いによる可視吸収スペクトルの変化は見られなかった。一方，会合体の CD スペクトルでは，赤色移動した Qy 吸収帯に大きなシグナルが観測された。その CD スペクトルの形状は 17 位側鎖に依存しており，側鎖が長くなるにつれていわゆる S 型から逆 S 型へと変化した。

次に，側鎖の本数を増加させることによる会合能の変化を検討した。長鎖アルキル鎖をエステ

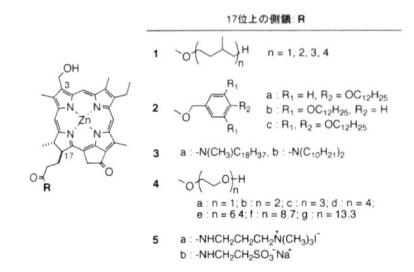

図4 合成モデル化合物 1-5

ル結合でクロリン環に導入したモデル化合物2が合成された[11]。このモデル化合物2a〜cはそれぞれ一本/二本/三本のドデシル基を有しており，それぞれの吸収スペクトルをTHF中および1% THF-hexane中（$\lambda_{max}=742$nm）で測定した。前述と同様に吸収スペクトルの形状はほとんど変わらなかったが，二本鎖，三本鎖とアルキル側鎖が増加するに従って，低極性溶媒に対する会合体の溶解度が増大した。また，エステル結合ではなくアミド結合を介して長鎖アルキル鎖を一本あるいは二本導入したモデル化合物3も合成した[12]。1% THF-hexane中において，3a/bは会合体を形成し，吸収スペクトルにほとんど差は見られなかった（$\lambda_{max}\approx735$nm）。しかし，3aでは小さな逆S型のCDシグナルが観測されたのに対して，3bでは大きな逆S型のCDシグナルが検出された。これらのことから，低極性有機溶媒中では17位アルキル側鎖と溶媒の相互作用によって会合体の超分子構造が安定化されていることが示唆された。

ここからは，17位側鎖を疎水性の炭化水素基から親水性官能基を有するものに変換して，会合体形成を行った例である[13]。側鎖に親水性を持たせるため，ポリエチレングリコールを17位に結合させた化合物4を合成した。1% THF-hexaneにおいて，前述と同様に会合体を形成したが，その溶解性は極めて低く，直ちに沈殿物を形成してしまった。そこで，化合物の親水性を考慮して，1% メタノール-水中に溶かすと二量体（逆平行型，$\lambda_{max}=675$nm）が優先的に形成され，会合体は見られなかった。しかし，この水溶液にTX-100（オキシエチレンユニットmが9〜10）を添加するとクロロゾームに類似した大きな会合体が，そのミセル中に形成された（$\lambda_{max}=734$nm）。また，TX-100を添加した水溶液中では，側鎖が長くなるにつれて会合体が形成されにくくなり，4g（n=13.3）では会合体が形成されなかった。オリゴオキシエチレン基の長さが異なるノニオン性界面活性剤TX-15（m=1），TX-45（m=4〜5），TX-165（m=16）を用いても測定を行った。TX-15を用いた系では4b〜f（n=2〜8.7），TX-45では4a〜f（n=1〜8.7）が会合体を形成したが，TX-165では4a（n=1）と4b（n=2）しか会合体を形成しなかった。このことより，今回測定した系においては，モデル化合物4と界面活性剤のオリゴオキシエチレン基の長さに依存して，会合体の形成に違いがあることがわかった（ともに短すぎても長すぎても会合しにくい）。

さらに，17位側鎖にイオン性を有する化合物5も合成した。1% メタノール-水中においては，前述と同様に二量体（$\lambda_{max}=675$nm）を形成した。これらの化合物に，17位側鎖が持つ電

第1章 基礎理論と光合成

荷と逆電荷を有する界面活性剤を添加すると,すなわち,**5a** ではスルフォン酸塩型の陰イオン性界面活性剤($\lambda_{max} \approx 720$nm), **5b** ではピリジニウムやアンモニウム塩型の陽イオン性界面活性剤($\lambda_{max} \approx 730$nm)を用いると,それぞれの会合体形成が見られた。

　低極性有機溶媒中においては,亜鉛クロリン錯体である合成モデル化合物がクロロゾーム様会合体を形成し,その17位上のアルキル基による疎水性の増大が会合体の安定化に大きく寄与した。また,両親媒型のモデル化合物では,疎水性のモデル化合物のπ系が自己会合して,17位上の親水性基は親水場の方を向くと考えられる。これら二つのモデル系の構築から,17位側鎖は会合体形成時において外側を向いており,溶媒や周辺環境との相互作用を行っていることが示唆された(図2の(b)もしくは(c))。また,17位側鎖は色素同士の会合にはあまり関与していないものの,会合体の超分子構造にいくらかの影響を与えることが示唆された。

文　　献

1) 日本光合成研究会編,光合成事典,学会出版センター,東京(2003)
2) N.-U. Frigaard *et al.*, *Photosynth. Res.*, **78**, 93 (2003)
3) (a)民秋 均,光化学,**31**, 122 (2000);(b)民秋 均,化学工業,**49**, 870 (1998)
4) F. Fages *et al.*, *J. Chem. Soc. Perkin Trans. 1*, 2791 (1990)
5) (a)K. Matsuura *et al.*, *Photochem. Photobiol.*, **57**, 92 (1993);(b)A. R. Holzwarth, K. Schaffner, *Photosynth. Res.*, **41**, 225 (1994);(c)D. B. Steensgaard *et al.*, *J. Phys. Chem. B*, **104**, 10379 (2000)
6) K. L. Larsen *et al.*, *Arch. Microbiol.*, **163**, 119 (1995)
7) T. Mizoguchi *et al.*, 49th Annual Meeting of Biophysical Society, 2497-Pos, Long Beach, CA (2005)
8) T. Miyatake *et al.*, *ChemBioChem.*, **2**, 335 (2001)
9) (a)H. Tamiaki, *Photochem. Photobiol. Sci.*, **4**, 675 (2005);(b)T. Miyatake, H. Tamiaki, *J. Photochem. Photobiol. C : Photochem. Rev.*, **6**, in press (2005)
10) H. Tamiaki *et al.*, *Tetrahedron*, **52**, 12421 (1996)
11) V. Huber *et al.*, *Angew. Chem. Int. Ed.*, **44**, 3147 (2005)
12) Y. Kureishi *et al.*, *J. Electroanal. Chem.*, **496**, 13 (2001)
13) (a)T. Miyatake *et al.*, *Tetrahedron*, **58**, 9989 (2002);(b)T. Miyatake *et al.*, *Bioorg. Med. Chem.*, **12**, 2173 (2004)

7 光合成細菌の光電変換材料を用いたデバイスへの応用

永田喬男[*1], 南後 守[*2]

7.1 はじめに

　植物，光合成細菌などの光合成膜ではアンテナ（LH）系，光化学反応中心（RC）およびそれに続く電子伝達系が，光エネルギーから化学エネルギーへの効率の良い変換に重要な役割を担っている。この変換は，光合成膜中での諸種のタンパク質／色素複合体からなる超分子複合体で行われている。光合成は太陽光のエネルギーを利用して炭酸ガスと水からデンプンと酸素を合成する化学反応である。しかし，光合成の最初のステップは光量子による電荷分離である。言い換えれば発電とみなすことができ，植物や光合成細菌は生命機能をもつ太陽電池と見なせる。電荷分離で生じた電子をうまく取り出すことができるならば分子レベルの光電池および光半導体をつくることができる。また，この機能をもつ分子を自由に扱うことができれば，光電変換機能を模したさまざまなデバイスの開発ができるであろう。ここでは，紅色光合成細菌の光合成膜で機能する生体材料あるいはそれを模倣した材料を用いた光電変換機能をもつデバイスを作製する方法とその開発の試みについて述べる。光合成タンパク質／色素複合体の材料化には基板上に自己組織的に薄膜化することが必要なプロセスである。基板上に光合成タンパク質を自己集積化することで光合成色素の機能であるアンテナ作用や電子移動機能を従来の半導体プロセスと組み合わせて利用できることが期待できる。

7.2 光合成膜での光電変換

　近年，植物や光合成細菌での光合成機能に関連するタンパク質／色素複合体の構造が明らかになってきている[1〜12]。光合成細菌の光合成膜は顆粒状につながり，細胞から分離したこの顆粒は閉じた膜を形成している。光合成膜は，5〜10nm のタンパク質複合体が脂質と組み合わさることにより 100nm の超分子膜構造をしている。その膜構造ではタンパク質1分子の機能が直列に集積され，光電変換システムとして機能している。図1に示す光合成色素のバクテリオクロロフィル（BChl a）と膜貫通型ポリペプチドからなるアンテナ系タンパク質（LH）との複合体により光が吸収される。図2に示すようにアンテナ系タンパク質／色素複合体にはLH2 タンパク質／BChl a 複合体（吸収極大 800〜850nm）[7] および LH1 タンパク質／BChl a 複合体（吸収極大 880nm）[8〜12]（以下それぞれ LH2 複合体，LH1 複合体）がある。図3に示すように LH2 複合体から LH1 複合体へと色素間の励起エネルギー移動により集光され，アンテナ系コア複合体（LH1-

---

[*1] Morio Nagata　名古屋工業大学　大学院 VBL 部門　研究員
[*2] Mamoru Nango　名古屋工業大学　大学院工学研究科　教授

第1章 基礎理論と光合成

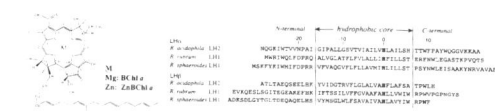

図1 光合成色素（BChl a）および諸種の光合成細菌のアンテナタンパク質（LHα および LHβ）の一次構造

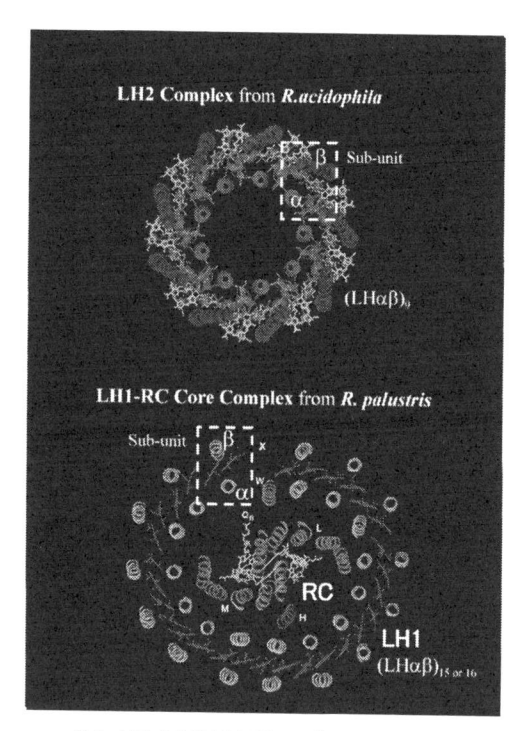

図2 LH2 および LH1-RC の三次元 X 線結晶構造

RC）において LH1 から RC へと二次元的に運ばれる。RC ではエネルギー的にわずかな近赤外光の光エネルギーで電荷分離ができている。光電変換機能を有する RC の光吸収波長は 800〜850nm であるが、さまざまな吸収波長をもつアンテナクロロフィルを配置することによって、利用できる光波長の幅が 600〜950nm に拡大されている（図4）。このように集められた光エネルギーは、RC のタンパク質内部のバクテリオクロロフィル（BC）が2分子会合したスペシャルペアのダイマー（SP）で光量子を受けて光電荷分離が生じ、様々な色素間で電子伝達することにより電気化学的ポテンシャルを得る。

7.3 アンテナ系タンパク質／色素複合体の光電変換能

一般に生体分子を組織化した電極での光電変換機構はシリコン無機半導体のバンド理論にもとづく機構と少し異なる。反応中心（RC）のような生体分子は分子間相互作用によって凝集した分子集合体であり、分子間の電子移動反応にもとづき高効率で太陽エネルギーを電気エネルギーに変換できるものである。それゆえ、分子デバイスとしての光電変換素子と見なせる。また、RC での光電荷分離の効率は量子収率で100%に近い[1〜4]。また、初期の電子移動速度は真空中の1,000倍も高速でピコ秒のオーダーで生じる。この順方向の電子移動速度は逆方向のそれよりも桁違いに早い。このことから非常に効率の良い光電変換がなされている。この電子移動では、タンパク質が重要な働きを果たしていることが明らかになってきている。タンパク質は単に

それぞれの色素群の分子の位置を決める役割をしているだけでなく、ヘテロな媒体と考えられる。すなわち、タンパク質は、分子に電場をかけて電子移動を有利にしたり、制御していると考えられている。このように、RC の光電荷分離は膜タンパク質中で生じる反応である。光合成膜の RC は、反応に際して分子の構造が大きく揺らぐことはなく、固体と見なせるのでデバイスへの利用が期待される[1~4]。しかしながら、RC や LH1-RC 複合体の組織化には分子の配向を揃えなければ電子を効率良く取り出すことができない。また、基板上にタンパク質を吸着させると容易に変性してしまうことが大きな問題となっている。このため基板上に有機分子をあらかじめ吸着させて自己組織化単分子膜（SAM）形成させ、そこにタンパク質を吸着させる方法が提案されてきた。これまで、LH タンパク質（および RC）複合体の基板への自己組織的集積化は LB 膜法[13] および SAM 法[14,15] で成功している。

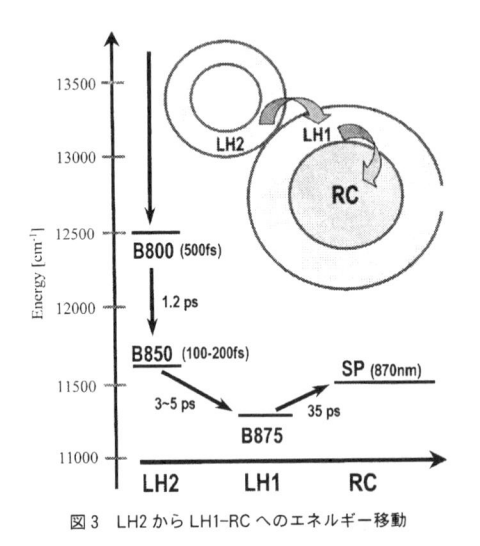

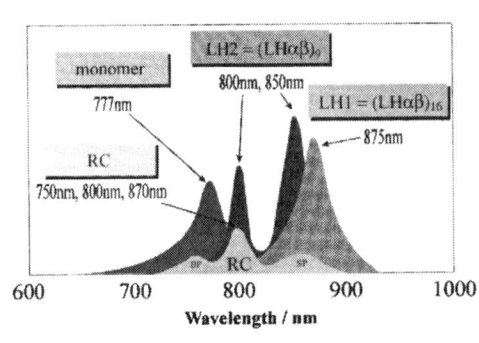

図 3　LH2 から LH1-RC へのエネルギー移動

図 4　LH1, LH2 および RC の近赤外吸収スペクトル

7.3.1　LB 膜法

　　　　　LB 膜法は水面にあらかじめ安定な薄膜を形成させておきそれをすくいとる方法である。これまで、光合成膜タンパク質として RC の LB 膜作成が知られている[16]。近年我々は LH1 複合体の π-A 曲線から LH1 タンパク質色素複合体は水面上で安定な薄膜を形成できガラス基板上に 11 層積層することが認められている[13]。このことから LH1 の積層には LB 膜法で基板上に自己組織化できることがわかった。

7.3.2　SAM 法

　　　SAM 法は基板の表面を修飾して標的分子の単分子の吸着・自己組織化を行う方法である。こ

第1章 基礎理論と光合成

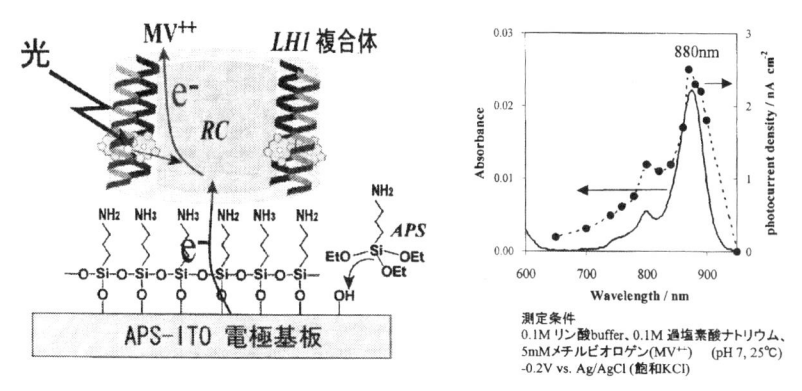

図5 LH1-RC の APS-ITO 基板上への組織化とその光電流

こでは APS（3-アミノプロピルトリエトキシシラン）で表面修飾した ITO 電極基板の例について述べる。APS はアミノ基をもつので SAM 膜表面はカチオンに帯電して LH タンパク質の N 末端側の E（Glu）を含むアミノ酸クラスター部分を静電的に吸着できることを期待した。透明電極の ITO を使うことは、膜タンパク質の安定性を吸収スペクトルにより直接評価することができる長所がある。また、基板を介してタンパク質色素複合体に光照射ができるので、タンパク質色素複合体からの電子の授受が可能になる。LH1-RC はアンテナ部分をもつ RC であり、RC よりも分子断面積が大きいのでより多くの光を集めることができる。ここで、SAM として基板に吸着した LH1-RC の向きについては LH1-RC の AFM の結果[17, 18]を見ると基板への吸着サイトはスペシャルペア側であることが示唆された。また、このスペシャルペアに電子を供給するセルを作成すれば光誘起電流測定が観測されるはずである。そこで、図5に示すような光誘起電流測定を行った結果、光誘起電流は光照射波長に大きく依存した。また、そのアクションスペクトルでは、880nm に最大の光誘起電流が認められた[14, 15]。

7.3.3 脂質二分子膜への組織化

LH および RC はシリンダー型の膜タンパク質なので疎水性部分で互いにパッキングするか脂質と結合することで膜タンパク質分子が安定化すると考えられている。また、この疎水的な自己組織化の方法は数種類の膜タンパク質複合体の構築に重要な方法である。図6に示すように OG ミセル中での LH1 複合体は、室温ではサブユニット状態（820nm）を形成し、4℃に冷却することによって始めて LH1 タイプ（870nm）を形成する。その複合体にリポソーム溶液を加えて 30 時間以上透析し、OG を取り除くことにより、室温でも安定に LH1 複合体を脂質二分子膜中に導入できることがわかった[19]。ここでは、脂質二分子膜に導入した光合成細菌のアンテナ系タ

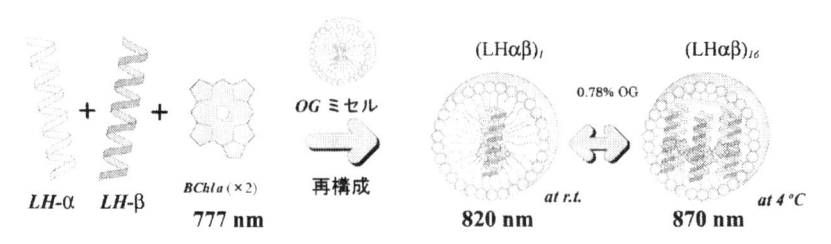

図6 LH1タンパク質（LH1α，LH1β）と色素（BChl a）のOGミセル系での再構成法によるLH1複合体の組織化

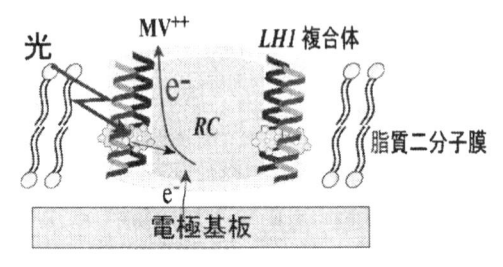

図7 LH1-RC膜の電極基板上への組織化

ンパク質／色素複合体を電極基板上へキャストして，電極を作成した。はじめに脂質二分子膜へ導入し，再構成したLH1（LHαおよびLHβ／Zn BChl a複合体）をITO基板上に組織化した。その結果，ITO基板上に膜タンパク質の変性なしに安定に吸着させることができた。また，LHαおよびβ単独のみの再構成体でも吸着させることができ，このことから，合成したLHタンパク質アナログを用いても薄膜化できることがわかった。これまでにSAM法でRCのみやLHのみの吸着および安定性について検討してきたが再現性が低かった。しかしながら脂質二分子膜に導入することでその安定性が改善できた。同様な方法でLH1-RCのITO基板上への組織化も可能であった。図7に脂質二分子膜中に導入したLH1-RCの電極基板上への固定化の概略図を示した。光誘起電流測定を行った結果，光誘起電流は光照射波長に大きく依存し，そのアクションスペクトルでは，880nmに最大の光誘起電流が認められた。ここで，基板にLH1単独ならびRC単独で吸着させたものでは880nmの光照射で大きな光誘起電流が観測されなかったことから，照射光はLH1のアンテナ部位で大きく増感されていることがわかった[20]。また，ここで，光誘起電流が観測されたことは非常に興味深く，電極基板ならびにセルの最適化が進めば大きな電流をとりだすことが期待された。

7.3.4 モデルタンパク質を用いた光電変換機能

　光合成膜中でのRCおよびLH複合体の色素分子はクロロフィル類やキノン類である。しかしながら，これらの分子はタンパク質の存在しない系では不安定である。したがって，デバイ

スへの利用には不適当な場合が多い。最近，これらの分子と類似したポルフィリンおよびキノン誘導体をSAMの手法を用いて金電極上で デバイスを作製する方法がある[1, 2]。その例として，LHβのモデルタンパク質を用いて，メソポルフィリン誘導体の組織化について検討を行った。BChl aは熱，酸素ラジカルおよび光に対する不安定さのため，より安定な亜鉛メソポルフィリン誘導体を用いた。またメソポルフィリンは高い平面性があるポルフィリン骨格に加え，His残基のイミダゾールが軸配位可能な中心金属，および水素結合可能なカルボキシル基を導入することで，LH複合体の相互作用箇所を模倣した。これらからできるLH複合体モデルは，ポルフィリン色素をLHタンパク質中で規則正しい配向を取ると考えられる。さらにモデルタンパク質のC末端にシステインを有しているので金電極上への組織化も可能であるため，金電極上にモデルタンパク質によりポルフィリン色素を距離と配向を規制して組織化でき，光電変換能が認められた。

7.4 まとめ

　光合成膜でのアンテナ機能をもつアンテナ系タンパク質／色素複合体を様々な方法で電極基板上に人工的に自己組織化できることを示した。そして，近赤外の光照射により基板上で電流応答の計測も可能であり，光合成膜でのアンテナならびに光電変換能を再生できることを明らかにした。これらのことから，光合成膜タンパク質／色素複合体をナノスケールで構造を改変・再生することで，鋭敏に応答できるアンテナ系を容易に構築できることがわかった。同時に，膜タンパク質を自由に取り扱い，ナノレベルで構造制御することによって，生物のもつすばらしい機能を人工的な素子に変換できるであろう。

謝辞

　本研究は，国際共同研究助成事業（NEDOグラント），文部科学省（MEXT 417）および科研費補助金（基盤研究）の助成によって行われた。ここに謹んで感謝申し上げます。

文　　献

1) 南後　守，"光がもたらす生命と地球の共進化"，垣谷俊昭・三室　守編，「第5章　生体材料を用いたデバイス開発の現状と将来像」，87-110，中部経済新聞社（1999）
2) 南後　守，"電子と生命"，垣谷俊昭・三室　守編，「第4章1　光合成材料を用いたデバイスの開発」，143-153，共立出版（2000）

3) K. Iida and M. Nango, "Self-assembly of Photosynthetic Antenna Protein Complex : Development to the Molecular Construction" オレオサイエンス 第3巻第9号 (2003)
4) 南後 守,「光合成のアンテナ複合体の自己組織化」, 生物物理, **41** (4), 192-195 (2001)
5) B. Ke, *Photosynthesis*, Govinjee ; Kluwer Academic Publishers (2001)
6) J. Deisenhofer, O. Epp, K. Miki, R. Huber, and H. Michel, *Nature*, **318**, 618 (1985)
7) G. McDermott, S. M. Prince, A. A. Freer, A. M. Hawthornthwaite-Lawless, M. Z. Papiz, R. J. Cogdell, N. W. Isaacs, *Nature*, **374**, 517-521 (1995)
8) S. Karrasch, P. Bullough, R. Ghosh, *EMBO J.*, **14**, 631-638 (1995)
9) S. Scheuring, J. Seguin, S. Marco, D. Levy, R. Bruno, and J.-L. Rigaud, *Proc. Natl. Acad. Sci. USA*, **100**, 1690-1693 (2003)
10) C. Jungas, j.-L. Ranck, P. Joliot, A. Vermeglio, *EMBO J.*, **18**, 534-542 (1999)
11) A. W. Roszak, T. D. Howard, J. Southall, A. T. Gardiner, C. J. Law, N. W. Isaacs, and R. J. Cogdell, *Science*, **302**, 1969 - 1972 (2003)
12) D. Fotiadis, P. Qian, A. Philippsen, P. A. Bullough, A. Engel, and C. N. Hunter, *J. Biol. Chem.*, **279**, 2063 - 2068 (2004)
13) K. Iida, A. Kashiwada, M. Nango, *Colloids and Surfaces A*, **169**, 199-208 (2000)
14) M. Ogawa, R. Kanda, T. Dewa, K. Iida, M. Nango, *Chem. Lett.*, 466-467 (2002)
15) M. Ogawa, K. Shinohara, Y. Nakamura, Y. Suemori, M. Nagata, K. Iida, A. T. Gardinar, R. J. Cogdell, M. Nango, *Chem. Lett.*, **33**, 772-773 (2004)
16) G. Alegria, P. L. Dutton, *Biochim. Biophys. Acta*, **1057**, 239-257 (1991)
17) K. Iida, J. Inagaki, K. Shinohara, Y. Suemori, M. Ogawa, T. Dewa, M. Nango, *Langmuir*, **21**, 3069-3075 (2005)
18) D. Fortiadis, P. Qian, A. Philippsen, P. A. Bullough, A. Engel, C. N. Hunter, *J. Biol. Chem.*, **279**, 2063-2068 (2004)
19) M. Nagata, Y. Yoshimura, J. Inagaki, Y. Suemori, K. Iida, T. Ohtsuka, and M. Nango, *Chem. Lett.*, 852-853 (2003)
20) M. Nagata, Y. Nakamura, E. Nishimura, K. Nakagawa, Y. Suemori, K. Iida, and M. Nango, *Trans. MRS-J*, in press

第2章 有機薄膜太陽電池のコンセプトと
アーキテクチャー

1 有機薄膜太陽電池の原理と新アーキテクチャーの可能性

上原　赫[*1]，吉川　遷[*2]

1.1 はじめに

　現行の有機薄膜太陽電池の光電変換効率を実用化するには，まだまだ低効率にとどまっている。その原因は"励起子拡散ボトルネック"と呼ばれるごとく，励起子移動の拡散長が短いという励起子失活の問題と，発生した電荷が電極に至るまでの電荷輸送中に再結合してしまうという電荷消滅の問題に起因している。励起子と電荷のパスをいかに作るかが問題解決の鍵となる。

1.2 有機薄膜太陽電池の原理と光合成の初期過程

　有機薄膜（固体）太陽電池が，無機のシリコン太陽電池および湿式の色素増感型太陽電池と決定的に異なるのは，有機分子が光を吸収していったん励起子となり，励起エネルギー移動により内部電場のあるサイトで電荷分離を起こす点である。無機の太陽電池のように p-n 接合部分で

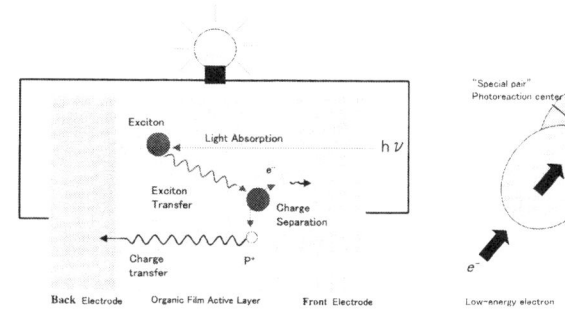

図1　有機薄膜太陽電池の動作機構

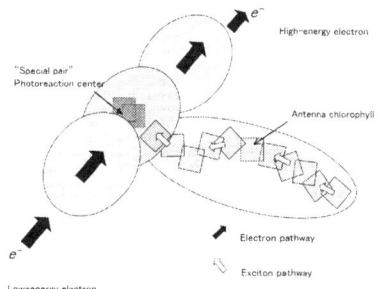

図2　バクテリアの光合成系における光電変換プロセスのモデル図

---

*1　Kaku Uehara　京都大学　エネルギー理工学研究所　客員教授；大阪府立大学名誉教授
*2　Susumu Yoshikawa　京都大学　エネルギー理工学研究所　教授

光吸収により直接電子と正孔に電荷分離するのではない。また，色素増感型太陽電池のように，TiO_2などのn型半導体表面に単分子吸着された色素が光増感剤として働き，励起エネルギー移動なしで直接，内部電場のある界面において電荷注入し，溶液中のI_2/I_3^-などの酸化還元剤を含む電解液との間で電気化学的な湿式太陽電池を構築するのでもない。

有機薄膜太陽電池の動作機構を図1に示す。色素・導電性高分子が光吸収によって励起子を生成し，それが電極あるいは異種有機材料の接触界面において生成した内部電場まで移動し，そこで電荷分離が起こる。生じた電子と正孔が電極の仕事関数の差にもとづく電位勾配に沿って反対方向の電極に向かって拡散することによって起電力を示す[1]。

電極間にはさまれた有機薄膜（光電変換層）では(1)光吸収，(2)励起子発生，(3)励起子移動，(4)励起子からの電荷分離，(5)電荷輸送の機能を1つのバルク層中で効率よく発揮する必要があり，これらの機能を同時に併せ持つ光電変換材料を開発することは容易ではない。一般に有機色素は電気的には絶縁体のものが多く，その励起子拡散長も非常に短いために失活しやすく，さらに光電荷分離で発生した正負のキャリアーをそれぞれ，反対極に電荷を輸送する効率の良い電荷パスが形成されていないと再結合で失われる。このように，励起子と電荷が同一バルク層に共存することは大きなデメリットをもたらしており，図2に示す光合成系の初期過程で励起子パスと電荷パスが反応中心スペシャルペアにおいて接点を持ち，それぞれ空間的に分離されて機能していることは注目に値する。

1.3 最近の有機薄膜太陽電池の素子構造と新アーキテクチャーの可能性
1.3.1 有機ヘテロ接合素子

1989年にコダック社のTang[2]は銅フタロシアニン（CuPc）とペリレン誘導体（PV）を用い，真空蒸着法で積層型有機ヘテロ接合素子 Ag/PV/CuPc/In_2O_3（光電変換効率0.95%）を報告した。平本ら[3]はCuPcとPV層の界面での接触面積を増やすためにCuPcとPV層の界面にCuPc：PV混合層を共蒸着法で挿入し効率を上げるアイデアを報告した。これは後述のバルクヘテロ接合の原型と云える。有機薄膜太陽電池が無機のシリコン太陽電池や色素増感太陽電池（グレッツェルセル）と決定的に異なるのは，有機分子が光を吸収していったん励起子となり，励起エネルギー移動により内部電場のある界面で電荷分離を起こす点である。金属と色素が電極界面で接触しているセルでは金属による表面プラズモンによる励起子失活は免れない。Peumansら[4]は励起子失活防止層の挿入によって，変換効率を2.4%（AM 1.5）に向上させることに成功した。さらに，PVの代わりに，より励起子拡散長の長いフラーレン（C_{60}）を用いることによって変換効率を3.4%にまで向上させることに成功している[5]。さらに内田ら[6]はCuPc：C_{60}の共蒸着膜をバルクヘテロ接合層とする素子を報告し，アニールによる相分離と結晶化を観察し，銀

第2章 有機薄膜太陽電池のコンセプトとアーキテクチャー

電極を蒸着してキャップすることにより結晶化が抑えられ，効率が約5％に向上することを報告している。有機ヘテロ接合セルおよび蒸着法によるバルクヘテロ接合の詳細については，第2章2～4節に詳しく述べられているので，ここでは省略する。

1.3.2 バルクヘテロ接合型素子

安価な有機薄膜太陽電池を作成するためには，真空蒸着法のようなドライ法よりもスピンコート法のようなウエット（Wet）法の方が優れている。有機溶媒への溶解性を高めたフラーレン（C_{60}）誘導体 PCBM（アクセプター）と導電性高分子 MEH-PPV や MDMO-PPV（ドナー）を有機溶媒に溶解した混合液をスピンコートして作成された薄膜は，両者がミクロ相分離することがわかっており，バルクヘテロ接合型光電変換素子の活性層に用いられる。PCBM/MEH-PPV 系バルクヘテロ接合素子は Yu ら[7]によって効率2.9％が報告された。フラーレン誘導体 PCBM と導電性高分子のミクロ相分離を利用したバルクヘテロ接合型素子は有機薄膜太陽電池の欠点をある程度克服することに成功した[8]。ドナー／アクセプターの接触面積が大きくなったのと電子のパス（PCBM）と正孔のパス（MEH-PPV）がうまく分離され，パーコレーションによる電荷の通り道が別個に形成され，電荷の再結合による消滅が防止されたためである。最近，Sarichftci[8]はこの系の最適化により効率は数パーセントにまで向上しており，将来的には8～10％の変換効率が可能であるとしている。Wet 法のバルクヘテロ接合開発により，有機薄膜太陽電池の実用化の夢が一気に開いた感がある。

Wet プロセスによるバルクヘテロ接合型素子については，第2章5～6節で詳しく述べられるので原理や素子構造については省略する。低コスト化の鍵は，印刷によるロールツーロール製造プロセスにある。発電機能をそなえたきれいなポスターとか，風呂敷のように折り畳んで持ち運びできる，発電シート型の有機薄膜電池の開発が期待される。また，自動車のボディの塗装面のような曲面に有機太陽電池を内蔵させるなどのアイデアがあり，すでに開発が進められている。

最近，有機 EL や Wet 法で作成される有機薄膜太陽電池に PEDOT・PSS と呼ばれる水溶性の導電性高分子がよく用いられている。これはポリチオフェンの誘導体 PEDOT とポリスチレンスルホン酸 PSS の複合イオンコンプレックスであり，ITO 基板の上にスピンコート膜として被覆し，活性層と電極の間に挿入すると，ITO 基板の凸凹がなめらかになり活性層との密着性を向上させると共に，正孔を選択的に通すという特性を発揮し，その上，活性層を含めた膜を強靭にするというメリットもあるからである。

最後に必要なのは，量産技術である。連続スクリーン印刷，ラミネートフィルム，シーリング技術，太陽電池パッケージ化などが解決すべき課題である。耐久性の向上は今後の課題であるが，Shaheen ら[9]は，シルクスクリーン印刷法によって作成された素子 ITO/PEDOT：PSS/PCBM：MDMO-PPV/Al が488nm 単色光照射により変換効率4.3％を示すことを報告している。阪井

ら[10]はスクリーン印刷による薄膜はスピンコート膜に比べて遜色ないことを報告している。

1.3.3 カーボンナノチューブを用いたバルクヘテロ接合型素子

Kymakisら[11]はPCBMの代わりにカーボンナノチューブ（CNT）を用い，導電性高分子としてregioregularポリ（3-オクチルチオフェン）（P3OT）を使ったバルクヘテロ接合型素子を提案している。まだ効率は低いが，CNTがないP3OTのポリマーだけの場合よりも，3桁効率アップになるという。Fanら[12]はシリコン基板上に微小な鉄のパターン上にCNTをピラー状に形成させることに成功した。Varadanら[13]はこの上からP3OTをコーティングし，図3に示すような，ITO電極で挟んだ素子を宇宙太陽光発電所（SSP）の光電変換素子として用いて，得られた電気をいったんマイクロウエーブに変換して，それを地上のレクテナで受けて再度，電気に変換するという壮大な計画を進めている。

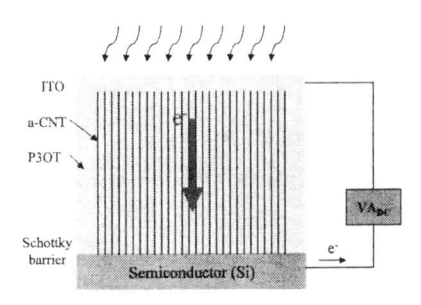

図3 ピラー状CNTを用いたバルクヘテロ接合型素子[13]

1.3.4 ナノコンポジット型素子

CdSeナノ結晶を用いたナノコンポジット型素子の原理と素子構造については，第2章6節に詳しく述べられるので省略する。われわれはregioregularなP3HTのスピンコートフィルム上に，20〜200nmサイズのアルミナ細孔膜のマスクを通して銀の蒸着を行うことによって，P3HT薄膜上に銀のナノロッドをピラー状に形成させることに成功した。この上にもう一度P3HTをコーティングするとP3HT膜中に銀のナノロッドを垂直に立てることが可能になる（図4）。これを用いた素子は銀のナノロッドを含まないものに比べ格段の電流効率アップが認められた[14]。P3HTよりも効率の良い電荷パスが形成されたためと考えられる。

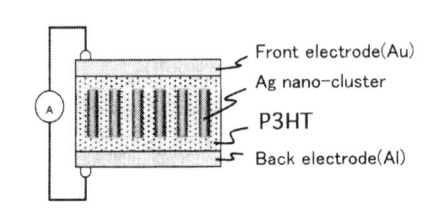

図4 銀ナノクラスター素子[14]

1.3.5 D-σ-A色素と酸化亜鉛ナノピラー電極を組み合わせた3次元素子

溶液中では赤色〜近赤外の低いエネルギーで励起されるものの速やかに失活するクロロフィルダイマーが，光合成系の反応中心においては励起後，再結合を免れ高効率で光電荷分離している。ドナー（D）となるクロロフィル分子とアクセプター（A）となるクロロフィル分子は，平行なフェイスツーフェイスではなく，配向角を持って対峙している。光励起によりDからAへの電

第2章　有機薄膜太陽電池のコンセプトとアーキテクチャー

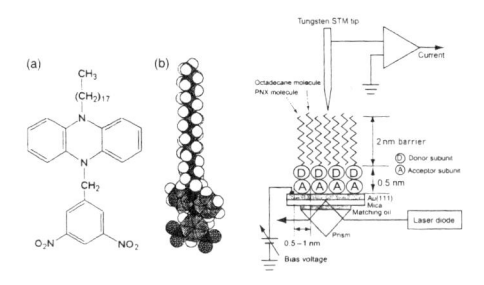

図5　長鎖アルキル基を持つD-σ-A化合物（左a, b）とPC-STSの原理（右）[15]

荷移動がおこり，それが再結合することなく，電子と正孔がピコ秒オーダーの高速でそれぞれ反対の方向の電子伝達系の分子に電荷移動する。ジヒドロフェナジン環（D）と m-ジニトロベンゼン（A）をメチレン鎖1個で連結したD-σ-A色素は，90°のねじれ角を持ち，光電荷分離したのち再結合による失活が起こりにくいという性質を持つため，反応中心モデルとなりうる。この分子に長鎖アルキル基をつけ，金（Au）の (1,1,1) 面にLB

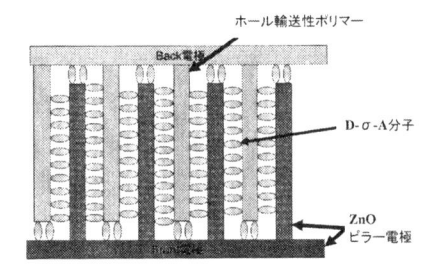

図6　ナノピラー型酸化亜鉛電極の表面に単分子吸着したD-σ-A色素上にホール輸送性ポリマーをインターカレートした新規3D素子構造[16]

法でD-σ-A色素と n-デカンの1：1混合単分子膜を配向吸着させて得られる高品質LB膜上に，図5に示すように，タングステン（W）の細いSTM探針でコンタクトし，暗黒下でAuとW間にバイアス電圧を印加すると整流効果を示す。その下にプリズムをおきレーザー光線を全反射させて上方に生じた近接場光を照射すると光電流を生じた。これらのPC-STSによる測定結果はこのD-σ-A色素分子1個が暗黒下でダイオード，光照射下で光電変換素子として機能することを示す[15]。

しかしながら，分子1個では吸収係数がきわめて小さく，取り出せる光電流は非常に微弱である。そこで，グレッツェルセルのTiO₂のように，表面のラフネスファクターを大きくする必要がある。われわれは，酸化亜鉛（電子キャリアー）のナノピラー電極表面に，新たに設計したD-σ-A色素を単分子吸着し，その上にホール輸送性の導電性高分子で覆い，ピラー間の隙間を埋めて，図6のようにインターカレートした新規3D素子を作成することを試みている[16]。

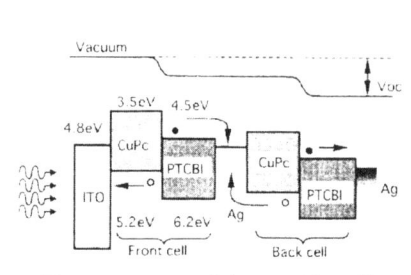

図7 デュアルヘテロ接合セルの動作原理[17]

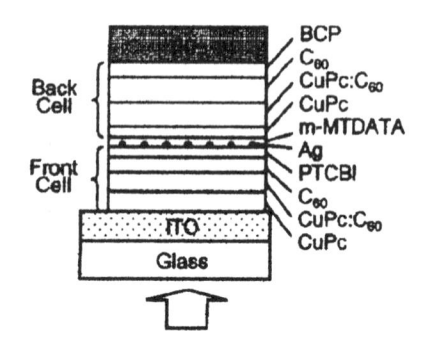

図8 デュアルヘテロ接合タンデム型セルの素子構造[18]

1.3.6 デュアルヘテロ接合（タンデム）型素子

Yakimovら[17]は真空蒸着で積層したペリレン／銅フタロシアニンセルを銀の超薄膜（0.5nmのクラスター）を介して直列につなげた構造のデュアルヘテロ接合セルを発表した。(図7)。ここで銀は不連続膜で導電性がなく，電子・正孔の再結合サイトとして機能するという。再結合を免れた電荷が速やかに反対の電極に到達することによって，2倍以上の変換効率が達成された。銀の超薄膜クラスターを挿入することにより開放端電圧（V_{oc}）が著しく増大するが，短絡電流は変わらない。

最近，Forrestらのグループ[18]が平本らの共蒸着層を挟んだタイプの有機ヘテロ接合セルを2つタンデム型にスタックして，図8のような素子を作成し，変換効率5.7%を報告した。フロントセルとしてITO/CuPc/CuPc：C_{60}/C_{60}/PTCBIを，バックセルとしてm-MTDATA/CuPv/CuPc：C_{60}/C_{60}/BCP/Agを，Yakimovら[17]のように銀のナノクラスターを介して前者のPTCBI層と後者のm-MTDATA層をスタックして作成している。開回路光電圧V_{oc}は最高1.2Vを示した。

1.3.7 電極の外部に色素増感層を持つ素子構造

バクテリアの光合成系における光電変換プロセスは図2に示すように，(1)励起子発生と輸送を効率よく行うアンテナ色素系，(2)光電荷分離を効率よく行うスペシャルペアを含む反応中心，(3)電荷を再結合なしに一方向に輸送する電子伝達系はそれぞれ別のタンパク質中に存在し，それらを有機的に連結して高い光電変換効率を達成しており，高効率有機薄膜太陽電池を設計する上で極めて示唆的である。シリコン太陽電池以来の光電変換層を電極ではさむというアーキテクチャーから自由になったMcFarlandとTang[19]の素子構造（図9）は光合成系の光電変換システムのアーキテクチャーに一歩近づき，アンテナ系を電極の外側に持ってくることを可能にした点で画

第2章　有機薄膜太陽電池のコンセプトとアーキテクチャー

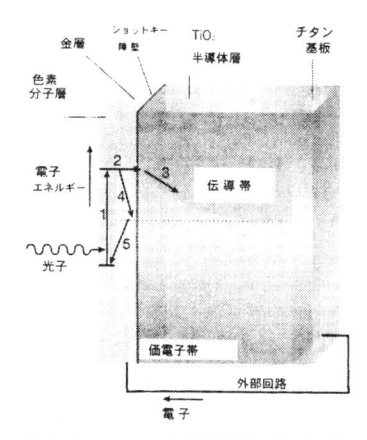

図9　McFarlandらの電極の外側に色素を被覆した色素増感太陽電池の構造[20]

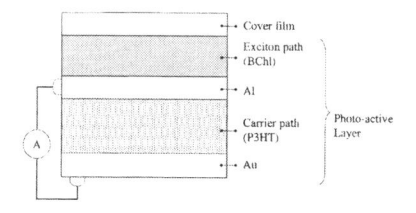

図10　外部アンテナ型有機薄膜太陽電池の素子構造[22]

期的である。メカニズムには不明な点も多いが，励起された色素から金電極をつき通して電子がバリスティックに TiO_2 層に突入し，ショットキー障壁のバンドの曲がりに沿って電子が対極の Ti に到達すると考えている。Kooleら[21]は $Ti/TiO_2/Au/Dye$ 素子の追試に成功している。

元来，グレッツェルセルの欠点である電解液でのイオンの拡散律速と液漏れの心配を除くために考えられたアーキテクチャーであるが，光合成系のアンテナをつけた太陽電池として，非常に興味深い。われわれはこの McFarland と Tang の素子構造にヒントを得て，図10，11

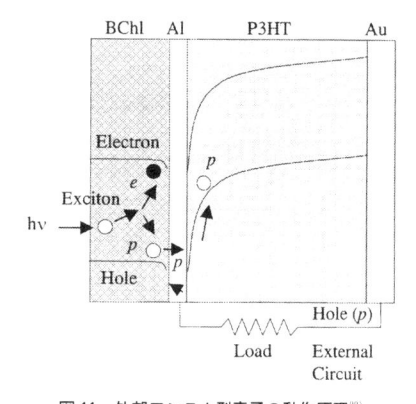

図11　外部アンテナ型素子の動作原理[22]

に示す外部アンテナ型の素子構造を提案した[22]。バクテリオクロロフィル e (BChl e) は緑色イオウ光合成細菌 Cb. Phaeobacteroides の集光器官であるクロロゾームの中で自己会合体を形成し，ロッド状のナノチューブが束になった構造を形成して存在し，ロッド内に拡がった励起子が高速でロッド間をエネルギー移動して反応中心へとエネルギー伝達していると信じられている。

Al電極の外側にスピンコーティングされた BChl e は吸収スペクトルと AFM 像から高次会合体を形成していると考えられ，Al電極に BChl e をコーティングしていない Al/P3HT/Au セル

に比べて BChl e をコーティングしたセル BChl e/Al/P3HT/Au は光電変換効率が1桁高いことを見いだした。詳細なメカニズムは不明であるが、アンテナ色素に生成した励起子が電極付近で電荷分離し正孔が Al 電極を突き抜けて、P3HT の中を電位勾配に沿って Au 電極にまで到達していると考えられる。まだ、光電変換効率は非常に低いが、励起子輸送層と電荷輸送層を分離したアーキテクチャーであることで、新たなブレークスルーが期待される。

1.4 おわりに

われわれは、バルクヘテロ接合素子の改善にも注力している。緑色イオウ光合成細菌 *Cb. Phaeobacteroides* の集光器官クロロゾームに含まれる BChl e の自己会合によるロッド状の会合体の形成とその励起子発生・移動能に着目し、P3HT：PCBM 系のバルクヘテロ接合素子に BChl e を添加し、効率アップに成功している[22]。また、P3HT：PCBM 系のバルクヘテロ接合素子の LiF の代わりに、ホールブロック層として TiO_2 を用いることによっても大幅な効率改善（大気下での素子作成、評価にもかかわらず AM1.5 下で約3％）に成功している[23]。

さらに、有機薄膜太陽電池を宇宙太陽光発電所（SSP）に用いることを検討している。宇宙には酸素がなく宇宙真空下で動作させる点は有機薄膜太陽電池に有利で、さらに軽量、安価、大面積化可能などのメリットを生かせることに着目したためである。しかし、長期にわたる宇宙空間での稼働のためには、有機薄膜太陽電池のさらなる高効率化と耐宇宙線の対策を含めた長寿命化をはかる必要がある。

文　献

1) 上原 赫，未来材料，**5**，No.1，14-19（2005）
2) C. W. Tang, *Appl. Phys. Lett.*, **48**, 183-185（1986）
3) M. Hiramoto, H. Fujiwara, M. Yokoyama, *Appl. Phys. Lett.*, **58**, 1062-1064（1991）
4) P. Peumans, S.R. Forrest, *Appl. Phys. Lett.*, **76**, 2650-2652（2000）
5) P. Peumans, V. Bulovoc, S.R. Forrest, *Appl. Phys. Lett.*, **79**, 126（2001）
6) S. Uchida, J. Xxue, B. P. Rand, S. R. Forrest, *Appl. Phys. Lett.*, **84**, 4218（2004）；J. Xue, B. P. Rand, S. R. Forrest, *Adv. Mater.*, **17**, 66-71（2005）
7) G. Yu, J. C. Hummelen, F. Wudl, A. J. Heeger, *Science*, **270**, 1789-1791（1995）
8) N. S. Sariciftci, Materialstoday, September 2004, 36-40（2004）
9) S. E. Shaheen, R. Radspinner, N. Peyghambarian, G. E. Jabbour, *Appl. Phys. Lett.*, **79**, 2996-2998（2001）

10) J. Sakai, T. Nishimori, N. Ito, J. Adachi, IEEE PVSEC 2005
11) E. Kymakis, G. A. J. Amaratunga, *Appl. Phys. Lett.*, **80**, 112-114 (2002) ; E. Kymakis, I. Alexandrou, G. A. J. Amaratunga, *J. Appl. Phys.*, **93**, 1764-1768 (2003)
12) S. Fan, M. G. Chaplin, N. R. Franklin, T. W. Tomber, A. M. Cassell, H. Dai, *Science*, **283**, 512-514 (1999)
13) V. K. Varadan, J. Xie, K. J. Vinoy, ホームページより (http://kurasc.kyoto-u.ac.jp/jusps/s2-2)
14) 上原 赫, 光電変換素子, 特願 2004-199401, 特願 2004-199419 ; K. Uehara, T. Morimoto, H. Kinoshita, H. Hirabayashi, T. Ishii, Y. Abe, S. Yoshikawa, Proceeding of The Joint International Conference on "Sustainable Energy and Environment (SEE)" 2004, 12.1-3, Hilton, Hua Hin, Thailand, pp.81 (2004)
15) 三筒山毅, 松岡宏和, 上原 赫, 杉本 晃, 水野一彦, 井上直久, 電気学会論文誌 A, **118**, 1435-1439 (1998) ; T. Mikayama, M. Ara, K. Uehara, A. Sugimoto, K. Mizuno, N. Inoue, *Phys. Chem. Chem. Phys.*, **3**, 3459-3462 (2001)
16) 上原 赫, 吉川 暹, ほか, 特許出願中
17) A. Yakimov, S. R. Forrest, *Appl. Phys. Lett.*, **80**, 1667-1669 (2002)
18) J. Xue, S. Uchida, B. P. Rand, S. R. Forrest, *Appl. Phys. Lett.*, **85**, 5757-5759 (2005)
19) E. W. McFarland, J. Tang, *Nature*, **421**, 616-619 (2003)
20) 上原 赫, 色素増感太陽電池及び太陽電池の最前線と将来展望, p.175, 情報機構 (2003)
21) R. Koole, P. Liljeroth, S. Oosterhout, D. Vanmaekelbergh, *J. Phys. Chem. B*, **109**, 9205-9208 (2005)
22) 上原 赫, 光電変換素子, 特願 2004-199412 ; K. Uehara, H. Kinoshita, H. Hirabayashi, T. Ishii, Y. Abe, S. Yoshikawa, Proceeding of The 3rd EMSES International Symposium Eco-Energy and Material Science and Engineering Symposium, April 6-9, 2005, Chiangmai, Thailand, pp.45 (2005)
23) 早川明伸, 上原 赫, 藤枝卓也, 吉川 暹, 第 66 回応用物理学会学術講演会講演要旨集 (2005 秋, 徳島大学) No.3, 1096 (2005) 特許出願中

2 有機ヘテロ接合型薄膜太陽電池

大佐々崇宏[*1]，松村道雄[*2]

2.1 はじめに

植物は太古の昔から光合成を行い，太陽光から莫大なエネルギーを取り出してきた。その光合成と同じように，太陽光から人工的にエネルギーを取り出すことによって，クリーンかつ無尽蔵なエネルギー源を確保することができれば，大変に素晴らしいことである。しかし，現在のエコロジー・ブームのもとで利用が広がりつつあるシリコン系太陽電池では，故障なく30年近く運転してはじめて設置に要した投資を回収できるとされている。そのため，その発電単価は，通常の電力料金の2倍程度と見積もられており，経済的に意味を持つ水準には至っていない。しかし，化石資源の枯渇がやがて起こることを考えると，太陽電池を始めとする自然由来のエネルギー源が，より実用的なコストで提供されることが望まれる。

このような状況の中，有機薄膜太陽電池の変換効率が急速に向上し，低コスト太陽電池としての期待を集めつつある。これは1970年代から現在までの，長きにわたる研究の成果と言えるが，ここに至るまでには大きく2つのブレイクスルーがあった。ひとつはTangらによる有機ヘテロ接合型太陽電池[1]であり，いまひとつはHeegerらによるバルクヘテロ構造の形成[2]である。前者の構造は，効率競争の観点からは，すでに旧式になっているのかもしれないが，有機薄膜太陽電池の原理を明らかにする上での意義はいまだに大きい。本稿では，有機薄膜太陽電池における有機ヘテロ接合の機能と問題点について述べる。

2.2 初期の有機薄膜太陽電池

有機薄膜太陽電池は，植物の光合成と同様，有機色素・顔料の光電変換機能を利用し，太陽光から電気エネルギーを取り出すデバイスである。類似のものに色素増感太陽電池[3,4]があるが，どちらも当初は人工光合成の一形態として研究されていた。有機薄膜太陽電池の研究においては，ポルフィリンやフタロシアニンなど，クロロフィル類似の化合物，もしくはテトラセン[5]などアセン系化合物が検討されていた。しかし，1975年ごろまでは，0.02%程度の極めて低い変換効率しか得ることができなかった。

1978年，Morelらは，メロシアニン薄膜を仕事関数の異なる金属電極でサンドイッチした構造の太陽電池を報告した[6]。この素子より得られる短絡光電流（J_{sc}）は1.8mA/cm^2，開放電圧（V_{oc}）は1.2Vであり，変換効率0.7%（AM 1，78mW/cm^{2}照射光下）という，当時として

---

*1 Takahiro Osasa　大阪大学　太陽エネルギー化学研究センター
*2 Michio Matsumura　大阪大学　太陽エネルギー化学研究センター　教授

第 2 章　有機薄膜太陽電池のコンセプトとアーキテクチャー

図 1　メロシアニン薄膜有機太陽電池の素子構造（左）とエネルギーダイヤグラム（右）

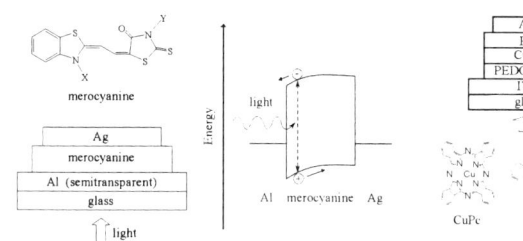

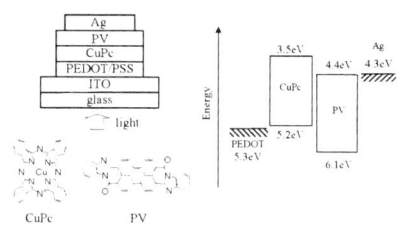

図 2　有機ヘテロ接合型素子の素子構造（左）およびエネルギーダイヤグラム（右）

は画期的な性能を示した。この素子における光電変換機構は，基本的に p 型有機半導体/電極界面に形成されるショットキー接合に基づいており，この接合電場によって励起子の電荷分離が起こる（図 1）。この報告をきっかけとして，スクワリリウム，キナクリドンなど，種々の p 型有機半導体を用いた有機単層型素子が活発に検討されたものの，変換効率は 1 ％を超えることができなかった。無機物と異なり，有機分子は励起子束縛エネルギーが大きい[7]ため，界面接合電場では効率よく電荷分離できなかったのが主な原因と考えられる。

2.3　有機ヘテロ接合型太陽電池

1986 年，Tang らは，銅フタロシアニン（電子供与性）とペリレン誘導体（電子受容性）を積層し，有機ヘテロ接合をもたせた素子（図 2）で，$J_{sc}=2.5mAcm^2$，$V_{oc}=0.45V$，変換効率 0.95％（AM 2，75mW/cm^2 照射光下）という，それまでに比べて高い性能が得られることを報告した[1]。これは有機薄膜型として初めて 1 ％近い変換効率を示したという点で，ブレイクスルーとなるものであった。しかし，我々が同じ構造の素子を作製しても，効率は高々 0.5％程度しか得られない。このような効率の信頼性・再現性が，有機薄膜太陽電池の一つの問題点である。なお，この構造の素子は有機層が非常に薄い（約 100nm）ため，リーク電流が頻繁に発生し，再現性が低いという問題があった。リーク電流の発生は有機薄膜素子に一般的な問題であるが，有機 EL 素子の場合は，ピンホールを形成しにくい低分子アモルファス材料を選択することにより，この問題を回避している。これに対し，有機薄膜太陽電池における有機層は基本的に結晶性薄膜である。結晶の方が励起子移動・電荷輸送にとって有利であると考えられるものの，結晶粒界に金属電極微粒子が侵入し，リーク電流が発生しやすくなっている面があるのは否めない。現在では ITO/有機層界面に導電性高分子（PEDOT/PSS）層を導入し，ITO の表面状態を改良することによってリーク電流が抑制する手法が一般的であるが，本質的には，アモルファス材料の導入

73

（電荷輸送材料，もしくはバッファー層として）や，材料の単結晶化によって結晶粒界をなくすなどの改良が必要であろう。

有機単層素子に比べ，有機ヘテロ接合型素子において効率が向上した原因は大きく3つある。吸収領域の異なる2つの材料を組み合わせたことによる吸収光子数の増大（図3），フィルファクター（F.F.）の向上，そして電荷分離効率の向上である。F.F.は変換効率を決定する因子の一つで，素子の内部抵抗によって決まると考えられている。有機導電材料は導電性を持つとはいえ，無機半導体に比べれば絶縁体に近いため，それまでの有機単層素子のF.F.は0.1～0.25と低かった。これに対し，Tangらが報告した素子のF.Fは0.65と，飛躍的に向上した。これは，用いた材料の電導性が大きく関係していると思われる。電荷分離効率が向上した原因については，積層している2種の材料間の電子供与性・電子受容性の違いに基づいて，その界面で効率的な光誘起電子移動反応が起こりうるためと理解できる。なお，無機半導体との構造の類似性から，有機／有機界面にp-n接合のような接合ができ，界面付近に形成される電場によって励起子からの電荷分離が起こるという考えもある。いずれの場合も，電荷分離は有機／有機界面近くで起こるため，実験的にその区別を厳密に行うことは難しい。しかし，現在では，特に高分子系を中心に前者の説が受け入れられつつあり（材料に依存するのかもしれないが），我々もいくつかの理由からこの説が妥当だと考えている。

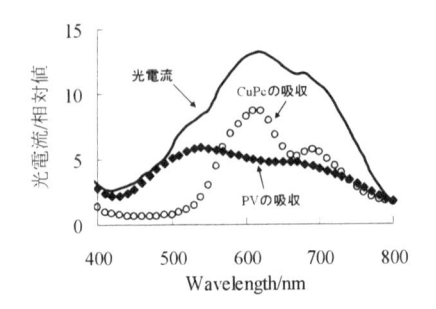

図3 CuPcおよびPVの吸収スペクトルと素子のアクションスペクトル（ゼロバイアス時）

2.4 有機ヘテロ接合型素子における動作機構

上記の理解に立てば，太陽電池特性は，1）有機層の光吸収による励起子の生成，2）励起子の拡散，3）有機／有機界面での電荷分離，4）有機層内の電場（電極の仕事関数差に由来するもの）による電荷の輸送，の四つの過程で説明される。基礎研究としては，これらの個々の過程の詳細な解明が課題となる。筆者らは，このような単純積層型有機薄膜太陽電池を用いて，光電流生成機構・光起電力発生機構といった基礎的な動作機構の解明を試みているが，その過程で得られた知見の一部を紹介する。

ひとつは，有機積層型における光電流生成領域の決定である。有機層で吸収した光を効率良く変換するためには，生成した励起子が有機／有機界面まで移動するだけの，十分長い拡散距離を持つ必要がある。ところが，一般的に有機材料中の励起子拡散距離は短いため，有機／有機界面

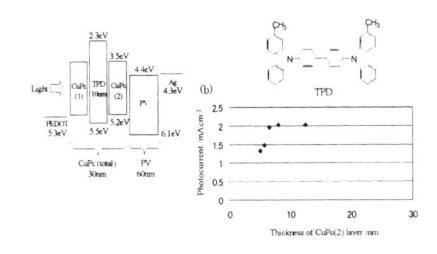

第2章　有機薄膜太陽電池のコンセプトとアーキテクチャー

図4　CuPc層における光電流生成領域の決定

のごく近い領域で吸収された光しか光電流生成に寄与することができない。この領域の外側で吸収された光は無駄になるばかりでなく、有効領域への光の供給の邪魔をすることになる。そこで筆者らは、Tang型素子について光電流生成領域を定量的に決定するため、CuPc層およびPV層のそれぞれに励起子ブロック層を導入し、その位置と短絡光電流の関係を測定することによって、光電流生成領域の決定を試みた。前者については、励起子ブロック層として芳香族ジアミン化合物（TPD）を用いた。その結果、CuPcの膜厚が8nm程度で短絡光電流が飽和した（図4）。これがCuPcの有効領域と見積もられる。同様に、後者については励起子ブロック層としてアルミニウム-ヒドロキノリン錯体（Alq_3）を用い、PVの有効領域を約12nmと決定した[8]。

これより、積層型素子における有効領域は、CuPc層とPV層の界面から約10nmに限られることが明らかになった。これは、室温におけるこの素子の内部量子収率（＝発生した電子数／吸収した光子数）が最大でも12%程度という測定結果と矛盾しない。なお、有効領域以外は光電流発生に寄与しないが、仮にこの領域を取り去ってCuPc（10nm）/PV（20nm）のような太陽電池を作ったとすると、有機層が薄すぎてリーク電流の発生頻度が格段に高まるばかりか、有効領域が金属の近くに存在するために励起子が失活し、光の有効利用が行われないという問題が生じてしまう。これはバッファー層の挿入によって解決されるが、この場合、有効層が狭く、光を十分吸収できないという問題は残る。従って、本質的な高効率化を考えた場合、構造面で改良を図る必要がある。そこで提案されたのがバルクへテロ構造[2]である。その詳しい説明は次節以降に譲る。

筆者らはまた、光起電力の発生機構についても検討を行った。有機物を絶縁体と考えれば、素子のビルトインポテンシャルは両電極の仕事関数差によって与えられる。従って、光起電力の大きさは電極間の仕事関数差によって決まると考えられる。これを実証するため、筆者らは積層型素子において、金属電極の仕事関数とV_{oc}の関係を調べた。

ITO/PEDOT/CuPc（30nm）/PV（60nm）/金属電極という素子において、種々の金属電極を用いたところ、V_{oc}はその仕事関数によらず0.42V前後であった。また、有機層の組み合わせを変え、ドナーにTPD、アクセプターにC_{60}を用いた積層型素子について同様の実験を行ったところ、この場合もV_{oc}は金属電極の仕事関数によらず、0.78V前後であった（図5）。これは一見すると、V_{oc}がp型半導体とn型半導体のフェルミレベル差で決まっているように見えるし、そ

のような説明もしばしばされている。しかし、これらの有機物と電極がオーミック接触をしているとは考えにくいため、筆者らは、有機物と電極の間で何らかのエネルギーレベルの調整機構（フェルミレベルピンニング）が働いていると考えたほうが妥当ではないかと考えている。その起源としては、用いている有機分子が多段階の酸化還元を起こすこと、また、これらの材料が金属との界面で電荷移動を起こしやすいことが挙げられる。なお、図5において、TPD/C_{60}積層素子より得られている0.8V程度の光起電力は、シリコン系の太陽電池よりも大きな値であり、有機系太陽電池の特長と言えるかもしれない。

さらに、筆者らは、光電流が逆バイアス印加時のみならず、順バイアス印加時にも発生すること、さらに、バイアス条件によってそのスペクトルが大きく異なることも見出した。この光電流は、電位の増加とともに逆バイアス下での正常光電流よりも大きくなる。アクションスペクトルの解析から、たとえば、図2の構造の素子については、逆バイアス印加時にはCuPc、PVのいずれの光励起によっても光電流を発生するが、順バイアス印加時にはPVの吸収のみが光電流発生に効いていることが明らかになった[9]（図6）。また、容量-電圧（C-V）測定より、順バイアス時の電気容量は逆バイアス時に比べて大きくなっており、順バイアス印加によって、CuPc中に正孔が注入され、有機／有機界面に蓄積することが示唆される。これらの結果から、観測された光電流は、有機／有機界面に蓄積した正孔とPV中に生成した励起子の間で起こる電荷分離によるものと考えられる。そのような機構であれば、界面での電荷分離後の再結合が起こりにくく、光電流値が大きいこととも符合している。同様の現象はCuPc/C_{60}積層素子においても観測される。

2.5 有機／有機界面の微細構造制御

先述の通り、有機ヘテロ接合型素子は光電流生成領域が狭いという問題点があり、それを克服するものとしてバルクヘテロ構造が提案された。しかし、バルクヘテロ構造は電荷輸送過程に難点があり、電荷輸送ルートの形成を偶然に頼らなければならないため、電荷取り出し効率は必ずしも高くないと考えられる。その点、有機ヘテロ接合型は、電荷輸送のルートが必ず存在するため、電荷輸送効率が高い。そこで、両者の利点を取り、有機／有機界面の微細構造を制御し、複雑に入り組んだ構造にしたものが提案されている。それはp-i-n接合（平本、横山ら）[10]や低分子バルクヘテロ構造（内田、Forrestら）[11]と呼ばれるもので、本書に詳しい解説がなされている。また、筆者らも最近、TPDとフラーレンを積層した素子について、加熱処理をすることで光電流が大幅に増大し、J_{sc}=3.0mA、V_{oc}=0.68V、変換効率1.1%が得られることを見出した（AM 1.5、100mW/cm^2照射光下）。このように、有機ヘテロ接合型素子は原理解明に有効であるのみならず、構造上の利点もあり、素子の高効率化に向けてその積極的活用が重要であると言

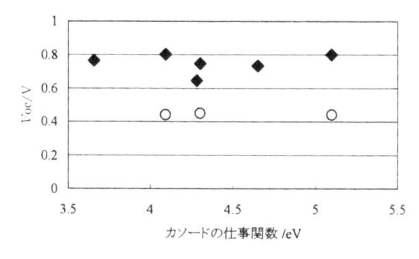

第 2 章　有機薄膜太陽電池のコンセプトとアーキテクチャー

図 5　ITO/PEDOT/CuPc(30nm)/PV(60nm)/cathode 素子（○）および ITO/PEDOT/TPD(30nm)/C_{60}(60nm)/cathode 素子（◆）におけるカソードの仕事関数と光起電力の関係

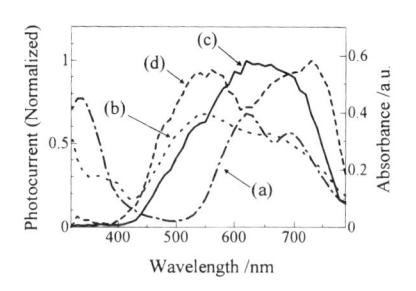

図 6　CuPc（a），PV（b）の吸収スペクトルと，逆バイアス下（c）および順バイアス下（d）の素子のアクションスペクトル

える。

2.6　おわりに

　有機薄膜太陽電池は，有機単層構造から出発し，有機ヘテロ接合型素子，バルクヘテロ構造へと進み，さらに新たな構造が提案されている。これらの構造的な改良により，有機薄膜太陽電池の効率は急速に向上しつつある。しかし，その一方で，原理的な理解が遅れている状況は変わっていないように思われる。有機薄膜太陽電池が実際に用いられるようになるためには，励起子移動および電荷分離機能に優れた新材料の開発が不可欠であろう。しかし，そのような開発を支えるためには，基礎面の理解を深めるための研究も不可欠であると言えよう。両者の研究がバランスよく進展することによって，有機薄膜太陽電池の性能がさらに飛躍することを望みたい。

文　　献

1) C. W. Tang, *Appl. Phys. Lett.*, **48**, 183 (1986)
2) G. Yu, J. Gao, J. C. Hummelen, F. Wudi, A. J. Heeger, *Science*, **270**, 1789 (1995)
3) H. Tsubomura, M. Matsumura, Y. Nomura, T. Amamiya, *Nature*, **261**, 402 (1976)
4) B. O'Regan, M. Greatzel, *Nature*, **353**, 737 (1991)
5) M. Matsumura, H. Uohashi, M. Furusawa, N. Yamamoto, H. Tsubomura, *Bull. Chem. Soc. Jpn.*, **48**, 1956 (1975)
6) D. L. Morel, A. K. Ghosh, T. Feng, E. L. Stogryn, P. E. Purwin, R. F. Ahaw, C. Fishman, *Appl. Phys. Lett.*, **32**, 495 (1978)

7) M. Hiramoto, 'Organic Photovoltaics : Mechanisms, Materials and Devices', Chapter 10 (CRC Press, 2005)
8) T. Osasa, Y. Matsui, T. Matsumura, M. Matsumura, submitted
9) T. Osasa, S. Yamamoto, Y. Iwasaki, M. Matsumura, submitted
10) M. Hiramoto, H. Fujiwara, M. Yokoyama, *J. Appl. Phys.*, **72**, 3781 (1992)
11) P. Peumans, S. Uchida, S. R. Forrest, *Nature*, **425**, 158 (2003)

3 p-i-n 接合を持つ有機薄膜太陽電池

平本昌宏*

3.1 はじめに

　有機 pn ヘテロ接合セルは，有機半導体を用いた固体型太陽電池の研究において，最も大きな成功例である[1]。しかし，このタイプの有機太陽電池は，光キャリア生成の活性領域（active layer）厚さが接合の両側に数十 nm しかなく非常に薄い，という本質的な問題点を抱えており，太陽光エネルギー変換効率は 1 %程度であった。

　この問題の解決は，(A)入射した光が非常に薄い活性層のみで吸収されるようにし，その高い光電変換効率のみを利用できるようにすること，(B)入射した光を全て吸収して有効利用すること，の相反する 2 つの要請の両立を達成することに要約できる。これは，有機系光電変換デバイス全てに共通する本質的命題である。

　一つの方法は，2 つの有機半導体を混合して，照射光全てが吸収できる程度の厚さの，全体が活性層になるような膜を作製することである。有機系固体太陽電池におけるこのアプローチは筆者が世界で初めて共蒸着によって行った[2〜5]。この場合，生成した電子とホールを共蒸着膜中のそれぞれの半導体を通って別々に外部電極に取り出すことが必要不可欠となる。有機半導体の混合において，ルート形成と光キャリア生成を両立させるには，エキシトン移動可能距離程度の 10〜5 nm の極微細構造を制御する必要があることが最近明確となった[6]。このようなナノ構造は，共蒸着中の基板温度制御によって，ある程度作製でき，現在，2.5 %の光電変換効率を観測している[7, 8]。

　一方，透明なナフタレン誘導体（NTCDA）が，セル特性をおとすことなく，2 μm もの驚くべき厚さでセルに組み込むことが可能であることが分った[9]。これは，有機薄膜セルにおける，内部抵抗とショートの問題をクリヤーできることを意味し，セルの大面積化に威力を発揮する。

　さらに，ドーピング技術によって金属電極直下の有機半導体を n 型，p 型化すると，有機／金属界面を，電子，ホール双方に対してオーミック接合とできることが，明らかになった[10, 11]。この技術を用いれば，キャリア取り出しにともなう抵抗をほとんどなくせることから曲線因子（FF）を大きく向上できる可能性がある。

3.2 ナノ構造制御された共蒸着層を i 層として持つ p-i-n 接合型セル

　有機半導体として，フラーレン（C_{60}）とフタロシアニン（H_2Pc）の組み合わせを用いた[12]。両者を共蒸着するときに，基板温度をコントロールすると＋80 ℃で光電流発生効率が，非常に大

---

　*　Masahiro Hiramoto　大阪大学　大学院工学研究科　助教授

有機薄膜太陽電池の最新技術

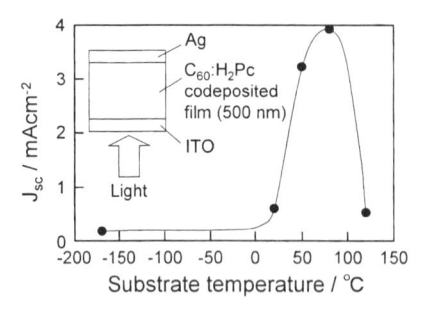

図1 C_{60}：H_2Pc 単層セルの示す短絡光電流（J_{sc}）の共蒸着時基板温度依存性（C_{60}：H_2Pc 比は1：1）

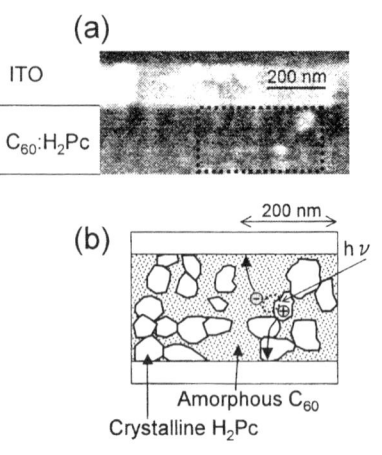

図2 (a)＋80℃の基板上に作製した C_{60}：H_2Pc 共蒸着膜の断面 SEM 像 (b)SEM 像（破線ボックス内）からトレースして描いた断面模式図

きくなることが分った（図1）。＋80℃で作製した共蒸着膜の断面SEM像と，それを直接トレースして描いた断面構造を図2に示す。H_2Pc ナノ結晶がアモルファスの C_{60} に取り囲まれた「アモルファス-微結晶複合ナノ構造」となっていることが分かる。この構造は，C_{60}/H_2Pc 界面における高効率の光キャリア生成を起こすとともに，生成した電子とホールを空間的に別々のルートを通して取り出すことができる。このため，大きな光電流発生能力を持つことになる。なお，室温で作製した共蒸着膜は分子レベル混合であるため，生成電子とホールを効率よく取り出すことができない。

この高効率 C_{60}：H_2Pc 共蒸着膜を，有機 p-i-n 接合セル（図3(a)）に組み込んだ。共蒸着膜は i（intrinsic）層として働く。p層とn層は，両者のフェルミレベルの差に由来する内蔵電界（built-in potential）を共蒸着 i 層にかけ，キャリア生成と取り出しを行わせる役目を担う。p層としては H_2Pc，n層としては NTCDA 透明層を用いた（NTCDA 層については，3.3で詳述する）。図3(b)に擬似太陽光照射下での電流－電圧（J-V）特性を示す。短絡光電流（J_{sc}）：9.9 mAcm^{-2}，開放端電圧（V_{oc}）：0.42V，フィルファクター（FF）：0.52，光電エネルギー変換効率：2.5％が得られた。

図3 (c)に短絡光電流の内部量子収率の波長依存性（黒丸）を示す。最大84％，平均59.3％（400～800nm）に達している。実線は照射した光の吸収率であるが，最大80％以上に達している。＋80℃で作製した，130nmの厚さの C_{60}：H_2Pc 共蒸着膜が，active layer のみで全ての入射太陽光を吸収するという困難な課題を，ほぼ克服していることを意味している。なお，太陽光（300～1,100nm：結晶シリコンが利用している波長域）の吸収率は53％であり，実際に吸収さ

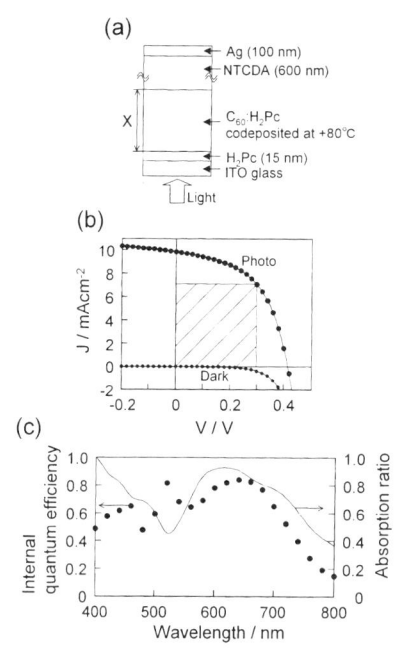

第2章 有機薄膜太陽電池のコンセプトとアーキテクチャー

図3 (a)p-i-n 接合を持つ3層型セル
(b)電流密度―電圧(J-V)特性
セルパラメータ：短絡光電流(J_{sc})：9.9mAcm^{-2}，開放端電圧(V_{oc})：0.42V，フィルファクター(FF)：0.52，変換効率：2.5%擬似太陽光強度：85.8mWcm^{-2}
(c)J_{sc} の内部量子収率の波長依存性(黒丸)
実線は有機薄膜が吸収した入射光強度の割合(吸収率)．

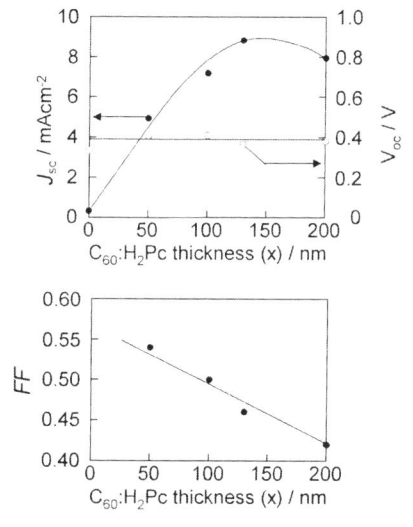

図4 セルパラメータの C_{60}：H_2Pc 共蒸着層膜厚依存性

れた太陽光に対する光電エネルギー変換効率は4.7%に達する．ほぼ，実用域の値と言って良い．

図4にセルパラメータの C_{60}：H_2Pc 共蒸着膜厚依存性を示す．C_{60}：H_2Pc 共蒸着膜厚が増えると短絡光電流(J_{sc})は急激に増大し，共蒸着膜全体がキャリヤ生成に有効に働く，つまり，共蒸着膜全体が active layer として働いていることを如実に示している．開放端電圧(V_{oc})は一定で，これが，p層，n層のフェルミレベル差で決まる量であることを示している．フィルファクター(FF)の直線的減少は，C_{60}：H_2Pc 共蒸着層がまさに絶縁体的な i (intrinsic) 層として働き，内蔵電界が i 層にかかっていることを証明している．すなわち，このセルは，アモルファスシリコンと同じ p-i-n エネルギー構造(図5)を持っている．

3.3 非常に厚い透明 NTCDA 保護層によるショート問題の解決

有機太陽電池は，100nm 以下の非常に薄い有機薄膜を2枚の金属電極でサンドイッチした構

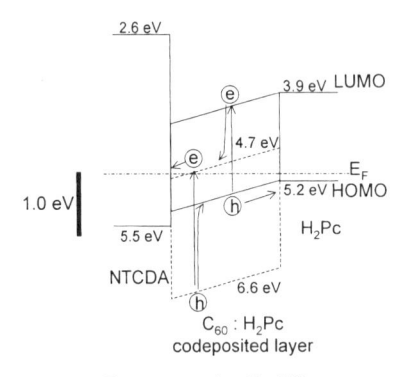

図5 p-i-n エネルギー構造
アモルファスシリコンと本質的に同じエネルギー構造。

造を持つ。このように薄い有機膜に金属電極を蒸着すると、金属粒子が有機薄膜中に侵入し、電極間が電気的にショートする現象が多発する（図6）。ところが、100nm以上の有機膜にすると、主に、内部抵抗の増大によるセル特性の著しい低下が避けられない。また、大面積のセルを作製することも不可能であった。

本研究では、電極―有機層間に金属粒子の侵入を阻止する保護層を挿入することで、この解決を試みた。保護層としては、太陽光に対して透明なナフタレン誘導体（NTCDA）を用いた。作製したセルを図7に示す。非常に薄いp型H_2Pc（10nm）/n型C_{60}（10nm）層の上に、非常に厚いNTCDA（600nm）を積層した構造である（図7(a)）。比較のため、NTCDAと同じ厚さをC_{60}に代えた、H_2Pc（10nm）/C_{60}（610nm）の構造のセル（図7(b)）も作製した。図8に、J-V特性を示す。NTCDAを挿入したセルは、かなり良好な特性を示し、FFは0.54に達した。一方、NTCDAの無いセルではFFは非常に低く、内部抵抗の影響が顕著に現れた特性となった。厚いC_{60}は電子の輸送を妨げ、セル特性を低下させていることが分かる。図9に、FFのNTCDA膜厚依存性を示す。FFは、NTCDAの膜厚によらずほぼ一定値を示した。これは、NTCDAのバルク抵抗がセル特性に全く影響を与えないほど小さいことを示唆している。以上の結果から、NTCDAは電極間のショートを防止し、かつ、バルク抵抗を大幅に低減する保護層として有効であ

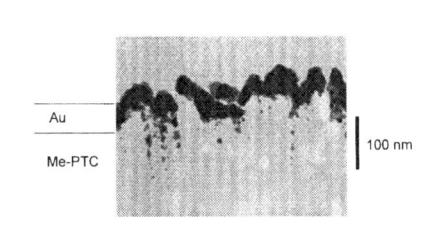

図6 ペリレン顔料（Me-PTC）薄膜にAuを真空蒸着した有機／金属界面のTEM断面像
Au粒子が界面から100nm以上の深さまで有機薄膜中に侵入している。

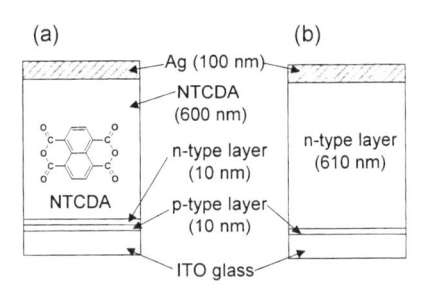

図7 非常に厚いNTCDA透明保護層を持つセル(a)。 比較のために、NTCDA保護層の無い同じ膜厚のセルも作製した(b)。p型層としてH_2Pc、n型層としてC_{60}を用いた。

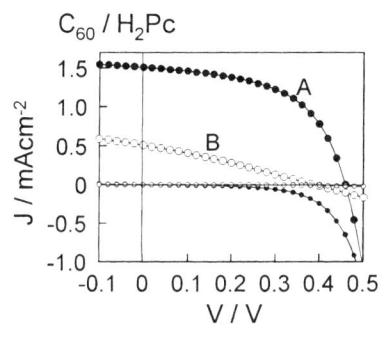

第2章　有機薄膜太陽電池のコンセプトとアーキテクチャー

図8　電流−電圧（J-V）特性
曲線 A：NTCDA 透明保護層を持つセル（図7(a)）。
曲線 B：NTCDA 透明保護層の無いセル（図7(b)）。
擬似太陽光強度：78.7mWcm^{-2}。

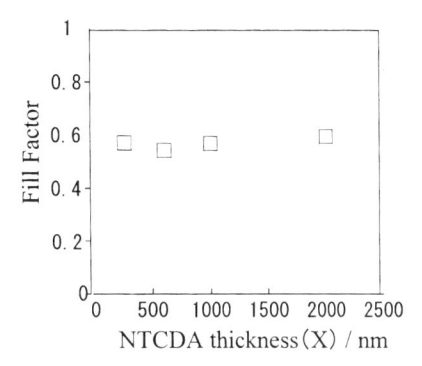

図9　Ag（100nm）/NTCDA/C$_{60}$（10nm）/H$_2$Pc（10nm）/ITO セルの示す曲線因子（FF）の NTCDA 膜厚依存性
NTCDA が 2μm であっても全く低下が見られない。

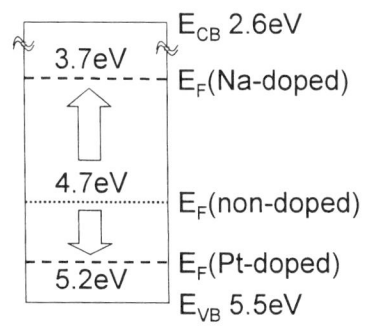

図10　NTCDA 蒸着膜のエネルギーダイアグラム（E$_F$：フェルミレベル，C.B.：伝導帯，V.B.：価電子帯）
Na，Pt ドーピングによって，n型化，p型化している。E$_F$ は，ケルビン振動容量法によって測定した。

ることが分った。また，NTCDA 保護層を用いれば，10cm^2 の大面積セルも作製できることが分った。

3.4 NTCDA 蒸着膜の pn 制御とオーミック接合形成

NTCDA 蒸着膜に，ドナーとして Na，アクセプターとして Pt をドーピングすることで，NTCDA のフェルミレベル（E$_F$）を制御することを試みた。Pt ドーピングは NTCDA と Pt を共蒸着することで行った。その結果，ノンドープの状態では NTCDA の E$_F$ は 4.7eV の値を示すのに対し，Na ドープで 3.72eV にマイナスシフトし，Pt ドープで 5.18eV にプラスシフトし，NTCDA 蒸着膜の pn 制御に成功した（図10）。また，Pt がアクセプターとして働くことは，今回初めて発見できたことで，臭素などのように揮発せず，permanent に存在する p 型ドーパントとして期待できる。

pn 制御した NTCDA と金属電極との間に，オーミック接合が形成できることが分った。図11に，ITO/Pt-doped NTCDA（30nm）/NTCDA（740nm）/Pt-doped NTCDA（30nm）/Pt セルと，ITO/Na-doped NTCDA（600nm）/Ag セルの J-V 特性を示す。両セルともに，注入電流が電圧に比例するオーミック特性が観測できた。また，わずかの印加電圧で 4 Acm^{-2} に達する，

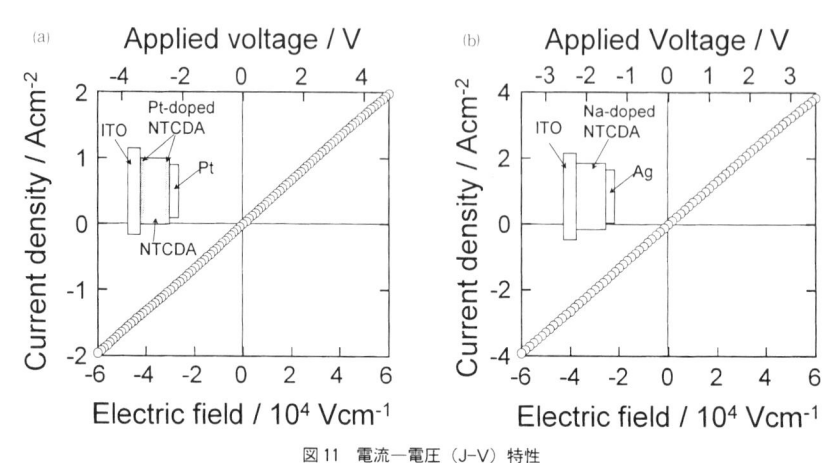

図11 電流—電圧（J–V）特性
(a)ITO/Pt-doped NTCDA（30nm）/NTCDA（740nm）/Pt-doped NTCDA（30nm）/Pt セル。ホールに対するオーミック接合が形成されている。(b)ITO/Na-doped NTCDA（600nm）/Ag セル。電子に対するオーミック接合が形成されている。

有機半導体薄膜としては格段に大きな電流を流すことに成功した。オーミックであるということは，もはや金属／有機界面の注入は阻害要因でなく，有機膜バルクの輸送特性を反映した電流が直接観測できていることを意味している。

オーミック接合形成技術は，有機／金属接合における，光生成キャリアの取り出し抵抗を無くすることで，曲線因子（FF）の増大に役立つと考えている。また，有機／金属接合は，太陽電池以外にも，OLED，OFET などの多くのデバイスに共通して存在するため，今回のオーミック接合形成技術は，有機エレクトロニクスデバイス分野において一般的な重要性を持つ。

3.5 長期安定性試験

有機太陽電池の実用化のためには，長期にわたって動作させても持続的に光電流を発生できることを実証する必要がある。そこで，Ag（100nm）/NTCDA（600nm）/C_{60}：H_2Pc（基板温度80℃）/H_2Pc（15nm）/ITO の構造をもつセル（図3(a)）を大気中および0.1Pa 真空中で長時間光照射したときの特性の変化を調べた。図12に，短絡光電流（J_{sc}）の光照射時間依存性を示す。大気中で測定した場合，J_{sc} は2時間で10%程度に減少した。しかし，真空中では，この劣化はほぼ抑制されることが分った。実用化のためには，セルを封止して，大気中の酸素や水から隔離しなければならないと考えている。

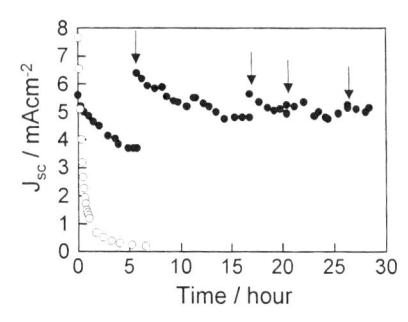

第2章　有機薄膜太陽電池のコンセプトとアーキテクチャー

図12　短絡光電流（J_{sc}）のセル動作時間依存性（長期安定性試験）
黒丸：真空下（0.1Pa）測定．白丸：大気中測定．ハロゲンランプ光（91mWcm^{-2}）照射．矢印は夜間，暗状態で12時間セル動作を中断したことを示す．

3.6　おわりに

短絡光電流量（J_{sc}）は，かなり大きくなり実用域に近づいている。一方，開放端電圧（V_{oc}）を決定する，内蔵電界（built-in potential）の起源とその制御に関しては，まだ未解明の部分や，技術の未成熟な部分が，多く残されており，精力的な研究が必要と考えている。

今回のp-i-nセルにおいては，図5のエネルギー構造より明らかなように，NTCDAが擬似的なn型にすぎないため，ドーピング技術によってフェルミレベルをマイナスシフトさせて真のn型にすることで，内蔵電界を飛躍的に大きくできる可能性がある。

有機固体太陽電池（有機光起電力電池，Organic Photovoltaics（OPV））は，近年，ポリマー系[3,4]，低分子系[1~16]，ともに，効率が大きく向上しはじめている。有機半導体を利用した実用デバイスとして，すでに有機電界発光デバイス（OLED）や，有機電界効果トランジスタ（OFET）が認知されているが，それに続く，次の実用デバイスのターゲットとして，OPVがその地位を確立すると考えている。

文　　献

1) C. W. Tang, "Two-layer Organic Photovoltaic Cell", *Appl. Phys. Lett.*, **48**, 183 (1986)
2) M. Hiramoto, H. Fujiwara, M. Yokoyama, "Three-layered Organic Solar Cell with a Photoactive Interlayer of Codeposited Pigments", *Appl. Phys. Lett.*, **58**, 1062 (1991)
3) M. Hiramoto, H. Fujiwara, M. Yokoyama, "p-i-n Like Behavior in Three-layered Organic Solar Cells Having a Co-deposited Interlayer of Pigments", *J. Appl. Phys.*, **72**, 3781 (1992)
4) M. Hiramoto "Organic Solar Cells Having p-i-n Junction and p-n Homojunction", Chaper 10 in the book "Organic Photovoltaics : Mechanisms, Materials and Devices" edited by Sun, Sam-Shajing and N. S. Sariciftci published by CRC Press, March 15 (2005) [近年の有機光起電力電池（OPV）の発展 を網羅した，研究者，ポスドク，学生向けの本]

5) H. Spanggaard and F. C. Krebs, *Solar Energy Materials & Solar Cells*, **83**, 125 (2004)
6) 平本, 特開 2004-103939, 平成 16 年 4 月 2 日「直立超格子, デバイス及び直立超格子の製造方法」
7) M. Hiramoto, K. Suemori, and M. Yokoyama, "Photovoltaic Properties of Ultramicrostructure-Controlled Organic Co-deposited Films", *Jpn. J. Appl. Phys.*, **41**, 2763-2766 (2002)
8) K. Suemori, T. Miyata, M. Yokoyama, M. Hiramoto, "Three-layered Organic Solar Cells Incorporating Nanostructure-optimized Phthalocyanine : Fullerene Codeposited Interlayer", *Appl. Phys. Lett.*, **86**, 063509 (2005)
9) K. Suemori, T. Miyata, M. Yokoyama, M. Hiramoto, "Organic Solar Cells Protected by Very Thick Naphthalene Tetracarboxylic Anhydride Film", *Appl. Phys. Lett.*, **85**, 6269 (2005)
10) M. Hiramoto, A. Tomioka, K. Suemori, M. Yokoyama, "Formation of Ohmic Contacts to Perylene Molecular Crystals", *Appl. Phys. Lett.*, **85**, 1852 (2004)
11) K. Suemori, M. Yokoyama, and M. Hiramoto, "Formation of Ohmic Contacts Both for Holes and Electrons to Organic Semiconductor Films", *Appl. Phys. Lett.*, **86**, 173505 (2005)
12) J. Rostalski and D. Meissner, "Monochromatic versus solar efficiencies of organic solar cells", *Sol. Energy Mater. Sol. Cells*, **61**, 87 (2000)
13) C. J. Brabec, S. E. Shaheen, C. Winder, N. S. Sariciftci, and P. Denk, *Appl. Phys. Lett.*, **80**, 1288 (2002)
14) J. Xue, S. Uchida, B. P. Rand, and S. R. Forrest, *Appl. Phys. Lett.*, **85**, 5757 (2004)
15) 内田・錦谷,「発電効率を高める新構造の開発」(4-1-2 節), p.177, "薄膜太陽電池の開発最前線", NTS 出版 (2005)
16) 齊藤,「有機薄膜太陽電池の現状と課題」(4-1-1 節), p.167, "薄膜太陽電池の開発最前線", NTS 出版 (2005)

4 バルクヘテロ接合型有機薄膜太陽電池

内田聡一[*1]，錦谷禎範[*2]

4.1 はじめに

クリーンな太陽エネルギーを利用する太陽電池は，近年の地球温暖化問題への関心の高まりもあり，将来のエネルギー源としてますます期待されるようになった。しかし，太陽電池が火力発電等の既存の発電技術に対抗するためには，低コスト化の達成が必須である。このような中，有機半導体を用いた新しいタイプの太陽電池は現在市販されているシリコン太陽電池と比較して大幅なコスト低減が期待できることから，近年その研究が加速化してきた。なかでもπ共役系構造を有する低分子系有機色素や導電性ポリマーを用いた有機太陽電池が，低コスト化の可能性を秘めた革新的太陽電池として注目されている[1]。有機太陽電池は，低分子系有機色素を用いた太陽電池研究が1950年代から，また導電性ポリマーの太陽電池への適用が1980年代からそれぞれ実施されてきたが[2]，変換効率は0.1%程度と低かった。総合エネルギー企業を目指す当社においても，1980年代に導電性ポリマーやオリゴマーを用いた有機太陽電池の研究を実施したが，変換効率は同様に低いレベルに留まっていた。

有機太陽電池開発におけるブレークスルーは，1986年のKodak社・Tangによるヘテロ接合型有機薄膜太陽電池の研究と[3]，1991年の大阪大学・平本・横山等によるバルクヘテロ接合の提案である[1]。Tangは，ドナー性の銅フタロシアニン（CuPc）とアクセプター性のペリレン誘導体（PTCBI）（表1）を真空成膜法により積層した薄膜が高効率で光電変換を行うことを見出し，有機化合物によるドナー／アクセプターヘテロ接合界面（D/Aヘテロ接合界面）が，高効率で

表1　検討に用いたドナーおよびアクセプター分子

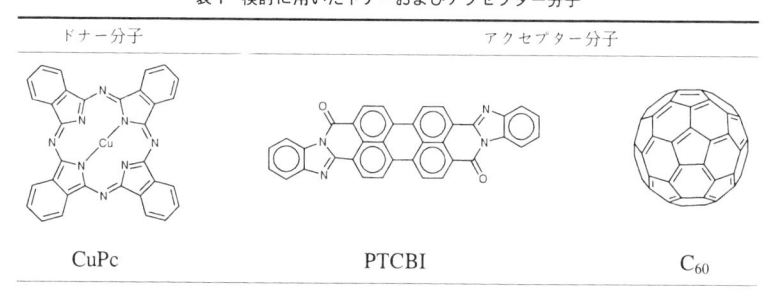

ドナー分子	アクセプター分子	
CuPc	PTCBI	C_{60}

---

*1　Soichi Uchida　新日本石油㈱　研究開発本部　中央技術研究所　シニアスタッフ
*2　Yoshinori Nishikitani　新日本石油㈱　研究開発本部　中央技術研究所　副所長

電荷分離を行うことを示した。平本らは、Tangと同系列のドナー分子とアクセプター分子を共蒸着することで、D/Aヘテロ接合界面を光電変換層全体に存在させるという、現在のバルクヘテロ接合に繋がる構造を提案し、光電変換効率がさらに向上することを示した。これ以降、有機低分子のみならず高分子も含めた有機半導体によるバルクヘテロ接合を用いた研究が、有機薄膜太陽電池の開発をリードしてきた。我々はプリンストン大学と共同で、バルクヘテロ接合を用いた低分子系有機薄膜太陽電池の高効率化を中心に検討を行い、5％を超える効率を達成している[3]。そこで本稿では、低分子系バルクヘテロ接合型有機薄膜太陽電池の構造設計・作製についての考え方と、特性の評価について解説する。

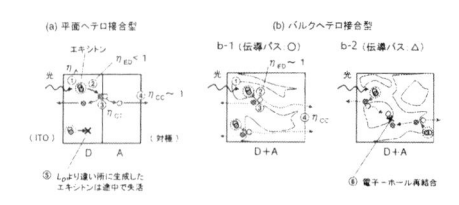

図1 ヘテロ接合を持つ有機薄膜太陽電池の構造と光電変換機構（○：電子，●：ホール）

4.2 バルクヘテロ接合型太陽電池のしくみ

はじめに、有機薄膜太陽電池の光電変換について説明した後、平面ヘテロ接合型（図1a）に対するバルクヘテロ接合型（図1b）の特徴点について述べる。

有機薄膜太陽電池の光電変換は、次の4つの過程で起こる（図1a）[4]。

【ステップ①】ドナー（あるいはアクセプター）の光吸収によりエキシトンが形成される。ここでエキシトンとは、電子とホールがクーロン力により結びついた励起状態の擬粒子である。

【ステップ②】電気的に中性なエキシトンはD/Aヘテロ接合界面へ拡散により到達する。

【ステップ③】D/Aヘテロ接合界面に到達したエキシトンは、フリーキャリア（自由な電子およびホール）へと解裂する。

【ステップ④】フリーキャリアはそれぞれアクセプター層およびドナー層を通過して、電極から外部回路へと取り出される。

このとき太陽電池の量子収率、すなわち、照射された光子数に対する生成したキャリアの外部取り出しの効率（η_{EQE}）は、次式で表すことができる。

$$\eta_{EQE} = \eta_A \cdot \eta_{ED} \cdot \eta_{CT} \cdot \eta_{CC} \tag{1}$$

ここで、各素効率は前述の4過程に対応し、それぞれη_A：光活性層での光吸収効率、η_{ED}：光吸収により生じたエキシトンのD/Aヘテロ接合界面への拡散効率、η_{CT}：D/Aヘテロ接合界面でのエキシトン解裂によるフリーキャリアの生成効率、η_{CC}：フリーキャリアの電極への収集によ

第2章 有機薄膜太陽電池のコンセプトとアーキテクチャー

る外部回路への取り出し効率を表している。

図1aの平面ヘテロ接合型は，η_{CT}，η_{CC}ともほぼ1に近い。よって，効率増大のためには，η_Aとη_{ED}の積を最大化する必要がある。まず，η_Aを大きくするためには光電変換層であるドナー層とアクセプター層の厚みをそれぞれ大きくすれば良い。しかし，エキシトンには寿命があるため，拡散長$L_D = \sqrt{D \cdot \tau}$（$D$：拡散係数，$\tau$：寿命）程度しか移動できない。このため，$\eta_A$を大きくするためにドナーおよびアクセプター層の膜厚をL_D以上に増加させると，D/Aヘテロ接合界面へ到達できないエキシトンの割合が急激に増えることになる。その結果，η_{ED}が減少する。すなわち，このη_Aとη_{ED}のトレードオフの関係が，平面ヘテロ接合型の効率を制限しているといえる。

このような平面ヘテロ接合型の課題を解決する可能性を持つのが，バルクヘテロ接合型である。バルクヘテロ接合は，ドナーおよびアクセプター分子が混合あるいは相互に入り組んだ構造を持ち，電荷分離を行うD/Aヘテロ接合界面が，光吸収層のバルク全体にわたって分布している（図1b）。このため，エキシトンがD/Aヘテロ接合界面へ到達するための距離を短くすることができる。よって，光吸収層全体にわたり高効率でエキシトンがフリーキャリアへ変換される。すなわち，バルクヘテロ接合型では厚みを増しても，η_{ED}は平面ヘテロ接合型の場合のようにL_Dの制限を受けず，η_Aとη_{ED}を同時に大きくすることが可能となる。一方，バルクヘテロ接合層中では電子－ホール再結合が生じ，η_{CC}が減少する場合がある。特にドナーあるいはアクセプターが電極まで連続した構造に比べ，不連続相が多い構造ではη_{CC}は小さくなると予想される（図1b-2，⑥）。すなわち，バルクヘテロ接合型では，スムーズなキャリア移動パスを形成し，η_{CC}を増加させることが高効率化の鍵を握っている。

4.3 光電変換特性モデル

η_{CC}を定量的に評価するための，電流－電圧特性（J–V特性）のモデル化について考える。膜厚d_mのバルクヘテロ接合層中でのキャリア移動を内部電場（$E = (V_{bi} - V)/d_m$，V_{bi}：ビルトイン電圧，V：印加電圧）によるドリフトとすると，η_{CC}はドリフト長（$L_C = \tau_C \cdot \mu \cdot E$，$\tau_C$：キャリアの寿命，$\mu$：キャリアの移動度）により決定される。このような考えに基づくと，η_{CC}は式2の形で表される[3a)]。ここで，キャリア移動長L_Cは，ホールと電子のドリフト長の和である（式3）。

$$\eta_{CC}(V) = \frac{L_C(V)}{d_m}\left\{1 - \exp\left[-\frac{d_m}{L_C(V)}\right]\right\} \qquad (2)$$

$$L_C(V)=(\tau_p\mu_p+\tau_n\mu_n)(V_{bi}-V)/d_m=L_{C0}(V_{bi}-V)/V_{bi} \tag{3}$$

$$L_{C0}=(\tau_p\mu_p+\tau_n\mu_n)V_{bi}/d_m=L_C\ (V=0) \tag{4}$$

τ_p, τ_n：共蒸着膜中でのホール，電子の寿命

μ_p, μ_n：共蒸着膜中でのホール，電子の移動度

暗電流特性（J_{dark}）を直列抵抗成分（R_S）を含むダイオードの式で表わすことで，光照射下における J-V 特性は式5となる。

$$J(V)=J_{dark}(V)-J_{photo}(V)=J_S\left\{\exp\left[\frac{q(V-J\cdot R_S)}{nkT}\right]-1\right\}-J_{photo}^0\cdot\eta_{CC}(V) \tag{5}$$

ここで，J_S：逆方向飽和電流，R_S：直列抵抗，q：単位電荷，n：理想因子，k：ボルツマン定数，T：絶対温度，J_{photo}^0：$\eta_{CC}=1$ の場合に得られる光電流，である。

4.4 低分子系バルクヘテロ接合型太陽電池の実際

効率の良いバルクヘテロ接合を形成するためには，ドナーおよびアクセプターにより形成されるナノ構造の制御が必須である。一般に，有機色素など溶解性の低い低分子によるバルクヘテロ接合の作製方法は，ドナーとアクセプターを共蒸着する真空成膜プロセスを利用する場合が多い。共蒸着で得られるナノ構造は，ドナー：アクセプター比，蒸着温度・速度，そして基板温度など，種々の蒸着条件の影響を受けて大きく変化する[6]。このため，低分子の共蒸着膜による高効率のバルクヘテロ接合型太陽電池を得るためには，最適なドナーーアクセプターのナノ構造を作製する何らかの工夫が必要になる。

本稿では，ドナーとして銅フタロシアニン（CuPc），アクセプターとして C_{60} あるいはペリレン誘導体（PTCBI）を用いて作製したバルクヘテロ接合型太陽電池の特性について述べる。具体的には，CuPc：C_{60} あるいは CuPc：PTCBI 共蒸着膜を真空蒸着法により作製し，バルクヘテロ接合型太陽電池としての性能を評価した。その結果，CuPc：C_{60} 共蒸着膜による太陽電池は比較的高い光電変換効率を示すのに対して，CuPc：PTCBI 共蒸着膜を用いた太陽電池の光電変換効率は低かった。しかし，CuPc：PTCBI 共蒸着膜は，加熱アニール処理することにより共蒸着膜内で相分離が生じ，η_{CC} およびエネルギー変換効率（η_P）が大幅に向上した。以下に，結果の詳細を述べる。

4.4.1 CuPc：C_{60} の共蒸着膜をバルクヘテロ接合層とする太陽電池[7]

CuPc：C_{60} 共蒸着膜を光電変換層として持つ太陽電池の特性について，表2に示す。光電変換層として CuPc：C_{60} 共蒸着膜のみを持つ，ITO/370Å CuPc：C_{60}(1：1)/75Å BCP/1,000Å Ag

第 2 章　有機薄膜太陽電池のコンセプトとアーキテクチャー

[BCP：バソキュプロイン] の素子では，AM 1.5G〜1 sun の条件で短絡電流密度 (J_{SC}) として 12.3mA/cm² を示した。これは，同一のドナーアクセプター対を持つ平面ヘテロ接合型太陽電池と同等であった[8]。370 Å の CuPc：C_{60} 共蒸着膜に加え，100 Å の C_{60} を積層し作製した ITO/370 Å CuPc：C_{60} (1：1)/100 Å C_{60}/75 Å BCP/1,000 Å Ag の構造を持つ素子は，さらに J_{SC} が増加した。一方，効率および J_{SC} の最大値は共蒸着膜の厚みを 370 Å から 330 Å に減少させた場合に得られた（ITO/330 Å CuPc：C_{60} (1：1)/100 Å C_{60}/75 Å BCP/1,000 Å Ag）。共蒸着膜の厚みを増加させた場合には，J_{SC}，フィルファクター (FF) とともに効率は減少することが分かった。

このような現象を解明するため，式 5 を用いて η_{CC} の膜厚依存性について解析した。ITO/330 Å CuPc：C_{60} (1：1)/75 Å BCP/1,000 Å Ag の素子の光照射下における J–V 特性を図 2a に示す。まず，順方向の暗電流特性 (J_{dark}，式 5) は，一般的なダイオード特性を表す式を用いてフィッティングすることで各パラメーターを決定した。逆方向飽和電流密度：$J_S = 1.6 \times 10^{-3}$ mA/cm²，理想係数：$n = 1.5$，直列抵抗成分：$R_S = 0.22 \Omega \cdot$ cm² とすることで実験値を再現性良く表した。つづいて，光電流 ($J_{photo} = J_{photo}^0 \times \eta_{CC}$) を式 2 で表した式 5 を用いて，光照射下の J–V 特性に対してフィッティングを行った。その結果，$L_{C0} = 480$ Å とした場合に実測値と良く一致し，キャリア移動長に基づくモデルがバルクヘテロ接合型有機薄膜太陽電池の特性を良く表していることが確認できた（図 2b）[3a]。

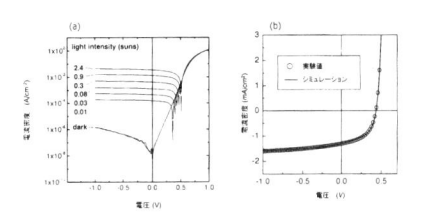

図 2　AM1.5G 擬似太陽光スペクトル照射下における，CuPc：C_{60} 共蒸着膜をもつ素子の J–V 特性
(a)光照射強度依存性および(b)J–V 特性のシミュレーションと実測の比較

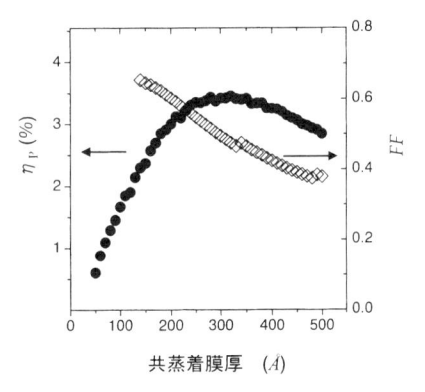

図 3　CuPc：C_{60} 共蒸着膜を有するバルクヘテロ接合型素子の光電変換特性の膜厚依存性（シミュレーション）

次に，上記で得られたパラメーターを用いて，種々の厚みの共蒸着膜を持つ素子の J–V 特性をシミュレーションし，変換効率の膜厚依存性を調べた。その結果，効率の最大値は $d_m = 300$ Å 程度で得られることが分かった（図 3）。

図 4 には，J–V 特性の温度依存性について示す。図に示したとおり，バルクヘテロ接合型の J_{SC}

表2 共蒸着膜を利用した有機薄膜太陽電池の特性

構造（Å）	アニール	J_{SC} (mA/cm²)	V_{OC} (V)	FF (−)	η_P (%)	照射強度 (suns)	L_{C0} (Å)
CuPc：C₆₀ 共蒸着膜系							
CuPc：C₆₀(370)※2	なし	12.3	0.53	0.43	2.8	0.88	—
CuPc：C₆₀(370)/C₆₀(100)※2	なし	14.8	0.53	0.40	3.1	0.88	—
CuPc：C₆₀(330)/C₆₀(100)※2	なし	15.4	0.50	0.46	3.5	0.88	480
CuPc：PTCBI 共蒸着膜系							
CuPc(75)/CuPc：PTCBI(480)/PTCBI(75)※1	なし	0.65	0.42	0.26	0.07	0.98	30
CuPc(150)/CuPc：PTCBI(450)/PTCBI(100)※2	あり	7.4	0.51	0.40	1.4	1.05	110

構造は，アノード：ITO，カソード：Ag（※1）または BCP/Ag（※2）。J_{SC}：短絡電流密度，V_{OC}：開放電圧，FF：フィルファクター。

は測定温度の上昇と共に増加し，開放電圧（V_{OC}）は減少した。この V_{OC} の減少は，順方向の暗電流の立ち上がりが低電圧側にシフトしているためであり，通常のダイオードと同様に逆方向飽和電流（J_S）が温度により増加したためと考えられる。一方，J_{SC} の増加は FF の増加，すなわち η_{CC} の増加に起因する。前項と同様に，J-V 特性をフィッティングし，各温度での L_{C0} を求めると，温度の上昇と共に増大するのが確認された。L_{C0} は，式4に示

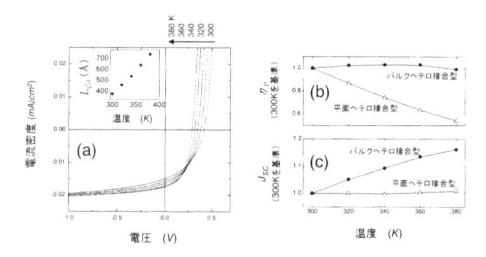

図4 (a)CuPc：C₆₀ 共蒸着膜を有するバルクヘテロ接合型素子の J-V 特性および L_{C0}（挿入図）の温度依存性
(b)，(c)CuPc と C₆₀ の共蒸着膜を有するバルクヘテロ接合型と，平面ヘテロ接合型の光電変換特性の温度依存性比較（b：エネルギー変換効率 η_P，c：短絡電流密度 J_{SC}）

すとおりキャリア移動度に依存することから，温度上昇によりホッピングによるキャリア移動が促進されたためと考えることができる。結果として，温度上昇による V_{OC} の減少と FF の増加がほぼ相殺し，バルクヘテロ接合型の η_P は，温度依存性が小さかった（図4b）。一方，平面ヘテロ接合型では温度が変化しても J_{SC} はほとんど変化せず，暗電流特性の変化による V_{OC} の減少のみの影響を受けるため，光電変換効率は温度の上昇に伴い大きく減少した。

4.4.2　CuPc：PTCBI の共蒸着膜をバルクヘテロ接合層とする太陽電池[9]

　CuPc と PTCBI の共蒸着層をバルクヘテロ接合とする素子は，CuPc：C₆₀ 共蒸着膜を持つ素子と異なり，η_P は非常に小さい（表2）。これは，CuPc と PTCBI が共蒸着膜中では分子レベルで

第2章 有機薄膜太陽電池のコンセプトとアーキテクチャー

混合しており，フリーキャリアの伝導パス形成が不十分なため，再結合により η_{CC} が低下しているためと考えられる。ここで，式5を用いて，キャリア移動長を求めると，$L_{(0)}=30Å$ となり，膜厚に対して1/10以下と非常に小さいことが分かった。

そこで，加熱アニールにより共蒸着膜内のCuPc相とPTCBI相を相分離させ，キャリア伝導パスを形成することを検討した。図5に共蒸着膜（ITO/5,000Å CuPc：PTCBI(4：1)/1,000Å Ag）をアニールした際の，共蒸着膜に垂直な断面のSEM像を示す。アニール前(a)および450Kでのアニール後(b)では，切断時に生じた構造の他は断面に特異な構造は確認できない。一方，$T=500K$(c)および550K(d)と，より高温でアニールした共蒸着膜の断面には相分離によるドメイン構造が形成されている。また，図6のX線回折測定（XRD）の結果が示すとおり，アニールにより β-CuPc相の生成が確認された。以上の結果から，アニールにより相分離と結晶化が生じたと考えられる。

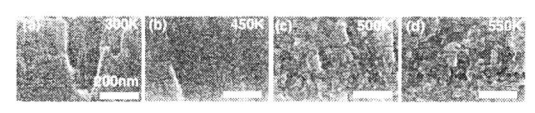

図5 各温度でアニールしたCuPc：PTCBI共蒸着膜の断面SEM像（各バーは200nm）

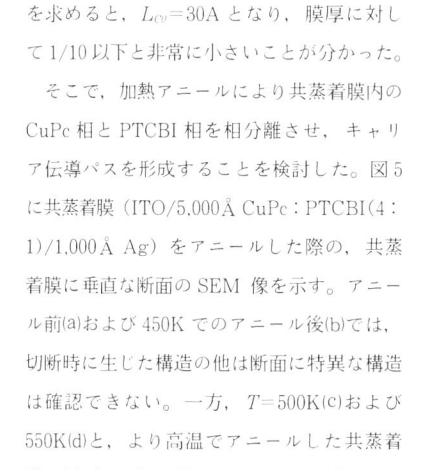

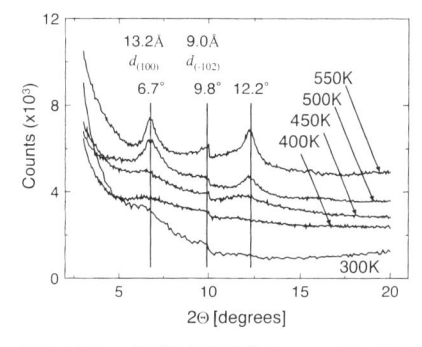

図6 CuPc：PTCBI共蒸着膜のアニールによるXRDピークの生成

最終的な素子構成は，ITO/150Å CuPc/440Å CuPc：PTCBI(1：1)/100Å PTCBI/1,000Å Agとし，この素子をまず $T_{AI}=520K$ で2分間アニール後，Agカソードを一旦剥離した。つづいて150Å BCP/1,000Å Agを新しいカソードとして成膜した。ここで，カソードを付け替えるのはアニールによる電極のダメージが光電変換特性へ影響を与えるためである。カソードを付け替えた素子を再び，460K程度に加熱し電極を馴染ませると，$L_{(0)}$ は110Å程度まで向上し，効率は $\eta_P=1.42\%$ に達することが分かった。

4.5 共蒸着により得られる低分子系バルクヘテロ接合膜の構造

CuPc：PTCBIの混合層は加熱アニール処理することによって，内部での相分離と同時に結晶相が生成し，η_{CC} が向上することが効率向上に寄与している。一方，CuPc：C_{60} の混合層を有する系では，加熱処理無しのまま大きな η_{CC} を得ることができる。

しかし，CuPc：C_{60} の共蒸着膜のXRD測定からは，アニール後のCuPc：PTCBIのような結

晶相は確認できなかった（図7）。一方、種々のCuPc：C$_{60}$比率を持つ共蒸着膜の吸収スペクトルを比較すると、CuPcの濃度が増加するに従って、CuPcの二つのピークのうち、高エネルギー側が増加するのが分かった。このスペクトルシフトは、CuPc分子間のスタックにより生じたと考えられることから、今回利用した、CuPc：C$_{60}$＝1：1の共蒸着膜においても、CuPc分子がある程度集合していることを示唆している。すなわち、CuPc：C$_{60}$共蒸着膜中では、CuPcは結晶相としては得られないものの、キャリア移動に必要な相分離と導電パスの形成が達成されていると考えることができる。

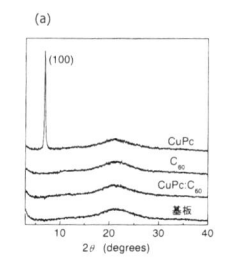

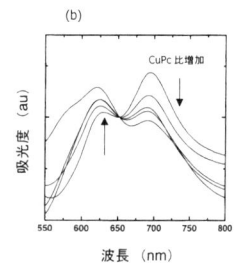

図7 (a)CuPc：C$_{60}$共蒸着膜、C$_{60}$、およびCuPcと基板のX線回折測定結果
(b)CuPc：C$_{60}$共蒸着膜の透過スペクトル

以上の材料間における挙動の差異は、分子構造の違いが一因として考えられる。CuPcは平面性の高い構造を有するのに対してC$_{60}$は球状である。この大きな構造の違いが、ナノスケールでの自発的な相分離を引き起こす方向に働き、共蒸着時点でキャリア移動のためのパスを形成すると考えられる。また、CuPc：C$_{60}$共蒸着膜の場合、アニールによる改善は見られなかった。これは既にある程度安定な相分離構造を取っていること、さらには、C$_{60}$の融点が高いため加熱により相分離構造が変化しないためと推定される。一方、CuPcおよびPTCBIは共に平面性のπ共役系を有しているため、共蒸着時にはむしろ分子レベルで混合した状態を取ると考えられる。このため、キャリア移動パスは切断されており、η_{CC}は小さい。CuPc：PTCBIの共蒸着膜では、加熱処理により相分離が進行しCuPc相およびPTCBI相に分離される。そのため、キャリア移動パスが形成され、η_{CC}が増大してη_Pが向上したと推定される。

4.6 おわりに

今回報告したCuPc：C$_{60}$共蒸着膜によるバルクヘテロ接合層は、CuPcおよびC$_{60}$単独層により挟み込み、各層の厚みを最適化することで、AM1.5、1 sunにおけるη_Pは5％に達する[3a]。さらに、複数のセルを直列にスタックすることで光の利用効率を向上させることが可能で、η_Pは5.7％程度まで向上できるなど、高効率化に必須な構造である[5b]。しかし、現在の共蒸着による方法で、相分離構造を理想的な形まで制御するには至っておらず、依然としてη_{CC}が効率を制限していると考えられる。よって、今後低分子系での効率を向上させていくためには、D/Aナ

第 2 章 有機薄膜太陽電池のコンセプトとアーキテクチャー

ノ構造を制御する技術の開発が重要である。なお最近,低分子の新しいバルクヘテロ接合の作製方法として,Yang 等らが Organic Vapor Phase Deposition (OVPD) と呼ばれる気相成長法について報告した[10]。この方法では,まずドナーあるいはアクセプターのどちらか一方でナノ構造を作製した後,隙間を他方の材料で埋めるという手法を用いてバルクヘテロ接合を作製している。この方法は,ドナー-アクセプターを共蒸着膜する方法に比べ,相分離構造および各相内での連続したキャリアパスを形成するという点で優れており,CuPc と PTCBI からなるバルクヘテロ接合を用いた太陽電池の効率は,$\eta_P = 2.4\%$ へと飛躍的に向上した。今後も,高効率化に向けた新しい技術,そして新しい材料のさらなる開発が待たれるところである。

文　献

1) a) P. Peumans, A. Yakimov, S. R. Forrest, *J. Appl. Phys.*, **93**, 3693 (2003); b) C. J. Brabec, N. S. Sariciftci, J. C. Hummelen, *Adv. Funct. Mater.*, **11**, 15 (2001)
2) H. Spanggaard, F. C. Krebs, *Solar Energy Mater. Solar Cells*, **83**, 125 (2004)
3) C. W. Tang, *Appl. Phys. Lett.*, **48**, 183 (1986)
4) M. Hiramoto, H. Fujiwara, M. Yokoyama, *Appl. Phys. Lett.*, **58**, 1602 (1991)
5) a) J. Xue, B. P. Rand, S. Uchida, S. R. Forrest, *Adv. Mater.*, **17**, 66 (2005); b) J. Xue, S. Uchida, B. P. Rand, S. R. Forrest, *Appl. Phys. Lett.*, **85**, 5757 (2004)
6) M. Hiramoto, K. Suemori, M. Yokoyama, *Jpn. J. Appl. Phys.*, **41**, 2763 (2002)
7) S. Uchida, J. Xue, B. P. Rand, S. R. Forrest, *Appl. Phys. Lett.*, **85**, 4218 (2004)
8) a) P. Peumans, S. R. Forrest, *Appl. Phys. Lett.*, **79**, 126 (2001); b) J. Xue, S. Uchida, B. P. Rand, S. R. Forrest, *Appl. Phys. Lett.*, **84**, 3013 (2004)
9) P. Peumans, S. Uchida, S. R. Forrest, *Nature*, **425**, 158 (2003)
10) F. Yang, M. Shtein, S. R. Forrest, *Nature Mater.*, **4**, 37 (2005)

5 共役系ポリマーを用いた有機薄膜太陽電池

高橋光信[*1], 村田和彦[*2], 中村潤一[*3]

5.1 はじめに

1980年代における高効率な有機太陽電池としては、Tangにより開発されたpn積層型太陽電池がよく知られている[1]。Tangは有機薄膜太陽電池の高効率化において、p型半導体であるフタロシアニンとn型半導体であるペリレン誘導体それぞれに正孔輸送と電子輸送の機能を持たせ、また、有機半導体材料の欠点である導電性の低さを補うために全有機薄膜の膜厚をナノメーターオーダーと薄くする事で、エネルギー変換効率1%を達成した。

近年、このエネルギー変換効率は主に2つの大きな技術的進歩により単セルで5%程度にまで向上した。一つは、キャリア輸送効率の高い共役系高分子等の材料を用いたことである[2〜5]。もう一つは、ナノレベルの光電荷分離界面を利用したことである。本来、植物の光合成で実証されているように有機材料の光電荷分離効率は高く、有機分子が一つの光子を吸収し電子を放出する割合は最適条件で100%近い値を示すことが知られている。すなわち、高効率な有機薄膜太陽電池実現の可能性は十分にある[3]。しかし、現在までのところでは実用には程遠い低い性能のものしか報告されていない。この要因の一つは、光吸収で生成した励起子の電荷分離に必要な内蔵電場のかかっている領域、すなわち空間電荷層（空乏層）幅が非常に薄い事である。実際に、無機太陽電池はその厚さがミクロンオーダーであるのに対して、有機太陽電池はナノメーターオーダーである[6]。Tangにより開発されたpn積層型太陽電池の発展形の光電変換素子として、Forrestらは、p型半導体とn型半導体の共蒸着層を光電変換層に導入することで光電荷分離界面を増大させ、光電変換効率を約5%にまで向上させた[7]。また、Sariciftciらはp型半導体の共役系高分子とn型半導体のフラーレン誘導体との混合薄膜からなるバルクヘテロジャンクション構造で、3.5%のエネルギー変換効率を達成した[2]。さらにCarrollらは、このバルクヘテロジャンクション型太陽電池を熱処理することによって、約5%の光電変換効率を得た[8]。

我々はこれまで、植物の光合成を模倣して、電荷分離界面の分子レベル（ナノレベル）の構造制御を意図したポルフィリンブレンド膜素子において大幅な性能向上を達成してきた（図1）[9〜13]。さらに、キャリア移動度を向上させる為に共役系高分子であるポリチオフェンを用い、メロシア

[*1] Kohshin Takahashi　金沢大学　大学院自然科学研究科　物質工学専攻　教授
[*2] Kazuhiko Murata　㈱日本触媒　事業企画室　電子・情報材料開発グループ　グループリーダー
[*3] Jun-ichi Nakamura　㈱日本触媒　研究開発部　先端技術研究所　電子情報材料研究部　研究員

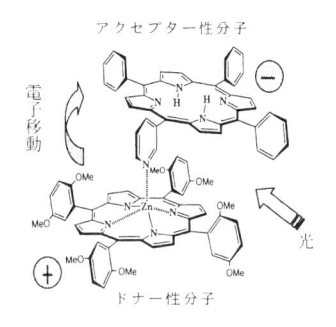

第2章 有機薄膜太陽電池のコンセプトとアーキテクチャー

図1 ヘテロダイマーの光電変換モデル

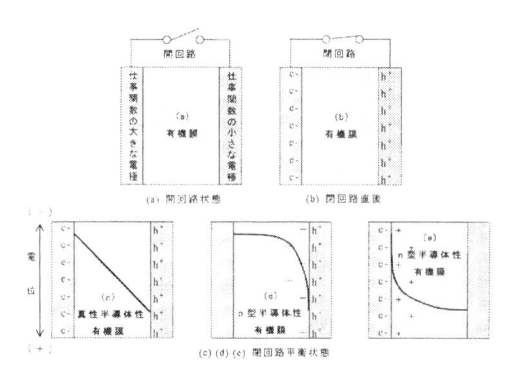

図2 仕事関数の異なる電極で有機物固体を挟んだ時の閉回路平衡状態における有機膜にかかる電位プロフィール
e−：電子，h+：正孔，−：ドーパント陰イオン，+：ドーパント陽イオン

ニンやポルフィリンのような集光色素を混合することで，光電変換特性が改善することを報告してきた[11〜17]。その中で，分子間の電子的相互作用の強い電荷分離界面を分子レベルで大面積化することと，電荷分離したキャリアの輸送の重要性について述べた。

更に，現在，ナノレベルの構造制御によって作製した従来にない新しいタイプの浸透構造型太陽電池について検討している。その結果，従来のバルクヘテロジャンクション型太陽電池のような大気中で急速な性能劣化を起こす素子とは異なり，大気中で安定に機能するエネルギー変換効率1.9％の有機薄膜太陽電池を見出した。更にその高効率化の過程において，有機/有機電荷分離界面の増大や有機/金属電極界面の修飾が電池性能向上に重要な役割を果たすことを明らかにした。

5.2 仕事関数の異なる電極で有機物固体を挟んだ時の閉回路平衡状態における有機膜にかかる電位プロフィール

有機薄膜太陽電池にとって仕事関数の異なる電極で挟まれた有機薄膜内の電位プロフィールを考えることは，光吸収によって生成した励起子の電荷分離を理解する上で非常に重要である。図2にその様子を示す。ここでは単純化のために，電極と電気抵抗の大きな有機固体が単に接しただけ（(a)の場合）では電荷の移動がないものと仮定した。閉回路直後(b)では，仕事関数の小さな電極から大きな電極へ外部回路を通って電荷が移動して両極のフェルミレベルが一致する。その後，閉回路平衡状態では，キャリアの存在しない真性半導体性有機膜の場合(c)には膜全体に均一電場がかかる。それに対してp型半導体性有機膜では，多数キャリアの正孔と仕事関数の大きな電極界面の電子との間で電気的中和が起こり，オーミック接触となる。一方，仕事関数の小さ

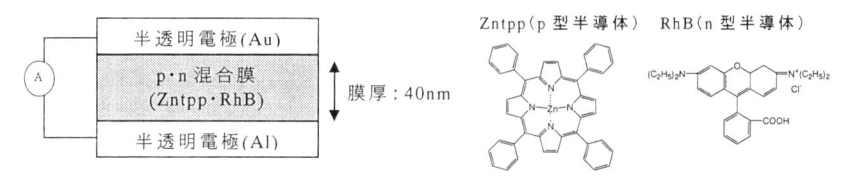

図3 Al/(Zntpp・RhB)混合薄膜/Au型太陽電池の構成と化学構造式

表1 Zntpp,RhB混合固体における光電変換素子の電流電圧特性　照射光強度:14.7μWcm^{-2}(440nm), 32.4μWcm^{-2}(570nm)

混合比	光照射界面	光照射波長 λ (nm)	ϕ^a (%)	V_{oc}^b (V)	$f.f.^c$	η^d (%)
1 (Zntpp only)	Al	440	0.98	0.50	0.23	0.040
		550	0.26	0.62	0.22	0.016
0.57 (Zntpp+RhB)	Al	440	14.7	0.90	0.18	0.82
		570	9.1	0.90	0.19	0.72
0 (RhB only)	Au	570	0.65	0.67	0.21	0.42

a:光電流量子収量,b:開放光電圧,c:フィルファクター,d:エネルギー変換効率

な電極側では,電極/有機膜界面近傍において,電極上の正孔と有機膜側に固定分布したドーパント陰イオンが対峙した電気二重層が形成されて電気的中性が保たれる。結局,有機膜側に薄い空乏層が出現する。それに対してn型半導体性有機膜では,仕事関数の小さな電極界面はオーミック接触となり,仕事関数の大きな電極との界面の有機膜側に薄い空乏層が形成される。

5.3 バルクヘテロジャンクション型太陽電池
5.3.1 低分子混合型太陽電池

我々は,p型半導体のブレンド薄膜を用いた太陽電池を中心に検討を進めてきた。このブレンド薄膜内において,ドナー・アクセプター相互作用により形成される光誘起起電荷分離状態が光電流の大幅な増加をもたらすことを明らかにした[9,10]。そこで,より大きなドナー・アクセプター相互作用を持つと推定されるp型半導体とn型半導体のブレンド薄膜よりなる太陽電池について検討した。

Al/有機膜/Auサンドイッチ型素子の構成を図3に示し,p型半導体であるZntppおよびn型半導体であるカチオン性色素のRhB混合膜の光電変換特性を表1に示す。ZntppやRhBの単独膜に比べ,その等モル混合膜は約20倍と大きく光電流量子収量が増加した。これは,光電流発生の初期過程サイトであるドナー・アクセプター界面が大幅に増加していることに由来して

第 2 章　有機薄膜太陽電池のコンセプトとアーキテクチャー

図 4 にその電荷分離の概念図を示す。n 型 RhB と p 型 Zntpp を等モル混合するとそれぞれの多数キャリアの電気的中和が起こり，有機薄膜は全体としてほぼ真性半導体と見なし得る。また，RhB 分子と Zntpp 分子間の電子的相互作用が強いために，ドナー・アクセプター（D-A）ヘテロ分子接合が混合膜中に無数に形成される。これらの D-A のいずれかの分子が光吸収すると，D-A 間での光誘起電子移動が容易に起こる。この場合，電子と正孔がそれぞれの分子間にまたがっているので，その距離は比較的離れている。従って，この光生成電子と正孔間のクーロン相互作用は，D あるいは A の単独分子内に形成した励起子中の電子と正孔間のクーロン相互作用よりも格段に小さい。このような訳で D-A 混合薄膜では，膜内に形成された電場に沿って容易に電荷分離が起こった。しかし，フィルファクターは混合することにより低下する結果となり，エネルギー変換効率の大幅な向上は達成できなかった[11]。これは，電子あるいは正孔の有機膜中での移動度が小さいために，短絡状態下よりも膜内電場が小さくなるにつれて，急速に，電子および正孔がそれぞれの電極に到達できなくなることを意味している。

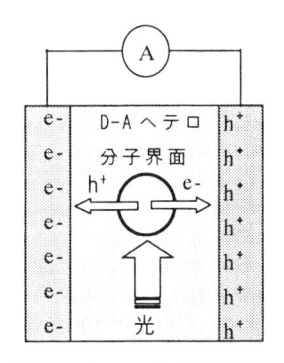

図 4　Al/(Zntpp・RhB) 混合薄膜/Au 型太陽電池における光電荷分離の概念図

5.3.2　共役系高分子混合型太陽電池

Sariftci らは p 型半導体の共役系高分子（PHTh）と n 型半導体のフラーレン誘導体（PCBM）との混合薄膜からなるバルクヘテロジャンクション構造で，3.5%のエネルギー変換効率を達成した（図 5）[2]。この太陽電池の高性能の要因は，混合薄膜を用いることで光電変換界面が飛躍的に増大し，更に，電荷分離した正孔や電子が移動度の高い PHTh や PCBM により電荷分離界面から電極界面に速やかに移動しているためであると考えられている。本検討では，バルクヘテロジャンクション型太陽電池に関して，キャリア移動度の観点から検討した光電変換機構について述べる[18]。

バルクヘテロジャンクション型太陽電池の光電変換特性と組成比との関係を図 6 に示す。エネルギー変換効率，短絡光電流値，及び，フィルファクターと組成比との関係は非常に類似しており，5.3.1 項で述べた低分子色素を用いた有機ブレンド薄膜太陽電池に比べ，組成比 $R=0.7$ で短絡光電流値（$J_{sc}=6.81\text{mA}\cdot\text{cm}^{-2}$）とフィルファクター（$f.f.=0.57$）が非常に大きな値となり，結果として高いエネルギー変換効率（$\eta=2.65\%$）を示した。ここで，PHTh・PCBM 混合膜の電界効果型トランジスター素子中でのキャリア移動度を評価した（図 7）。正孔，電子それぞれのキャリア移動度は単独膜が最大となり，混合によりキャリア移動度は低下した。これは，混合に

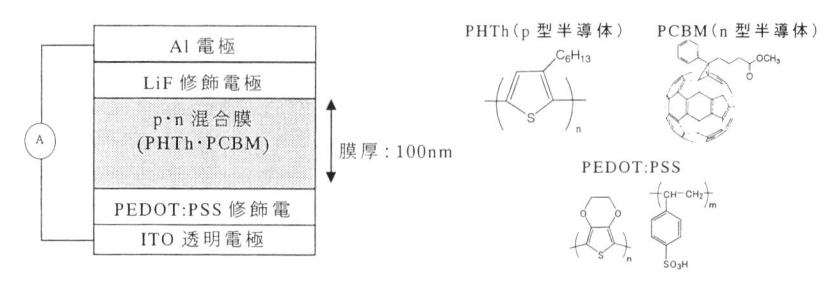

図5 バルクヘテロジャンクション型太陽電池の構成と化学構造式

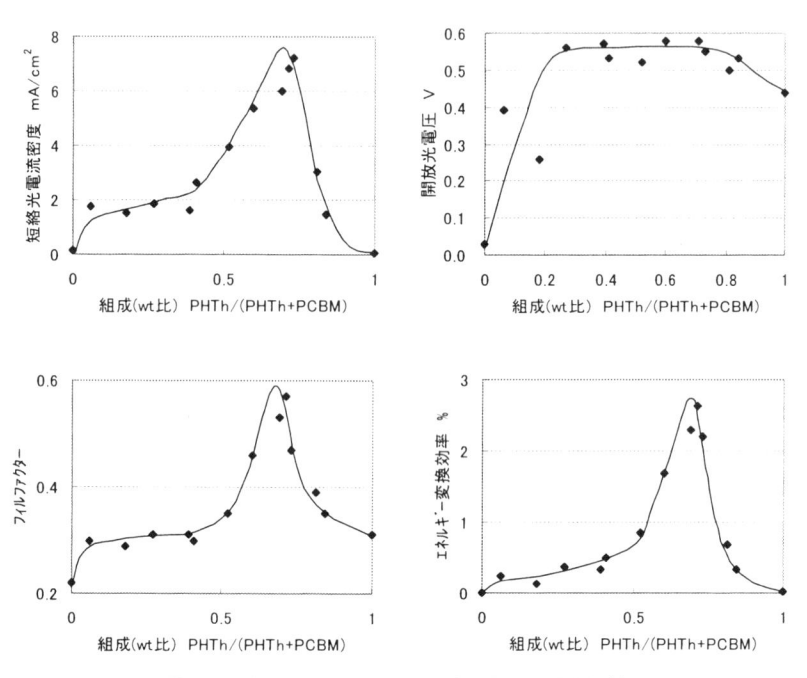

図6 バルクヘテロジャンクション型太陽電池の光電変換特性

伴って電子輸送材料であるPCBM,正孔輸送材料であるPHThのそれぞれのキャリア移動パスが部分的に切れていくことに起因する。電子移動度と正孔移動度がバランスした混合領域である$R=0.7$付近で,光電流値とフィルファクターが最大となった。これは,キャリア輸送が太陽電池性能向上にとって如何に重要であるかを物語っている。

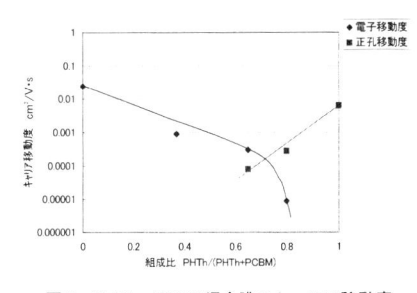

第2章　有機薄膜太陽電池のコンセプトとアーキテクチャー

図7　PHTh・PCBM混合膜のキャリア移動度
R(wt比)＝PHTh／(PHTh＋PCBM)

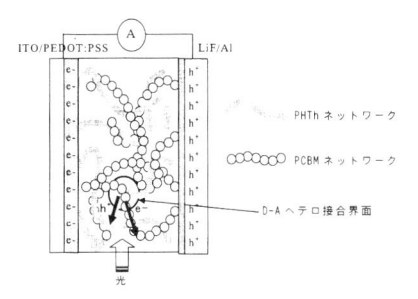

図8　バルクヘテロジャンクション型太陽電池の
D-Aヘテロ接合界面における光電荷分離と
キャリア輸送の概念図

以上の結果より，バルクヘテロジャンクション型太陽電池では，光電変換界面の増大と効率良い電子と正孔の輸送を両立させることで，高いエネルギー変換効率を得ている事が分かった。このD-Aヘテロ接合界面における光電荷分離とキャリア輸送の概念図を図8に示す。この太陽電池では電極近傍にp，n両成分が混在しているため，電子輸送電極にはp型半導体への逆電子移動が起こりにくいAlやCa等の仕事関数の小さな腐食性の金属を用いている。従って，大気中で急速に電池性能が劣化するという問題がある[19]。我々はこの問題を解決するために，Tang型太陽電池をベースに腐食性金属を用いず，移動度の高い共役系高分子を用いた浸透構造型有機太陽電池を新たに開発した。

5.4　共役系高分子浸透構造型太陽電池[20]

大気中で安定に動作するTang型太陽電池の高性能化のために，p型半導体層のフタロシアニンの代わりにキャリア移動度の高い共役系高分子を用いた太陽電池について検討した。用いた化合物の構造式とエネルギー準位図を図9に示す。

共役系高分子浸透構造型太陽電池の光電変換特性を図10および表2に示す。粒子状に真空蒸着されるPV膜の隙間にPPV溶液を浸透させると，pn接合界面の割合が増大し変換効率が向上している。また，In層やPEDOT：PSS層を導入することで，各層のエネルギー準位が階段状に配置されスムーズな電子移動が可能となり大幅にフィルファクターが向上した。さらにITOとPPV，AuとPV間では逆電子移動が起こりやすいが，InあるいはPEDOT：PSSがこの逆電子移動を防止することで，性能を向上させている。共役系高分子の分子構造や分子量制御を最適化することで，すなわち分子内電荷分離が可能であるPPAV-HH-PPVを用い，エネルギー変換効率1.9%を達成した。（PPAV-HH-PPVは分子内にドナーとして作用するトリフェ

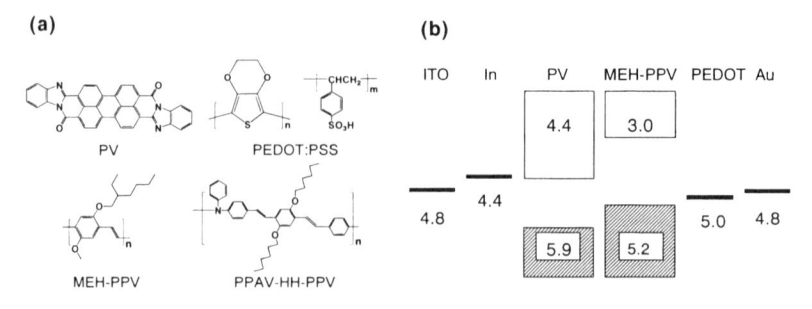

図9 用いた化合物の化学構造と省略記号(a), 及び, イオン化ポテンシャル(b)

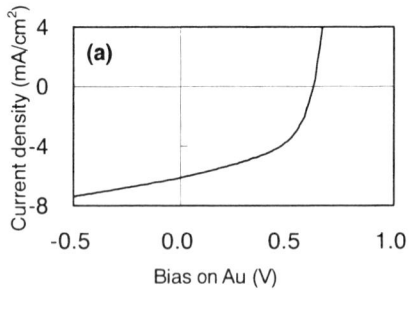

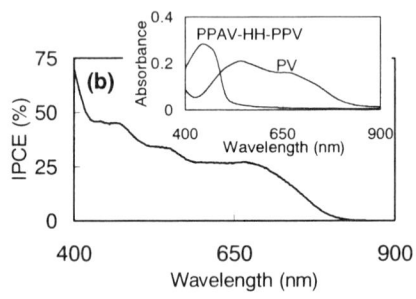

図10 ITO/In/PV/浸透処理したPPAV-HH-PPV/PEDOT：PSS/Au p-nヘテロ接合型太陽電池のAM1.5-100mW/cm^{2}擬似太陽光照射下での電流電圧曲線(a)および単色光強度 15μW/cm^{2}の下での光電流アクションスペクトル(b)

ニルアミン部とアクセプターとして作用するフェニレンビニレン部を併せ持っている。)

この太陽電池は、大気中で簡便に作成できるうえに、未封止状態でも大気中暗所60日保存では太陽電池性能に劣化はみられなかった。また、大気中で擬似太陽光（AM1.5-100mW・cm^{-2}）を1時間照射しつづけても太陽電池性能は維持され、従来の有機薄膜太陽電池に比べて高い耐久性を示した。

この太陽電池では、分子レベルのpn接合ならびに光生成電子及び正孔の移動のための連続したネットワークが形成されており、さらにpおよびn型半導体材料の濃度勾配が電荷移動に有利に作用するように形成されている。従って、腐食性の高い金属を用いずに高いエネルギー変換効率を達成できた。これが耐久性向上の一つ目の要因である。共役系高分子薄膜それ自体は大気中下で擬似太陽光を照射すると退色が観測される。しかし、この太陽電池のような高効率の太陽電池においては、光励起エネ

第 2 章　有機薄膜太陽電池のコンセプトとアーキテクチャー

表 2　AM1.5-100mW/cm² 擬似太陽光照射下での PV/共役系高分子 p-n ヘテロ接合型太陽電池の特性

共役系高分子	d(In)[a] (nm)	d(PEDOT)[b] (nm)	浸透処理[c]	J_{sc}[d] (mAcm⁻²)	V_{oc}[e] (V)	$f.f.$[f]	η[g] (%)
MEH-PPV	0	0	No	2.44	0.56	0.29	0.40
	0	0	Yes	2.41	0.52	0.27	0.34
	5	0	No	2.84	0.65	0.42	0.78
	5	0	Yes	3.19	0.66	0.40	0.85
	5	50	No	3.22	0.62	0.49	0.98
	5	50	Yes	5.03	0.61	0.51	1.55
PPAV-HH-PPV	0	0	No	2.47	0.48	0.28	0.33
	5	50	No	4.15	0.64	0.50	1.34
	5	50	Yes	6.13	0.62	0.50	1.90

[a]インジウム蒸着層の膜厚　[b]PEDOT：PSS スピンコート層の膜厚　[c]Yes は浸透工程を施したことを意味する。No は浸透工程を行なわなかったことを意味する。　[d]短絡光電流　[e]開放光電圧　[f]フィルファクター　[g]エネルギー変換効率

ルギーがスムーズに電荷分離に使用される為に，退色反応を起こさない。これが，耐久性向上の二つ目の要因である。

5.5　開放光電圧を支配する因子

5.3 項および 5.4 項においては，光電流増大を主ターゲットと捉えて"光電荷分離界面を増加させること"及び"光生成キャリアをそれぞれの電極にロスなくスムーズに運ぶこと"を主題に話を進めてきた。しかしながら，エネルギー変換効率を大きくするためには"如何に開放光電圧を大きくするか"も重要な課題となる。この開放光電圧がどのような因子によって支配されているかは，まだまだ議論のあるところである。しかし，以下の2つの因子が主要因として挙げられるであろう。

(1)　ドナー分子の最高被占軌道とアクセプター分子の最低空軌道のエネルギー準位の差
(2)　正極および負極として用いた電極材料の仕事関数の差

これ以外にも，"電極界面の表面準位"や"再結合中心として働く有機固体中の欠陥あるいは不純物"等が複雑に絡み合って開放光電圧を決定しているものと推定される。pn 積層型の場合には p 型有機物/電極界面および n 型有機物/電極界面がほぼオーミック接触であるため，開放光電圧は主に因子 1 によって決定される[21]。混合型の場合には 5.2 項で述べたように太陽電池を構成する電極が有機薄膜内の電場形成に大きく関与しており，結局，因子 1 および 2 の小さい方のエネルギー差によって開放光電圧が支配されるものと推定される。

謝辞

本研究は，経済産業省のもと，独立行政法人新エネルギー・産業技術総合開発機構（NEDO技術開発機構）から委託され実施したもので，関係各位に感謝する．

文　　献

1) C. W. Tang, *Appl. Phys. Lett.*, **48**, 183 (1986)
2) F. Padinger, R. S. Rittberger, N. S. Saricifti, *Adv. Funct. Mater.*, **13**, 85 (2003)
3) A. J. Breeze, A. Salomon, D. S. Ginley, B. A. Gregg, *Appl. Phys. Lett.*, **81**, 3085 (2002)
4) A. C. Arango, L. R. Johnson, V. N. Bliznyuk, Z. Schlesinger, S. A. Carter, H. Horhold, *Adv. Mater.*, **12**, 1689 (2000)
5) 昆野昭則, 応用物理, **71**, 425 (2002)
6) H. Ishii, K. Sugiyama, E. Ito, K. Seki, *Adv. Mater.*, **11**, 605 (1999)
7) J. Xue, B. P. Rand, S. Uchida, S. R. Forrest, *Adv. Mater.*, **17**, 66 (2005)
8) M. R-Reyes, K. Kim, D. L. Carroll, *Appl. Phys. Lett.*, **87**, 083506 (2005)
9) K. Takahashi, H. Nanbu, T. Komura, K. Murata, *Chem. Lett.*, 613 (1993)
10) K. Takahashi, T. Goda, T. Yamaguchi, T. Komura, K. Murata, *J. Phys. Chem. B*, **103**, 4868 (1999)
11) K. Takahashi, J. Nakamura, T. Yamaguchi, T. Komura, S. Ito, K. Murata, *J. Phys. Chem. B*, **101**, 991 (1997)
12) K. Takahashi, M. Higashi, Y. Tsuda, T. Yamaguchi, T. Komura, S. ITO, K. Murata, *Thin Solid Films*, **333**, 256 (1998)
13) K. Takahashi, N. Kuraya, T. Yamaguchi, T. Komura, K. Murata, *Solar Energy Materials & Solar Cells*, **61**, 403 (2000)
14) K. Takahashi, T. Iwanaga, T. Yamaguchi, T. Komura, K. Murata, *Synth. Met.*, **123**, 91 (2001)
15) K. Takahashi, K. Tsuji, K. Imoto, T. Yamaguchi, T. Komura, K. Murata, *Synth. Met.*, **130**, 177 (2002)
16) K. Takahashi, M. Asano, K. Imoto, T. Yamaguchi, T. Komura, J. Nakamura, K. Murata, *J. Phys. Chem. B*, **107**, 1646 (2003)
17) K. Takahashi, I. Nakajima, K. Imoto, T. Yamaguchi, T. Komura, J. Nakamura, and K. Murata, *Sol. Energy. Mater. & Sol. Cells.*, **76**, 115 (2003)
18) J. Nakamura, C. Yokoe, K. Murata, K. Takahashi, *Appl. Phys. Lett.*, in press
19) K. Murata, S. Ito, K. Takahashi, B. M. Hoffman, *Appl. Phys. Lett.*, **71**, 67 (1997)
20) J. Nakamura, C. Yokoe, K. Murata, K. Takahashi, *J. Appl. Phys.*, **96**, 6878 (2004)
21) J. Nakamura, S. Suzuki, K. Takahashi, C. Yokoe, K. Murata, *Bull. Chem. Soc. Jpn.*, **77**, 2185 (2004)

6 ナノコンポジット型有機太陽電池及びスクリーン印刷法の適用

阪井　淳[*1]，安達淳治[*2]

6.1 はじめに

近年，環境問題の意識の高まりとともに，太陽電池の伸びが著しく，2004年の生産量はついに1GWの大台を超えた。さらに2020年から2030年にかけて10GW，100GWの導入が目標とされている。現在の主力である結晶Si系太陽電池はすでに各方面で指摘されているように，原材料の供給，製造プロセス面で上記本格普及に対応するのは困難と考えられている。また次世代として期待の大きい薄膜Si，CIGS太陽電池は，現時点ではまだ結晶Si系に取って代わるような性能，コストが達成されていない[1]。

一方で最近，色素増感型や有機半導体材料をベースとする有機系太陽電池の技術革新が目覚ましく，これらは無機系太陽電池で用いられる半導体プロセスとは異なり，印刷プロセス等大面積化，生産性に優れる低コストプロセスの適用が可能なため，次世代太陽電池として期待の一翼をになうようになった。

まず色素増感型の特徴と動向をみると，この太陽電池は湿式太陽電池の一種であるが1991年スイスのグレッツェルらが考案，効率約7%を実現し[2]，さらに1993年同様にグレッツェルらが効率10%を達成[3]して以来，世界中で研究開発が盛んに進められている。

一方で，色素増感太陽電池の課題として，1995年以降11%を越える効率が実現されておらず，さらなる高効率化のための技術開発が必要なこと，また高信頼性化に必要とされる電解質溶液の固体化と高効率化との両立，という課題も残されている。

しかし，上記の特徴を活かすことでNEDOの目標であるシステム価格2010年300円／Wの実現が可能ともくされている。さらに，従来の太陽電池にないアプリケーションへの展開が可能であることから，現在国内で50社以上が開発に参入しており，早ければ2006年にも現行技術をベースにした商品化がなされるかもしれない[1]。

色素増感太陽電池とならんで低コスト化が期待されているのが，有機薄膜太陽電池である。この有機薄膜太陽電池は1986年Tangによりp型n型有機半導体材料を積層するタイプが発明されたのを機に研究開発が進んできた[5]。1992年Sariciftciらが有機半導体ポリマーとフラーレン誘導体であるPCBMとブレンドするバルクヘテロジャンクション型を開発し[6]，これが一つのブレークスルー技術となり，3%以上の高い効率が報告されるに至っている。

バルクヘテロジャンクション型の他のタイプとして1995年にYuら[7]，Hallsら[8]がp型とn

[*1] Jun Sakai　松下電工㈱　先行技術開発研究所　副参事

[*2] Junji Adachi　松下電工㈱　先行技術開発研究所　微細加工プロセス研究室

型の有機半導体ポリマーをブレンドするタイプを考案した。さらに1996年にAlivisatosらが化合物半導体のナノ結晶と有機半導体ポリマーとのブレンドからなるナノコンポジット有機太陽電池を発表した[9]。現在，ポリマー／フラーレン有機太陽電池は3.5%[10]，ポリマーブレンドは1.9%[11]，ナノコンポジットは1.7%[12]のエネルギー変換効率を達成しているが，研究の初期段階でもあり，いずれも色素増感太陽電池の効率には及ばない。

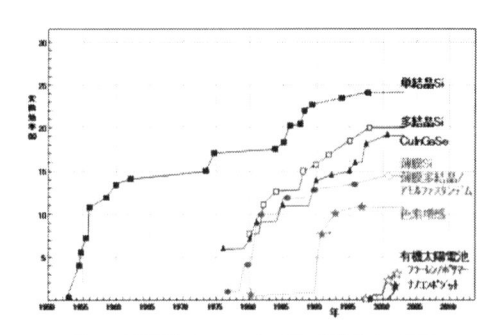

図1 太陽電池セルのエネルギー変換効率の変遷

図1に単結晶シリコンから有機薄膜太陽電池までの小面積セルにおける各種太陽電池のエネルギー変換効率の変遷を示す。これより，次世代太陽電池と言われた無機系薄膜太陽電池でも約30年の開発期間を経て現在に至っており，有機薄膜太陽電池はまだ開発の緒に着いたばかりであることがわかる。ここでは以下に，有機薄膜太陽電池の中でもナノコンポジット型有機太陽電池について紹介する。また低コスト化に向けた印刷法の適用可能性検討として，スクリーン印刷法を塗布型有機薄膜太陽電池に適用してみたので，その結果を合わせて紹介する。

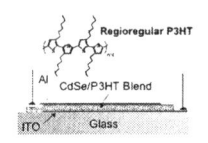

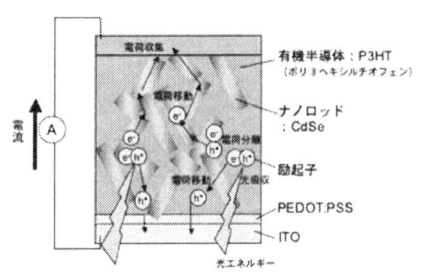

図2 ナノコンポジット有機太陽電池の構成

図3 ナノコンポジット有機太陽電池の発電原理

6.2 ナノコンポジット型有機太陽電池の発電原理

ナノコンポジット型有機太陽電池の発電原理を図2，図3に示す。図2に示すように透明電極：ITO，ホール輸送層：PEDOT：PSS，有機半導体ポリマー：P3HTと化合物半導体ナノ結晶：CdSeナノロッドのブレンドであるアクティブ層，及び金属電極：Alで構成される[12]。図3では発電原理を模式的に示した。

光がITO，PEDOTを透過しアクティブ層に到達すると，P3HT，CdSeナノロッドの光励起作用により，励起された一対の電子と正孔で構成される励起子がP3HT，及びCdSeナノロッド

第2章 有機薄膜太陽電池のコンセプトとアーキテクチャー

双方に発生する（光吸収）。励起子はP3HT,及びCdSeナノロッド内を移動し，両者の界面に到達すると2つの材料のエネルギー準位の違いに従って電子，及び正孔に分かれる（電荷分離）。分離した電子はCdSeナノロッド内を移動し，ロッドの終端から異なるロッドにホッピングし移動を繰り返す。一方，正孔はP3HT内を移動する（電荷移動）。電子は金属電極：Alに到達し，正孔は透明電極に到達し収集される（電荷収集）。ナノコンポジット有機太陽電池はこの動作を連続し発電する。

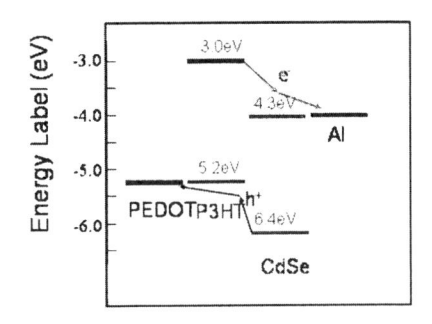

図4 ナノコンポジット有機太陽電池のエネルギー準位図

図4にナノコンポジット有機太陽電池のエネルギー準位を示す。いわゆるバルクヘテロジャンクション型有機薄膜太陽電池と同様の原理で発電する。ポリマー/フラーレンブレンド型有機太陽電池では，アクティブ層に有機半導体ポリマーとして例えばMDMO-PPV，フラーレン誘導体としてC60誘導体：PCBMを用い，MDMO-PPVがドナー，PCBMがアクセプターとして働く。PCBMに取り込まれた電子はホッピングし，次々とPCBM間を移動していく点は同じである[6]。しかし，CdSeと異なりC60：PCBMは可視光をほとんど吸収しないため，C60：PCBMそのものはほとんど励起子を発生しない。

化合物半導体ナノロッドの優位点をまとめると以下のようになる。
① 化合物半導体の広い光吸収範囲を活用できる。
② ナノロッドという形状にすることによって，電子のホッピング回数を減らせる。

6.3 化合物半導体ナノ結晶の生成

ナノコンポジット有機太陽電池の最大の特徴であるナノ結晶の合成方法について，Murrayら[13]によるホットソープ法を例に述べる。

図5に示すように[14]，ナノ結晶の合成・成長をコントロールするための界面活性剤を不活性ガス雰囲気において250〜350℃に加熱し，CdSeの前駆体を投入する。前駆体はまずCdSeの結晶を生成するが，界面活性剤が結晶表面に配位結合し結晶の成長を妨げる。この界面活性剤は温度条件によって結合，分離を繰り返す。CdSeの結晶は界面活性剤が分離しているときに成長し，結合しているときには成長が止まる。

このメカニズムを繰り返すことで温度，反応時間によりナノ結晶粒子の径を制御する。界面活

性剤の例として TOPO (Tri-octyl phosphine oxide) があげられる。また，Cd, Se の前駆体としては dimethyl cadmium, 金属 Se が利用される。

この合成法の特徴は
① 高温，高真空のプロセスを必要としない
② 形状制御が容易である
点である。

Alivisato らはこの溶液法を発展させナノロッドの合成に成功した[15]。ナノロッドの合成には先の界面活性剤 TOPO に HPA (Hexy phosphonic acid) を加え CdSe の前駆体を投入すると，HPA が CdSe ナノロッドの底面に結合し TOPO, HPA がロッドの側面に結合する。ナノロッドはナノ粒子と同様に界面活性剤の結合，分離の繰り返しにより成長する (図6)。

特にナノロッドの径と長さを制御する条件が独立して変更できるため，必要な径，長さのナノロッドを合成できる点が最大の特徴である。

図7に径，長さの異なるナノロッドの合成例を TEM 写真で示す。CdSe ナノロッドのバンドギャップは径によって変化し，長さによっては変化しないという性質を持つ[16]。

6.4 ナノコンポジット太陽電池の特徴

Alivisatos らは CdSe ナノロッドと有機半導体ポリマー regioregular P3HT をブレンドした層をアクティブ層とする太陽電池を開発した[12]。

前にも述べたが，このナノコンポジット有機太陽電池の最大の特徴は，電子のアクセプターと

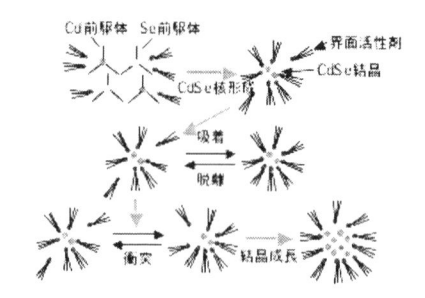

図5 ナノ粒子成長のメカニズム

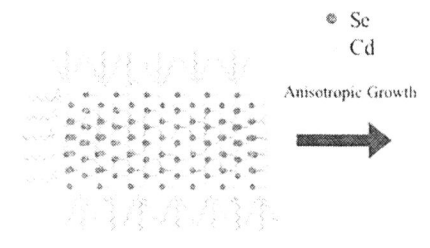

図6 CdSe ナノロッドの合成

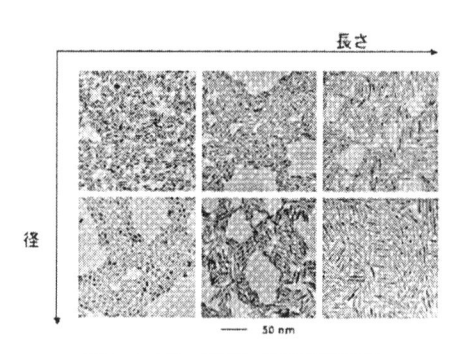

図7 ナノロッドの径・長さの形状制御

第2章 有機薄膜太陽電池のコンセプトとアーキテクチャー

してCdSeナノロッドを用いることで光吸収範囲の増大，電荷移動のステップでの高効率を達成できる可能性を有することである．つまり，光吸収のステップにおいてはCdSeナノロッド自身も可視光を吸収して電荷を生成するため，フラーレン（C60）誘導体PCBMに比べ高い光吸収が可能である．

電荷移動においてはPCBMの電子の移動が全てホッピングによるのに対し，ナノロッドの場合は電子はロッド内を移動し，端面で他のロッドにホッピングする．ナノロッドの長さを最適化することで，電荷移動の際の効率低下の要因となるホッピングによる電荷の再結合を防ぐことができる．

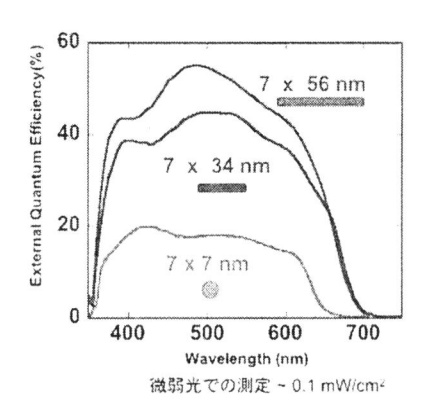

図8 ナノロッドの長さとセルの外部量子効率

図8に示す種々の長さのナノロッドを用いたセルの外部量子効率の比較からもナノ粒子（7 nm×7 nm）よりナノロッド（7 nm×56nm）が高い外部量子効率を実現できることがわかる．さらにナノコンポジット有機太陽電池は他の有機太陽電池と同様に塗布法を用いることで，常温，常圧のプロセスが適用でき，大面積化も容易で，フィルム状の基板に塗布することで，ロール toロール法も可能となる．これらはSi系の太陽電池に比べプロセスコストを飛躍的に低減できる可能性を示している．

6.5 ナノコンポジット有機太陽電池の課題

多くの利点があり，注目を集めているナノコンポジット有機太陽電池であるが，その実用化には解決されなければならない課題が多く残されている．

まず，高効率化である．現在ナノコンポジット有機太陽電池は小面積のセルにおいて1.7%の効率を達成しているが，実用化には10%以上のエネルギー変換効率を達成しなければならない．そのためには，光吸収，電荷分離，電荷移動，電荷収集の全てのステップで技術開発課題がある．特に光吸収ではCdSe，有機半導体ポリマーの光吸収はSiのそれに比べ吸収範囲が小さく，今後他の化合物半導体の組み合わせ，または結晶の大きさにより光吸収波長が変化するナノ結晶の特徴を利用し光吸収を向上させる必要がある．電子の電荷移動ではロッド状の形状によりPCBM等ナノ粒子を用いるものを上回る可能性を秘めるが，どのような形状のロッドを，どのようなブレンドモフォロジで形成をすればよいか，基本的なメカニズムで不明な点が多い．またロッド内，ロッド間を移動する時の電荷の再結合をさらに防止する必要がある．このためにはナノロッド形

状の最適化，再結合を防ぐデバイスデザインなどが課題となる。

正孔の電荷移動に関しては，有機薄膜太陽電池の共通の課題であり，さらに移動度の高い有機半導体材料の開発が必要である。

次に，やはり有機系太陽電池の共通の課題として耐久性があげられる。高効率化が実現できたとしても耐久性がなければ，実用化は困難である。有機太陽電池では有機半導体の光劣化の防止が最大の課題といえる。そのためにはより高性能で，高耐久の有機半導体材料の開発が必要である。また，材料のみでなく光劣化の原因といわれる酸素や，水分の進入を長期間防ぐ封止方法の開発も大きな課題である。

これらの課題が解決されて初めて低価格プロセスが適用可能な有機太陽電池の特色が活きてくる。

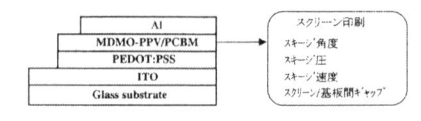

図9 MDMO-PPV/PCBM型デバイス構造及びスクリーン印刷条件

6.6 有機薄膜太陽電池へのスクリーン印刷法の適用

導電性ポリマーをベースとした有機太陽電池は，印刷工法により大幅な低コスト化が可能と言われているが，膜厚が約100nmと非常に薄い有機薄膜の成膜に大面積印刷工法が適用可能かどうか先行的に原理検証を行ってみた。

印刷法にはスクリーン印刷，インクジェット印刷，グラビア印刷等各種手法があるが，大面積化，量産性，設備コストに優れるスクリーン印刷法を選択した。すでにJabbourらによりスクリーン印刷法によるバルクヘテロジャンクション型有機太陽電池の試作の報告例があるが，十分な変換効率は得られていない[17]。

ここではナノコンポジット型ではなく，スピンコート法で安定して2%前後の高い変換効率が得られるMDMO-PPVとPCBM（C60誘導体）から成るバルクヘテロジャンクション型有機太陽電池（図9）を選択し，スクリーン印刷法とスピンコート法によって上記太陽電池を試作して，太陽電池特性を比較し，印刷法の適用可能性を検討してみた[18]。

印刷パラメータを変えることによって，フィルムモフォロジは，大きく異なってくるが，これらのパラメータを適正化することによって，スピンコート法とほぼ同等の太陽電池特性とモフォロジを得ることができた。図10(a)にスクリーン印刷によるセルのAM1.5G照射時のI-V特性を示す。比較のため同じ組成の溶液を用いてスピンコート法で試作した時のI-V特性を図10(b)に示す。我々の研究室では既にポリマ材料の選択及びプロセス条件の開発によりMDMO-PPV/PCBM系で効率2%以上のセルを作製するに至っていたが，今回スクリーン印刷法でも同等の太陽電池特性を得ることができた。特にこの系の太陽電池として高いFFを示しており，

第 2 章　有機薄膜太陽電池のコンセプトとアーキテクチャー

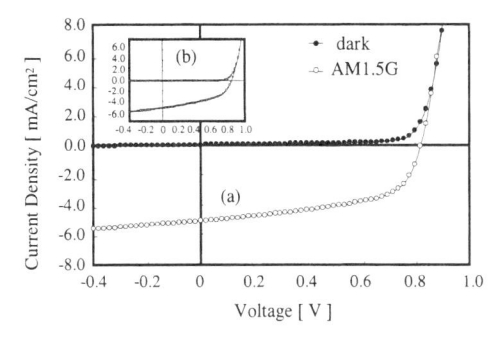

図 10　印刷法による有機太陽電池 I-V 特性
(a)印刷法　　　　：J_{sc}：5.1mA/cm^2,　V_{oc}：0.82V,　FF：0.57,　効率：2.4%
(b)スピンコート法：J_{sc}：5.4mA/cm^2,　V_{oc}：0.84V,　FF：0.50,　効率：2.3%

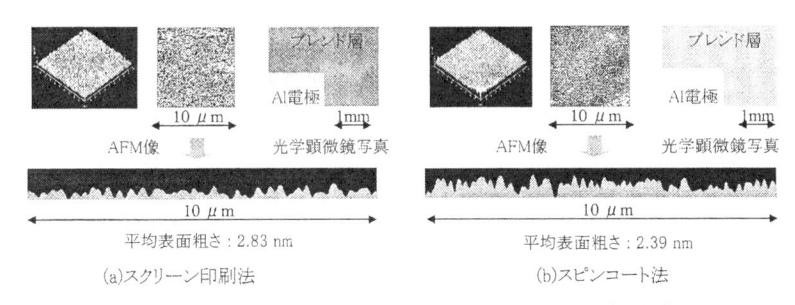

図 11　スクリーン印刷法及びスピンコート法によるブレンド層表面観察

スクリーン印刷法においても良好なキャリアパス，界面でのコンタクトが形成できていることが予測される．

図 11 に試作したセルのブレンド層表面の AFM 像及び光学顕微鏡写真を示す．AFM 像より平均表面粗さの値ではほぼ同等だが，凹凸のプロファイルに多少差が見られる．スクリーン印刷では凹凸のピッチが比較的広く，全体に滑らかなのに対し，スピンコートではピッチが狭い鋭い形状を示す．これは膜の形成メカニズムの差によると考えられる．スクリーン印刷では，最初に基板上に溶液が厚く塗布されて，徐々に溶剤が揮発していくのに対し，スピンコートでは，回転と同時に溶液は遠心方向に飛散し，溶剤はほぼ瞬時に揮発してしまう．このメカニズムの差によりポリマーの配向や PCBM の分散状態も変わることが予想されるが，太陽電池特性を見る限り，その影響は現れていない．

有機薄膜太陽電池の最新技術

　図12にセルの断面TEM写真を示す。印刷条件とモフォロジの関係についてここでは詳細を述べないが，印刷条件によって膜厚や均一性は大きな影響を受け，図11，図12は最も均一な薄膜が得られたサンプルの観察結果である。これより印刷条件を最適化することによって，膜厚及び均一性においても，スピンコート法と比較してほぼ同等の薄膜が得られており，前記の太陽電池特性と合わせて，本検討によりスクリーン印刷法がバルクヘテロジャンクション型有機薄膜太陽電池の塗布工法の手段として十分なポテンシャルを有することが判明した。

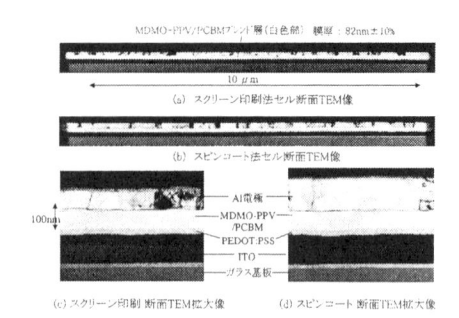

図12　スクリーン印刷法及びスピンコート法によるセル断面TEM観察

6.7　おわりに

　今から50年前に生まれた単結晶シリコン太陽電池は，当時からのシリコン半導体の技術革新とともに多くのブレークスルーを実現し長い期間をかけて性能を向上させてきた。しかしながら大量供給時代へ向けての供給体制の確立や，プロセスコストの面で商用電力とコスト競争するのは難しいと考えられる。

　一方プロセスコストが飛躍的に安価になると期待されている有機太陽電池は，高効率，高耐久の実現において多くのブレークスルーが必要である。

　しかし，昨今のナノテクノロジーは単なるブームを超え50年前のシリコン半導体と同様のインパクトを社会に与えつつある。現に世界中の大学，研究機関，企業がナノテクノロジーを21世紀の基幹技術と位置づけ，膨大な資源がつぎ込まれ研究開発が進められている。このような状況は過去のIT関連の技術革新時に匹敵するものと考えられる。その結果研究開発の当事者である我々の予想を遥かに超えるスピードで革新が起こることも考えられ，またそのことに期待を抱かせる昨今の状況であるといえよう。

文　　献

1) 小長井誠編著, '薄膜太陽電池の基礎と応用', 2-5, オーム社, 東京 (2001)

2) O'Regan B. and Gratzel M., *Nature*, **353**, 737 (1991)
3) Mazeeruddin M. K., Kay A., Rodico I., Humphry-Baker R., Muller E., Liska P., Vlachopoulos N., Gratzel M., *J. Am. Chem. Soc.*, **115**, 6382 (1993)
4) 稲田成行, 色素感太陽電池, 50社以上が参入, 日経先端技術, No.38, 10-13 (2003)
5) Tang C. W., 'Two-layer organic photovoltaic cell', *Appl. Phys. Lett.*, **48**, 183-185 (1986)
6) N. S. Saritiftci, L. Smilowitz, A. J. Heeger, F. Wudl, 'Photoinduced electron transfer from a conducting polymer to buckminsterfullerene', *Science*, **258**, 1474-1476 (1992)
7) Yu G., Gao J., Hummelen J. C., Wudl F. And Heeger A. J., 'Polymer photovoltaic cells : enhanced efficiencies via a network of internal donor-acceptor heterojunctions', *Science*, **270**, 1789-1791 (1995)
8) Halls J. J. M., Walsh C. A., Greenham N. C., Marseglia E. A., Friend R. H., Moratti S. C. and Holmes A. B., 'Efficient photodiodes from interpenetrating polymer networks', *Nature*, **376**, 498-500 (1995)
9) A. P. Alivisatos, 'Semiconductor Clusters, Nanocrystals, and Quantum Dots', *Science*, **271**, 933-937 (1996)
10) Padinger F., Rittberger R. S., Sariciftci N. S., 'Effects of Postproduction Treatment on Plastic Solar Cells', *Adv. Funct. Mater.*, **13**-2, 1-4 (2003)
11) M. Granstrom, K. Petritsch, A. C. Arias, A. Lux, M. R. Andersson, R. H. Friend, 'Laminated fabrication of polymeric photovoltaic diodes', *Nature*, **395**, 257-260 (1998)
12) W. U. Huynh, J. J. Dittmer, A. P. Alivisatos, "Hybrid nanorod-polymer solar cells", *Science*, **295**, 2425-2427 (2002)
13) C. B. Murray, D. J. Norris, M. G. Bawendi, 'Synthesis and Characterization of Nearly Monodisperse CdE (E=S, Se, Te) Semiconductor Nanocrystallites', *J. Am. Chem. Soc.*, **115**, 8706-8715 (1993)
14) 小泉光恵, 奥山喜久夫, 目義雄編, ナノ粒子の製造・評価・応用・機器の最新技術, 19-21, シーエムシー出版, 東京 (2002)
15) X. G. Peng, L. Manna, W. D. Yang, J. Wickham, E. Scher, Kadavanich, A. P. Alivisatos, *Nature*, **404**, 59-61 (2000)
16) L. S. Li, J. T. Hu, W. D. Yang and A. P. Alivisatos. "Band gap variation of size-and shape-controlled colloidal CdSe quantum rods", *Nano Letters*, **1**-7, 349-351 (2001)
17) S. E. Shaheen, R. Radspinner, N. Peyghambarian, G. E. Jabbour, *Appl. Phys. Lett.*, **79**, 2996 (2001)
18) J. Sakai, T. Nishimori, N. Ito, J. Adachi, "High efficiency Organic Solar Cell by Screen Printing Process", IEEE PVSEC 2005

7 分子素子型有機薄膜太陽電池

今堀 博[*1], 梅山有和[*2]

7.1 はじめに

 光合成細菌ではアンテナタンパク質複合体における光捕集と，捕集されたエネルギーの反応中心タンパク質複合体への移動，さらに逐次電子移動とそれに連動した生体膜を介したプロトン勾配形成を通して，光エネルギーのATP合成などの化学エネルギーへの変換が行われる。人工光合成では反応中心での多段階電子移動を人工的に再現するために，ドナー・アクセプター分子を化学結合で連結した化合物が合成されてきた[1]。たとえば，図1に示すようなフェロセン・亜鉛ポルフィリントリマー・フラーレン連結ペンタッドでは，光励起により多段階電子移動が起こるように設計されており，フェロセニウムカチオン・フラーレンラジカルアニオンの電荷分離状態が80%以上の効率で生成する[2]。さらにこの電荷分離寿命は約0.5秒であり，光合成細菌の反応中心の機能を見事に再現している。以上のように光合成を連結分子レベルで再現することは現在可能となり，次の目標として，いかに光合成の原理を実際の光エネルギー変換に適用するかが問題となっている。たとえば，フェロセン・ポルフィリン・フラーレン連結分子を金属電極上に自己組織化単分子膜法を用いて組織化した光電変換素子は，分子レベルの光ダイオードとして機能していると言える（図2）[3]。しかしながら，これらの連結分子は分子内で高効率・長寿命の電荷分離状態を生成できるが，それらが組織化された光電変換素子としては，たとえば，光電変換効率（IPCE値で最高1～2%）という点で満足のいくものではない。分子素子型有機薄膜太陽電池の実現において，光捕集，電荷分離，その結果生成したホールと電子の電極への輸送，の各過程の制御が，高いエネルギー変換効率を達成するためには重要である。従って，電極界面におけるドナー・アクセプター分子の3次元配列制御とその光ダイナミクス，および光電気化学特性の相

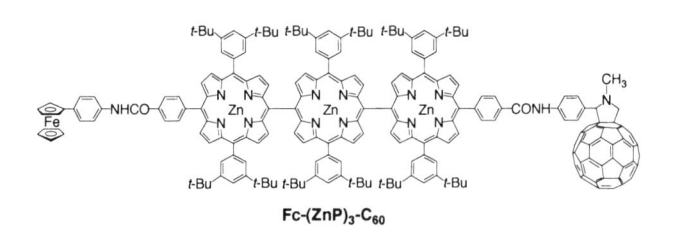

図1 フェロセン・ポルフィリントリマー・フラーレン連結ペンタッド

---

*1 Hiroshi Imahori 京都大学 大学院工学研究科 分子工学専攻 教授
*2 Tomokazu Umeyama 京都大学 大学院工学研究科 分子工学専攻 助手

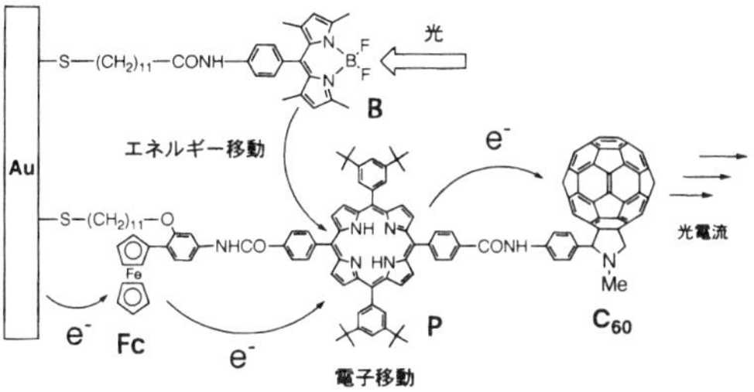

第2章 有機薄膜太陽電池のコンセプトとアーキテクチャー

図2 フェロセン・ポルフィリン・フラーレン連結トリアッドを金電極上に自己組織化単分子膜化させた光電変換素子。ボロン色素がアンテナ分子，フェロセン・ポルフィリン・フラーレン連結トリアッドが電荷分離分子として機能している。

関を解明することが，分子素子型有機薄膜太陽電池を構築する上で重要な知見を与えるものと期待される。我々は自己組織化を利用して，ドナー・アクセプター分子を電極上に集積化し，その構造と光電気化学特性の関係を明らかにしてきた。本稿では我々が提唱してきた分子素子型有機薄膜太陽電池の構築[1～9]について最近の成果を紹介したい。

7.2 色素増感・バルクヘテロ接合型太陽電池
7.2.1 ポルフィリンデンドリマーとフラーレンを用いた有機太陽電池

ポルフィリン・フラーレン系の電子移動の再配列エネルギーは通常の系よりも小さいことが知られている[4～12]。すなわち，ポルフィリンとフラーレンを用いると，長寿命電荷分離状態を高効率で生成することができる。従って，ポルフィリン・フラーレンを用いたバルクヘテロ接合を考慮すると，混合膜中で電荷分離したホールと電子の再結合を抑制して，それぞれの電極に効率よく輸送・注入する分子設計が重要となる。そこで，我々はポルフィリン分子の空間配置を制御するために，デンドリマー骨格を用いることにした。世代の異なるデンドリマーの末端にポルフィリンを結合させることで，ポルフィリンを樹上構造末端に持つデンドリマーが合成できる（図3）[13～15]。ポルフィリンデンドリマーとC_{60}を良溶媒のトルエンに溶解し，これを貧溶媒のアセトニトリル中に急速に注入すると（トルエン：アセトニトリルの体積比＝1：3），ポルフィリンとC_{60}から構成される数100nmサイズの複合クラスターが混合溶媒中で形成される（図4）[13～15]。クラスター溶液から得られたTEM像から，ポルフィリン参照化合物（H_2P-ref）とC_{60}から構成される参照系と比較して，ポルフィリンデンドリマーとC_{60}混合系では，よりサイズと形のそろったクラスターが得られることがわかった[13～15]。また，デンドリマーの世代数が増加するにつれ，クラスターの大きさと形状が不揃いとなることも観測された。次にこのクラスター溶液に図5のような装置を用いて直流電圧（500V，1分間）を印加し，負に帯電したクラスターを陽極の

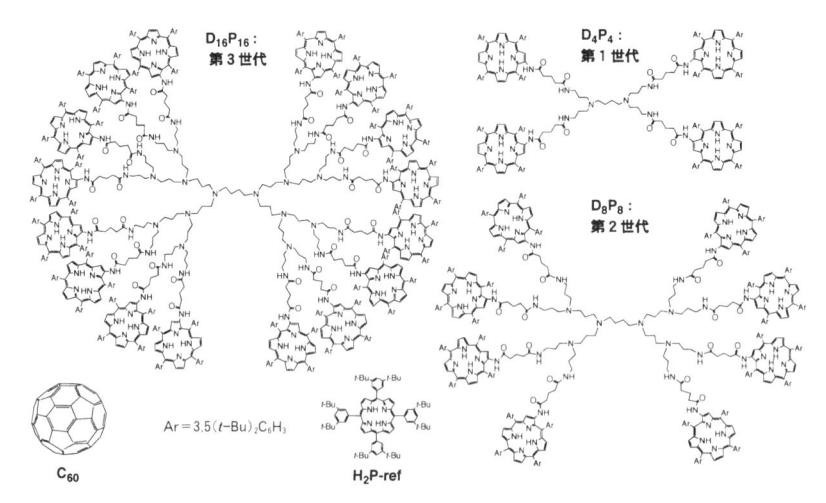

図3 ポルフィリンデンドリマーと参照化合物

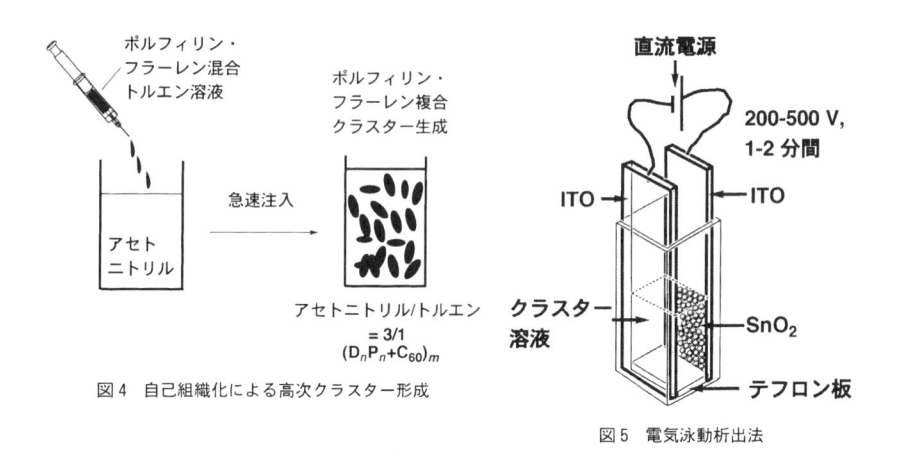

図4 自己組織化による高次クラスター形成

図5 電気泳動析出法

酸化スズ修飾ITO電極上に電気泳動法により析出させた[13~15]。その結果，電析された酸化スズ修飾ITO電極は可視領域の光をほぼ全領域にわたって効率よく吸収することがわかった[13~15]。この修飾酸化スズITO電極を作用極，白金を対極に，電解質溶液には0.5 M NaI，0.01 M I_2 アセトニトリル溶液を用いて，2極系で光電池の特性を評価した。まずポルフィリン参照系でC_{60}の濃度（0~0.31mM）を上げていくと，IPCE値（最高3.7%）が増加することから，ポルフィ

第2章　有機薄膜太陽電池のコンセプトとアーキテクチャー

図6　ITO/SnO$_2$/(D$_4$P$_4$+C$_{60}$)$_m$ 電流-電圧曲線

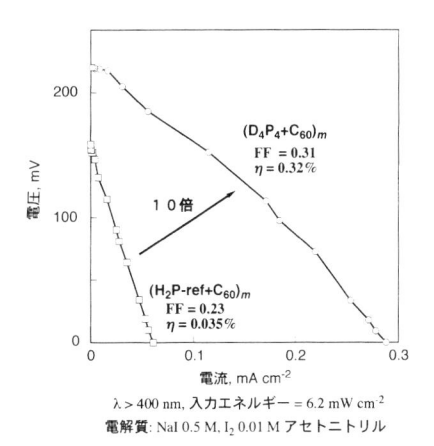

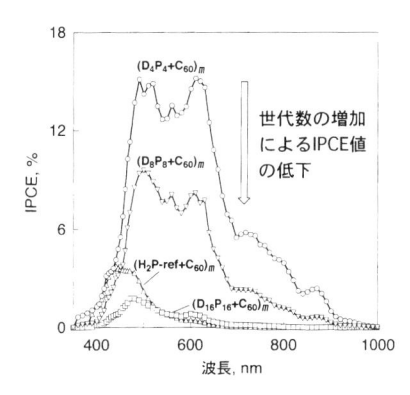

図7　光電変換特性のデンドリマー世代数依存性

リン励起1重項状態からC$_{60}$へ電子移動が起こり，光電流が発生していることが示唆された[13〜15]。また，I-V曲線から，ポルフィリン参照化合物（H$_2$P-ref）とC$_{60}$混合系（入力エネルギー＝6.2 mW cm^{-2}（λ＞400nm），FF＝0.23，η＝0.035%）に比べて，デンドリマー系では最高10倍のエネルギー変換効率の向上（ITO/SnO$_2$/(D$_4$P$_4$+C$_{60}$)$_m$：FF＝0.31，η＝0.32%）が観測された（図6）[13〜15]。一方，光電変換特性に関してはポルフィリンデンドリマーの世代数が増加するにつれ，IPCE値が低下するという挙動を示した（図7）[13〜15]。これはデンドリマーの世代が増加するにつれ，末端のポルフィリンがデンドリマー中に埋め込まれるように堅固に固定され，C$_{60}$の取り込みが制限されたためと考えられる。この解釈は，比較的柔軟性のあるスペーサーでつながれたポルフィリンダイマーとC$_{60}$の複合系では協同効果によりポルフィリン間にC$_{60}$が取り込まれやすいために，デンドリマーよりも高い光電変換特性が得られたことと一致している[15]。

7.2.2　ポルフィリン修飾金ナノ微粒子とフラーレンを用いた有機太陽電池

一方，我々は金ナノ微粒子をナノ土台として，ポルフィリンを球殻状に3次元的に組織化することに初めて成功している[16,17]。本系ではポルフィリン間に柔軟性に富んだ楔形の空穴（ホスト）が存在することから，フラーレンのようなゲスト分子が容易に取り込まれることが予想される。そこで，ポルフィリン修飾金ナノ微粒子とフラーレンをSnO$_2$半導体電極上へ逐次組織化することにより，新規な有機太陽電池を構築した（図8，ルートA）。すなわち，まずポルフィリンアルカンチオールを金ナノ微粒子上に集積化することで直径10nm程度のポルフィリン修飾金ナノ微粒子を形成する（第1次組織化）。ポルフィリン修飾金ナノ微粒子はポルフィリン間にπ-π相互作用によりC$_{60}$を取り込み，錯体形成を行うと予想される（第2次組織化）。実際に，ポルフィ

117

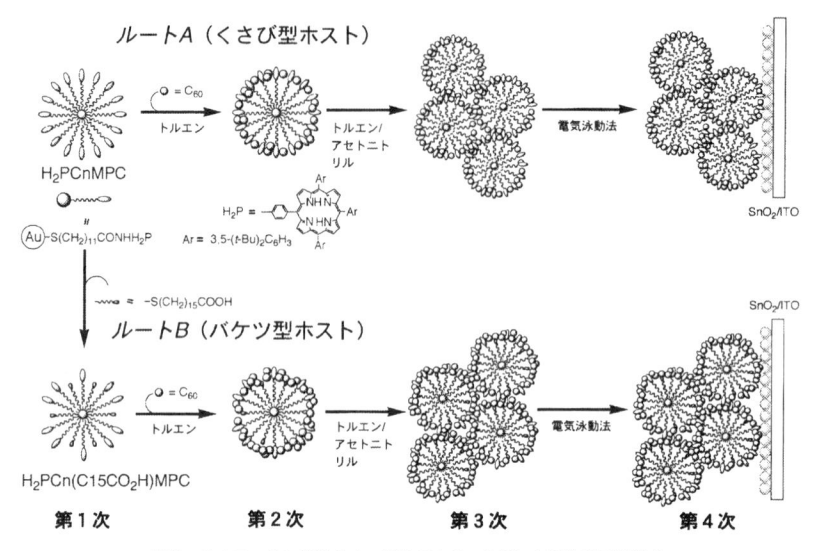

図8 ポルフィリン修飾金ナノ微粒子とC_{60}を用いた逐次自己組織化

リン修飾金ナノ微粒子とC_{60}の混合トルエン溶液を貧溶媒であるアセトニトリルに急速に注入すると，ポルフィリン修飾金ナノ微粒子はポルフィリン間にC_{60}を取り込みながら，数100nmの大きさを持つクラスターをトルエン-アセトニトリル混合溶液中で形成する（第3次組織化）。さらにこの混合溶液に酸化スズ微粒子修飾ITO電極（SnO_2/ITO）と未修飾ITO電極を挿入し，数分間高電圧を電極間に印加することで，SnO_2/ITO電極上にポルフィリン修飾金ナノ微粒子-フラーレンクラスターは電析される（第4次組織化）。この電極を用いて，色素増感型の光電変換デバイスを構築すると，そのエネルギー変換効率は最高で1.5%（0.5 M NaI，0.01 M I_2 アセトニトリル溶液，$\lambda>400$nm，11.2mW cm^{-2}，$FF=0.43$，$V_{OC}=0.38$V，$I_{SC}=1.0$mA cm^{-2}）となった（図9）[18,19]。このエネルギー変換効率はポルフィリン参照化合物（H_2P-ref）とC_{60}から構成される参照系と比較して，約50倍高い。すなわち，ボトムアップ式に数ナノメートルからバルクまで逐次的にドナー・アクセプター分子を空間に配置することで高い光電変換特性が得られることがわかった。

光電流発生機構は次のように考えられる（図10）。既述したポルフィリンデンドリマーの場合と同様に，光照射によるポルフィリン・C_{60}錯体内での超高速電子移動の後，電子はC_{60}間をホッピングして，酸化スズの伝導帯に注入される。一方，ホールはポルフィリン間をマイグレーションして，I^-/I_3^-から電子をもらうことで光電変換特性が発現していると考えられる。また，本系

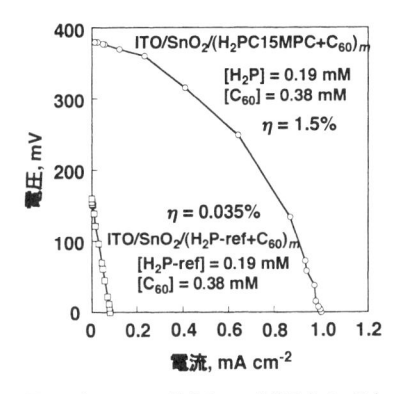

第2章 有機薄膜太陽電池のコンセプトとアーキテクチャー

図9 ポルフィリン修飾金ナノ微粒子と C_{60} 複合系およびポルフィリン参照化合物と C_{60} 参照系の電流・電圧曲線

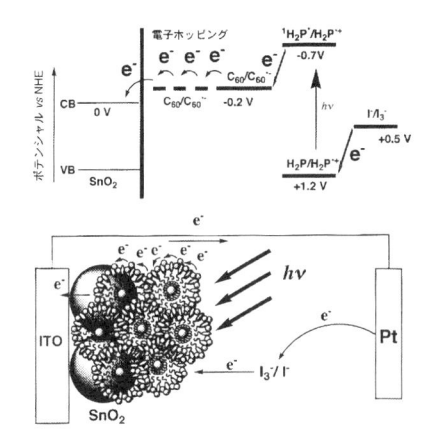

図10 ポルフィリン修飾金ナノ微粒子と C_{60} 複合系の光電流発生機構

はバルクヘテロ接合型太陽電池と色素増感太陽電池の両者の特性を持ち,酸化スズ微粒子表面が多層膜的に被覆されているという特性を示す。以上の結果から,自己組織化法を用いて,ドナー,アクセプター分子を電極上に高次に集積化できれば,高い光電変換特性が得られることがわかった。

さらに,ポルフィリン修飾金ナノ微粒子上に交換反応によりアクセプター(ゲスト)を取り込む大きなバケツ型空穴(ホスト)を導入することで,光電変換効率を向上させることを試みた(図8,ルートB)[20]。楔型の小さなホスト空穴を持つ参照系と比較して同一条件下において,光電変換特性が約 1.5 倍向上することがわかった。この向上は,ルートAの楔型空穴に C_{60} 分子が1個挿入される場合に比べ,ルートBでは大きなバケツ型空穴に C_{60} 分子が約3個取り込まれることと関連している。実用化には IPCE 値が最高 80～90％程度必要であり,今後電荷分離した電子とホールの輸送ナノ経路を巧みに構築することにより電荷再結合を抑制し,高い変換効率が得られると期待している。そのためには,複雑,高価な装置などを必要としない自己組織化法を巧妙に用いた今回の系は有望であると思われる。

7.3 今後の展開

今回紹介した光電荷分離機能を有する連結分子は,今後分子デバイスを実現していく過程で重要な出発点となると考えている。一方,自己組織化を利用した分子素子型有機薄膜太陽電池は,現在のエネルギー変換効率を勘案すると,さらなるブレークスルーが必要となろう。そのために

は有機化学・無機化学を駆使した分子・電極設計により,ナノ,ミクロ,バルクレベルでの構造制御・機能発現に基づいて,光電変換の各過程の最適化を図ることが重要になると思われる。

文　　献

1) H. Imahori *et al.*, *Org. Biomol. Chem.*, **2**, 1425（2004）
2) H. Imahori *et al.*, *Chem. Eur. J.*, **10**, 3184（2004）
3) H. Imahori *et al.*, *J. Am. Chem. Soc.*, **123**, 100（2001）
4) H. Imahori *et al.*, *Adv. Mater.*, **9**, 537（1997）
5) H. Imahori *et al.*, *Eur. J. Org. Chem.*, 2445（1999）
6) H. Imahori *et al.*, *Adv. Mater.*, **13**, 1197（2001）
7) H. Imahori *et al.*, *J. Photochem. Photobiol. C*, **4**, 51（2003）
8) H. Imahori *et al.*, *Adv. Funct. Mater.*, **14**, 525（2004）
9) H. Imahori *et al.*, *J. Phys. Chem. B*, **108**, 6130（2004）
10) H. Imahori *et al.*, *Chem. Phys. Lett.*, **263**, 545（1996）
11) H. Imahori *et al.*, *J. Phys. Chem. A*, **105**, 1750（2001）
12) H. Imahori *et al.*, *Angew. Chem. Int. Ed.*, **41**, 2344（2002）
13) T. Hasobe *et al.*, *J. Phys. Chem. B*, **107**, 12105（2003）
14) T. Hasobe *et al.*, *Adv. Mater.*, **16**, 975（2004）
15) T. Hasobe *et al.*, *J. Phys. Chem. B*, **118**, 12865（2004）
16) H. Imahori *et al.*, *J. Am. Chem. Soc.*, **123**, 335（2001）
17) H. Imahori *et al.*, *Langmuir*, **20**, 73（2004）
18) T. Hasobe *et al.*, *J. Am. Chem. Soc.*, **125**, 14962（2003）
19) T. Hasobe *et al.*, *J. Am. Chem. Soc.*, **127**, 1216（2005）
20) H. Imahori *et al.*, *Adv. Mater.*, **17**, 1727（2005）

第3章　有機薄膜太陽電池：光電変換材料

1　有機デバイス用色素の基本特性

八木繁幸[*1]，中澄博行[*2]

1.1　緒言

近年，化石エネルギーの枯渇化やその使用による地球温暖化などの環境への影響から，太陽エネルギーの有効利用に大きな期待が寄せられている。とりわけ，太陽電池の開発は近年精力的に行われているが，これまで無機半導体の光物理過程が利用されてきたのに対し，現在では生産コストの低減・エネルギー変換の高効率化を目指して有機材料を用いた新しい素子設計が盛んに行われている。有機太陽電池の開発指針の一つとして，光合成の作用機構はよい手本である。光合成における光エネルギー変換の鍵となる要素は，光反応中心でのスペシャルペアの光励起によって開始される高効率な多段階電子移動ならびに酸化末端（スペシャルペア）と還元末端（ユビキノン）との間での長寿命電荷分離状態の形成である[1]。この電荷分離による電位勾配を電気エネルギーとして取り出すことができれば，光電変換素子の構築が可能となる。図1に光合成系を模倣した太陽電池の模式図を示すが，光励起によって電子供与体（ドナー）から電子受容体（アク

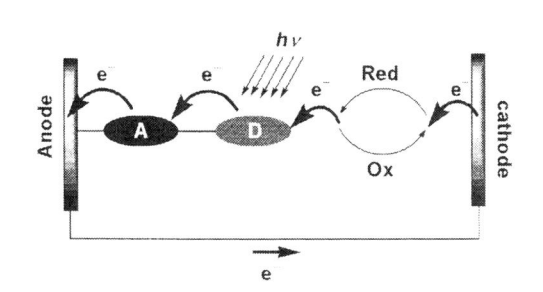

図1　光合成を模倣した光電変換素子の模式図
D；電子ドナー，A；電子アクセプター

---

*1　Shigeyuki Yagi　大阪府立大学大学院　工学研究科　物質・化学系専攻　応用化学分野　助教授

*2　Hiroyuki Nakazumi　大阪府立大学大学院　工学研究科　物質・化学系専攻　応用化学分野　教授

セプター)への電子移動が起こり,さらにアノードへ電子が移動すれば電極間での電気ポテンシャル勾配が生じ,電流を取り出すことが可能となる。この際,効率的なドナーからアクセプターへの電子移動に加え,アノード電極への電子移動が十分可能となる長寿命電荷分離状態の形成が重要である。また,太陽光をエネルギー源とするため,光励起する色素が可視部に大きな吸収をもつことが望ましい。この図は電子メディエーター(図中,Red-Oxサイクル)を含む液相セルを示すが,ドナー-アクセプター対を直接電極で挟んだ全固体型セルも原理的に可能である。

1.2 電子移動ドナー-アクセプター対の構築

高効率電子移動・長寿命電荷分離を達成するためには,ドナーとアクセプターを適切な配置で連結する必要がある。ドナーとアクセプターを結合する方法は大きく分けて二つに分類される。一つは単純にドナーとアクセプターを共有結合で連結する方法であり,もう一つは分子間相互作用を利用してドナー-アクセプター対を構築する超分子化学的手法による連結方法である[2]。後者の超分子系では,綿密に相互作用を設計すれば両成分を混合するだけで簡単にドナー-アクセプター対が構築できるという,素子開発上における優れた利点がある。

光合成を模倣した超分子光誘起電子移動系を構築する上で,ポルフィリンがドナー成分としてよく用いられており,アクセプター成分としてはキノン[3],ビオロゲン[4],芳香族ジイミド[5],フラーレン[6]などが用いられている。本稿では,筆者らが行ってきたポルフィリン-ビオロゲン超分子系でのドナー-アクセプター対の構築について述べる。

1.3 ジアリール尿素骨格を連結部位とする亜鉛ポルフィリン二量体とビオロゲンとの錯形成を介した光誘起電子移動[7]

筆者らはこれまでに,ジアリール尿素骨格を連結基として用いたポルフィリン発色団の配向制御について報告してきた(図2)[8]。ジアリール尿素は trans-trans 構造が安定であり,5,5'-位にポルフィリン環を導入し,さらに2,2'-位のメチル基と尿素部位のカルボニル基との立体障害に

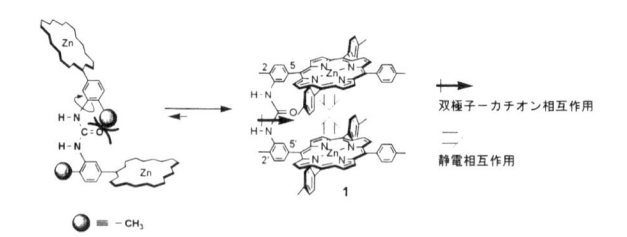

図2 ジアリール尿素骨格によって構造制御された対面型ポルフィリン二量体 1

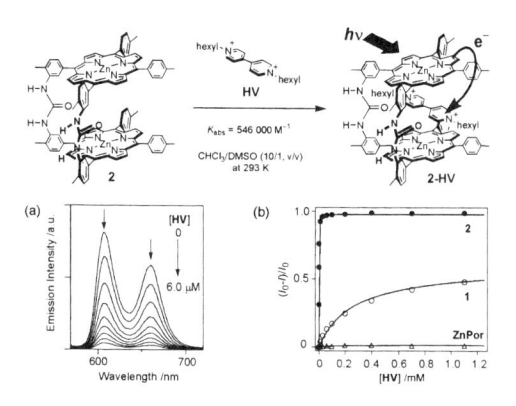

第3章 有機薄膜太陽電池：光電変換材料

図3 亜鉛ポルフィリン二量体2とHVとの錯形成に伴う蛍光スペクトル変化
$CHCl_3$/DMSO (10/1, v/v) 中, 293 K 下。[2] 1.5 μM。励起波長；562 nm。

よってアリール－窒素原子間の結合回転を抑制することで，対面型構造に制御できる。

こうして得られたポルフィリン二量体1の分子溝（クレフト）内は電子リッチな二つのポルフィリン環によって形成されており，また，大きな双極子を有する尿素カルボニル基がクレフトの内側を向いていることから，1とビオロゲンのカチオン性骨格との高い親和力が期待できる。実際，紫外可視吸収スペクトルにおいて，ヘキシルビオロゲン（HV）との錯形成に伴う1のSoret帯の赤色移動が認められ，錯形成が確認された。連続変化法による解析から錯体の化学量論比は1：1であり，クロロホルム－ジメチルスルホキシド（10/1, v/v）中での錯形成定数は 4,300 M^{-1} であった。また，^{1}H NMR 測定では，1とHVの錯形成によってHVの ^{1}H シグナルの高次場シフトが認められ，そのシフトはビオロゲン骨格の中央へ向かうほど大きいことから，HVは二枚のポルフィリン環に挟まれるようにクレフト内に取り込まれていることがわかった。

さらにもう一つのジアリール尿素連結部位を導入してビオロゲンとの相互作用部位を増やしたダイマー2を合成した。この2とHVとの錯形成挙動を調べたところ，546,000 M^{-1} という飛躍的な錯形成定数の増大が認められた。HV の添加に伴う2の蛍光発光スペクトル変化を測定したところ，図3aに示すように亜鉛ポルフィリンからビオロゲンへの光誘起電子移動による蛍光消光が認められた。図3bにはHVの添加に伴う蛍光消光効率のプロットを示すが，1および2では尿素骨格を持たない通常の亜鉛ポルフィリン（ZnPor）に比べて効率的な電子移動消光が認められた。また，蛍光消光が飽和挙動を示すことから，これら1および2の系では錯形成を介して電子移動が起こっていると考えられ，実際，蛍光消光滴定から求めた錯形成定数は紫外可視吸収滴定から求めた値とよい一致を示した。1と2のHVによる電子移動消光特性を比較すると，よ

有機薄膜太陽電池の最新技術

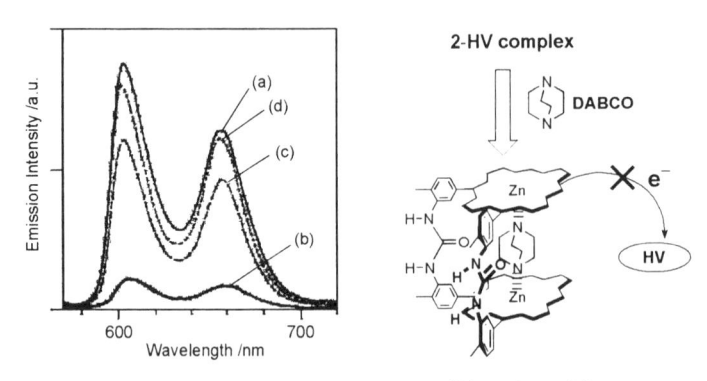

図4 HVおよびDABCOの添加による2の蛍光スペクトル変化
(a); 2(1.5 μM), (b); 2(1.5 μM) + HV(3.0 μM), (c); 2(1.5 μM) + HV(3.0 μM) + DABCO(6.0 μM), (d); 2(1.5 μM) + DABCO(6.0 μM)。CHCl₃/DMSO(10/1 v/v) 中, 293 K 下。励起波長; 562 nm。

り安定なドナー—アクセプター錯体においてより効率的な電子移動が起こると考えられる。

2のHVとの錯形成による電子移動消光は1,4-ジアザビシクロ［2.2.2］オクタン（DABCO）を阻害剤として制御することが可能である。図4にHVおよびDABCOを添加した際の2の蛍光発光スペクトルを示す。HVの添加によって蛍光消光が起こる（図4b）が、2とHVの錯体にDABCOを添加すると蛍光発光の回復が認められた（図4c）。2の溶液にDABCOを添加しても蛍光発光はほとんど変わらないことから（図4d）、電子移動消光の阻害は2とDABCOとの錯形成によってHVが2のクレフト内から追い出されたためであると考えられる。このDABCOによる蛍光消光の阻害実験からも、2とHVとの間の電子移動は錯形成を介して起こることが確認された。

1.4 亜鉛ポルフィリン上に収斂的な双極子配列を有するビオロゲン認識レセプターの開発[2]

上述のように、ジアリール尿素骨格の双極子を相互作用部位とすることでビオロゲン骨格の認識が可能となるが、より効率的にビオロゲンを捉え、かつ、より簡便な方法でレセプターを構築することを念頭において、亜鉛ポルフィリン誘導体3を設計した。ポルフィリンの4つのメソ位にジアリール尿素骨格を導入することで収斂的な双極子相互作用場を構築することができ、多重の双極子—カチオン相互作用によってビオロゲン骨格を効率的に認識することが可能である。3の合成は至って簡単で、常法によって合成したテトラアミノ置換ポルフィリンにイソシアナートを反応させ、亜鉛イオンを挿入することによって合成することができる。

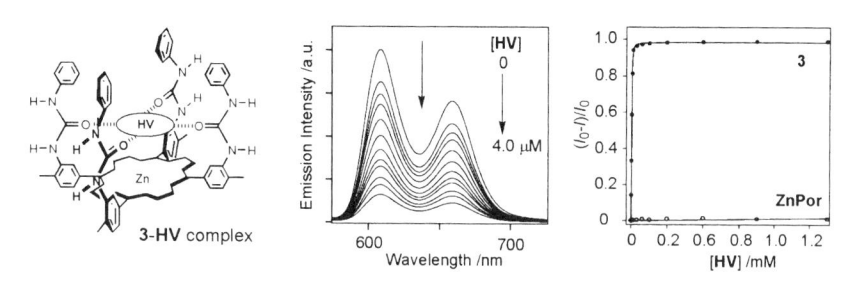

第3章　有機薄膜太陽電池：光電変換材料

図5　CHCl$_3$/DMSO(10/1, v/v) 中293K下におけるHVの添加によるレセプター3の蛍光消光

　レセプター3とHVとの錯形成を評価したところ，二量体1および2と同様に，HVの添加に伴う紫外可視吸収スペクトル変化およびNMRにおけるHVの^{1}Hシグナルの高磁場シフトが認められ，1：1の錯形成が確認された。錯形成定数は2,860,000 M^{-1}であり，二量体2よりもさらに安定なドナーーアクセプター錯体が形成された。尿素部位数の異なる参照レセプターを用いて錯形成における自由エネルギー変化ΔGを評価したところ，尿素部位の増加に伴って直線的にΔGが減少した。このことから，3における尿素部位は全て錯形成に関与しており，アトロプ異性化を伴ったInduced-fit型の錯形成形態であると考えられる。

　3とHVとの間の光誘起電子移動について検討するため，HVの添加に伴う3の蛍光消光について検討した。図5にHVの添加に伴う3の蛍光スペクトル変化および蛍光消光効率を示すが，HVの濃度の増加に伴って消光効率は増大し，滴定曲線は飽和挙動を示した。このことから，3においても，1および2と同様に，ドナーとアクセプターの錯形成を介した電子移動が起こっており，錯体の安定化が光誘起電子移動の高効率化を促している。この電子移動の光物理過程を調べたところ，通常の亜鉛ポルフィリン（ZnPor）からビオロゲンへの電子移動は亜鉛ポルフィリンの励起三重項から起こるのに対し，3とHVとの間では主として3の励起一重項から電子移動が起こることがわかった。また電子移動の量子収率は比較的大きいが，電荷分離状態の寿命は1ナノ秒以下であることから，電荷再結合が速いことがわかった。

1.5　長寿命電荷分離を目指したポルフィリンヘテロ二量体型ビオロゲン認識レセプター[20]

　これまで述べてきたように，3のような複数のジアリール尿素骨格を有するポルフィリンはビオロゲン骨格に対して高い親和性を示すが，光誘起電子移動によって生成する電荷分離状態の寿命は極めて短い。緒言で述べたように，このような短寿命の電荷分離形成は光電変換素子を構築する上で不利である。長寿命の電荷分離状態を達成するための打開策として，(1)錯体中でのポル

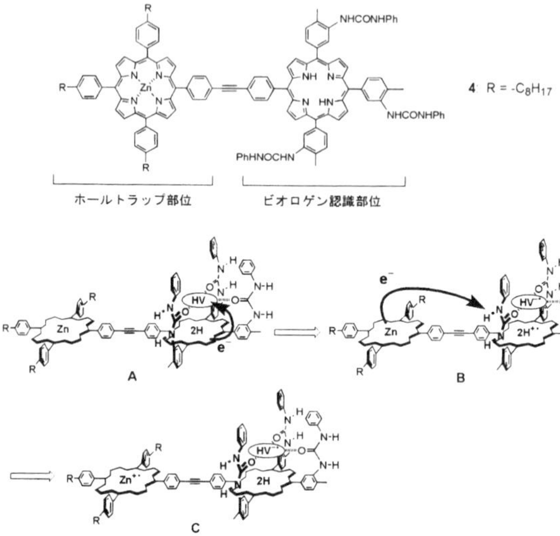

図6 ビオロゲン認識部位を有する亜鉛-フリーベースポルフィリン
ヘテロ二量体4の構造と予想される4-HV間での電荷分離形成

フィリンとビオロゲンの距離を大きくし，ドナーとアクセプターを隔離することによって電荷再結合の速度を遅くする，(2)ホールトラップを設け，多段階的な電子移動によって酸化末端と還元末端の距離を大きくし，電荷再結合の速度を遅くする，などが考えられる。(1)に従った場合，電子移動効率そのものが低下するため，筆者らは(2)の指針に従って図6に示すようなジアリール尿素骨格を有するポルフィリンにホールトラップ部位として亜鉛ポルフィリンを付与した新規レセプター4を設計した。この系では，亜鉛ポルフィリンの酸化準位がフリーベースポルフィリンよりも低いために，ビオロゲンへの電子移動によってフリーベースポルフィリンで生じたカチオンラジカル（図6；A→B）に対して亜鉛ポルフィリンから電子移動が起こり（図6；B→C），長寿命電荷分離状態が形成されると期待される。現在，このレセプターの合成に成功しており，HVとの錯形成においてビオロゲン骨格をフリーベースポルフィリン上で認識することを確認している。今後，光誘起電子移動の詳細な光物理過程の解明が期待される。

1.6 結言

有機光電変換素子開発の観点から，光合成を模倣した電子移動-電荷分離系の超分子構築について筆者らの研究を中心に論じた。ドナー（ポルフィリン）とアクセプター（ビオロゲン）との間

第3章　有機薄膜太陽電池：光電変換材料

における分子間相互作用を巧妙にプログラミングすることによって高効率な光有機電子移動系を構築することができた。電荷分離状態の長寿命化などの改良点が残されているが，ポルフィリンヘテロ二量体型レセプターのように多段階的な電子移動系をレセプターに組み込むことで長寿命電荷分離状態の形成が期待される。超分子化学的手法を用いることによってナノレベルでの分子操作が可能となるため，これからもデバイス構築を指向した色素および機能分子の超分子構築が注目されるであろう。

文　　献

1) J. Deisennhofer, O. Epp, K. Miki, R. Huber, and H. Michel, *Nature*, **318**, 618 (1985)
2) V. Balzani and F. Scandola, "*Supramolecular Photochemistry*", Ellis Horwood, Chichester (1991)
3) Y. Aoyama, M. Asakawa, Y. Matsui, and H. Ogoshi, *J. Am. Chem. Soc.*, **113**, 6233 (1991); J. L. Sessler, B. Wang, and A. Harriman, *J. Am. Chem. Soc.*, **115**, 10418 (1993)
4) M. J. Gunter, M. R. Johnston, B. W. Skelton, and A. H. White, *J. Chem. Soc., Perkin Trans. 1*, 1009 (1994); E. Kaganer, E. Joselevich, I. Willner, Z. Chen, M. J. Gunter, T. P. Gayness, and M. R. Johnston, *J. Phys. Chem. B*, **102**, 1159 (1998); P. Thordarson, E. J. A. Bijsterveld, J. A. A., W. Elemans, P. Kasak, R. J. M. Nolte, and A. E. Rowan, *J. Am. Chem. Soc.*, **125**, 1186 (2003)
5) A. Osuka, H. Shiratori, R. Yoneshima, T. Okada, S. Taniguchi, and N. Mataga, *Chem. Lett.*, 913 (1995); A. Osuka, R. Yoneshima, H. Shiratori, T. Okada, S. Taniguchi, and N. Mataga, *Chem. Commun.*, 1567 (1998)
6) F. D'Souza, G. R. Deviprasad, M. E. Zandler, V. T. Hoang, A. Klykov, M. VanStipdonk, A. Perera, M. E. El-Khouly, M. Fujitsuka, and O. Ito, *J. Phys. Chem. A*, **106**, 3243 (2002); D. M. Guldi, T. D. Ros, P. Baraiuca, and M. Prato, *Photochem. Photobiol. Sci.*, **2**, 1067 (2003)
7) S. Yagi, M. Ezoe, I. Yonekura, T. Takagishi, and H. Nakazumi, *J. Am. Chem. Soc.*, **125**, 4068 (2003)
8) S. Yagi, I. Yonekura, M. Awakura, M. Ezoe, and T. Takagishi, *Chem. Commun.*, 557 (2001)
9) 八木，江副，兵藤，高岸，中澄，日本化学会第83春季年会，1 G 7-32, 2003年3月，東京
10) 江副，南，八木，兵藤，中澄，日本化学会第84春季年会，2 J 5-43, 2004年3月，西宮

2 有機色素の分子配向制御

上田裕清*

2.1 はじめに

近年,有機色素を薄膜化し,発光素子や光電変換素子あるいは非線形光学素子や半導体素子などを構築しようとする試みが盛んに行われている。環状あるいは平面状などの異方構造をとる有機色素の光・電子機能は,分子相互の空間的配置により著しく変化する。有機色素の機能を効率良く引き出すためには分子を規則的に配列することが重要であり,有機薄膜素子の高機能化には膜中の分子配向制御が不可欠である。膜中の分子配列を制御した成膜法として,LB (Langmuir-Blodgett) 法と真空蒸着法がある。LB 法は簡便な手法として広く応用されているが,適用が両親媒性(分子内に親水基と疎水基の両方を有する)の分子に限られるという欠点がある。一方,真空蒸着法は低圧中で容易に昇華して凝結しない色素,あるいは加熱により昇華せずに分解する色素には適用できない。しかし,分子の形状には影響されないことや,LB 膜では面内の配向制御が困難であるのに対して,蒸着法では基板の種類や蒸着条件を制御することで吸着構造の異なる分子配列制御膜を得ることができるという利点がある。

2.2 エピタキシャル成長とは

分子配列制御膜を"エピタキシャル膜"あるいは"エピタキシー膜"と呼ぶことがある。エピタキシー (epitaxy) とは"on arrangement"を意味するギリシャ語で,Royer によって 1928 年に導入された言葉である[1]。すなわち,ある結晶(ゲスト結晶)が別の下地結晶(ホスト結晶)上で特定の方位をとって成長する oriented overgrowth の現象である。この現象は天然鉱物では約 170 年前にすでに見出されていたが,実験室レベルでは Frankenheim が方解石上に水溶液から硝酸ナトリウムを成長させて層状に連なった平行連晶を作製するのに成功したことが初めである[2]。

X 線回折による結晶構造解析の進歩と相まって Royer は初期エピタキシャル成長理論を発展させた。その理論によると,下地─成長結晶間の結晶学的な方位の一致は界面での格子間隔の適合がよいこと,すなわち $100(b-a)/a$ で表される原子や分子の格子間隔の不一致(lattice misfit)が 15%以下でのみエピタキシャルに成長するとされた。ここで b は成長結晶(ゲスト結晶)の,a は下地結晶(ホスト結晶)の格子間隔である。電子線回折による研究は固体の表面酸化や硫化,また電着や蒸着による薄膜の成長でエピタキシーが広く起こることを示した。1950 年代以降には電子顕微鏡により微細構造の観察が可能になり,高真空技術による蒸着膜作製法の

---

* Yasukiyo Ueda 神戸大学 工学部 応用化学科 教授

第3章　有機薄膜太陽電池：光電変換材料

進歩とあいまって薄膜成長過程の研究が盛んになった。

2.3　有機色素のエピタキシャル成長

　有機分子のエピタキシャル成長は、1944年にA. NeuhasとW. Nollによってペンタクロロフェノールの希薄溶液から銅の(001)面上に析出させた結晶で初めて見出された[4]。その後、WillemsやFischerにより、ポリエチレンなどの高分子もNaCl(001)劈開面上でエピタキシャル成長することが知られるようになった[5]。これらはいずれも溶液からの例であり、気相からの堆積膜に関しては1962年の水渡、植田、芦田による雲母上でのフタロシアニンの報告が初めである[6]。すなわち、200℃に保った白雲母の劈開面上の銅フタロシアニンは図1(a)のように3方向に伸びた板状晶より形成されることが見出された。フタロシアニン結晶はカラム軸を基板に平行にとり、白雲母の劈開面のシリケート層の六方対称の相互作用により、3方向に配向成長している。一方、400℃で熱処理した後、150℃に保った白雲母上に形成した銅フタロシアニン蒸着膜は、図1(b)に示すように長方形のブロック状結晶から形成され、膜の電子線回折像は白雲母のa軸と60°の方向を対称にとる2組の層状の網目模様が重なって現れる。銅フタロシアニン蒸着膜は、蒸着条件により図2のように分子カラムが基板に平行に成長した結晶と、分子が基板に平行に吸着してカラムが斜立して成長した結晶の2種類の配向をとることが示された[7~10]。塩化カリウム結晶上でも銅フタロシアニン蒸着膜は全く同じ配向をとり、分子が基板に平行に吸着するときの核形成として、図3のように下地表面のアルカリ金属イオンとフタロシアニンのアザポルフィリン環中の電子過剰なN原子が強く相互作用し、結晶核を生成するとされた[10]。

　一方、四価金属の配位したフタロシアニンを200℃に保ったKBr上に蒸着すると図4に示すようにTiOPc及びVOPc膜では下地結晶の[110]方向に配向成長した矩形結晶が観察される[11]。初期成長段階（～10nm厚）の膜の電子回折（ED）像にはいずれも1.40nmの繰り返し周期を持つ正

図1　白雲母上の銅フタロシアニン蒸着膜の電顕像と回折像
(a, b) 基板温度200℃, (c, d) 基板温度150℃

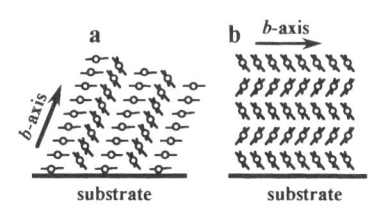

図2　フタロシアニン蒸着膜の分子配向
(a) b軸斜立配向, (b) b軸平行配向

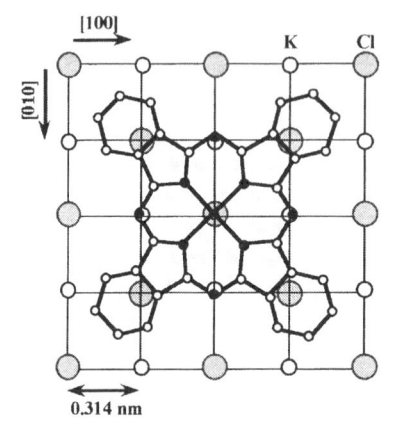

図3 KCl上でのフタロシアニン分子の吸着モデル

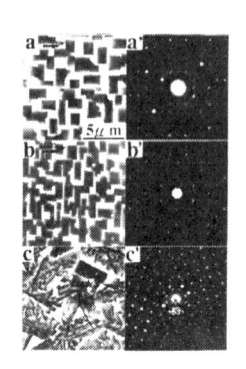

図4 KBr上のTiOPc (a, a'), VOPc (b, b') およびVOPcF$_{16}$ (c, c') 膜の電顕像と回折像

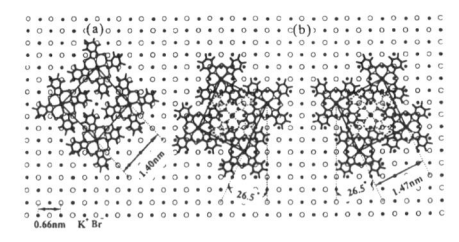

図5 KBr上のTiOPcとVOPc (a) およびVOPc (b) 分子の吸着モデル

方晶系の単結晶パターンが観察される。VOPcF$_{16}$膜では,微細な矩形結晶が下地結晶の[100]方向に対して互いに53°の角度をなして配向成長し,膜のED像も1.47nmの繰り返し周期を持つ正方晶系の単結晶パターンが互いに53°の角度をなして,$h+k=2n$の消滅則を満たして現れる。TiOPcやVOPcの結晶構造として数種の結晶多形が報告されているが,正方晶系の構造はアルカリハライド劈開面上の配向膜にのみ認められる。電子顕微鏡像及びED像の解析から,TiOPcおよびVOPc分子では図5のように3×3-R45°の,また,VOPcF$_{16}$分子では$\sqrt{10}\times\sqrt{10}$-R±26.5°の格子整合構造をとることが示された。

低速電子線回折(LEED)や反射高速電子回折(RHEED)あるいは走査トンネル電子顕微鏡(STM)などエピタキシャル成長の初期段階を追跡する手法が開発され,成膜中の構造変化を第1層目から議論されるようになった。MBE法を用いて超高真空中でアルカリハライドの劈開面上に成膜した一連のシャトルコック構造をとるフタロシアニン(VOPc, PbPc, AlPcCl, TiOPcなど)は,基板結晶の格子定数や対称性を反映してバルク相とは異なる構造に結晶化することが明らかになった[12]。これらの結晶はいずれも正方格子をとり,その格子定数は約1.4nmの大きさであることから,図6のような配向モデルが提唱された[13]。即ち,フタロシアニン分子は分子

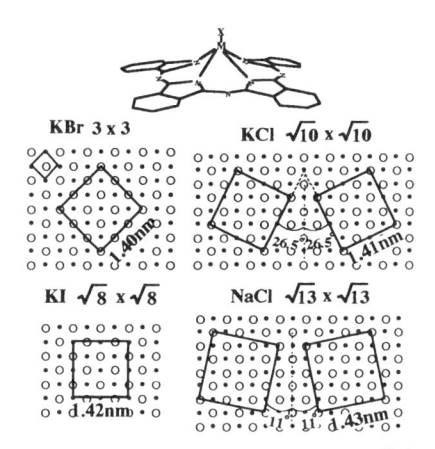

第 3 章　有機薄膜太陽電池：光電変換材料

図 6　シャトルコック型フタロシアニンの分子構造とアルカリハライド上での配列モデル

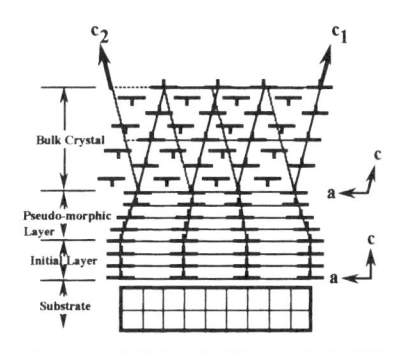

図 7　TiOPc 蒸着膜の膜厚増加による結晶構造変化

面を基板面に平行にして基板結晶の格子点に吸着し，吸着したフタロシアニン結晶と基板結晶は，格子整合をしている。金属原子が分子平面上にないシャトルコック型フタロシアニン分子は極性を有し，基板結晶と分子間に作用するクーロン力の束縛のもとで，分子間ポテンシャルエネルギーを最小にするように分子間距離や配列方向が決まり，正方格子をとってエピタキシャル成長すると考えられている。結晶中の分子間の相対位置は格子整合の仕方で異なり，電子スペクトルの違いとなって反映される。

膜厚が増加するにしたがい結晶は大きく成長する。しかし，各結晶からの ED 像にはバルクの結晶構造に基づく回折斑点が認められるようになる。すなわち，基板結晶に依存した構造は高々 10 数層の厚さにおいてのみ観察され，その後膜厚の増加につれて図 7 に示すように中間相を経てバルクの結晶構造をとると思われる[11]。

格子整合によるエピタキシャル成長は，MoS_2 やダングリングボンドを終端した GaAs や Si 上でも観察されている[15]。一方，グラファイト上のペリレン色素はアルカリハライド上とは異なる格子整合関係で成長することが STM の観察から見出された[16,17]。この関係は，point-on-line 整合と呼ばれている。これは，図 8 のように吸着分子の格子点が基板結晶の格子線上にあるときでもエピタキシーが起こることを意味している。これに対して，格子整合によるエピタキシャル成長は，point on point 整合と呼ばれることもある。

ペリレン化合物もアルカリハライド上で配向成長する[18]。図 9 に 100℃ および 150℃ に保った KBr 上に蒸着した N,N'-ジメチルペリレン-3,4,9,10-ビスカルボキシイミド（Me-PTC）膜の電子顕微鏡像と ED 像を示す。100℃ に保った基板上では膜は互いに直交する短冊状結晶から形成され，結晶の長軸は下地結晶の [110] 方向に沿って配向成長し，膜の ED 像には 101 と 020 回折点に

有機薄膜太陽電池の最新技術

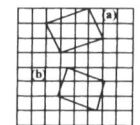

図8　配向吸着におけるpoint-on-point (a)およびpoint-on-line (b)モデル

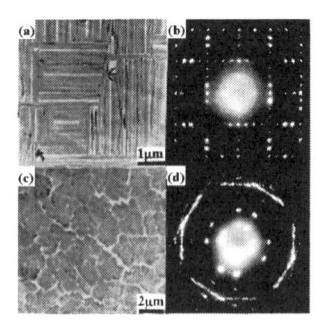

図9　ジメチルペリレン蒸着膜の電顕像と回折像
基板温度：(a, b) 100℃, (c, d) 150℃

よる単結晶パターンが互いに直交して現われる。一方，150℃に保った基板上では膜は基板結晶の[110]方向と±15°の角度をなす4方向に成長した不連続な薄板状結晶から形成される。膜の回折像には(020)面と(106)面からの回折斑点とその高次反射による単結晶パターンが互いに30°の角度をなして現われ，結晶は全体としては4方向に配向成長する。Me-PTCはKBr上で基板温度により次の関係で配向成長する。

(a)：$[010](001)_{Me-PTC}//[110](001)_{KBr}$

(b)：$(102)_{Me-PTC}//(001)_{KBr}$ および $[010]_{Me-PTC} \angle [110]_{KBr} = \pm 15°$

図10に吸着モデルを示す。(a)の配向ではMe-PTC結晶の(001)面が基板面と接し，基板面に対して約30°斜立したMe-PTC分子が基板結晶の[110]方向に沿って吸着している。(b)ではMe-PTC結晶の(102)面が基板面と接して配向吸着している。(a)の吸着形態ではMe-PTC結晶の(001)面が基板面と接し，基板面に対して約30°斜立したMe-PTC分子が基板結晶の[110]方向に沿って配向吸着している。(b)の吸着形態ではMe-PTC結晶の(102)面が基板面と接して配向吸着している。

　以上のように有機色素のエピタキシャル成長は多様である。S. R. Forrestは，有機結晶界面で格子整合界面を形成するときをエピタキシーと，それ以外の結晶学的な関係はあるがpoint on point整合ではない場合は疑似エピタキシーあるいは準エピタキシー（quasi-epitaxy）と定義している[19]。このように有機分子のエピタキシーは多様であるが，1990年代にvan der Waalsエピタキシーとしてまとめられた。

2.4　高分子配向膜（PTFE摩擦転写膜）を基板とする有機色素の配向制御

　既に述べたようにイオン性結晶上での色素分子の配列制御は，蒸着条件を制御することにより可能である。しかしながら，色素配向膜による光素子・記録素子などのデバイス化の実現には，一軸配向膜の作製や大面積化は重要な課題である。基板としてイオン性結晶を用いる限りは，下

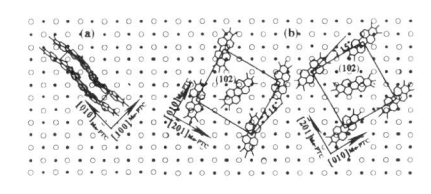

第3章　有機薄膜太陽電池：光電変換材料

図10　KBr上でのジメチルペリレン分子の吸着モデル

地結晶の対称性を反映した二回あるいは四回対称構造をもつ配向膜が得られることが多く，また，基板となるイオン性結晶の大きな単結晶を作製することの困難さから配向膜の大面積化には限界がある。この問題を解決する1つの方法としてポリテトラフルオロエチレン（PTFE）薄膜を基板に用いる方法が注目されている[20]。図11に摩擦転写の模式図を示す。加熱したガラス上での圧着掃引により作成したPTFE膜は，図12に示すような約10nm厚の均一な薄膜から成り，その電子回折像の解析からPTFEの分子鎖は掃引方向に沿って高度に配向していることがわかる[21]。このPTFEをコートしたガラス上に200℃で蒸着したVOTPP膜は，図13のように球状あるいは矩形結晶から形成される[22]。矩形結晶はその一辺をPTFEの掃引方向と±26°をなす2方向に成長する。膜からはPTFE結晶からの回折斑点と共にポルフィリン膜からの$1.34nm^{-1}$の繰り返し周期をもつ正方格子の単結晶パターンが互いに53°の角度をなして現われる。電子回折像の解析よりVOTPP結晶はその(001)面で基板面と接し，結晶のa軸をPTFEの分子軸と±26.5°の角度をなして2方向に配向成長することがわかる。図14にPTFEコーティングガラス上のVOTPP分子の吸着模式図を示す。VOTPP分子はアザポルフィリン平面を基板面に平行に，また，アザポルフィリン平面に対して垂直に位置するフェニル基をPTFEの分子鎖方向に平行にして配向吸着すると思われる。結晶中の分子パッキングの対称性から2方向に配向成長すると思われる。

150℃に保った基板上に銅フタロシアニン（CuPc）を蒸着すると，図15のようにPTFEの掃引方向に沿った針状結晶が観察される[23]。膜の電子回折像にはCuPcのα型とβ型の2種類の結晶からのfiberパターンが現われ，α型の方が優勢である。いずれの結晶中でもCuPcのカラム

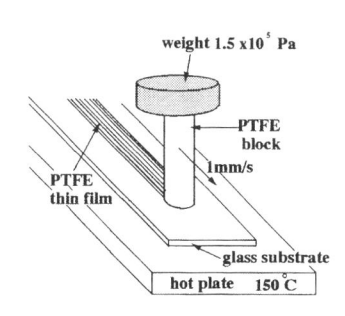

図11　PTFE摩擦転写膜の作製模式図

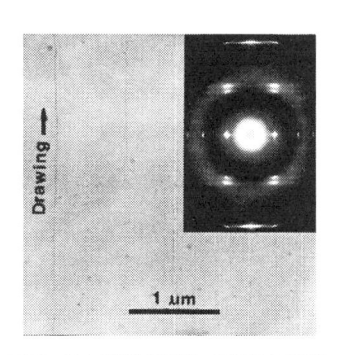

図12　PTFE摩擦転写膜の電顕像と回折像

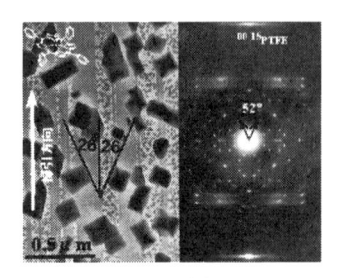

図13 PTFE摩擦転写膜上のポルフィリン膜の電顕像と回折像

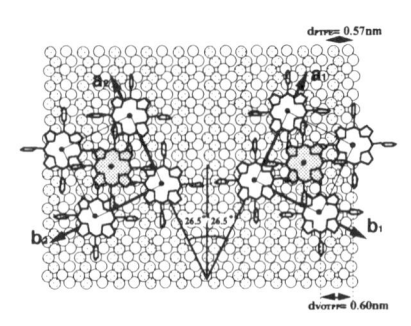

図14 PTFE摩擦転写膜上のポルフィリン分子の吸着モデル

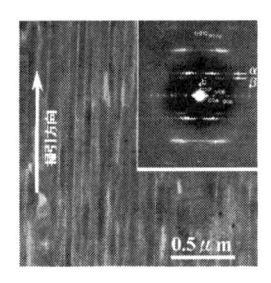

図15 PTFE摩擦転写膜上の銅フタロシアニン膜の電顕像と回折像

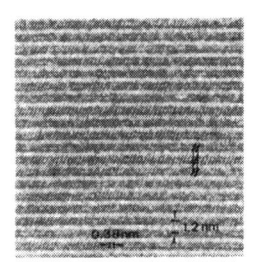

図16 銅フタロシアニン膜の高分解能電顕像

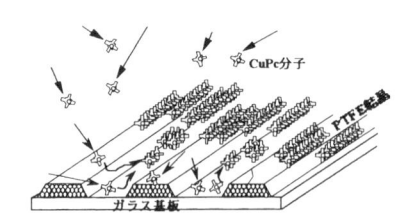

図17 PTFE摩擦転写膜上の銅フタロシアニンの結晶成長モデル

軸はPTFEの分子鎖方向と平行である。図16の高倍率像には1.20nmと0.38nmの格子縞が観察され、CuPc分子は基板面に対して斜立して配向吸着していた。一般にCuPcなどのフタロシアニン分子は結晶中でherring-bornタイプのパッキングをとることが知られているが、図中の0.38nm間隔のストライプはカラム軸に対して同じ方向で交わっていた。このような構造はマイカ上に蒸着した膜中でも観察されており、分子カラム内のπ電子相互作用に比較して分子カラム間のvan der Waals力が弱いため、隣接する分子カラム間での分子面の傾きに任意性が生じるためと考えられている。

第3章 有機薄膜太陽電池：光電変換材料

　図17にPTFEコーティングガラス上における有機分子の結晶成長過程の模式図をCuPcを例として示した。飛来してきた分子は基板上にトラップされ，基板表面を拡散する。拡散分子はポテンシャルエネルギーの高いPTFE界面で核を形成し，その後PTFEの分子鎖に沿って配向成長すると思われる。

　最近，PTFEだけでなくポリシランやポリパラフェニレンあるいはポリフルオレンなどの高分子の摩擦転写膜が一次元配向する事が報告された。それらを基板とするヘテロあるいはホモエピタキシー膜の研究もあるが，紙面の都合上参考文献をあげるにとどめる[21〜29]。

文　　献

1) Royer. L., *Bull. Soc. Fr. Mineral. Crist.*, **51**, 7 (1928)
2) Frankenheim. M. L., *Ann. Phys.*, **37** 516 (1836)
3) Neuhaus. A. Z., *Elektrochemie*, **52**, 17 (submit 1944) (1948)
4) J. Willems, I. Willems, *Experientia*, **13**, 405 (1957)
5) E. W. Fischer, *Discuss. Faraday Soc.*, **25**, 204 (1957)
6) E. Suito, N. Uyeda and M. Ashida, *Nature*, **194**, 273 (1962)
7) N. Uyeda, M. Ashida and E. Suito, *J. Appl. Phys.*, **36**, 1453 (1965)
8) M. Ashida, N. Uyeda and E. Suito, *Bull. Chem. Soc. Jpn.*, **39**, 2616 (1966)
9) M. Ashida, *Bull. Chem. Soc. Jpn.*, **39**, 2625 (1966); *ibid.*, **39**, 2632 (1966)
10) 芦田道夫, 表面, **25**, 207 (1987)
11) Y. Ueda, H. Yamaguchi and M. Ashida, "Chemistry of Functional Dyes" 2. Ed. Z. Yoshida and Y. Shirota, Mita Press, Tokyo, Jpn. 258-263 (1992)
12) H. Tada, K. Saiki and A. Koma, *Jpn. J. Appl. Phys.*, **30**, L306 (1991)
13) 夢田博一, 小間篤, 化学と工業, **44**, 2109 (1991); 表面科学, **14**, 452 (1993)
14) 上田裕清, 柳久雄, 芦田道夫, 表面, **31**, 758 (1993)
15) A. Koma, *Thin Solid Films*, **216**, 72 (1992)
16) S. Isoda, I. Kubo, A. Hoshino, N. Asaka, H. Kurata and T. Kobayashi, *J. Cryst. Growth*, **115**, 388 (1991)
17) A. Hoshino, S. Isoda and T. Kobayashi, *J. Cryst. Growth*, **115**, 826 (1991)
18) 上田裕清, 倪　静萍, 戸田泰弘, 張　貴博, 柳久雄, 日化誌, 491 (1996)
19) S. R. Forrest, *Chem. Rev.*, **97**, 1793 (1997)
20) J. C. Wittmann, P. Smith, *Nature*, **352**, 414 (1991)
21) Y. Ueda, T. Hari, T. Thumori, M. Yano, J. P. Ni, *Appl. Surface Sci.*, **113/114**, 304 (1997)
22) Y. Ueda, T. Kuriyama, T. Hari and M. Ashida, *J. Electron Microsc.*, **43**, 99 (1994)
23) N. Tanigaki, K. Yase, A. Kaito, *Thin Solid Films*, **273**, 263 (1996)
24) 谷垣宣孝, 高分子論文集, **57**, 515 (2000)

25) J. P. Ni, Y. Ueda, Y. Yoshida, N. Tanigaki, K. Yase, D. K. Wang, Proc. SPIE on Organic Light-Emitting Materials and Devices IV, 4105, 280 (2001)
26) Y. Ueda, T. Murakami, S. Masaki, J. Chen, J. P. Ni, Y. Yoshida, N. Tanigaki, K. Yase, D. K. Wang, *Mol. Cryst. Liq. Cryst.*, **370**, 245 (2001)
27) M. Misaki, Y. Ueda, S. Nagamatsu, Y. Yoshida, N. Tanigaki, K. Yase, *Macromolecules*, **37**, 6926 (2004)
28) 上田裕清, MATERIAL STAGE, **4**, 14 (2004)

3 ポルフィリンJ会合体のナノ構造制御と励起子物性

瀬川浩司[*]

3.1 はじめに

有機薄膜太陽電池を作成する上で，薄膜を構成する分子の配列制御は重要である。有機分子の配列制御をナノメートルスケールで可能にする方法に，ナノテク技術のひとつとしても注目されている「自己組織化」がある。色素分子が自己組織化してできるJ会合体[1,2]は，会合体の中の分子の遷移双極子モーメントがhead-to-tail方向に揃っており，強い励起子相互作用で大きく長波長シフトした先鋭な吸収スペクトルを与え，励起子によるエネルギー輸送も可能である。有名なJ会合体にはシアニン色素J会合体のような直線型分子からなるものが知られているが，大環状π電子系をもつポルフィリンも環内窒素がプロトン化してジカチオンになり，静電的相互作用や疎水性相互作用などの条件が整えばJ会合体を生じる。ポルフィリンJ会合体は，光合成生物がもつ光捕集蛋白やクロロゾームのなかのクロロフィル会合体による高効率励起エネルギー移動との関連からも興味深い[3-6]。ポルフィリンJ会合体は，Tetrakis(4-sulfonatophenyl)porphyrin(TSPP)の酸性水溶液中での会合[7]が最初の報告で，これがJ会合体形成によるものであることは最近になって報告された[8]。その後しばらくポルフィリンJ会合体はTSPP J会合体に限られていたが[9-22]，われわれは非水溶性テトラアリルポルフィリンを硫酸酸性条件下でプロトン化したジカチオンが，液-液界面あるいは気-液界面で自己組織化し，条件によりJ会合体のナノクリスタルやナノファイバーを形成することを報告した[23,24]。非水溶性ポルフィリンのJ会合体は，会合構造や励起エネルギーを置換基によって制御することが可能である[24]。われわれは，このポルフィリンJ会合体のナノ構造制御による励起子機能材料の創生を目的とし，ポルフィリンJ会合体LB膜を作成した。また，これを応用した光電変換材料として，酸化チタンナノ粒子上にポルフィリンJ会合体を形成させ，近赤外領域に感度を持つ色素増感太陽電池の作成に成功した[25]。

3.2 ポルフィリンJ会合体の吸収スペクトル

一般にJ会合体の吸収は，励起子相互作用により単量体の吸収に比べ長波長側にシフトし半値幅は狭くなる[26]。J会合体の吸収が狭くなる現象は，motional narrowing[27]で説明される。エネルギーシフト値ΔEは，相互作用する遷移双極子モーメント（μ）間の距離（r）と会合軸となす角（θ）を用いて次式で表される。この式からわかるように，分子の配列により許容遷移のエネルギーが変わる。会合軸に対する遷移双極子モーメントの傾きが小さい場合は低エネルギー

---

[*] Hiroshi Segawa 東京大学 大学院総合文化研究科 広域科学専攻 助教授

$$\Delta E \propto \frac{\mu^2}{r^3}(1-3\cos^2\theta)$$

側が許容のJ会合体であり，90°に近い場合は高エネルギー側が許容のH会合体となる（図1）。

本研究では図2に示したポルフィリン誘導体のJ会合体を作成した。会合体形成による長波長シフトは，誘導体のメソ位置換基に依存する[23]。このJ会合体を液-液界面（図3）および気-液界面（図4）で形成した場合，波長シフトはメソ位置換基に依存するものの，会合体形成方法にはあまり依存しない（図5）。ただし，吸収の半値幅は会合体形成方法に大きく影響を受け，液-液界面に比べて気-液界面で形成した膜の方が先鋭な吸収スペクトルとなる（図5）。このことは，気-液界面上で生じるJ会合体のほうが不均一な相互作用が少ないことを示している。さらに均質なJ会合体を作成するため，J会合体Langmuir-Blodgett膜を作成した。

3.3 非水溶性ポルフィリンJ会合体Langmuir-Blodgett膜の作成

ポルフィリンJ会合体Langmuir-Blodgett膜を作成するには，ポルフィリンジカチオンを気液界面で生成させる必要があり，本研究では水相に25%硫酸水溶液を用いた。基板にはシランカップリングにより疎水化処理したスライド

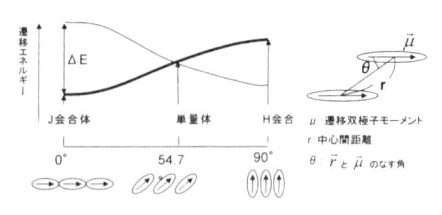

図1 色素分子会合体の分子間配向とエネルギーシフト

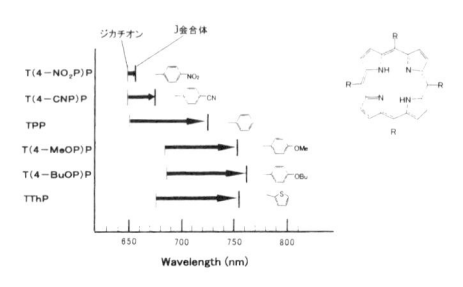

図2 ジカチオンモノマーと対応するJ会合体のS1エネルギー準位とエネルギーシフト

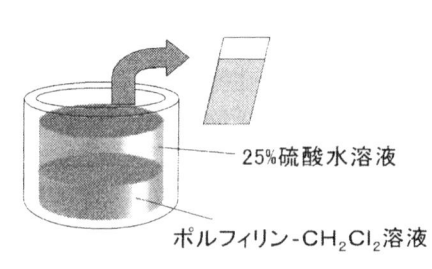

図3 液-液界面でのJ会合体形成

図4 気-液界面でのJ会合体形成

第3章 有機薄膜太陽電池：光電変換材料

ガラスを用いた。基板への累積は水平付着法で行った。このLB法の特徴は、スペーサー分子や両親媒性分子は使わず、ポルフィリン分子のみでLB膜を作成している点である。種々の誘導体のπ-A曲線から求まる極限占有面積は、どの誘導体でも約1nm²/molecule以下となっている。これまでのポルフィリンLB膜の研究では、ポルフィリン平面が水面上に立ったedge-on型とポルフィリン平面が水面上に寝たface-on型の2つのタイプのL膜が報告されているが、前者は0.6〜0.9nm²/moleculeで後者は2.0〜2.5nm²/moleculeとなることが知られている[28〜31]。ポルフィリンJ会合体LB膜の約1nm²/molecule以下の占有面積は、仮に単分子膜となっているとした場合は、各分子が水面上に立ったedge-on型であることを示している。

硫酸水溶液上に分子を展開した後の静置時間を一定にした場合は再現性のあるπ-A曲線が得られたが、それぞれの分子で静置時間

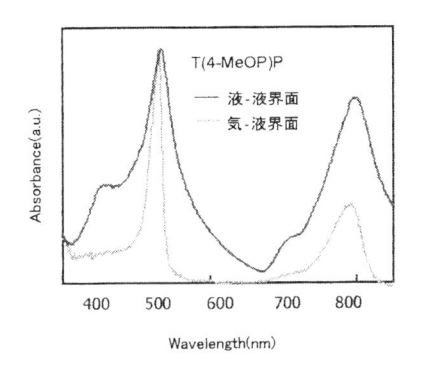

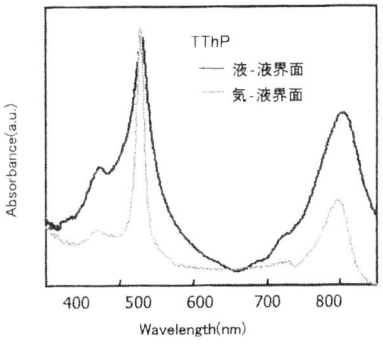

図5 液-液界面と気-液界面で形成した膜の吸収スペクトル T(4-MeOP)P（上），TThP（下）

を変化させてπ-A測定を行ったところ、置換基によってはπ-A曲線が経時変化する場合があることがわかった。TThPのπ-A曲線では、静置時間が増加するにつれて極限占有面積が徐々に減少する。T(4-MeOP)Pではこのような現象は見られない。TThPの静置時間による極限占有面積の変化は何によるものであるのかを実際に観察するために、ブルースタアングルマイクロスコープを用いて気-液界面を観察したところ、TThPは水面上で自己組織化により微結晶を生成することがわかった。一方、極限占有面積の時間変化はなかったT(4-MeOP)Pは全面に均質な膜が広がっていることがわかった。

3.4 非水溶性ポルフィリンJ会合体 Langmuir-Blodgett 膜の構造

T(4-MeOP)PのJ会合体LB膜のAFM観察から、高さほぼ一定の均質な分子膜を形成していることがわかる（図6）。このAFM像を細かく見ると、一定方向に配向したJ会合体がドメ

インをつくり，それがさらに集まってきたモザイク状の集合構造をもつことがわかる。そのドメインの間には深さ約2nm溝があり，これがT(4-MeOP)P J会合体単分子膜一層の厚さに対応する。この膜厚はT(4-MeOP)Pの分子長に一致しており，各分子が基板に垂直に立った配向であることを支持している。図7に，T(4-MeOP)P J会合体LB膜のp偏光吸収スペクトルに対する角度依存性を示す。入射光に対して基板が90°のときSoret bandの吸収ピークは480nmのみであるが，入射光に対する角度を傾けると480nmの吸収強度は減少し，400nm付近に別の吸収が現れた。ポルフィリンモノマーは，面内に2つの直交する遷移双極子モーメント（図8）を持つが，これがJ会合体を形成すると，会合軸方向とそれに直交する方向の2つの異なる遷移双極子モーメントに分裂した吸収を与える。T(4-MeOP)P J会合体LB膜の480nmの吸収はJ会合体の会合軸方向の遷移双極子モーメントによる吸収で，

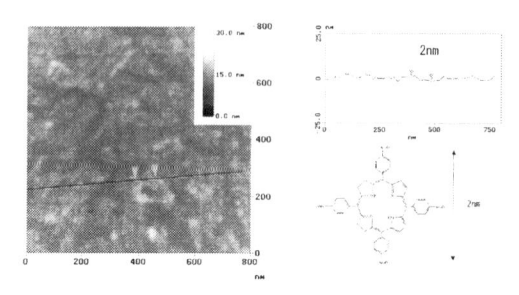

図6 T(4-MeOP)P J会合体のAFM像（DI製 NanoscopeⅢa）

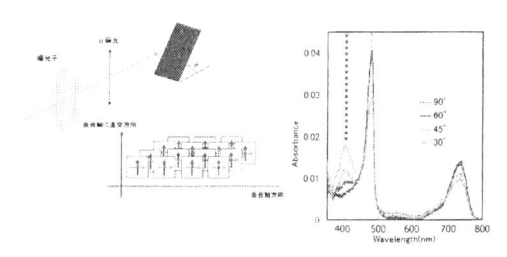

図7 T(4-MeOP)P J会合体LB膜のp偏光吸収スペクトルの角度依存性

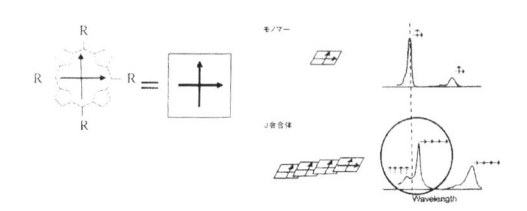

図8 モノマー，J会合体の遷移双極子モーメントと吸収スペクトル

短波長側の400nmに現れる吸収は会合軸に直交する方向の遷移双極子モーメントによる吸収であると考えられる（図8）。基板が90°の状態では基板に水平方向のJ会合体の会合軸方向の遷移双極子モーメントのみが励起され，基板を傾けていくと会合軸に直行している方向の遷移双極子モーメントも励起され，このような二色性が現れる。以上よりT(4-MeOP)P J会合体LB膜上のポルフィリンは，基板に対して垂直配向していると結論した。これは，光導波路分光でも同

140

第3章 有機薄膜太陽電池：光電変換材料

様の結果を確認することができる。一方，微結晶を形成する TThP の偏光吸収の角度依存性では，s 偏光でも 400nm の吸収は消失しない。このことは，TThP J 会合体微結晶内でポルフィリンが結晶軸に対し傾いていること，あるいは，微結晶がランダム配向していることを示している。

次に，LB 法によるポルフィリン J 会合体の多層積層について検討した。均質な単分子膜を与える T(4-MeOP)P J 会合体を LB 法で 20 層積層したものでは，層数が増加するにつれて吸光度が比例して増加した。また，入射光に対する角度が 30°の p 偏光吸収スペクトルでは，層数が増加してもそれぞれの層数での会合軸方向（480nm）と会合軸に直交方向（400nm）の遷移双極子モーメントによる吸収の吸光度の比はほとんど変わっていない。このことより高配向を保ったまま T(4-MeOP)P J 会合体 LB 膜が少なくとも 20 層累積が可能であることがわかる。この多層積層できた T(4-MeOP)P J 会合体 LB 膜の X 線回折（XRD）には $2\theta=4°$ 付近にピークが見られる。このときの面間隔は約 2nm と見積もられ，AFM 観察で見られた膜厚とほぼ一致しており，積層膜内でもナノ構造は乱れることなくポルフィリンは垂直に立った配向を保っているものと結論した。

3.5 非水溶性ポルフィリン J 会合体ヘテロ Langmuir-Blodgett 膜

ポルフィリン J 会合体はメソ位の置換基により励起エネルギーが異なる。ここでは，T(4-MeOP)P と T(4-COOMeP)P の J 会合体 LB 膜のヘテロ積層体を作成し，その物性について検討した。T(4-COOMeP)P を 4 層積層した膜に T(4-MeOP)P を 4 層積層した分離積層膜と，T(4-COOMeP)P と T(4-MeOP)P を交互に積層した交互積層膜を作成した。どちらの積層膜も，それぞれの膜の吸収スペクトルの重ね合わせとほぼ等しく，また，p 偏光吸収スペクトルの角度依存性から，ヘテロ積層体内でもそれぞれ単層膜の高配向構造を保っていることがわかった（図9）。これらのヘテロ積層膜の蛍光スペクトルを測定したところ，交互積層膜では短波長側の T(4-COOMeP)P の蛍光は消光され，長波長側の T(4-MeOP)P の蛍光強度が増加した（図9）。この 750nm の励起スペクトルを測定すると T(4-MeOP)P の 480nm だけでなく T(4-COOMeP)P の 460nm にもピークが現れている。これは，高エネルギー側の T(4-COOMeP)P から低エネルギー側の T(4-MeOP)P へ層間の励起エネルギー移動が起こったことを示している。

3.6 自己組織化によるポルフィリン J 会合体単分子膜の酸化チタン上への形成と色素増感太陽電池への応用

アモルファスシリコン太陽電池や色素増感太陽電池の問題点として，近赤外領域の光が十分利用されていない点があげられる。このため，どちらの太陽電池でも最終的なエネルギー変換効率

が低くなってしまう。ポルフィリンJ会合体は，近赤外領域に達する幅広い吸収をもつため，この領域の光を有効利用できる太陽電池を作成するための良い材料となる。メソ位の置換基によっては900nmに達する吸収を持つものもある。われわれは，FTO上に焼結した酸化チタンナノ粒子の表面上にカルボン酸置換基を持つTCPPを単分子吸着させ，これを酸処理することでポルフィリンJ会合体修飾酸化チタン電極を作成することに成功した（図10）。この電極を光アノードに用い，白金対極とヨウ素電解質を組み合わせて近赤外領域に分光感度を持つ色素増感太陽電池の作成に成功した[25]。

図9 T(4-MeOP)PとT(4-COOMeP)Pのヘテロ積層膜の吸収スペクトルと蛍光スペクトル（Ex 460nm）

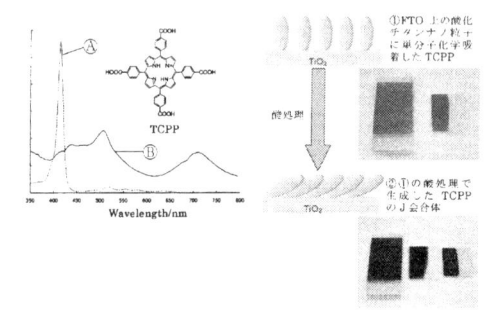

図10 酸化チタンナノ粒子上に単分子層で化学吸着したTCPPの吸収Ⓐと，その酸処理によって生成したTCPPのJ会合体の吸収Ⓑ。右はその写真。

3.7 まとめ

LB法を用いて非水溶性ポルフィリンのJ会合体分子膜の作成を行った。気-液界面上の自己組織化はポルフィリンメソ位の置換基に依存しており，置換基によりLB膜の構造を制御できる。特に，気-液界面に生じたT(4-MeOP)P J会合体は高配向単分子膜を形成し，LB法で基板上に累積した場合，ポルフィリン平面が基板に垂直配向すること，またこの単分子膜が高配向を保ちながら20層まで累積できることを明らかにした。また，置換基の異なるポルフィリンJ会合体LB膜もそれぞれの単層膜の構造を保ったままヘテロ積層構築が可能であることを示した。1層ごとに異なるJ会合体からなる積層構造は，高度に機能化された分子システムの作成を可能とするものである。また，酸化チタンナノ粒子上にポルフィリンJ会合体を形成させ，近赤外領域に感度を持つ色素増感太陽電池の作成にも成功した。この分子組織体は，有機薄膜太陽電池に幅広く応用できると期待される。

第3章　有機薄膜太陽電池：光電変換材料

文　　献

1) Jelley, E. E., *Nature*, **138**, 1009 (1936)
2) Scheibe, G., *Angew. Chem.*, **49**, 563 (1936)
3) McDermott, G., Prince, S. M., Freer, A. A., Hawthornthwaite-Lawless, A. M., Papiz, M. Z., Cogdell, R. G., Isaacs, N. W., *Nature*, **374**, 517 (1995)
4) Karrasch, S., Bullough, P. A., Gosh, R., *EMBO J.*, **14**, 631 (1995)
5) Koepke, J., Hu, X., Muenke, C., Schulten, K., Michel, H., *Structure*, **4**, 581 (1996)
6) Olson, J. M., *Photochem. Photobiol.*, **67**, 61 (1998)
7) Pasternack, R. F., Huber, P. R., Boyd, P., Engasser, G., Francesconi, L., Gibbs, E., Fasella, P., Venturo, G. C., Hinds, L. d. C., *J. Am. Chem. Soc.*, **94**, 4511 (1972)
8) Ohno, O., Kaizu, Y., Kobayashi, H., *J. Chem. Phys.*, **99**, 4128 (1993)
9) Akins, D. L., Zhu, H.-R., Guo, C., *J. Phys. Chem.*, **98**, 3612 (1994)
10) Akins, D. L., Ozcelik, S., Zhu, H.-R., Guo, C., *J. Phys. Chem.*, **100**, 14390 (1996)
11) Akins, D. L., Zhu, H.-R., Guo, C., *J. Phys. Chem.*, **100**, 5420 (1996)
12) Ren, B., Tian, Z.-Q., Guo, C., Akins, D. L., *Chem. Phys. Lett.*, **328**, 17 (2000)
13) Chen, D.-M., He, T., Cong, D.-F., Zhang, Y.-H., Liu, F.-C., *J. Phys. Chem., A*, **105**, 3981 (2001)
14) Kano, H., Saito, T., Kobayashi, T., *J. Phys. Chem. B*, **105**, 413 (2000)
15) Kano, H., Kobayashi, T., *Bull. Chem. Soc. Jpn.*, **75**, 1071 (2002)
16) Miura, A., Matsumura, K., Su, X., Tamai, N., *Acta Phys. Pol. A*, **94**, 835 (1998)
17) Collings, P. J., Gibbs, E. J., Starr, T. E., Vafek, O., Yee, C., Pomerance, L. A., Pasternack, R. F., *J. Phys. Chem. B*, **103**, 8474 (1999)
18) Rubires, R., Crusats, J., El-Hachemi, Z., Jaramillo, T., Lopez, M., Valls, E., Farrea, J.-A., Ribo, J. M., *New J. Chem.*, **23**, 189 (1999)
19) Rubires, R., Farrera, J.-A., Ribo, J. M., *Chem. Eur. J.*, **7**, 436 (2001)
20) Ribo, J. M., Crusats, J., Sagues, F., Claret, J., Rubires, R., *Science*, **292**, 2063 (2001)
21) Yang, X., Dai, Z., Miura, A., Tamai, N., *Chem. Phys. Lett.*, **334**, 257 (2001)
22) Xu, W., Guo, H., Akins, D. L., *J. Phys. Chem. B*, **105**, 1543 (2001)
23) Okada, S., Segawa, H., *J. Am. Chem. Soc.*, **125**, 2792 (2003)
24) Segawa, H., Okada, S., Horikawa, N., Nakazaki, J., *Trans. Mater. Res. Soc. Jpn.*, **29**, 907 (2004)
25) 瀬川浩司, 中崎城太郎, 樋口永, 坂井久, 特願2004-355501
26) Davydov, A. S., Theory of Molecular Excitons, Plenum (1971)
27) Knapp, E. W., *Chem. Phys.*, **85**, 73 (1984)
28) Qian, D.-J., Nakamura, C., Miyake, J., *Thin Solid Films*, **397**, 266 (2001)
29) Qian, X., Tai, Z., Sun, X., Xiao, S., Wu, H., Lu, Z., Wei, Y., *Thin Solid Films*, **284-285**, 432 (1996)
30) Zhang, X., Cheng, Z.-P., Wu, X.-J., *Synth. Met.*, **82**, 71 (1996)
31) Knoon, J. M., Sudholter, E. J. R., *Langmuir*, **11**, 214 (1995)

4 μ-オキソ架橋型フタロシアニン二量体の開発

山﨑康寛*

4.1 機能性フタロシアニン色素

フタロシアニンは，元来，色材工業の分野で，青色ないし緑色の顔料として広く利用されてきた。中心金属や周辺骨格の置換基などの修飾により，多種多様の誘導体の合成がなされ，近年，電子材料としての研究が活発となり，記録媒体用色素や複写機・プリンター用の有機感光体用色素として実用化された化学部材として位置づけられる。また，フォトダイナミックセラピー（PDT）用途では，癌マーカーやドラッグデリバリーシステム（DDS）として，その特異な光吸収特性を利用した研究もなされている。一方，それら化合物の有する光吸収特性ではなく，含金属大環状π電子系のもつ酸化還元触媒能を利用した消臭剤としても市場展開がなされている。さらには，抗アレルギー作用を利用した衛生や医療用途素材も視野に入れた市場展開が期待されている。このような長い歴史の中でも，見つかっていない新しい機能がまだあると考えられるが，有機EL分野や有機感光体分野で注目され利用検討されてきたのが，その高い光導電特性（p型半導体特性）である。有機化合物としては高い耐熱・耐光性と特異な光吸収特性に加えて，この光導電特性は，動作原理が，有機ELとは表裏の関係にあるといわれる太陽電池の分野においても当然注目され検討されている。

4.2 太陽電池で検討されるフタロシアニン色素

そもそも有機色素を利用した薄膜太陽電池は，コダック社のTangが，1986年に，CuPcとペリレン誘導体からなる二層型セル（変換効率$\eta \simeq 0.95\%$）を提唱した研究[1]が端を発したといわれる。その後，ナノサイズ材料としてのTiO$_2$に有機系色素を増感色素として化学修飾した色素増感型太陽電池（DSC），いわゆるグレチェル型セルが提唱されてその変換効率が飛躍的に改善され，アモルファス系以外のシリコン系太陽電池にも匹敵する約11%を報告[2]している。しかし，この報告に使われた有機増感色素はルテニウム系色素であった。このDSCのメソポーラスTiO$_2$と有機色素からなる（バルク）ヘテロ接合形成の考え方は，増感色素としての材料探索の一方で，有機半導体としての材料特性から，有機p型半導体/有機n型半導体のヘテロ接合による光起電力を利用する有機薄膜太陽電池の研究を盛んにし，理論的な裏返しといわれるEL分野における材料探索研究や，有機感光体としてすでに市場で光導電性化合物として認知されているフタロシアニン誘導体が，p型（ドナー）半導体有機材料として研究対象になった様である。ここにいう有機薄膜太陽電池の動作原理の中には，有機色素の光吸収による励起子の生成・移動の過程と，励

---

* Yasuhiro Yamasaki　オリエント化学工業㈱　研究部　部長

第3章　有機薄膜太陽電池：光電変換材料

起子の電子と正孔への分離過程をアクセプター (A) とドナー (D) に機能分離させ，前者アクセプターをアンテナ色素としてその効率向上と励起子失活を防ぐことで，セル効率を上げることができるとする提案[3]もある。Gebeyeheらは，n型(アクセプター：A)にC_{60}を，p型(ドナー：D)には，ZnPcを用いた低分子系有機薄膜セルの報告(変換効率 η =3.37%@1/10sun, η =1.04%@1sun)[4]をしている。また，プリンストン大学のForrestらは積層したペリレンとCuPcを銀薄膜で直列につないだデュアルヘテロ接合セルによる変換効率の向上を，さらに，バルクと平面ヘテロ接合の考え方をハイブリッドさせ，ペリレンの替わりにフラーレンを用いて，C_{60}/CuPc系で η =5.7±0.3%を報告[5]している。感光体の電荷発生材料として実績あるTiOPcをドナーとして，そのポリモルフに関して変換効率を検討した報告[6]もある。さらに，平面ヘテロ接合の接合界面面積が小さく効率が悪いことから，導電性高分子とフラーレンをブレンドするバルクヘテロ接合の考え方が出てきた。アクセプターとしてポルフィリン誘導体あるいは，ポルフィリンデンドリマー，ドナーとしてフラーレンを用いたバルクヘテロ接合型のセルでは，電極上での自己組織化による効率アップを行い，η = 1.5%を報告[7]している。

グレチェル型セルの増感色素としては，ルテニウム錯体が有名であるが，フタロシアニン誘導体も研究対象である。検討された誘導体としては，MgPc, FePc, χ-H_2Pc, X-AlPc, ZnPc, GaPc, PbPc, CuPcとそれらテトラスルホン酸，カルボン酸などの周辺置換基を変えた誘導体，さらにはRuPcのアキシャル置換基に酸化チタンへのアンカーとしてやはりカルボキシル基を有する誘導体を利用するなどの報告を見つけることができる。フタロシアニン誘導体を増感色素として用いたグレチェル型セルの変換効率最大を報告したものは，テトラカルボン酸亜鉛フタロシアニンを用いた場合のようである[8]。

本稿では，我々が，有機感光体の電荷発生材料として開発した μ-オキソ架橋型金属(III)フタロシアニン二量体合成検討について述べる。さらに，フタロシアニン誘導体は，中心金属や周辺骨格の置換基などの修飾によっては，「D型色素」にも「A型色素」にもなり得るので，「D-σ-A」型のモデル化合物として増感色素として簡易に評価した結果について報告する。

4.3　μ-オキソ架橋型フタロシアニン二量体

4.3.1　μ-オキソ架橋型ホモ金属 (III) フタロシアニン二量体

有機感光体の電荷発生材料として高い光導電特性を有するフタロシアニン化合物は，その配列格子中，最近接二分子配列構造をとっている研究を端緒とし，我々は，共有結合によりあらかじめ二個のフタロシアニンユニットを結合させておいた μ-オキソ架橋型ホモ金属(III)フタロシアニン二量体の場合，どのような結晶変態を有するのかを検討し，有機感光体の新規な電荷発生材料の開発を目的として，これら誘導体の合成検討を行った。一般的構造を図1に，合成方法をス

スキーム1　μ-オキソホモ金属フタロシアニン二量体の一般的合成反応

Cl-Met(III)Pc →(1)conc.H$_2$SO$_4$ 2)NH$_4$OH) →(Solv./200℃ -H$_2$O) PcMet(III)-O-Met(III)Pc

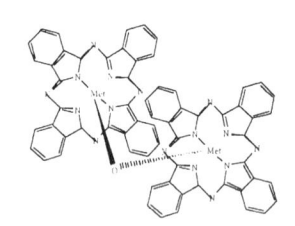

図1　μ-オキソ架橋型金属フタロシアニン二量体の一般的化学構造

キーム1に示す。金属(III)がアルミニウムとガリウムの場合について，文献の方法[9]を修飾し，目的の二量体（金属(III)がAlの場合(PcAl)$_2$O，金属(III)がGaの場合(PcGa)$_2$Oと略記する）を合成した。

有機感光体材料としてフタロシアニン化合物を合成する場合，硫酸中に溶解させ再度析出させる顔料化は重要な工程となる[10]。本工程，いわゆるアシッドペースティング（AP）処理は，粒径の調整や純度の向上が可能となり，ポリモルフ成長の前駆体としてのアモルホス様結晶変態が得られる。しかし，本化合物は，濃硫酸を用いる処理では，金属(III)-O-金属(III)結合が切断されるため，二量体の合成後行うことができない。すなわち，硫酸処理によって一部ヒドロキシ金属(III)フタロシアニンへと加水分解が起こるため，AP処理工程は，ヒドロキシフタロシアニンへと加水分解する段階で行い，アモルホス化は二量体合成後乾式摩砕で実現した。さらに，生成物のFD-MS分析[11]結果から，AP処理工程後でさえ，ヒドロキシ金属(III)フタロシアニンとμ-オキソ架橋型ホモ金属(III)フタロシアニン二量体の混合物を与え，一部生成したヒドロキシ金属(III)フタロシアニンの脱水反応が容易に進行して一部二量化することが判明した[12]。得られたヒドロキシ金属(III)フタロシアニンとμ-オキソ-ホモ金属(III)フタロシアニン二量体の混合物をさらに確実に脱水縮合反応を行うと，単一のμ-オキソ-ホモ金属(III)フタロシアニン二量体が得られた。FD-MSスペクトルを図2，図3に示した。AP処理後のFD-MSスペクトルは，ヒドロキシ金属(III)フタロシアニン分子量（HOAlPc：556，HOGaPc：598）とμ-オキソ-ホモ金属(III)フタロシアニン二量体分子量（(PcAl)$_2$O：1,095，(PcGa)$_2$O：1,180）両方の分子イオンピークが見られる（図2a，図3a）。

しかし，脱水縮合反応後はヒドロキシ金属(III)フタロシアニンの分子イオンピークの存在はなく，μ-オキソ-ホモ金属(III)フタロシアニン二量体の分子イオンピーク M$^+$/e$^-$ と M$^+$/2e$^-$ あるいは M$^+$/3e$^-$ のみが検知された。IRスペクトルにおいても，脱水縮合反応前後で，以上の結果を支持するスペクトル結果が得られている。さらに脱水縮合反応で得られたμ-オキソ-ホモ金属(III)フタロシアニン二量体の元素分析結果は，理論値とよく一致した。

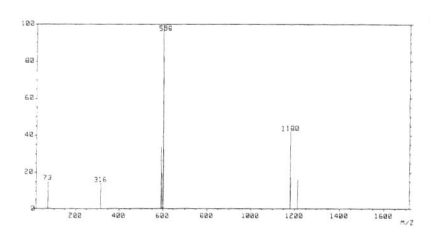

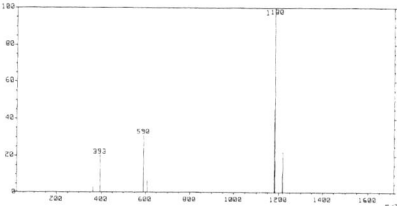

第3章　有機薄膜太陽電池：光電変換材料

図2a　Cl-AlPcの硫酸処理工程後の生成物のFD-MSスペクトル

図2b　脱水工程後得られたμ-オキソ架橋型アルミニウムフタロシアニン二量体のFD-MSスペクトル

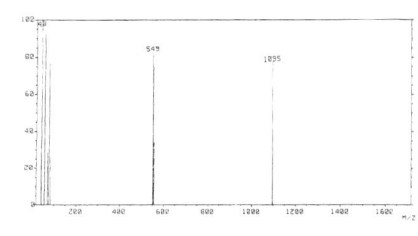

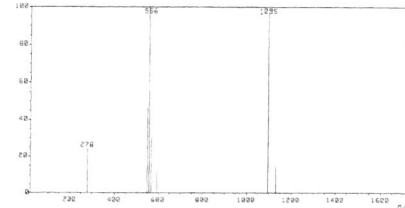

図3a　Cl-GaPcの硫酸処理工程後の生成物のFD-MSスペクトル

図3b　脱水工程後得られたμ-オキソ架橋型ガリウムフタロシアニン二量体のFD-MSスペクトル

4.3.2　μ-オキソ架橋型ヘテロ金属（III）フタロシアニン二量体

さらにフタロシアニン系電荷発生材料における材料特性の多様性を追求する目的で、μ-オキソ架橋型ヘテロ金属フタロシアニン二量体に着目し、中でも前節で述べたμ-オキソ架橋型ホモ金属（III）フタロシアニン二量体の研究との関連から、図1に示した構造式中、アルミニウムとガリウムをヘテロ金属として有するμ-オキソ(アルミニウムフタロシアニナト)フタロシアニンガリウム（PcAlOGaPcと略記）の合成検討を行った。

合成は、スキーム2に示したように、ヒドロキシ金属(III)フタロシアニン間の脱水縮合反応によって目的化合物を得た。クロロ金属(III)フタロシアニンは、文献の方法を応用して合成した。また、前節で述べたように、AP処理工程では、すでにヒドロキシ金属(III)フタロシアニ

$$\text{Cl-AlPc/Cl-GaPc} \xrightarrow[\text{2)NH}_4\text{OH}]{\text{1)conc.H}_2\text{SO}_4} \xrightarrow[\text{-H}_2\text{O}]{\text{Solv./200℃}} \text{PcAl-O-GaPc } (+(\text{PcAl})_2\text{O}+(\text{PcGa})_2\text{O})$$

スキーム2　μ-オキソ(アルミニウムフタロシアニナト)フタロシアニンガリウムの合成

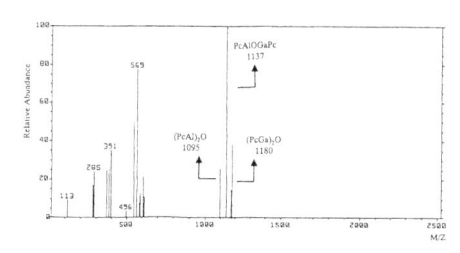

図4 PcAl-O-GaPc の FD-MS スペクトル

とμ-オキソ-ホモ金属フタロシアニン二量体の混合体が得られることが判っているので，PcAlOGaPc 合成時において，二種のクロロ金属(III)フタロシアニンの等モル混合系に対して AP 処理を施した。得られたヒドロキシ金属(III)フタロシアニンとμ-オキソフタロシアニン二量体の混合体を脱水縮合反応を行うことにより，目的とする PcAlOGaPc が，これを主成分とするμ-オキソホモ金属フタロシアニン二量体の混合系生成物として合成できることが判った。得られた生成物の FD-MS スペクトルを図4に示した。

4.3.3 感光体一次電気特性評価

感光体の電荷発生材料として電気特性の一次評価を行った結果については，本報告の趣旨とずれるところがあるので，別のところに詳しく報告[14]したのでそちらを参考にしていただきたい。

4.4 D-σ-A 型色素モデル化合物としてのμ-オキソ架橋型フタロシアニン二量体[15]

ねじれ角を有する D-σ-A 型色素が，高い光電荷分離効率を示すことが報告されている[16]。また，この結果は，計算化学においても裏付けされ[17]，さらに効率の高い同系列色素の分子設計・合成を含め探索が継続されている。我々は，μ-オキソ-Al(III)フタロシアニン二量体とμ-オキソ-Ga(III)フタロシアニン二量体を新規な電荷発生材料として提案し，一部の工業的製造方法を確立し，キログラムスケールでの製造・供給を開始した[18]。さらに異種金属間の摂動変化に帰因した多様な光機能性を追求する目的で探索したμ-オキソ(アルミニウムフタロシアニナト)フタロシアニンガリウムを含めたμ-オキソ架橋型金属フタロシアニン二量体の骨格構造は，いわゆるμ-オキソのσ結合を介する「D-σ-A 型色素」を提供し，金属の選択や，フタロシアニン環周辺への置換基導入により，有機薄膜太陽電池素子のアンテナ色素として多様な分子設計が可能である。

4.4.1 デバイス化

そこで，我々は電荷輸送効率の高い導電性高分子と組み合わせ，μ-オキソ架橋型金属フタロシアニン二量体を，「D-σ-A 型色素」モデル化合物のプロト的アンテナ色素として，有機薄膜太陽電池に応用できるのではないかと，分子分散ポリマー系素子（バルクヘテロ接合型）あるいは，機能分離型積層系素子（平面ヘテロ接合型）として評価した。結論から述べると期待した結果を得ることはできなかったが，μ-オキソ架橋型金属フタロシアニン二量体の光導電性材料と

第3章 有機薄膜太陽電池:光電変換材料

しての応用例の一つとして簡単に報告する[19]。

4.4.2 評価方法と結果

既に報告されているように、ポリアルキルチオフェンの電荷輸送性が高い[20]ことを利用した、高橋らのポルフィリン・ポリチオフェン複合膜での太陽電池素子化の方法[21]を参考にして、まず入手可能な、ポリドデシルチオフェン（12PT）、ポリオクチルチオフェン（8PT）、ポリブチルチオフェン（4PT）のみを用いた素子により光電変換率測定の検討を行った。溶解度の関係から4PTの素子化はできなかったが、我々の検討した素子での光電変換効率は、概ね10^{-4}〜10^{-5}（%）オーダーであった。比較増感色素として、電子写真感光体の電荷発生材料としては、光導電性がもっとも高いとされている、Y型チタニルフタロシアニン（Y-TiOPc）を用い、本稿4.3で述べたμ-オキソ架橋型金属フタロシアニン二量体の増感特性を光電変換効率（η%）の測定によって調べた。素子化の方法は、機能分離型積層系素子と分子分散ポリマー系素子の2方法によった。

積層系素子は、アルミニウムを一定膜厚に蒸着したガラス板上に、増感色素としてフタロシアニンを50nmの膜厚で蒸着し、その膜上にポリアルキルチオフェン15mgのクロロホルム1.0ml溶液を、スピンコーターで一定膜厚（約100nm）に塗布乾燥した。乾燥後、さらに金を32nmの膜厚に蒸着して電極を作成した。分子分散ポリマー系素子は、同様に作成したアルミニウムを蒸着したガラス板上に、ポリアルキルチオフェン15mg、クロロホルム1.0ml、増感色素としてフタロシアニン1.0mg溶液に適量のガラスビーズを入れ、ペイントシェーカーで2時間振とう撹拌した分散液を用いて、スピンコーターで一定膜厚（約100nm）に塗布乾燥した。さらに金を32nmの膜厚に蒸着して電極とした。こうして作成した0.5cm×0.5cmの素子の光電変換効率（η%）を、電圧電流発生器（Keithley263型）で印加した後、素子に流れる電流をエレクトロメーター（Keithley6512型）によって測定し、得られたI–V曲線から算出し、表1に示した。光源はタングステンランプで、光量Pin=8.46mW/cm^{2}を用いた。機能分離型積層系素子に関するI–V曲線のデータの一部（Entry5, 8, 9）を図5に示した。光照射下のI–V曲線から、短絡電流I_{sc}、解放端電圧V_{oc}を求め、近似的に短絡電流I_{sc}の1/2を最大起電流I_{max}と考え次の式にてフィルファクターFFを算出した。P_{max}は、素子から取り出せる最大起電力、J_{max}、V_{max}は、そのときの電流密度と電圧であり、次式から光電変換効率η(%)を算出した[22]。

$$FF = P_{max}/(J_{sc} \times J_{oc}) = (I_{max} \times V_{max})/(I_{sc} \times V_{oc}) \qquad J_{max} = I_{max}/(0.5 \times 0.5)$$

$$\eta(\%) = (J_{sc} \times V_{oc} \times FF)/P_{in} \times 100 = P_{max}/P_{in} \times 100 = [(I_{max} \times V_{max})/(0.5 \times 0.5)]/P_{in} \times 100$$

小さな変化をとって考察したとしても、ポリオクチルチオフェン（8PT）を導電性高分子に用いた分子分散系素子の場合、フタロシアニンが増感作用を示した結果が得られなかった（Entry2, 4）。一方、分子分散系素子に比較すると、機能分離型積層系素子では、光電変換効率は一桁高く、

表1 素子構成と変換効率（η%）のまとめ

Entry	Conducting Polymer	Sensitizing Dye	Device Type	Devise Composite	Power Conversion Efficiency η (%)
1	12PT	—	Bulk-hetero	Al/12PT/Au	5.0×10^{-4}
2	8Pt	—	Bulk-hetero	Al/8PT/Au	1.3×10^{-5}
3	12Pt	TiOPc	Bulk-hetero	Al/Pc-12PT/Au	8.8×10^{-4}
4	8Pt	TiOPc	Bulk-hetero	Al/Pc-8PT/Au	1.2×10^{-5}
5	8PT	TiOPc	Layered-hetero	Al/Pc/8PT/Au	2.4×10^{-5}
6	12PT	$(PcGa)_2O$	Bulk-hetero	Al/Pc-12PT/Au	2.8×10^{-4}
7	12PT	PcAlOGaPc	Bulk-hetero	Al/Pc-12PT/Au	4.3×10^{-4}
8	8PT	$(PcGa)_2O$	Layered-hetero	Al/Pc/8PT/Au	2.6×10^{-5}
9	8PT	$(PcAl)_2O$	Layered-hetero	Al/Pc/8PT/Au	4.1×10^{-5}

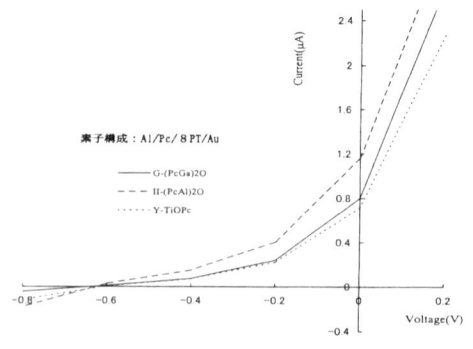

図5 Al/Pc/8Pt/Au 素子の電流-電圧特性

同じポリオクチルチオフェン（8PT）を導電性高分子に用いた分子分散系素子（Entry2）と比較して、2～3倍程度の値を与え、中でも II-$(PcAl)_2O$ が高い結果であった（Entry5, 8, 9 で比較）。

上の結果から総括的に、本素子ではμ-オキソ架橋型金属フタロシアニン二量体がアンテナ色素として光増感作用を効率よく発揮しているとは言い難く、素子の最適化条件の探索が必要である。素子構成の最適化検討に加えて、「D-σ-A型色素」モデル化合物としてμ-オキソ架橋型金属フタロシアニン二量体の分子設計には余地がある。合成法の検討からは、「D型色素」「A型色素」を単純なσ結合形成反応を適応した場合には、確率的に「D-σ-D」型二量体、「A-σ-A」型二量体が副生することは必然的であり、「D-σ-A」型二量体を選択的に合成するには、なんらかの選択的σ結合形成を反応的に工夫する必要がある。金属の変更やフタロシアニン環周辺置換基の導入によって、「D型色素」「A型色素」の反応性を制御できるならば、「D-σ-A」型二量体の選択的合成が可能となり、アンテナ色素としての増感効率の向上が期待できる。

第3章 有機薄膜太陽電池：光電変換材料

スキーム3 ハロ金属フタロシアニンとオキソ金属フタロシアニンからμ-オキソヘテロ金属フタロシアニン二量体を得る一般的合成反応

表2 μ-オキソヘテロ金属フタロシアニン二量体合成の収率と MALDI TOF-MS 分析結果

Entry	X-MPc	O=MPc	Yield (%)	Calculated [M-OH]$^-$/e	Observed major peak
1	Cl-GaPc	O=TiPc	97.9	1158.64	1159.4
2	Cl-GaPc	O=VPc	90.4	1161.71	1162.7
3	Cl-GaPc	O=MoPc	83.1	1206.71	1205.1
4	Cl-AlPc	O=TiPc	86.6	1115.89	1115.8
5	Cl-AlPc	O=VPc	91.5	1118.97	1118.7
6	Cl-GaPc	O=TiPc(t-Bu)$_4$	71.3	1383.06	1383.9
7	Cl-GaPc(t-Bu)$_4$	O=TiPc(t-Bu)$_4$	79.4*	1607.49	1607.5

The above shown phthalocyanine derivatives were synthesized by the common methods in any article. Pc : Phthalocyanine. *After column chromatography

4.5 「D-σ-A」型フタロシアニン二量体の選択的合成
4.5.1 μ-オキソ架橋型ヘテロ金属フタロシアニン二量体

μ-オキソ架橋型ヘテロ金属フタロシアニン二量体を合成することは，4.3.2 で述べたように必ずしも難しいことではない。しかし，ホモ金属フタロシアニン二量体が副生し，単一のヘテロ金属フタロシアニン二量体のみを得るには，可溶性誘導体として，カラムクロマトグラフィーなどの単離操作が余儀なくされ，工程が煩雑になるのに加えて，収率が低くなることは避けられない。我々は，チタニルフタロシアニンのよく知られている，α,β-ジヒドロキシ化合物と反応して，アキシャル置換のチタンフタロシアニン誘導体が合成できること[20]に加え，4.2 で報告したハロ金属フタロシアニンの AP 処理工程で *in situ* でヒドロキシ金属フタロシアニンが生成することを利用してビス(μ-オキソ架橋型)フタロシアニン三量体の合成を検討している過程で，ハロ金属フタロシアニンとオキソ金属フタロシアニンの等モル混合物を低温下で濃硫酸処理した後，アルカリ処理することで，選択的に μ-オキソ架橋型ヘテロ金属フタロシアニン二量体が合成できることを大きく示唆する結果を見出し報告した[21]（スキーム3）。

本反応は，一般性があり，金属を変え反応を行った結果を，表2に示し，表中の Entry1 と

Entry7の生成物についてMALDI TOF-MS分析[20]のスペクトルを図6と図7に示した。本反応の確実な証拠を得る目的で，Entry6，7に示した可溶性誘導体の合成を行った。MALDI TOF-MS分析の結果は，各々 [M-OH]⁺/e=1,383.9，[M-OH]⁺/e=1,607.5の分子イオンピークをほぼ選択的に与えた。Entry7の生成物は，アルミナカラムクロマトグラフィーによって収率79.4％で単離することができ，各種データによって目的物であることを確認した。本反応の機構をスキーム4の様に考えている。Sugaらが，μ-オキソアルミニウムフタロシアニン二量体について行ったX線回折分析やAFM顕微鏡分析等のような構造解析[26]による情報に興味が持たれる。

4.5.2 μ-オキソ架橋型ヘテロ金属ミクストダイマーへの応用

さらに，フタロシアニンとナフタロシアニンのμ-オキソ架橋型ヘテロ金属ミクスト二量体の合成検討を行った（スキーム5）。反応は，全く同じように実施することができ，かつ表3に示したように，生成物もTOF-MSの結果，ほぼ選択的に目的の分子イオンピークを与えることが判った。一例として，図8にEntry2の生成物のMALDI TOF-MSのスペクトルを示した。表3のEntry6の結果に示したように，本反応は，μ-オキソヘテロ金属ナフタロシアニン二量体を，収率は低いが，フタロシアニンの場合と全く同様に選択的に合

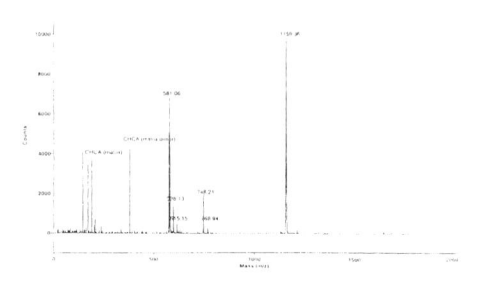

図6 [PcGa-O-TiPc]+(Entry1) のMALDI TOF-MSスペクトル

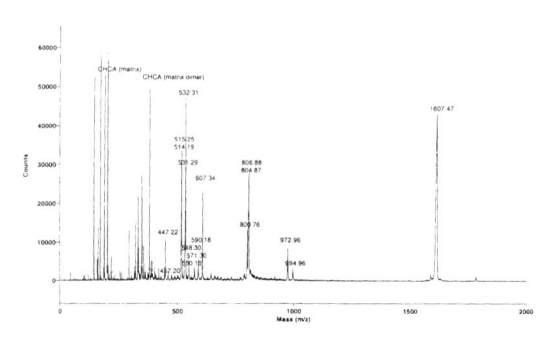

図7 [(t-Bu)₄PcGa-O-TiPc(t-Bu)₄]+(Entry7) のMALDI TOF-MSスペクトル

$$PcTi=O \xrightarrow{H^+} \left[PcTi=OH^+ \rightleftharpoons PcTi^+-OH\right] \rightarrow \left[PcTi-O-GaPc\right]^+ X^- \xrightarrow{OH^-} \left[PcTi-O-GaPc\right]^+ OH^-$$

PcGa-Cl and/or PcGa-OSO₃H

スキーム4

第3章 有機薄膜太陽電池:光電変換材料

$$Cl\text{-}Met_1Pc + O=Met_2Nc \xrightarrow[2)NH_4OH]{1)conc.H_2SO_4} [PcMet_1\text{-}O\text{-}Met_2Nc]^+OH^-$$

$$Cl\text{-}Met_1Nc + O=Met_2Pc \xrightarrow[2)NH_4OH]{1)conc.H_2SO_4} [NcMet_1\text{-}O\text{-}Met_2Pc]^+OH^-$$

スキーム5 μ-オキソヘテロ金属フタロシアニン/ナフタロシアニン混合二量体合成

表3 μ-オキソヘテロ金属フタロシアニン/ナフタロシアニン混合二量体合成の収率とMALDI TOF-MS分析結果

Entry	X-MPc (Nc)	O=MPc (Nc)	Yield (%)	Calculated [M-OH]/e	Observed major peak
1	Cl-GaNc	O=TiPc	63.4	1358.87	1358.5
2	Cl-GaPc	O=TiNc	70.1	1358.87	1359.2
3	Cl-GaPc	O=VNc	82.1	1361.95	1362.9
4	Cl-AlPc	O=TiNc	76.1	1316.13	1315.7
5	Cl-GaPc(t-Bu)$_4$	O=TiNc	71.9	1583.30	1584.7
6	Cl-GaNc	O=TiNc	38.1	1559.11	1559.4

Pc:Phthalocyanine, Nc:Naphthalocyanine

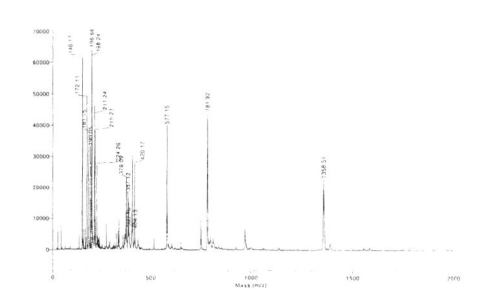

図8 [PcGa-O-TiNc]+(Entry2) の MALDI TOF-MS スペクトル

成できることを強く示唆する結果も得ている。

4.5.3 光電変換材料等の光機能性材料への応用

本節で報告した,一連のμ-オキソヘテロ金属フタロシアニン二量体やμ-オキソヘテロ金属フタロシアニン・ナフタロシアニン二量体(μ-オキソヘテロ金属ミクスト二量体)は,光電変換材料としての大きな可能性を有し,一部の誘導体については,新規な電荷発生材料としてよい結

果が得られているのですでに報告した。さらに，「D-σ-A」型色素として単一な誘導体を提供でき，フタロシアニン，ナフタロシアニン環の周辺置換基や中心金属をうまく選択することで，固有に有する HOMO/LUMO を制御することができる。現在，上記で選択的合成を行った μ-オキソ架橋型ヘテロ金属フタロシアニン二量体や μ-オキソ架橋型ヘテロ金属ミクストダイマーを用いた各種用途における機能性評価について鋭意検討中であり，特に有機太陽電池素子の増感色素への応用検討については大きな期待を持つことができる。

4.6 結語

我々は，μ-オキソ架橋型ホモ金属フタロシアニン二量体の合成検討を行い，有機感光体市場の新規な電荷発生材料として提案した。さらに，材料特性に多様性を持たせる意味で，μ-オキソ架橋型ヘテロ金属フタロシアニン二量体へと展開し，その過程の中で，従来煩雑な合成工程が必要とされたが，これら誘導体の選択的合成方法を見出した。本方法は，フタロシアニンとナフタロシアニンのミクストダイマーの合成へも応用できることが判った。これら一連の新規フタロシアニン誘導体は，太陽電池素子の増感色素として提言されている「D-σ-A」型化合物や非線形光学材料，その他記憶材料として，幅広い応用の可能性を有しており，引き続き鋭意検討中である。

文　献

1) C. W. Tang, *Appl. Phys. Lett.*, **48** (2), 13 (1986)
2) M. Gratzel, *J. Photochem. Photobiol. A：Chem.*, **164**, 1 (2004)
3) 上原　赫, 未来材料, **5**, No.1, 14 (2005)
4) D. Gebeyehu et al., *Solar Energy Material & Solar Cells*, **79**, 81 (2003)
5) P. Peumans et al., *Appl. Phys. Lett.*, **85** (23), 5757 (2004)
6) T. Tsuzuki et al., *Jpn. J. Appl. Phys.*, **35**, L447 (1996)；T. Tsuzuki et al., *Solar Energy Material & Solar Cells*, **61**, 1 (2000)
7) S. E. Shaheen et al., *Appl. Phys. Lett.*, **78**, 841 (2000)；T. Hasobe et al., *J. Phys. Chem. B*, **118**, 12865 (2004)
8) T. Yoshida et al., *Chem. Mater.*, **11**, 2657 (1999)
9) J. E. Owen et al., *Inorg. Chem.*, **1**, 331-334 (1962)；Y. Yamasaki et al., *Journal of the Chemical Society of Japan, Chemistry and Industrial Chemistry*, **12**, 887 (1997)
10) 山﨑康寛・川岸洋司, 工業的製造方法 "フタロシアニン-化学と機能-", 白井汪芳・小林長夫編著, Chap.1.8, p.55, IPC, Tokyo (1997)

第3章　有機薄膜太陽電池：光電変換材料

11) FD method and Carbon-emitter were applied. Accelerated voltage was 25kV, the emitter current was 0～40mA, the cathode voltage was 5.0kV, and the dispersed sample in DMF was applied into and measured by JVS-DX303HF, produced by JEOL Co.
12) ハロ金属フタロシアニン誘導体を濃硫酸処理することで、μ-オキソ架橋ホモ金属フタロシアニン二量体誘導体を収率良く合成し、非線形光学材料として検討した報告がある。Y. Chen et al., *Chem. Eur. J.*, **8**, 4248（2002）；G. Y. Yang et al., *Chem. Eur. J.*, **9**, 2758（2003）
13) Y. Yamasaki et al., *Journal of the Chemical Society of Japan, Chemistry and Industrial Chemistry*, **12**, 841（1999）
14) 山﨑康寛, 新規フタロシアニン化合物-光電変換材料への応用-"機能性色素の最新技術", 中澄博行監修, 第5章, p.53-73, ㈱シーエムシー出版（2003）
15) 山﨑康寛, D-σ-A型色素モデル化合物：μ-オキソ架橋型異種金属フタロシアニン二量体の工業的製造方法と光機能性の探索, 平成12年度新エネルギー・産業技術総合開発機構委託業務成果報告書「新発電素子構造太陽電池開拓の調査研究」, 5章, p.23-33, ㈶産業創造研究所（1997）
16) K. Uehara et al., *J. Electroanal. Chem.*, **438**, 85（1997）
    T. Mikayama et al., *Solar Energy Material & Solar Cells*, **65**, 133（2001）
17) K. Takahashi et al., *J. Phys. Chem. B*, **104**, 4868（1999）
18) M. Tanaka, in "High Performance Pigments", ed. By H. M. Smith, Chap.17, 3, p.270, Wiley-VCH, Weinheim（2002）；Y. Yamasaki, and K. Kuroda, USP5725984, EP0079283；Y. Yamasaki, K. Kuroda, and K. Takaki JP3227094, USP5910384, 5981745, EP835912；Y. Yamasaki, K. Takaki, and K. Kuroda USP6093514, EP1004634
19) Y. Kita, A. Nagataki, K. Uehara, and Y. Yamasaki, Unpublished data（2000）
20) K. Kaneto et al., *Jpn. J. Appl. Phys.*, **39**, 872（2000）
21) K. Takahashi et al., *J. Electrochem. Soc.*, **146**, 1717（1999）
22) E. Fujita et al., *Journal of the Chemical Society of Japan, Chemistry and Industrial Chemistry*, **10**, 1154（1992）
23) M. Barthel et al., *Journal of Porphyrins and Phthalocyanines*, **4**, 635（2000）
24) Y. Yamasaki et al., Publication # JP2004-212725, JP2004-155996, WO2003-104334；Y. Yamasaki et al., *Dyes and Pigments*（2006）, in press
25) The sample was prepared as follows；0.5mg of the reaction product was dispersed in 10 μl of α-cyano-4-hydroxy cinnamic acid（CHCA）solution, prepared by dissolving 10mg of CHCA in 1ml of acetonitrile/water=1/1 solution. 1μl of this sample was applied for MALDI-TOFMS with Voyager DE, manufactured by Applied Biosystem Co. Ltd.
26) T. Suga et al., *Mol. Cryst. And Liq. Cryst.*, **370**, 253（2001）

5 電子活性な有機フラーレンの合成と性質

大野敏信[*]

5.1 はじめに

太陽光などの光エネルギーを電気エネルギーに変換する光電変換素子は,地球温暖化問題を解決する手段として期待されている。シリコン太陽電池は高い光電変換効率を有し,最も一般的に実用化されているが高コストであり太陽光発電の普及の大きな障害となっている。一方,この問題を解決するために色素増感太陽電池が開発されているが,湿式であるために液漏れを起こしうるなどの欠点を有している。有機薄膜太陽電池は,大面積,簡易,安価な製造法が期待でき軽量でかつ柔軟性に富むため有望な次世代太陽電池と考えられているが,その変換効率の低さが問題となっている。

この流れの中,電子・正孔の移動度の向上を図ることが有機薄膜太陽電池高効率化のポイントの一つであるが,電子ドナーとなるアルコキシ基を有するポリフェニレンビニレン誘導体と電子アクセプターとなるフェニル基とエステル基を有するメタノフラーレン PCBM の混合物をアルミニウムと ITO 透明電極でサンドイッチした有機太陽電池(図1)は3%を越える光電変換効率を与えることが報告されている。この報告が一つのエポックメーキングとなり,PCBM は有機太陽電池デバイスにおけるフラーレン誘導体のキー材料として使われている[1, 2]。しかしながら,標準となっているフラーレン誘導体は PCBM 一種類であり有機太陽電池への応用に際し最適化が図られているとは到底考えられない。今後,新たなフラーレン誘導体の設計・合成を行うことにより,光電変換効率を大幅に改善することや新たな動作原理に基づく新型有機太陽電池への展開などが可能であると考えられる。

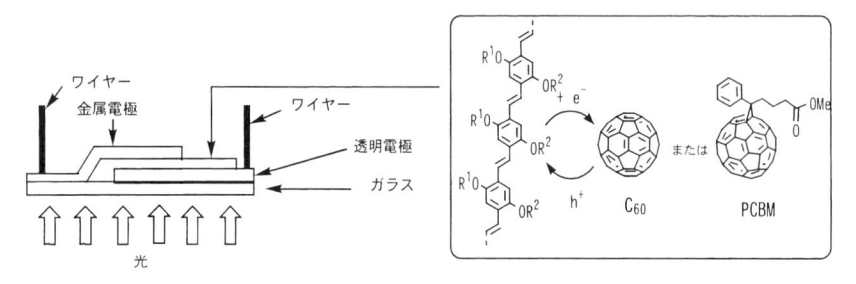

図1 C_{60} の有機太陽電池への利用-PPV/C_{60}系で標準的に用いられているメタノフラーレン誘導体(PCBM)

---

[*] Toshinobu Ohno 大阪市立工業研究所 有機材料課 研究副主幹

第3章　有機薄膜太陽電池：光電変換材料

5.2　フラーレンの修飾

　フラーレンの応用には，大きく分けてフラーレンそのものを使う方法と，有機合成的手法をベースに官能基修飾を行いフラーレンの機能を拡張したり，用途に適した性質にチューンナップしたりする方法がある[3]。

　フラーレン（C_{60}）自身は水には溶けず，また有機溶媒には溶けるものの溶解度は高いとは言えない[4]。従って，水溶性の置換基を修飾することによりフラーレンを水溶化したり有機性の置換基を修飾することにより有機溶媒への溶解性を高めることができる。

　フラーレンは今までに例のない中空球状高歪みπ電子共役構造を有し，有機合成的見地からいかなる反応性を示すか興味が持たれ，多くの有機合成化学者がその官能化を検討してきた。反応例は非常に多く，網羅すべくも無いが，基本的には電子不足性ポリオレフィン類似の高い電子受容性，親電子性，環化付加反応性，親ラジカル性，そして反応点は［6,6］環縮合位に位置選択的に起こることなどが判明してきている[5~9]。

5.3　電子活性な有機フラーレン[10, 11]

　C_{60}・フラーレンおよびその誘導体は特有の電子的，光物理的性質を示し，新規の分子電子デバイスへの応用が検討されている。

　その特有の性質を具体的にあげてみると，C_{60}の LUMO（t_{1u}）は相対的に低エネルギー状態にあり，三重に縮重している。その結果，C_{60}は電子陰性分子として挙動し最大6個の電子を可逆的に受容できる。C_{60}のサイクリックボルタメトリー（CV）の測定によると，ベンゾキノンやナフトキノン類などの有機分子系電子アクセプターに相当している。しかしながら，還元されて生成するアニオン種の電荷はこれらの有機分子に比べると高度に非局在化されているのが特徴である。

　一方C_{60}の HOMO（h_u）は五重に縮重しており，不安定なカチオン種を生成することになるが多電子酸化が可能である。

　また，フラーレンの最低励起状態は三重項であり寿命が比較的長いため，励起状態が関与した電子移動反応も容易に起こる。さらに，その電子移動過程においてフラーレンが効果的に高速光誘起電荷分離を引き起こすことと，その電荷の再結合が極めて遅いことも大きな特徴である。

　これらの性質に対し，種々の合成手法を用い，電子供与性分子又は電子吸引性分子をC_{60}に修飾することで新たな機能を期待することができる（構造式1）。

　フラーレン─ドナー連結系では，電子陰性であるC_{60}と分子内で電子あるいはエネルギー移動を起こすことも可能であり，長寿命電荷分離状態を形成しうる分子システムの設計・合成は人工光合成システムや光電変換デバイスへの応用と関わりが強く関心が持たれている[12~26]。

構造式1

5.3.1では，筆者らの合成したトリアリールアミンを有するメタノフラーレンについて述べるとともに，いくつかのC_{60}-ドナー連結系とその光誘起電子移動によって生じる電荷分離状態の安定性について比較する。

また，逆に電子陰性であるフラーレンにアクセプターを連結することによりさらに強力なアクセプターを作ることができる。この強力なアクセプターを有機太陽電池デバイスに応用することで新たな展開につながる可能性があるが，5.3.2では，筆者らのアクセプター合成を中心に述べる。

5.3.1 C_{60}-ドナー連結系：トリアリールアミンを有するメタノフラーレンの合成と性質[12]

筆者らは，電子供与性分子として三級芳香族アミン（トリアリールアミン）類を選択しC_{60}に修飾することを検討した。トリアリールアミン類は，強い電子供与性分子の一つであり，安定なアミニウムラジカルを形成し高スピンポリラジカルのビルディングブロックやエレクトロルミネッセンスデバイスにおけるホール輸送層としても用いられる。城田らはトリアリールアミンやチオフェン類を高度に共役したπ-電子系がアモルファス材料となることを報告し，種々の応用展開が図られている[30]。筆者らは，トリアリールアミン類をC_{60}に修飾することにより，溶解性に富む電子活性なC_{60}誘導体を合成し，その電荷移動相互作用などの性質の検討を行うことを目的とした。

①方法

C_{60}の修飾は様々な方法が提案されているが，Wudlらによって開発されたジアゾ化合物の1,3-双極子反応により行った[31]。ジアゾ化合物は，対応するトシルヒドラゾンを塩基存在下 *in-situ* で発生させC_{60}誘導体を得た。得られた誘導体は，^{1}H-NMR，^{13}C-NMR，IR，FD-MS，元素分析によって同定し，CV，UV測定によって電荷移動相互作用を検討した。

②実験

トリアリールアミンとしてbis(4'-*tert*-butylbiphenyl-4-yl)aniline(BBA)を選択し，対応するトシルヒドラゾン**1**をスキーム1のように合成した。C_{60}，**1**（1.4等量），NaOCH$_3$（1.6等量）を o-ジクロロベンゼン（ODCB）中で反応させ，フラッシュクロマトグラフィーで分離しモノアダクト**2**（FD-MS：m/z 1,242（M+1））とビスアダクト**3**（FD-MS：m/z 1,763（M+1））を得た（スキーム2）。反応を50℃，10時間において行ったとき最も良い収率（48%，（87%：

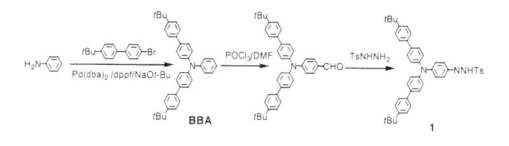

第3章　有機薄膜太陽電池：光電変換材料

スキーム1

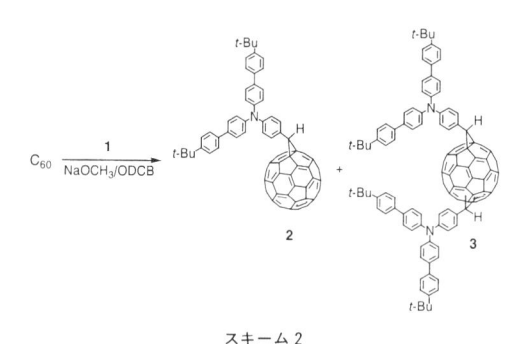

スキーム2

消費された C_{60} ベース))で**2**を得た。また、得られた**2**および**BBA**、メタノフラーレン**2**, **4**, **5**（構造式2）のサイクリックボルタメトリー（CV）測定を行い**BBA**とフラーレンとの間の Donor–Acceptor 相互作用について考察した。また、**2**および**BBA**、**5**のUV測定を行い基底状態における電荷移動を検証した。

③結果

期待されたとおり**2**はトルエン、ODCB、塩化メチレン、クロロホルムなどに溶解し、C_{60} の溶解性を上回った。一般に、ジアゾ化合物の C_{60} への1,3-双極子反応の場合、モノアダクトとしてメタノフラーレンと[5,6]結合にメチレンブリッジを持つフレノイドが初期段階において異性体混合物として生成する。しかしながら、筆者らの合成条件ではモノアダクトは一種類しか与えなかった。**2**の構造としては、下記の3種類の構造が考えられるが、**2**の ^{1}H-NMR はシクロプロパン環のメチンプロトンを 5.35 ppm に、^{13}C-NMR では 43.12 ppm 及び 75.74 ppm にブリッジ及びブリッジヘッドのピークを与えることから、[6,6]結合にシクロプロパン環を有するメタノフラーレン**2**の構造が支持された。メタノフラーレンとフレノイドではメタノフラーレンが熱力学的に安定であり、低い温度条件（40℃）においてフレノイド合成を試みたが、フレノイドの存在を確認することはできなかった。

得られた**2**および**BBA**、メタノフラーレン**2**, **4**, **5**, C_{60} のCV測定を行った結果およびその半波酸化還元電位を表1に示した。**2**の最初の三つの還元電位は可逆的一電子過程であり半波還元電位は -1.20, -1.56, -2.03 V vs. Fc/Fc$^+$（フェロセン／フェリシニウムイオン系）となり、C_{60} の還元電位より 70 mV から 130 mV 還元側にシフトしている。Wudl らがジフェニルメタノフラーレンの CV 測定においてフェニル基の p,p'-位の置換基が電子供与性あるいは電子吸引性を問わず置換基には影響を受けないことを報告しているが、メタノフラーレン**2**, **4**, **5**におけるCVデータの差異は小さい。しかしながら、よくみると**2**の第一還元電位 E_1 および第二還元電位 E_2 は、**4**, **5**のそれに比べ 10〜20 mV 還元側にシフトしている。より顕著な点は、**2**の可逆的

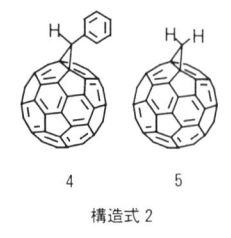

表1 サイクリックボルタメトリーによる BBA, メタノフラーレン 2, 4, 5 および C_{60} の半波酸化還元電位

化合物	E_{ox}	E_1	E_2	E_3
BBA	0.39			
2	0.43	−1.20	−1.56	−2.03
4		−1.19	−1.54	−2.03
5		−1.19	−1.56	−2.03
C_{60}		−1.11	−1.49	−1.90

V 対フェロセン/フェロセニウム系,$(n-Bu)_4NPF_6$(0.05 M), 1,2-ジクロロベンゼン溶液, スキャン速度 20mV/s。

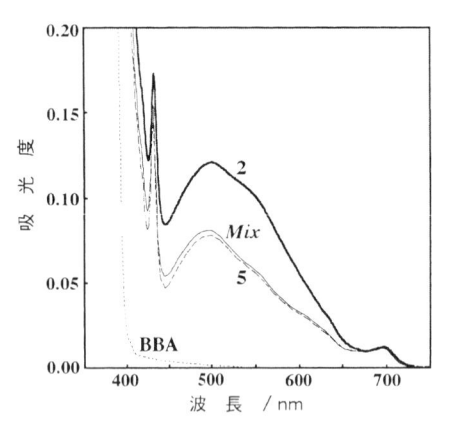

構造式 2

図2 BBA, 2, 5 および混合物 Mix([BBA]:[5]=100:1) のトルエン溶液中における電子スペクトル

酸化電位 E_{ox} が 0.43 V であり BBA のそれに比べ 40 mV 酸化側にシフトしていることである。すなわち, C_{60}-BBA 連結系である 2 における BBA は C_{60} が接続していることにより酸化されにくくなっており, C_{60} の電子吸引性を受けていることを明確に示している。

また, 次に基底状態での CT 相互作用について UV 測定により検証した。一般的に, C_{60}-ドナー連結系において明白な CT 相互作用を UV の CT バンドにより確認した例はまれである。筆者らは, トルエンを溶媒として 2, 5, BBA の UV 測定を行った(図2)。メタノフラーレン類 2, 5 は 432 nm に鋭い小さなピークを与えたが, これは [6,6] メタノフラーレンの特徴的ピークであり 2 の構造の同定の正しさを示している。2 と 5 の UV スペクトルを比較すると, 500 nm あたりに 2 が大きな濃色効果を示した。BBA はそのあたりに吸収を持っていないのでこれは明白に, C_{60}-BBA 連結系である 2 の分子内 CT 相互作用の証明である。ちなみに, 無置換メタノフラーレン 5 に対し 100 倍濃度の BBA を添加し分子間 CT 相互作用を見積もろうと UV 測定したが, その濃色効果は小さく分子間 CT の存在は確認できなかった。このように C_{60}-ドナー連結系において基底状態における 100 倍濃度の分子間 CT よりはるかに大きな分子内 CT を明白に確認できた。

また, 東北大・伊藤攻教授との共同研究におけるレーザーフラッシュフォトリシスにより分子内電荷分離(図3)と電荷再結合過程が調べられた。それによると, 極性溶媒中においてピコセ

第3章 有機薄膜太陽電池：光電変換材料

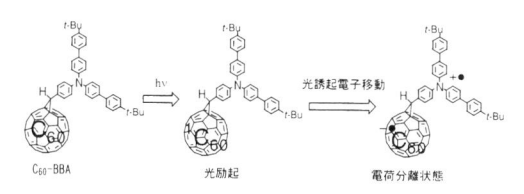

図3 C_{60}-BBA における光励起と電荷分離状態（$\tau_{1/2}=1.0\mu s$, THF 溶液）の発生

カンドレーザーパルスにより C_{60} 分子の励起による安定な電荷分離状態が観測された（THF 溶媒中 $\tau_{1/2}=1.0\mu S$)[32]。C_{60}-ドナー連結系においてスペーサーの電荷分離状態に与える影響を調べた例としていくつかあげられるが[17,18]，スペーサーに二重結合が存在する場合は，π結合を介する再結合が生じ半減期は短くなる（図4）。また，結合は長いほど，半減期が長くなることが多いが，すべての分子に共通することではない。2 は 7 と同様の安定な半減期を示した。

5.3.2 C_{60}-アクセプター連結系

C_{60} より強力なアクセプターを作ることを目的に種々の合成がなされている[11]。紙面の都合上，ここでは，F. Wudl 並びに筆者のキノン修飾型フラーレンの開発を中心に説明する。

フラーレンにこれまでの典型的なアクセプターであるベンゾキノン（BQ）やテトラシアノキノジメタン（TCNQ）の部分構造を修飾することによってより強力な新型アクセプターを合成し，その物性の検証を試みた[33〜35]。この合成は種々のルートで合成検討がなされ，最終的に 15〜18 の合成に成功した（スキーム3）。

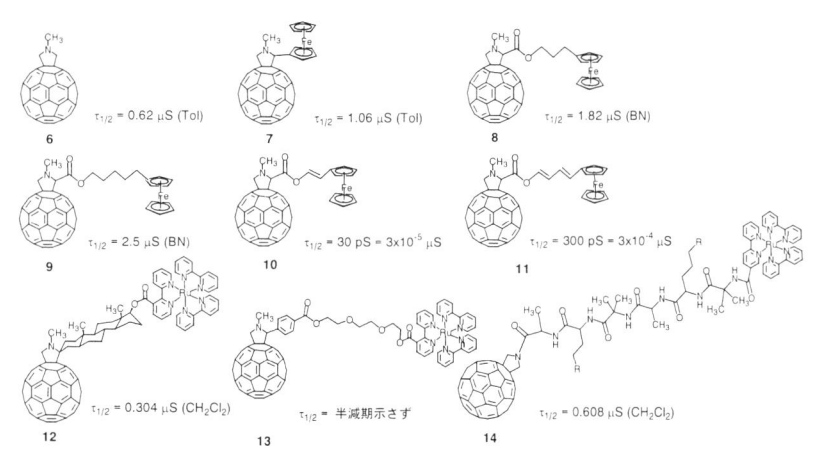

図4 C_{60}-ドナー連結系と電荷分離状態の半減期[17,18]

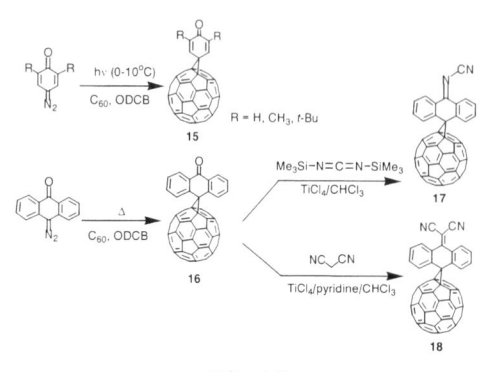

また，これらの化合物のうち，15は明白に C_{60} より電子吸引性を示すことがサイクリックボルタメトリー（CV）により証明された（図5）。また，このCV測定結果及び紫外線吸収スペクトル（UV）より，シクロヘキサジエノン面とフラーレン間はスピロ炭素で結ばれているにもかかわらず相互作用（ペリコンジュゲーション）があることが初めて実験的に証明されたことは特筆すべきである。これとは対照的に，アントロン修飾したフレノイド 16〜18 の場合，C_{60} より電子吸引性ではなく，アントロンと C_{60} との間にはシクロヘキサノン修飾したメタノフラーレン 19 と同様にペリコンジュゲーションがないことがわかった。

また，半経験的計算結果より，15 の場合シクロヘキサジエノンが垂直であるのに対し，16 の場合，アントロン面がフラーレンに対し垂直ではなく蝶々が止まっているように傾いていることが示唆され，このことが 16〜18 においてペリコンジュゲーションが作用しない原因であると考えられる。

スキーム3

5.4 まとめ

C_{60}-ドナー連結系において光誘起電子移動によって生じる電荷分離状態が安定に存在すること

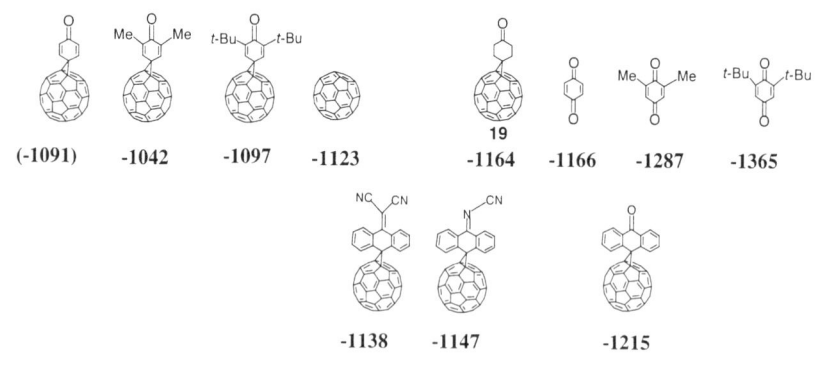

図5 第一還元電位の比較（対フェロセン酸化電位：mV）

第3章 有機薄膜太陽電池:光電変換材料

が確認できたことから,フラーレン誘導体をPCBMのようなエレクトロンアクセプターとしてだけではなく電荷発生剤として用いる可能性が示唆される。また,C_{60}-アクセプター連結系においてはより強力なアクセプターを設計できることがわかり,さらに強力な電子受容性のフラーレン誘導体は有機太陽電池の応用において興味深い。結論としては,フラーレンに適当な置換基を付与することにより,ポリマーとの相溶性が増すだけではなく電荷発生能,電子受容能,光吸収能などを加味することが可能となり,有機薄膜太陽電池の研究において新たな領域を提供するものと考えられる。

文　献

1) G. Yu, J. Gao, J. C. Hummelen, F. Wudl, A. J. Heeger, *Science*, **270**, 1789 (1995)
2) S. E. Shahee, C. J. Brabec, N. S. Sariciftci, F. Padinger, T. Fromfertz, J. C. Hummelen, *Appl. Phys. Lett.*, **78**, 841 (2001)
3) 大野敏信,科学と工業,**75**, 561 (2001)
4) N. Sivaraman, R. Dhamodaran, I. Kaliappan, T. G. Srinivasan, P. R. Vasudeva Rao, C. K. Mathews, *J. Org. Chem.*, **57**, 6077 (1992)
5) 最近の代表的出版物として,季刊 化学総説 No.43, 1999, 炭素第三の同素体　フラーレンの化学,日本化学会編,学会出版センター
6) A. Hirsh, *Synthesis*, 895 (1995)
7) M. Prato, M. Maggini, *Acc. Chem. Res.*, **31**, 519 (1998)
8) A. L. Balch, M. M. Olmstead, *Chem. Rev.*, **98**, 2123 (1998)
9) F. Diederich, R. Kessinger, *Acc. Chem. Res.*, **32**, 537 (1999)
10) M. Diekers, A. Hirsch, S. Pyo, J. Rivera, L. Echegoyen, *Eur. J. Org. Chem.*, 1111 (1998)
11) N. Martin, L. Sanchez, B. Illescas, I. Perez, *Chem. Rev.*, **98**, 2527 (1998)
12) T. Ohno, K. Moriwaki, T. Miyata, *J. Org. Chem.*, **66**, 3397 (2001)
13) M. N. Paddon-Row, *Fullerene Sci. Technol.*, **7**, 1151 (1999)
14) D. M. Guldi, M. Prato, *Acc. Chem. Res.*, **33**, 695 (2000)
15) *Carbon*, **38**, "Fullerene'99" (2000), guest edited by P. Bernier, A. Hirsch
16) D. V. Konarev, R. N. Lyubovskaya, N. V. Drichko, E. I. Yudanova, Y. M. Shul'ga, A. L. Litvinov, V. N. Semkin, B. P. Tarasov, *J. Mater. Chem.*, **10**, 803 (2000)
17) D. M. Guldi, *Chem. Commun.*, 321 (2000)
18) D. M. Guldi, M. Maggini, G. Scorrano, M. Prato, *J. Am. Chem. Soc.*, **119**, 974 (1997)
19) S.-G. Liu, L. Shu, J. Rievera, H. Liu, J.-M. Raimundo, J. Roncali, A. Gorgues, L. Echegoyen, *J. Org. Chem.*, **64**, 4884 (1999) and literature cited therein
20) D. M. Guldi, M. Prato, *Chem. Commun.*, **33**, 2517 (2004)

21) H. Imahori, Y. Sakata, *Adv. Mater.*, **9**, 537 (1997)
22) H. Imahori, Y. Sakata, *Eur. J. Org. Chem.*, 2445 (1999)
23) S. Fukuzumi, H. Imahori, "Electron Transfer in Chemistry", ed. By V. Balzani, Wiley-VCH, New York, 2001, pp.927-975
24) K. A. Jolliffe, S. J. Langford, M. G. Ranasinghe, M. J. Shephard, M. N. Paddon-Row, *J. Org. Chem.*, **64**, 1238 (1999)
25) K. Yamada, H. Imahori, Y. Nishimura, I. Yamazaki, Y. Sakata, *Chem. Lett.*, 895 (1999)
26) N. Martin, L. Sanchez, D. M. Guldi, *Chem. Commun.*, 113 (2000)
27) D. M. Guldi, C. Luo, M. Prato, E. Dietel, A. Hirsch, *Chem. Commun.*, 373 (2000)
28) D. M. Guldi, C. Luo, T. D. Ros, M. Prato, E. Dietel, A. Hirsch, *Chem. Commun.*, 375 (2000)
29) D. M. Guldi, S. Gonzalez, N. Martin, A. Anton, J. Garin, J. Orduna, *J. Org. Chem.*, **65**, 1978 (2000)
30) 城田靖彦,「アモルファス材料の分子設計・合成」, 季刊 化学総説, No.35, π電子系有機固体, 日本化学会編, 学会出版センター (1998)
31) J. C. Hummelen, B. Knight, F. LePeq, F. Wudl, *J. Org. Chem.*, **60**, 532 (1995)
32) S. Komamine, M. Fujitsuka, O. Ito, K. Moriwaki, T. Miyata, T. Ohno, *J. Phys. Chem. A*, **104**, 11497 (2000)
33) M. Eiermann, R. C. Haddon, B. Knight, Q. C. Li, M. Maggini, N. Martin, T. Ohno, M. Prato, T. Suzuki, F. Wudl, *Angew. Chem. Int. Ed. Engl.*, **34**, 1591 (1995)
34) T. Ohno, N. Martin, B. Knight, F. Wudl, T. Suzuki, H. Yu, *J. Org. Chem.*, **61**, 1306 (1996)
35) B. Knight, N. Martin, T. Ohno, E. Orti, C. Rovira, J. Veciana, J. Vidal-Gancedo, P. Viruela, R. Viruela, F. Wudl, *J. Am. Chem. Soc.*, **119**, 9871 (1997)

6 フラーレン反応化学:材料設計に使うフラーレン修飾反応

中村洋介[*1], 今野高志[*2], 西村 淳[*3]

6.1 はじめに:フラーレンの物性と反応性

1985年に発見され[1], 1990年にその大量合成法[2]が発明されて以来, 急速な発展を遂げてきたフラーレンの化学も, 現在, 安定成長の時期に達した感がある。しかし, 工業的に十分に廉価に生産する方法が確立されているので[3], これまでの基礎的研究の成果が, 今後は材料科学の分野でさらに広範に活かされる時期が近づいてきたと予感させられる。

フラーレンの中で, 現在安価に供給できる可能性のあるものは, [60]フラーレンと, 楽観的にみて[70]フラーレンまでであろう。今後何らかの大きなブレークスルーが無い限り, この制約が解けるのは困難と考えられる。従って, [60]フラーレンについてのみ, 材料として応用する場合に必要と思われる主な物性値を表1に記した[4]。

[60]フラーレンは, 紫(溶液)から黒色(結晶)の固体であり, 電子受容体(アクセプター)として機能する[5]。その物性値からも示唆されるように, 高い反応性を有し, 求核試薬, 求電子試薬, ラジカル等と容易に反応する。特にラジカルとの反応性は高く,「ラジカルスポンジ」[6]と呼ばれることもある。ただし, 一般的な有機溶媒に対する溶解度が低いため, 進行の遅い反応には適切な条件の検討(たとえば固相反応など[7])が必要である。

さらにフラーレン修飾において重要な点は, 付加数の増加とともに, フラーレンのπ電子系が変化し, 表1に示す特異的な物性が消失していく(通常の有機物質の性質に近づく)傾向である。例えば, 一重項酸素の発生の量子収率は, ジ付加体とすると大きく低下する[8]。従って, 本稿では, フラーレンの物性をかろうじて維持しているモノ付加体を中心にその化学をまとめる。

フラーレンを材料として使用する場合の設計指針には, 機能物質としての設計指針aと, 材料表面等の機能化のための設計指針bに大別できる(図1)。設計指針aについては, 次の6.2で, 設計指針bについては6.3で詳述する。それぞれの指針について, 材料科学の立場に立ち, 望ましい反応, 困難な反応等の判断基準から, 各反応と中間体の調製を議論する。一般論として, 現代の有機合成化学産業の精密緻密化の傾向から考えて, 指針aについては, 反応の難易を問わないこととした。しかし, 指針bについて, 材料の機能化の段階では, より現実的な応用を意図し, 高度に精密な条件を必要としないことを念頭に入れてまとめた。

[*1] Yosuke Nakamura 群馬大学 大学院工学研究科 ナノ材料システム工学専攻 助教授
[*2] Takashi Konno 群馬大学 大学院工学研究科 ナノ材料システム工学専攻
[*3] Jun Nishimura 群馬大学 大学院工学研究科 ナノ材料システム工学専攻 教授

表1 [60]フラーレンの主な物性値

物性	値	物性	値
分子量[a]	720.66	融点[a]	1,180 ℃
IRスペクトル[a]	528, 577, 1,183, 1,429 cm^{-1}	UV-Visスペクトル(ε)[b]	n-hexane：213 (135,000), 257 (175,000), 329 (51,000), 404, 568 nm
ラマンスペクトル[a]	270, 353, 431, 493, 708, 773, 1,248, 1,318, 1,426, 1,469, 1,573, 1,632 cm^{-1}		
還元電位[b]	−0.98, −1.37, −1.87, −2.35, −2.85, −3.26 V vs Fc/Fc$^+$		toluene：335 (67,000), 382 (17,000), 435 (6,000), 406 (9,000), 568 nm
一重項エネルギー[c]	1.99 eV (1.92×10^5 J mol^{-1})	三重項エネルギー[c]	1.57 eV (1.51×10^5 J mol^{-1})
イオン化ポテンシャル[c]	7.61±0.02 eV ($7.34 \pm 0.02 \times 10^5$ J mol^{-1})	電子親和力[c]	2.65±0.02 eV ($2.56 \pm 0.02 \times 10^5$ J mol^{-1})
分子密度[a]	1.44×10^{21} 個 cm^{-3}	質量密度[a]	1.729 g cm^{-3} (5 K, 計算値)
生成熱[a]	609.6 kcal mol^{-1}	仕事関数[a]	4.7±0.1 eV
昇華熱[a]	38〜40 kcal mol^{-1}	熱伝導率[a]	0.4 W m^{-1} K^{-1} (室温)
熱容量（定圧, C_p）[a]	500 J K^{-1} mol^{-1} (室温)	電気伝導率[a]	$10^{-8} \sim 10^{-14}$ S cm^{-1} (300 K)
電子移動度[a]	0.5 cm^2 V^{-1} s^{-1}	ヤング率[a]	2.0×10^{11} dyn cm^{-2} (室温)
HOMO-LUMO gap (BLYP/6-31G*)[d]	HOMO；−5.17 eV, LUMO；−3.45 eV	弾性率[a]	6.8 GPa (室温, fcc相) 10 GPa (150 K, sc相)

[a]文献4a) [b]文献4b) [c]文献4c) [d]文献4d) [e]文献4e)

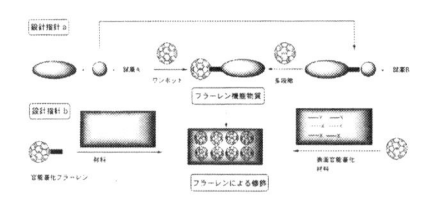

図1 フラーレンによる材料設計指針

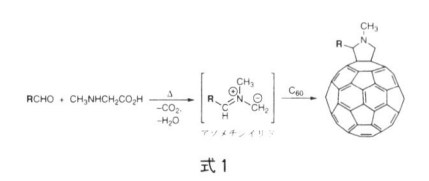

式1

6.2 フラーレンと機能要素材料（または材料表面）との結合形成に利用される反応

6.2.1 Prato反応

フラーレンと機能性部位との結合に最も多用されている反応の一つとして，Prato反応，すなわちアゾメチンイリドの1,3-双極子付加反応が挙げられる（式1）[6]。アゾメチンイリドは，単離困難な不安定中間体であり，一般にアルデヒド類とグリシン類から反応系中で発生させる。すなわち，本反応は設計指針aの中のワンポット反応の範疇に入る。この反応の最大の利点は，合成化学的な要因，すなわち，調製が比較的容易なアルデヒド基（ホルミル基）を有する化合物を前駆体として用いればよいという点にある。生成物のピロリジン骨格が比較的安定であることも，材料への応用を考えた場合，有利な点といえる。

Prato反応の利用により，フラーレンへの多様な発色団（機能性部位）の導入が可能となった。

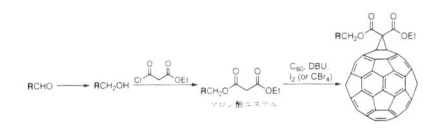

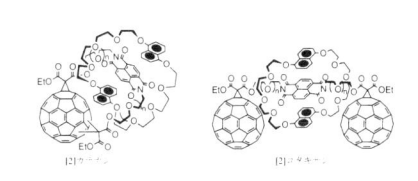

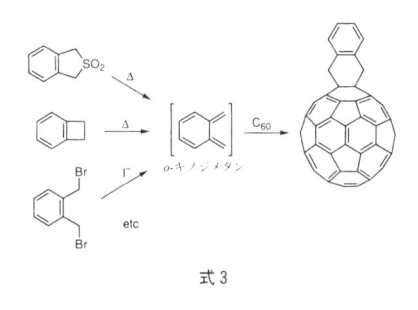

第3章　有機薄膜太陽電池：光電変換材料

今堀らは、ポルフィリンやフェロセン等のドナー部位を導入し、ドナー部位の数や組み合わせ、ドナー部位とフラーレン間の距離・配向等を精力的に検討し、高効率な有機太陽電池の構築を実現している[10]。また、大坪・安蘇らは、同様の観点に基づき、オリゴチオフェン類の導入に成功している[11]。さらに、Prato 反応はカーボンナノチューブの表面修飾にも応用されている[12]。

6.2.2　Bingel 反応

Prato 反応とならんで、フラーレン修飾に多用されているのが Bingel 反応である（式2）[13]。マロン酸エステル類の反応系中でのハロゲン化に続き、塩基による脱プロトン化で生じたエノラートアニオンがフラーレンに求核付加した後、ハロゲン化物イオンの脱離とともにシクロプロパン環が形成される反応である。通常、前駆体のマロン酸エステル類は、アルコール類と酸塩化物（3-クロロ-3-オキソプロピオン酸エチル）の反応により調製されるが、前述の Prato 反応で用いたアルデヒド化合物からは2段階を経ることになり、設計指針 a での段階的手法（多段階）の範疇に入る。

我々は、Bingel 反応の利用により、アクセプター性の芳香族ジイミド部位を有するフラーレン付加体を調製し、その分子内あるいは分子間 Bingel 反応を、ドナー性のジナフトクラウンエーテルの存在下で行うことにより、フラーレンを含む [2]カテナン、[2]ロタキサンの合成に成功した[14]。また、Bingel 反応での二付加により、ポルフィリン環が [60]フラーレンと2箇所で連結され、[60]フラーレン表面の近傍に固定された付加体などが得られている[15]。

6.2.3　Diels-Alder 反応及び関連反応

フラーレンは、その LUMO レベルが低いことから、ジエノフィルとして振る舞い、アントラセン等の種々のジエン類との Diels-Alder 反応により、容易に [4+2]環化付加体を与える[16]。この反応は一般に可逆であるが、ジエンとして不安定化学種である o-キノジメタン類を用いた場合、生成する付加体の芳香族化により安定化され逆反応が抑制される（式3）[17]。o-キノジメ

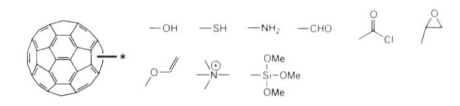

図2　材料表面との反応に応用可能な官能化フラーレン

タンの前駆体としては、ベンゾシクロブテン、スルホン類、α,α'-ジブロモ-o-キシレン等種々のものが知られているが、これらの調製は、Prato反応やBingel反応の前駆体と比較すると、一般に容易ではない。しかし、環化付加生成物の高い安定性は、材料展開において重要であり、Diels-Alder反応を用いた機能性部位（ポルフィリン、フタロシアニンなど）の導入例は少なくない[18]。

6.2.4　その他

フラーレンとの結合形成に多く用いられている反応として、上述以外では、例えば、ジアゾ化合物を用いたメタノフラーレンの生成[19]などが挙げられる。

6.3　材料の機能化に用いるビルディングブロックとしてのフラーレン試薬

材料表面へ共有結合によって修飾する場合、材料表面に存在する官能基（基板の材質）の種類によって、対象となるフラーレン誘導体を選択しなければならず、往々にしてケース・バイ・ケースとなり、一般に論じにくいが、SAMで使用される金表面、表面改質にプラズマが使用される結果として生じる官能基、無機有機ハイブリッドに存在する官能基等との反応や、同時に問題となるフラーレン自身の持つ反応性による制約などを想定して、フラーレン中間体として利用可能な化合物をまとめた。

6.3.1　フラーレン部位と特定の官能基の間に起こり得る反応による制約

上述のようにフラーレンは種々の反応種と反応し、結合を形成する。しかし、現在、材料調製に多用されているカップリング反応など、遷移金属触媒を用いる反応は、これまでの知見によれば、残念ながら使用できない[20]。多くの場合、フラーレンと遷移金属や有機金属化合物との錯形成により、不溶不融の物質が生成する。

また、フラーレンは1,3-双極子に対しても反応性が高く、従ってジアゾ[19]、アジド[21]などを有するフラーレン付加体は中間体として保存できない可能性が高い。

光反応を用いる場合、励起分子からフラーレンへのエネルギー移動が効率良く起こるため、臨界エネルギー移動距離以内（約20 Å）にフラーレンを集積することは難しい[22]。逆に言えば、ある間隔をおいてフラーレンを材料表面に接合したい場合、光反応の利用価値は高い。

フラーレンはラジカルとの親和性が高く[6]、アクセプター性も高いので、ラジカル重合やアニオン重合を用いてフラーレンを導入する場合は、注意が必要である。重合後、必ずしも期待通りにフラーレンが結合しているとは限らない。従って重合の手法を採用する場合は、ビニルエーテル残基などのカチオン重合が適切であろう。

第3章 有機薄膜太陽電池：光電変換材料

付加体の溶解性が問題となる場合は，フラーレンと官能基間の架橋鎖等で調節が可能である。

6.3.2 材料表面との反応を想定した官能基の導入

上述のフラーレンの反応における制約を加味して，材料表面との反応に応用できそうな官能基を図2にまとめた。もちろん官能基として反応性の高いもののみを選別している。一段階の反応で直接調製が可能なものばかりではない。調製法の詳細を述べるのは本稿の目的ではないので，このような官能基を持つ代表的な誘導体を図3にまとめるに止めたい。さらに超分子的に集積するような化合物等[20]についても，重要ではあるが紙面の都合上触れない。

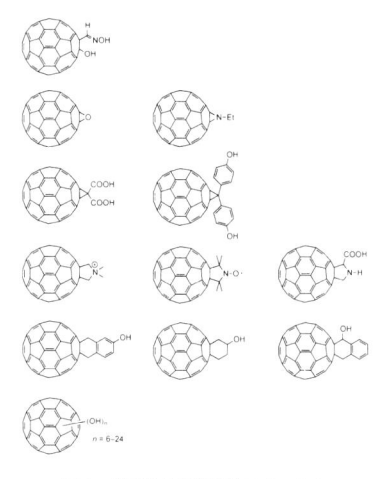

図3 代表的な官能基化フラーレン

フラーレンへの修飾には，6.2で述べた代表的な反応が用いられる。もちろん反応条件や構造がそれぞれで異なるため，最終的に中間体として設計できる化合物には，当然のことながらそれらが反映する。以下に各反応について可能性の有無を明らかにする。

Prato反応生成物においてはピロリジン環が存在するため，導入可能な官能基として3級アミンと反応するものは除外される。ピロリジン部位をアンモニウム塩として利用できることも強調したい[21]。また，多くの場合は問題とならないが，モノ付加体も構造的にキラルとなり，複数の立体異性体を生じる。

Bingel反応生成物にはマロン酸エステル残基が含まれる。水酸基やチオール残基はエステル交換反応に関与するため，これらの導入は困難であると予想される。二つのエステル残基が同一方向を向いているので，材料表面に直立したフラーレンを導入できる可能性を持っている。

Diels-Alder反応とその関連反応では，生成物の安定性を高めるため，一般にo-キノジメタン型反応種が用いられる。ただし，フラーレンを徐放する必要性のある材料表面作成には，熱分解しやすいブタジエン誘導体との付加物を利用することも一案であろう。図2にはこの反応生成物に対して除外の対象となる官能基はないが，前駆体との反応が予想される基は使用できない。

上記の，フラーレン修飾に一般的に使用される反応に加えて，以下の例は注目に値する。西郷らは，フラーレン酢酸塩化物[23]を中間体として調製し，種々のアルコールとの反応によりエステルに変換することに成功している。田島らはフラーレンエポキシド[26]がアルデヒド類と容易に反応し，アセタールを与えることを見出している[27]。フラーレンエポキシドは空気酸化で得られることから，この酸化物の応用には興味が持たれる。一方，大野，江口らはフラーレンの種々

の官能基化に成功し、中間体としての可能性を持つ多数の誘導体を報告している[28]。

6.4 おわりに

フラーレンの光物理的性質、光化学的性質、伝導性などには、興味深いものが多い。しかし、材料として実用にまで展開されたものは少なく、これらの性質が十分に活用されているとは言い難い。一つの障害は適切な中間体が市販されていないことに原因があると思われる。その意味で可能性のある中間体を中心にまとめた。一旦、中間体や誘導体の使いやすい状況ができると、さらに応用への展開に弾みがつくものと期待される。

文　献

1) H. W. Kroto et al., *Nature*, **318**, 162 (1985)
2) W. Krätschmer et al., *Nature*, **347**, 354 (1990)
3) *C&EN*, Aug. 11, 13 (2003)
4) a) 篠原久典, 齋藤弥八, フラーレンの化学と物理, 名古屋大学出版会, p.54, 57 (1997) ; b) 日本化学会編, 季刊化学総説, No.43, 炭素第三の同素体　フラーレンの化学, 学会出版センター, p.110 (1999) ; c) K. M. Kadish and R. S. Ruoff, "Fullerenes", Proceedings of the symposium on recent advances in the chemistry and physics of fullerenes and related materials, p.774 (1994) ; d) M. D. Diener and J. M. Alford, *Nature*, **393**, 668 (1998) ; e) K. M. Kadish and R. S. Ruoff, "Fullerenes : Chemistry, Physics, and Technology", p.231, John Wiley & Sons, New York (2000)
5) M. Ohno et al., *Tetrahedron*, **52**, 4983 (1996)
6) C. N. McEwen et al., *J. Am. Chem. Soc.*, **114**, 4412 (1992)
7) Y. Murata et al., *J. Org. Chem.*, **66**, 7235 (2001)
8) Y. Nakamura et al., *J. Chem. Soc., Perkin Trans. 2*, 127 (1999)
9) M. Maggini et al., *J. Am. Chem. Soc.*, **115**, 9798 (1993) ; M. Prato et al., *Acc. Chem. Res.*, **31**, 519 (1998)
10) H. Imahori et al., *J. Am. Chem. Soc.*, **123**, 6617 (2001)
11) N. Negishi et al., *Chem. Lett.*, **33**, 654 (2004)
12) J. L. Bahr et al., *J. Mater. Chem.*, **12**, 1952 (2002)
13) C. Bingel, *Chem. Ber.*, **126**, 1957 (1993) ; X. Camps et al., *J. Chem. Soc., Perkin Trans. 1*, 1595 (1997)
14) Y. Nakamura et al., *Angew. Chem., Int. Ed.*, **42**, 3158 (2003)
15) J.-P. Bourgeois et al., *Helv. Chim. Acta*, **81**, 1835 (1998)
16) M. Tsuda et al., *Chem. Lett.*, 2333 (1992)

第3章　有機薄膜太陽電池：光電変換材料

17) T. Tago *et al.*, *Tetrahedron Lett.*, **34**, 8461 (1993)；P. Belik *et al.*, *Angew. Chem., Int. Ed. Engl.*, **32**, 78 (1993)
18) H. Imahori *et al.*, *J. Am. Chem. Soc.*, **118**, 11771 (1996)
19) T. Suzuki *et al.*, *J. Am. Chem. Soc.*, **114**, 7301 (1992)
20) H. Nagashima *et al.*, *Chem. Lett.*, 1361 (1992)；H. Nagashima *et al.*, *Chem. Commun.*, 377 (1992)
21) M. Prato *et al.*, *J. Am. Chem. Soc.*, **115**, 1148 (1993)
22) Y. Nakamura *et al.*, *J. Org. Chem.*, **67**, 1247 (2002)
23) C. Hirano *et al.*, *Langmuir*, **21**, 272 (2005)；今栄東洋子, 高分子, **54**, 415 (2005)
24) T. Nishimura *et al.*, *J. Am. Chem. Soc.*, **126**, 11711 (2004)
25) H. Ito *et al.*, *Org. Lett.*, **5**, 2643 (2003)
26) K. M. Creegan *et al.*, *J. Am. Chem. Soc.*, **114**, 1103 (1992)
27) Y. Shigemitsu *et al.*, *Chem. Lett.*, **33**, 1604 (2004)
28) A. Yashiro *et al.*, *Synlett*, 361 (2000)

第4章　有機薄膜太陽電池：キャリアー移動材料と電極

1　1Dナノ材料の創製とエネルギー変換材料への応用

吉川　遙*

1.1　はじめに

　有機薄膜太陽電池では，効率のよい電荷分離を実現するために，3次元的なデバイス設計が重要である。最近のPPV/C_{60}系の素子ではバルクヘテロジャンクションの形成が高効率化に寄与していると説明されている。しかし，現在までのところ，その電荷分離・輸送がどのような機構に基づいたものであるのかは必ずしも明確になっていない。これを明らかにし，より高効率なセルを創製していくためには，素子の精緻な3次元構造の構築が重要となる。

　マーカス理論によれば，電子移動はフランクコンドン原理に従って起こり，電荷移動の速度はそれに伴う核の再配置エネルギーに依存する。一般に伝導帯軌道の縮退が大きいほど核の再配置に要するエネルギーが小さくなり移動速度が速くなる。従って，結晶性の高い材料では伝導帯はバンド構造をとっており，核の再配置エネルギーも小さい。しかるに高分子鎖では一般にこの縮退が少なく電荷輸送も起こりにくい。これを速くしてやることが，有機薄膜太陽電池では設計上最も重要である。そこで結晶性の高い1D材料を用いることにより伝導帯の縮退度を上げ，速い電荷輸送を実現してやることが期待される。CNTではこのような縮退が大きく金属様の大きな電子移動速度が知られている他，広幅バンドギャップを持つ酸化物半導体においても同様な速い移動が期待できることが知られている。特に，10nm径以下の結晶材料においては，量子サイズ効果によるバリスティック伝導が期待できるものとされる。このような材料では，また，光吸収における量子サイズ効果を用いた，バンドギャップチューニングも可能となる。このように，1Dナノ材料は高速・高効率な電荷移動パスとしての高い可能性を秘めているといえる。

　しかしながら，多孔質電極における電荷輸送経路の最適設計を目的とするには，このような1D材料をランダムに配置したのではその機能が半減する。1D材料は基板上に2次元的に配向してこそ，速い電荷移動効果を期待できる。即ち，縮退度の高い1D材料の2Dアレイを形成することにより，より効果的な電荷収集を実現することが期待できる。更に，色素などの励起子からの電荷分離，電荷注入においても電極との界面におけるバリヤのない接合を設計していくこと

---

*　Susumu Yoshikawa　京都大学 エネルギー理工学研究所　教授

第4章 有機薄膜太陽電池：キャリアー移動材料と電極

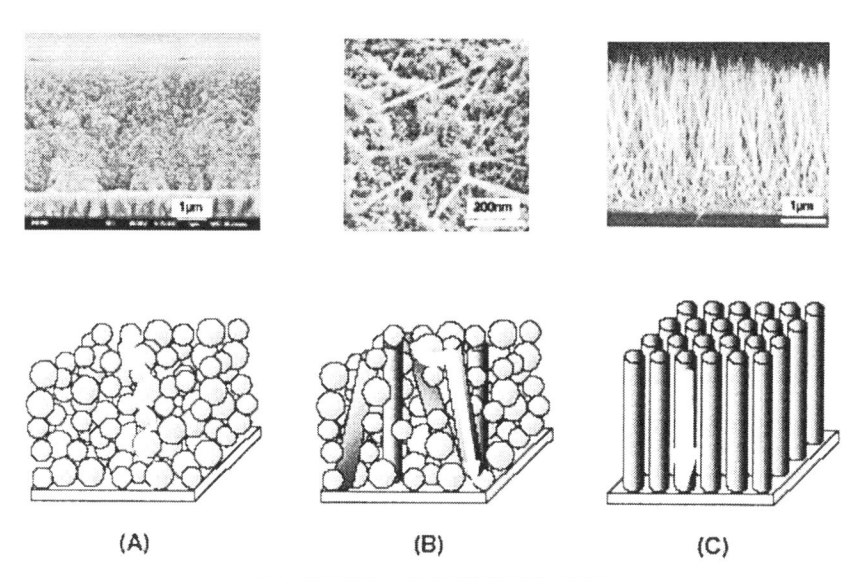

図1 多孔質電極における電荷輸送経路の設計
(A)第一世代電極：ナノ微粒子結晶焼結体
(B)第二世代電極：ナノ微粒子焼結体＋1Dナノ結晶, ネットワーク構築体
(C)第三世代電極：1Dナノ結晶アレイ

により，最適構造を持った電極の3次元的な構造設計が可能となり，薄膜で表面積の大きな電極による効率的な電荷収集を実現することが可能となろう。ITO上にこのような1Dアレイを作る方法は既に，ZnOについては知られているが，この方法をより広範な材料について一般化してやることが重要である（図1）。

我々は，3次元的なデバイス設計の第一ステップとして，1次元（1D）ナノ材料の創製とそのエネルギー変換系への利用について研究を進めている。本節では，色素増感太陽電池へのチタニア1Dナノ材料の応用例を紹介することを通して，高効率な有機太陽電池設計における1Dナノ材料が持つ可能性について検討する。

1.2　1Dナノ材料の光電変換系における利用

色素増感太陽電池（DSC）では，ナノサイズのチタニア微粒子により形成されたroughness factorの高い光電極の形成が重要な鍵となっており，電極界面に一層吸着された色素分子からの速い効率的な電子注入がこの系の高い変換効率を生み出している。その際，微粒子の焼結により形成された粒界が電子のトラッピングサイトとなり，界面での再結合反応が効率を下げる大き

な原因となっている。

もし，チタニア電極の内部に1Dナノ材料による高密度なネットワーク構造を導入できれば，トラップサイトが減りキャリヤー伝導性が高まることから，より高効率な光電極の構築が期待できる。このような構造は，有機薄膜太陽電池の電極としても利用可能であると考えられる。

このようなコンセプトに基づき，我々はこれまで，界面活性剤を鋳型とするゾルゲル法（SATM法）により構築したチタニア光電極が，大変薄い膜で，高い変換効率を実現できることを報告してきた[1]。この系は，ナノチューブアレイ構造を形成することで有名なMCM 41の合成条件に近く，SEMではナノサイズの1D材料によると考えられるネットワーク構造の形成が確認できる（図1(B)）が，その生成確率は低く，十分な1D構造が形成できているとは言えなかった。

そこで，より高い性能を持つ電極創製を目指して，2003年以降，SATM法以外の方法で構造的にも安定な1Dナノ材料を高選択的に合成する方法を開発し，これを色素増感太陽電池，あるいは，有機薄膜太陽電池に応用するという試みを行ってきた。

1.3 1Dナノ材料の創製

1990年代，カーボンナノチューブ（CNT）を始めとする多くのセラミックス1Dナノ材料が生み出されてきた。その創製方法は，大きく，CNT，BN，MoS_2を始めとする真空下でのドライプロセスによる方法と，ゾルゲル法や水熱法を利用したウェットプロセスに基づく方法とに分類できる。特に後者では，錯体結晶のウィスカーやCNTを鋳型に用いることにより，種々の口径を持つセラミックナノチューブ類が得られているが，単結晶性のものを得ることはなかなか難しい。一方，1998年，春日らは，チタニアナノチューブが強アルカリ中での水熱合成により形成されることを始めて報告した[2]。その後の研究で，これが酸化チタンではなく含水層状チタン酸がスクロールすることで形成されたナノチューブであることが明らかとなったものの，1Dナノ材料を極めて簡便に合成できることを見出した貢献は非常に大きいと言えるだろう。

我々のグループでは，水熱合成法と熱処理を組み合わせることにより，さまざまな構造を持つ酸化チタン系1D材料の合成に成功している[3〜6]。処理条件を変えることで，ナノチューブだけでなくナノワイヤー合成も可能であり，焼成条件との組み合わせにより，現在ではTiO_2(B)ナノワイヤー，アナターゼナノワイヤーなどをほぼ100％の収率で創製することが可能となってきた（図2）。

同様の方法で，VO_2，V_2O_3など他の金属酸化物1Dナノ材料を創製することも可能であり[7,8]，今ではほぼ10種類以上の材料を作り分けることができる。こうして高収率で得られた1Dナノ材料を導電性ガラス基板上に塗布・焼成するという手法で，現在，DSCの高効率化を目指して

第4章 有機薄膜太陽電池：キャリアー移動材料と電極

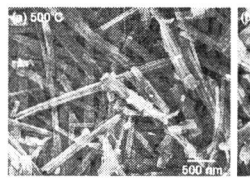

図2 (a) 水熱処理後，500℃2hの熱処理で得られた，TiO$_2$(B)ナノワイヤー
(b) 水熱処理後，700℃2hの熱処理で得られた，TiO$_2$アナターゼナノワイヤー

いる。この詳細については，次項以降で述べる。

また，1D材料の2D化という点では，ITO基板上に10ミクロン以上のZnOピラーを高い配向性を持たせて形成することができるようになっており，こちらもDSCへの適用を進めているところであるが，まだ効率的には2％程度にとどまっており詳細は別の機会に譲る。

1.4 TiO$_2$ナノワイヤーの色素増感太陽電池への応用[9]

一般に，水熱合成法で得られるナノチューブでは，中空空間を利用することによりナノワイヤーよりも高比表面積化することが容易であるが，耐熱性の点では問題がある*。このため，当グループでは，現在，ナノワイヤーを中心に検討を進めている。

1Dナノ材料のDSC応用の第1段階として，まず，結晶性に優れた単一相の酸化チタンナノワイヤーを作製し，これを色素増感太陽電池に応用することを試みた[9]。

図2で示したアナターゼナノワイヤー，およびTiO$_2$(B)ナノワイヤーをスキージ法をもちいてFTO基板（15Ω/□）上に多層コートし，最終的に500℃で1h焼付け処理を行って光電極とした。電極面積は0.25cm^{2}とし，標準的に用いられているN 719色素を吸着させた。また，比較として，高比表面積を持つ市販のアナターゼ微粉末（石原産業，ST-01）を用いてセルを作製した。図3に，代表的なI-V特性を示す。

アナターゼナノワイヤー，TiO$_2$(B)ナノワイヤーの光電変換効率はそれぞれ，2.1％，0.57％と絶対値としては優れた効率は得られなかったものの，短絡電流密度を支配する比表面積あたりの効率で考えるとアナターゼナノワイヤーは高いポテンシャルを有していることが示唆された。(ST-01を用いて同条件で作製したセルの効率は5.0％である)。また，本研究はTiO$_2$(B)を色素

---

* ナノチューブの場合では，DSCの電極焼付け温度付近（約500℃）で1D構造が崩壊し，微粒子化が進行する

増感太陽電池に用いた初めての事例であるが，$TiO_2(B)$ナノワイヤーでもある程度の効率が認められている点は，興味深い。

この研究段階では，単一相のナノワイヤーを得ることに重点を置いていたため，比表面積が低いものを用いていたが，1次元構造化と高比表面積化を両立させることによって，より優れた変換効率を得ることができるという指針を得ることができた。

1.5 部分ナノワイヤー化 TiO_2 の色素増感太陽電池への応用[10]

ナノワイヤー構造を維持しつつ，高比表面積を両立させる手法としては，「ナノワイヤー自体の微細化」，あるいは，「微粒子とナノワイヤーの複合化」などが考えられる。本項では，微粒子とナノワイヤーが複合化された構造（部分ナノワイヤー化 TiO_2）を，単純に両者を混合するのではなく，水熱合成条件を制御することによって得ることに成功した事例を紹介する[10]。

通常，水熱合成法でナノワイヤーを得るには，NaOH水溶液中であれば150℃以上で48〜120h程度の水熱処理を行う。この水熱合成を24h程度に短縮することでナノワイヤーの結晶成長を途中の段階でストップさせるとともに，酸によるイオン交換処理，大気中での熱処理を最適化することで，高比表面積のアナターゼナノワイヤーと，やや大きなルチル粒子が混在した生成物を得ることが可能となる（図4，図5）。なお，このようなサイズのルチル粒子が混在することにより，電極焼付け時の焼結収縮の低減（クラック発生の抑止）が期待できるとともに，光散乱

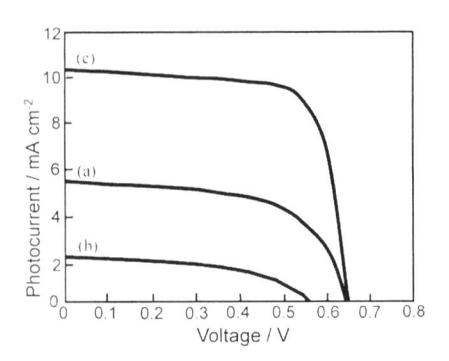

図3 TiO_2 ナノワイヤーと高比表面積 TiO_2 ナノ粒子のI-V特性
(a) アナターゼナノワイヤー（$14m^2/g$）
(b) $TiO_2(B)$ナノワイヤー（$20m^2/g$）
(c) ST-01（$300m^2/g$，比較）

図4 部分ナノワイヤー化 TiO_2 の SEM 写真[10]
(a) ナノワイヤーと比較的大きな粒子が混在することを示す全体像
(b) ナノワイヤー部分の高倍率像[10]

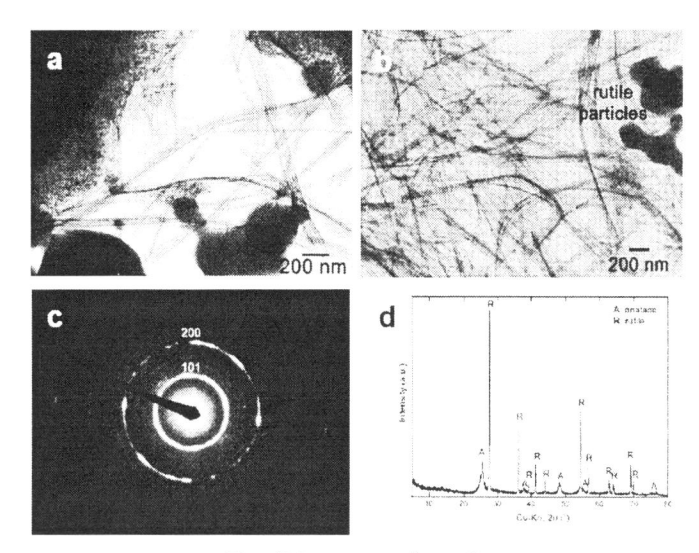

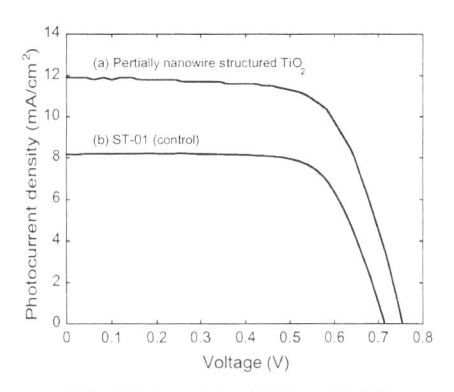

第4章　有機薄膜太陽電池：キャリアー移動材料と電極

図5　部分ナノワイヤー化 TiO$_2$[10]

(a, b) ナノワイヤーとともに1ミクロン程度の粒子が共存する。一部，生成途中段階のナノワイヤーが表面をコートした粒子も存在する。
(c) ナノワイヤー部分の電子線回折パターン。アナターゼ相に帰属される
(d) 部分ナノワイヤー化 TiO$_2$ の X 線回折パターン

による変換効率の改善も期待できる。

このようにして得られた部分ナノワイヤー化 TiO$_2$ 粉末は，174m^2/g と前項で紹介したナノワイヤーに比べて格段に高い比表面積を示し，成膜性も改善されたため，50℃低い 450℃での電極焼付けが可能となっている。

図6に，部分ナノワイヤー化 TiO$_2$ と，ST-01 から作製したセルの I-V カーブを示す。なお，この図での ST-01 のカーブは，部分ナノワイヤー化 TiO$_2$ と同様，450℃で焼付け処理を行ったものである。表1に，前項で紹介したナノワイヤーに関する初期のデータ，および，今回得られた部分

図6　部分ナノワイヤー化 TiO$_2$ の I-V 特性

(a) 部分ナノワイヤー化 TiO$_2$（変換効率 6.0%）
(b) ST-01（変換効率 4.1%）

有機薄膜太陽電池の最新技術

表1 部分ナノワイヤー化 TiO_2 と完全ナノワイヤー化 TiO_2 の DSC 特性

	TiO_2 粉末の合成条件と特性				光電変換特性*				
	水熱条件	熱処理条件	比表面積 (m^2/g)	組成・形態	電極焼付け条件	電極厚み (μm)	電流速度 (mA/cm^2)	電圧 (V)	フィルファクター FF	変換効果 η(%)
部分ナノワイヤー化 TiO_2	150℃ 24h	300℃ 4h	174	アナターゼナノワイヤー＋ルチル粒子	450℃ 1h	5.6	11.9	0.754	0.673	6.01
等軸状 TiO_2 (ST-01)	—	—	300	アナターゼナノ粒子	450℃ 1h	12.8	8.16	0.714	0.710	4.13
完全ナノワイヤー化 TiO_2	150℃ 72h	700℃ 2h	14	アナターゼナノワイヤー	500℃ 1h	14	5.3	0.65	0.62	2.1
完全ナノワイヤー化 TiO_2 (B)	150℃ 72h	500℃ 2h	20	TiO_2 (B)ナノワイヤー	500℃ 1h	12	2.0	0.59	0.43	0.57
等軸状 TiO_2 (ST-01)	—	—	300	アナターゼナノ粒子	500℃ 1h	9.5	10.5	0.65	0.73	5.0

*電極面積 $0.25cm^2$,FTO 導電ガラス使用(15Ω/□)

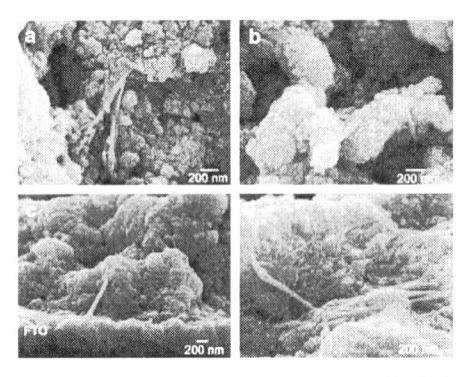

図7 部分ナノワイヤー化 TiO_2 を用いた DSC の電極構造
 (a, b) 上面,(c, d) 断面

ナノワイヤー化 TiO_2 のデータをまとめたものを示す。

部分ナノワイヤー化 TiO_2 では,多孔質電極の膜厚が $5.6\mu m$ と薄いにも関わらず,最も高い性能を示し,6.0%の効率を得ることができた。短絡電流密度は,$11.9mA/cm^2$,開放電圧は 0.754V,フィルファクターは 0.673 と,それぞれ高い値が得られている。

実際に作製したセルでの酸化チタン薄膜の微細構造を観察した結果が図7である。ナノチューブの場合に見られるように,部分ナノワイヤー化 TiO_2 でも微粒子化が生じているものの,明確な1次元構造が残存している様子が観察できる。上面から観察した場合,バンドル状のナノワイヤーが微粒子のコロニー間を架橋して導電パスを形成するとともに,焼結の進行によるクラック生成を阻害する効果があることが伺える。また,断面からは,ナノワイヤーが FTO 基板や多層コート膜間の導電パスとなると同時に,層間剥離を抑制すると考えられる架橋構造も観察された。

第4章　有機薄膜太陽電池：キャリアー移動材料と電極

1.6　まとめ

　水熱合成法と熱処理を組み合わせることにより、さまざまな構造を持つ酸化チタン系1D材料の合成に成功した。その形状はナノチューブだけでなくナノワイヤー合成も可能であり、焼成条件との組み合わせにより、現在ではTiO_2(B)ナノワイヤー、アナターゼナノワイヤーなどをほぼ100%の収率で創製することが可能となってきた。

　得られたアナターゼナノワイヤー、TiO_2(B)ナノワイヤーを用いたDSCの光電変換効率はそれぞれ、2.1%、0.57%であり、短絡電流密度を支配する比表面積あたりの効率で考えるとアナターゼナノワイヤーは高いポテンシャルを有していることが示唆された。

　また、部分ナノワイヤー化TiO_2では、多孔質電極の膜厚が$5.6\mu m$と薄いにも関わらず、最も高い性能を示し、6.0%の効率を得ることができた。

　これらのナノワイヤーの残存比率は、水熱合成時間を変えること（すなわち結晶サイズと結晶構造安定性を制御すること）により制御できるため、今後さらに、特性を改善することも可能であると期待される。これらの1Dナノ材料のデバイス化においては、2Dでの構造化（大面積での配向制御など）を図る必要がある。厚さ方向・対極構造を含む3D構造の制御はまだまだこれからの課題であるが、このような1D材料の利用により十分に高いポテンシャルを引き出せるものと期待できる。

文　　献

1) S. Ngamsinlapasathian, T. Sreethawong, Y. Suzuki, and S. Yoshikawa, *Sol. Energy Mater. Sol. Cells*, **86**, 269 (2005)
2) Y. Suzuki, and S. Yoshikawa, *J. Mater. Res.*, **19**, 982. (2004)
3) Y. Suzuki, S. Pavasupree, S. Yoshikawa, and R. Kawahata, *J. Mater. Res.*, **20**, 1063 (2004)
4) R. Yoshida, Y. Suzuki, and S. Yoshikawa, *Mater. Chem. Phys.*, **91**, 409 (2005)
5) R. Yoshida, Y. Suzuki, and S. Yoshikawa, *J. Solid State Chem.*, **178**, 2179 (2005)
6) S. Pavasupree, Y. Suzuki, S. Yoshikawa, and R. Kawahata, *J. Solid State Chem.*, **178**, 3110 (2005)
7) S. Pavasupree, Y. Suzuki, A. Kitiyanan, S. Pivsa-Art, and S. Yoshikawa, *J. Solid State Chem.*, **178**, 2152 (2005)
8) S. Pavasupree, Y. Suzuki, S. Pivsa-Art, and S. Yoshikawa, *Sci. Tech. Adv. Mater.*, **6**, 224 (2005)
9) 吉田龍平, 京都大学大学院エネルギー科学研究科修士論文, 2005年3月
10) Y. Suzuki, S. Ngamsinlapasathian, R. Yoshida, and S. Yoshikawa, 投稿中

2 キャリア輸送性有機材料の開発とその応用

荒木圭一[*1], 市川　結[*2], 谷口彬雄[*3]

2.1 はじめに

キャリア輸送性有機材料は電子写真感光体として実用化され、その後有機LEDや有機トランジスタ, 有機太陽電池など, その応用範囲は年々広がってきている。これは, 言うまでも無く, 有機材料が持つエレクトロニクス材料としての可能性が期待されているためである。信州大学谷口研究室では主に有機LED用途の新規材料開発を行ってきた。有機LEDは材料開発に当たっては, 既存の材料の抱える問題点を克服し得るものという観点から, 特に, 電子輸送性材料に注目している。また, インクジェット等を用いたウェットプロセスに対応するホール輸送材料の開発も行っている。本稿では, 以上の2種類のキャリア輸送材料とその応用例を紹介する。

2.2 高移動度電子輸送材料

有機LEDは陰極から注入された電子と陽極から注入された正孔が発光層内で結合して励起子を生成することで発光に至る。高い発光効率を得るためには励起子自身の発光収率とキャリアバランスが重要である。キャリアバランスは電極からのキャリア注入とキャリア輸送層中でのキャリア移動度により決定される。主なキャリア輸送材料の移動度を比較すると, TPD, α-NPDといったホール輸送材料は 10^{-3} cm^2/Vs 台であるのに対して, 代表的な電子輸送材料である Alq_3 の電子移動度は 10^{-5} cm^2/Vs 程度と小さい[1]。従って, 例えば α-NPD と Alq_3 の積層素子では移動度の不均衡により Alq_3 層中にはホールが過剰に存在していると考えられ, この Alq_3 中に過剰進入するホールがデバイスの駆動寿命に影響するとの報告もある[2]。しかしながら Alq_3 は発光層兼電子輸送層として使えることや, 真空蒸着膜の安定性に優れるため現在でも広く用いられている材料である。Alq_3 以外の電子輸送材料としては, オキサジアゾール誘導体であるOXD-7[3]やトリアゾール誘導体（TAZ）[1]などが報告されているが, これらの材料は結晶性が高く, 安定性に欠ける。この様な背景を踏まえて我々が開発した新規電子輸送材料として, 性能・安定性ともに良好な結果が得られたものに図1に示すビピリジル置換オキサジアゾール（Bpy-OXD）がある[3]。設計に当たっては, ①電子吸引基であ

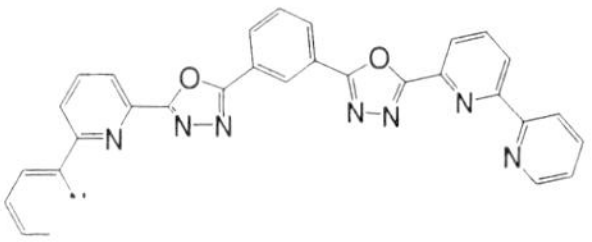

図1　Bpy-OXD

---

*1　Kei-ichi Araki　信州大学　繊維学部　機能高分子学科　谷口研究室　研究員
*2　Musubu Ichikawa　信州大学　繊維学部　機能高分子学科　谷口研究室　助手
*3　Yoshio Taniguchi　信州大学　繊維学部　機能高分子学科　谷口研究室　教授

第4章　有機薄膜太陽電池：キャリアー移動材料と電極

るビピリジン導入による電子注入性向上（LUMOレベル低下）や、②平面性機能基のみで分子を構成し分子間のキャリアホッピングを円滑にすることによる移動度向上、③分子構造を屈曲させることで分子の凝集を防ぎ膜質の安定性向上などを狙った。

まずAlq$_3$との比較のためにα-NPD(50nm)にAlq$_3$(50nm)を積層した素子とAlq$_3$(40nm)/Bpy-OXD(10nm)、Alq$_3$(20nm)/Bpy-OXD(30nm)という様にBpy-OXDの割合を増した素子の3種類を作成して特性を比較した。結果を図2に示す。

電子輸送層にAlq$_3$のみを用いた素子に比べて、Bpy-OXDの割合を増した素子の方が電圧-輝度特性及び電圧-電流特性共に向上するという結果になった。この結果から、Bpy-OXDを電子輸送層に用いることでキャリアバランスは改善されると考えられる。キャリアバランスが改善される理由としては①Bpy-OXDの電子移動度が高いこと、②仕事関数が非常に大きいためホールがAlq$_3$とBpy-OXD界面でブロックされ効率的に電子との結合（励起子生成）が起こっていること

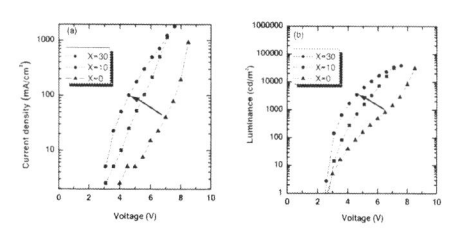

図2　電子輸送層にBpy-OXDを用いた素子の(a)電圧-電流密度特性と(b)電圧-輝度特性
素子構造：ITO/α-NPD 50nm/Alq$_3$ 50-Xnm/Bpy-OXD Xnm

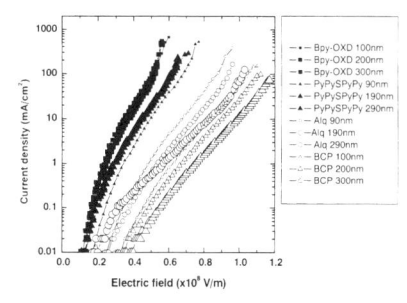

図3　電子輸送層の厚さを変化させた場合の電界強度と電流密度の関係
素子構造：ITO/CuPc 20nm/α-NPD 40nm/Alq$_3$ 70nm/ETL/MgAg；ETL=Bpy-OXD、PyPySPyPy、Alq$_3$、BCP ETLがPyPySPyPyとAlq$_3$の素子はAlq$_3$（発光層）との間にホールブロック層としてBCPを10nm挿入した。

が考えられる。電子移動度についてはパルス駆動時の発光遅延時間から2×10^{-4} cm^2/VsとAlq$_3$の10倍以上大きいという結果を得ている。次にBpy-OXDの電子移動度の高さを示す実験結果を紹介する。実験方法はITO/CuPc(20nm)、NPB(40nm)、Alq$_3$(70nm)/『ETL』/MgAgという素子構成でETL層の厚さを変化させたときの電圧-電流特性を調べるというものである。ETLにはBpy-OXD以外にAlq$_3$、BCP、PyPySPyPyを用いた。なお、ETLにAlq$_3$、PyPySPyPyを用いた素子については発光層と電子輸送層の間にホールブロック層としてBCP10nmを挿入し、ホールブロック層＋電子輸送層のトータルの層厚が他の素子と同じになるようにした。これらの素子の電流密度と電界強度の関係を図3に示す。Bpy-OXDと

181

有機薄膜太陽電池の最新技術

PyPySPyPy では電子輸送層の層厚を変化させても特性に差が無い。一方、Alq_3、BCP では電子輸送層が厚くなるほど同一電界強度での電流密度が低下する傾向が見られる。電子輸送層の厚さに電界強度-電流密度特性が依存しないということは即ち、電子輸送よりも電子注入過程が特性を支配している主要因になっていることを意味している。有機半導体におけるキャリア注入機構については、一般的にショットキー型とトンネル型の2種類が考えられている。Bpy-OXD を用いた素子において、電子注入がどちらの機構で行われているかを調べるため、電圧電流特性の温度依存性を測定した。その結果、同一駆動電圧での電流密度は 300K から 200K にかけては減少するが、200K 以下では一定になった。従って、200K 以下では温度に依存しないトンネル注入が支配的になり、200K より高温ではショットキー注入の寄与が増加していると考えられる。電子注入性に関して、Bpy-OXD を電子輸送層に用いた素子では陰極に LiF/Al を用いた方がMgAg を用いた素子に比べて発光開始電圧が低下するという実験結果が得られている。このように、LiF が電子注入バッファとして良好に機能する原因としては、Li 原子の Bpy-OXD 中への拡散が影響していると考えており、その効果について現在さらに詳細な検討を行っている。最後になるが、冒頭で述べたような、オキサジアゾール誘導体の問題点である安定性については、現在のところ電子輸送層に Alq_3 を用いた素子と同等の寿命は得られており、懸念された結晶化の問題は顕著に現れていないことを確認している。

2.3 Bpy-OXD の電子輸送性クラッド層への応用

Bpy-OXD を当研究室で取り組んでいる有機半導体レーザの研究に応用した例を紹介する。有機 LED をベースにレーザ共振器を形成する場合、通常の有機 LED の様な面発光よりも長い利得長が稼げる端面発光の方が有利である。しかし、端面発光の場合、通常の有機層の厚さ（数10nm～100nm 程度）では金属電極と発光層が近接しており、電極消光による光損失の影響が大きいという問題がある。また ITO の屈折率は有機層に比べて高めであるため、発光層に光を効率的に閉じ込めるのは困難である。これらの問題を回避する方法として、①電子輸送層（ETL）を厚くして陰極と発光層を引き離し、②ITO 層厚を薄くし、ITO への光閉じ込めを減らす方法が挙げられる。電子輸送層を厚くすると、当然駆動電圧が高くなるから高移動度の材料が必要となる。先程の検討結果から、Bpy-OXD は厚膜化しても特性低下が他の材料に比べて小さく、この用途に適した材料と言える。また、厚膜電子輸送材料にはクラッド層としての役割も要求される。そこで、分光エリプソメーターにより測定した各材料の屈折率を用いて、実際の素子構造で導波路解析を行った。導波路解析の結果を図4に示す。導波路解析は電子輸送層に Bpy-OXD 300nm を用い、ITO 層厚を 30nm とした構造(A)に加えて先程 Bpy-OXD の次に電流駆動特性が良かった PyPySPyPy を用いた構造(B)で行った。また比較用に電子輸送層が無く ITO 層厚を

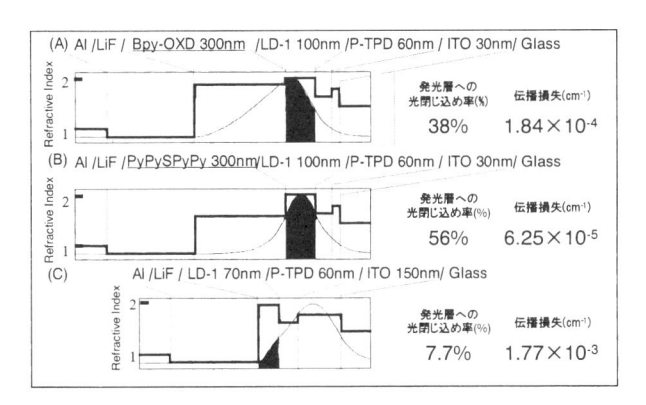

第4章 有機薄膜太陽電池：キャリアー移動材料と電極

図4 素子内部の光強度分布と光閉じ込め率の計算結果 (A)ETL＝Bpy-OXD，(B)ETL＝PyPySPyPy，(C)ITO＝150nm/ETL 無し
光損失は Al の吸収のみを考慮し，LD-1 の ASE 波長 520nm で計算

150nm とした構造での計算結果も(C)に示す。光損失は陰極に用いたアルミの光吸収のみを考慮した。(C)の結果を見ると，光強度分布のピークは ITO 層中に存在しており，発光層の光閉じ込め率と伝播損失は共に低いが(A)，(B)ではクラッド層の挿入及び ITO 層厚を薄くした効果により発光層への光閉じ込め率，伝播損失共に改善が確認できる。(A)よりも(B)の方が相対的に良い結果になった理由は PyPySPyPy の屈折率が Bpy-OXD より低いためである。(A)，(B)と同じ構造の素子を作成

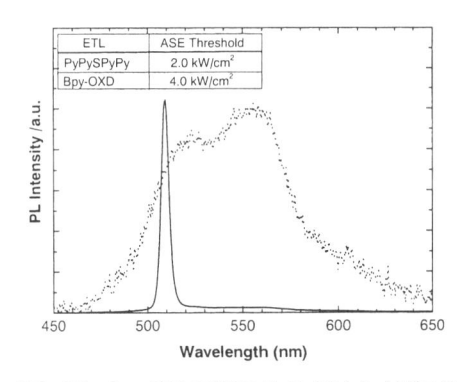

図5 ETL＝Bpy-OXD の素子の PL スペクトル（点線：弱励起時，実線：強励起時）及び ETL＝PyPySPyPy，Bpy-OXD の素子の ASE 閾値エネルギー密度

し光励起したときの端面方向から測定した PL スペクトルを図5に示す。どちらの素子でも誘導放出により特定の波長の光が増幅される ASE（Amplified Spontaneous Emission）が観測された。ASE の閾値は，導波路解析の結果を反映して PyPySPyPy をクラッド層に用いた素子の方が低いという結果であった。このように端面発光で ASE が観測されたということは発光層をコアとした低損失の光導波路が形成され，光が発光層内を伝播したことを意味している。現在，電流注入による有機 EL での ASE，さらにはレーザ発振を実現するための検討も進めているが，

有機半導体レーザを実現するためには発光材料のみならず高移動度の電子輸送材料がキーになることは以上の実験結果からも明らかである。

2.4 高耐熱性ホール輸送材料とウェットプロセスへの応用

最近，高移動度電子輸送材料以外に当研究室で取り組んでいる開発に，ウェットプロセスで製膜が可能な単一分子量のホール輸送材料があり，有用性が確認されているため残りの紙面を使って紹介したい。

近年，スピンコートやインクジェット等のウェットプロセスを用いた有機 EL ディスプレイの開発が盛んに行われている。現在製品化されているものは真空蒸着法を用いて作成されたものであり，大規模な製造設備が必要である。これに対しウェットプロセスでは大気圧下で製造可能なため，コスト面で有利である。しかし，現在ウェットプロセスに用いられている高分子系材料は分子量に分布を持つことに起因した様々な問題（特性の再現性や駆動寿命など）があり，実用化への障害の一つと考えられている。そこで。単一分子量でウェットプロセスに使用可能な材料の開発を行った。図6に我々が開発した TPA-9 の分子構造を示す[7]。

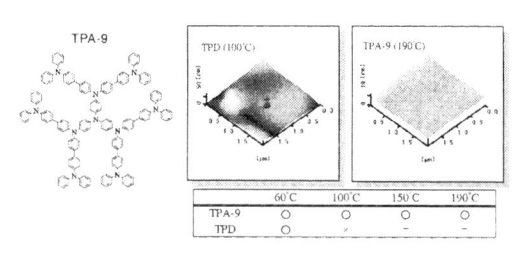

図6 TPA-9 と TPD 薄膜の加熱によるモルフォロジ変化

TPA-9 は TPD の持つトリフェニルアミン（TPA）のユニットを多量化したもので，分子量が大きくデンドリマー状であるため凝集が起こりにくく，スピンコートにおいて安定かつ良質なアモルファス膜が作製できる。図6に加熱による薄膜表面のモルフォロジ変化を AFM により観察した結果を示す。また，比較のため TPD 蒸着膜の結果も併せて示した。TPD は 100°C に加熱するとモルフォロジに変化が生じ，表面に大きな凹凸が発生したが，TPA-9 では 190°C までモルフォロジの変化は見られず，非常に耐熱性が高いことが示された。素子特性の評価結果を図7に示

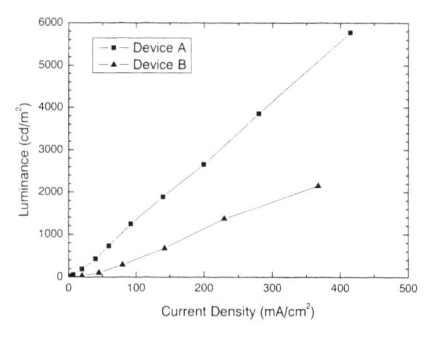

図7 TPA-9の上に発光層をスピンコートで製膜した素子の電流密度-輝度特性
Device A：ITO/TPA-9 50nm/高分子系発光材料 60nm/BCP 20nm/LiF/Al，Device B：ITO/高分子系発光材料 60nm/BCP 20nm/LiF/Al

す。TPA-9の上に高分子系の発光材料をスピンコートで製膜，さらにホールブロック層にBCP，陰極にLiF/Alを真空蒸着で製膜した。TPA-9を用いない素子を作成し電流密度-輝度特性を比較したところTPA-9を用いることで大幅な特性向上が確認出来た。

2.5 まとめ

本稿では，まず我々の開発した高移動度電子輸送材料Bpy-OXDの有機LEDの電子輸送層材料としての有用性を示した。また有機半導体レーザを想定した端面発光型素子における厚膜電子輸送層兼クラッド層にBpy-OXDを用い，光励起によるASEを実現したことを示した。そして，もう一つの材料としてウェットプロセスに対応したホール輸送材料TPA-9についても紹介した。ウェットプロセスによる有機LEDは，低コストで大面積のパネル作製に適しており，次世代フラットパネルディスプレイへの応用が期待されている。実用化への障害の一つである，高分子材料の分子量分布に起因した特性バラつきが，TPA-9のような単一分子量材料によって改善され，実用化への突破口を開くことを期待している。

文　　献

1) A. G. Muckel, S. Berleb, W. Brutting, M. Schwoerer, *Synth. Metals.*, **111**, 112 (2000)
2) H. Aziz, Z. D. Popovic, N. Hu, A. Hor, G. Xu, *Science*, **283**, 1900 (1999)
3) Y. Hamada, C. Adachi, T. Tsutui, S. Saito, *J. Appl. Phys.*, **31**, 1812 (1992)
4) J. Kido, C. Ohtaki, K. Hongawa, K. Okuyama, K. Nagai, *Jpn. J. Appl. Phys.*, **32**, L917 (1993)
5) M. Ichikawa, T. Kawaguchi, K. Kobayashi, T. Miki, K. Furukawa, T. Koyama, Y. Taniguchi, *J. Mater. Chem.*, To be submitted.
6) 中平正明，市川結，小山俊樹，谷口彬雄，第65回応用物理学会学術講演会講演予稿集No.3, 1180 (2004)
7) 日比野茎子，三木鉄蔵，古川顕治，仲佐昭彦，市川結，小山俊樹，谷口彬雄，第65回応用物理学会学術講演会講演予稿集No.3, 1181 (2004)

3 ホールブロッキング材料の性能と積層効果

森　竜雄[*]

3.1 はじめに

有機 EL 素子において，図1に示すようにホールブロッキング材料とは基本的に陽極側にある対象材料の HOMO レベルよりも深い HOMO レベルを持ち，LUMO レベルはそれほど差がない材料といえる。それゆえ，再結合領域への電子輸送は妨げず，ホールのみをブロッキングする。電子輸送材料と呼ばれるものの中にも同様なもの（例えばオキサゾール誘導体[1]）が存在する。ホールブロッキング材料としてよく知られた材料としては，図2に示す bis(2-methyl-8-quinolinate)-4-(phenylphenolate)-aluminium(BAlq)[2~6], 4,7-diphenyl-1,10-phenanthroline (BCP)[7], 2,9-dimethyl-4,7-diphenyl-1,10-phenanthroline(Bphen)[8], 2,2′,2′′-(1,3,5-benzinetriyl)-tris(1-phenyl-1-H-benzimidazole)(TPBi)[9] がある。この中で Bphen は BCP の2つのメチル基を取った骨格であるので，両者の基本的な性質はよく似ている。ホールブロッキング材料は，有機 EL 素子ばかりでなく，有機薄膜太陽電池にも利用される[10]。ただし，この場合は正確にはホールブロッキング層とは呼べず，光を吸収した有機材料の励起子の拡散を阻害したり，負極側への電子の解離を促す役割を果たす。ここでは有機 EL 素子における積層したホールブロッキング層の電導特性に及ぼす影響について述べる。

3.2 ホールブロッキング材料の多結晶化現象

BAlq は Alq3 と同様に真空蒸着膜は安定な非晶質膜であり，多結晶化は特に見られない。し

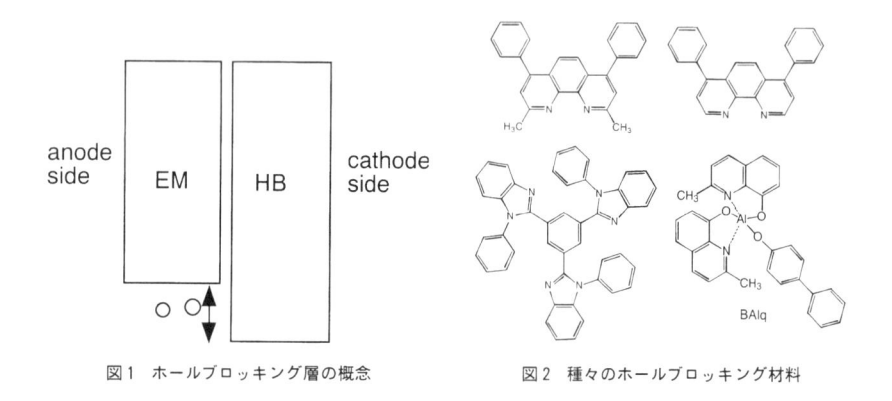

図1　ホールブロッキング層の概念

図2　種々のホールブロッキング材料

[*] Tatsuo Mori　名古屋大学　工学研究科　電子情報システム専攻　助教授

第4章 有機薄膜太陽電池：キャリアー移動材料と電極

かしながら、BCPは温度や湿度に大変敏感で、多結晶化が非常に容易に進展する。我々はBCPに関してはガラス転移温度が正確に測定できていない状況にある。図3aは約25℃相対湿度62%の大気中に成膜後60分間放置されていたBCP膜の偏光顕微鏡像である。すでに結晶化領域が多数見られるが、成膜後120分後（図3b）ではさらに結晶化領域が拡大している。一方、図3cでは同じ成膜120分後でも真空中で保存していたものはかなり結晶化の進展が抑制されている。BCPを利用したデバイスを作成する場合には、高性能化においては適切な封止が重要な要件となる。しかしながら、Alq3などを電子輸送層にBCPの上部に積層した場合には、多結晶化はかなり抑制される。このことはNPDの多結晶化現象の観察と同様である[1]。

3.3 BAlqとBCPのホールブロッキング性の比較

図4に示す正孔輸送材料にNPDを利用した有機EL素子のエネルギーダイアグラムより、NPDとBAlqのホールに対する界面の障壁はNPDとBCPの界面の障壁に比べて低いので、BAlqはBCPよりもホールブロッキング性が弱いと予測できる。実際に素子を作成して両者を比較すると、図5a,bはそれぞれNPD(50nm)/BAlq(50nm)とNPD(50nm)/BCP

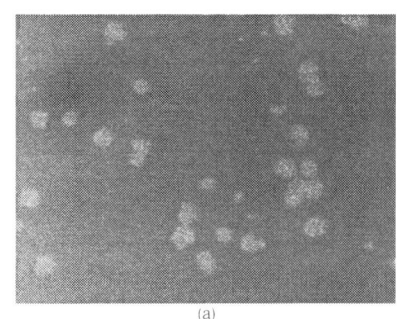

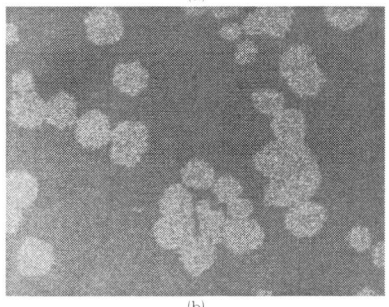

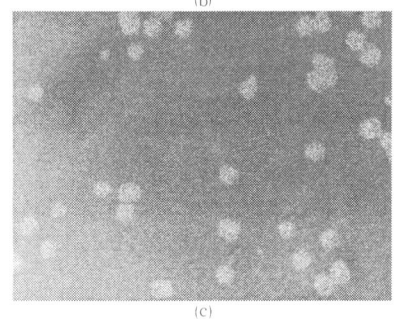

図3 BCPの多結晶化現象
(a)大気中（25℃、相対湿度62%）60分間放置、(b)同120分間放置、(c)真空中120分間放置

(50nm)の有機EL素子のELスペクトルの電流依存性である。NPD/BCPでは電流が増加してもNPDのみのEL成分であるが、NPD/BAlqでは、どちらかといえばBAlqのEL成分が主となり、駆動電流が上昇すると共に410nm付近のNPD成分が増加してくる。このことはBCPのホールブロッキング性が強いことを示唆しているが、材料としてのエネルギー的な関係も重要で

187

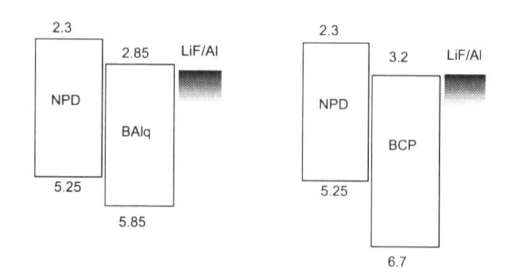

図4 NPD/BAlq，BPD/BCP のエネルギーダイアグラム

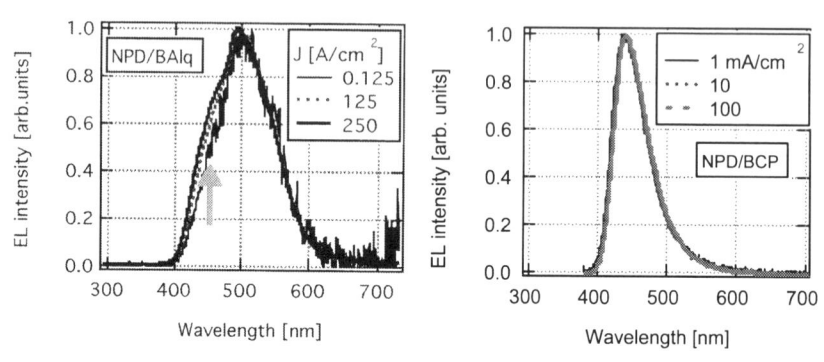

図5a ITO/NPD(50nm)/BAlq(50nm)/LiF/Al の EL スペクトルの電流依存性

図5b ITO/NPD(50nm)/BCP(50nm)/LiF/Al の EL スペクトルの電流依存性

ある。NPD と BAlq では一方が他方に対してホスト-ゲストの関係にはなく，互いに少ないとはいえ励起エネルギーを交換できる関係にある。しかしながら，NPD と BCP では NPD に対して BCP の励起エネルギーが大きく，励起状態にある BCP の近くに NPD がある場合にはエネルギー移動してしまい，BCP は失活する。すなわち NPD と BCP では，エネルギー的にはゲスト-ホストの関係にある。それゆえ，どの程度ホールがブロッキングされているかはホールブロッキング層の膜厚を変えて検討する必要がある。

3.4 BCP のホールブロッキング性

ホールブロッキング層の膜厚を薄くし，その減少分膜厚を陰極との間に挿入する。さらに必要に応じて，部分ドープ法を利用してある程度漏れホール量を定量化することもできる。ここでは減少分に対して電子輸送層として用いられる Alq3 を積層して利用した。図6は BCP の一定電

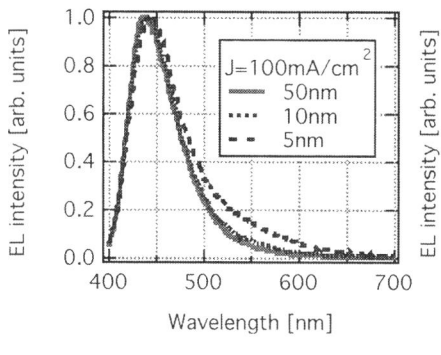

第4章 有機薄膜太陽電池：キャリアー移動材料と電極

図6 ITO/NPD(50nm)/BCP(x nm)/Alq3(50-x nm)/LiF/Al の EL スペクトル

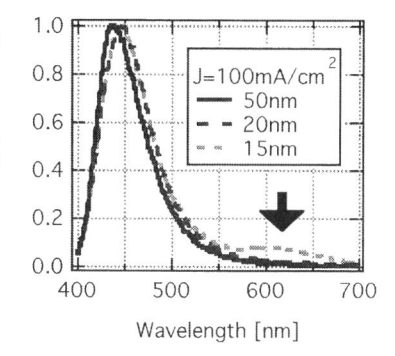

図7 ITO/NPD(50nm)/BCP(x nm)/DCJT-doped Alq3(1 mol%, 10nm)/Alq3(40-x nm)/LiF/Al の EL スペクトル

流における EL スペクトルの膜厚依存性である。BCP の膜厚を 5 nm にした場合に 500nm 以上の長波長領域に EL 成分が認められる。これは Alq3 の成分と思われる。ただし、BCP が 5 nm と薄いので、仮に BCP 5 nm 全体が再結合領域であった場合には BCP から直接 Alq3 に、また NPD 層で再結合した場合にも BCP 層を透過して Alq3 にエネルギー移動を生じて発光していることも考えられる。そこでオレンジ色の発光を生じる DCJT を BCP 層に接する Alq3 にドーピングして BCP の膜厚依存性を調べた。

図7は 10nm の Alq3 層に 1 mol%DCJT を部分ドープした NPD/BCP/Alq3 の EL スペクトルである。赤系のドーパントである DCJT や DCM は Alq3 に対してキャリアトラップ性があるので、BCP 層からのキャリアの浸透を評価するのに有効である。BCP の膜厚が 20nm 程度であれば、素子の EL スペクトルはほとんど変化しないが、15nm になると DCJT の EL が観測される。この結果から BCP がホールブロッキング層として機能するためには 20nm 以上の膜厚が必要であることが示唆される。

3.5 BAlq のホールブロッキング性の消失（再結合領域の移動）[12-14]

BAlq に対しても同様な Alq3 の積層効果を調べたところ、興味深い現象が見られた。BAlq を燐光材料のホストに利用した結果が報告されているが、その中で BAlq の再結合領域が Alq3 に比べて大きく、それは BAlq のキャリア移動度が大きいことが原因として考えられると報告されている[2]。しかしながら、BAlq は Alq3 に比べ LUMO レベルが高いので、陰極からの電子注入障壁は前者が高くなる。それゆえ、陰極に接している部分を注入障壁が低い Alq3 に置き換えた

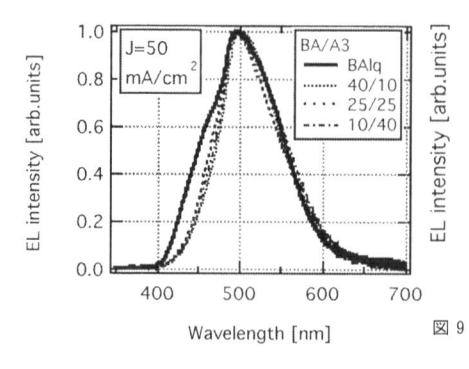

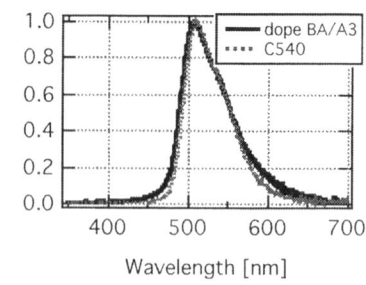

図8 ITO/NPD(50nm)/BAlq(x nm)/Alq3(50-x nm)/LiF/Al の EL スペクトル

図9 ITO/NPD(50nm)/BAlq(30nm)/C540-doped Alq3(1 mol%, 10nm)/Alq3(10nm)/LiF/Al と ITO/NPD(50nm)/C540-doped Alq3(1 mol%, 50nm)/LiF/Al の EL スペクトル

場合には EL 効率が上昇することが予測される。NPD に対して全膜厚を 50nm と固定したとき BAlq/Alq3 の膜厚比をパラメータとしたところ,25nm/25nm がもっとも外部量子効率が大きくなった[12]。膜厚比を変えた EL スペクトルが図8である。ここで注目すべきは 450nm 付近の EL が BAlq/Alq3 積層試料では見られないということである。この成分は差分スペクトルから NPD の EL スペクトルに一致したので,積層試料では再結合領域が NPD/BAlq ではなく,BAlq のバルク奥などにシフトしたことが考えられる。

そこで我々はクマリン誘導体を Alq3 層に部分ドープして再結合領域を検討した。クマリン誘導体は DCJT などよりキャリアトラップ性が小さく,ホストである Alq3 のキャリア電導を妨げにくい。ただし,赤系と異なりホストに近い EL 成分なので,明確な EL スペクトルでないと判断しづらい点がデメリットといえる。図9は Alq3 層にクマリン誘導体をドープした試料と BAlq/Alq3 素子で Alq3 層にクマリン誘導体を部分ドープした試料の EL スペクトルである。両者はほぼ一致していることから,BAlq/Alq3 素子では主たる再結合領域が NPD/BAlq 界面から BAlq/Alq3 界面にシフトしたことを示唆する。さらに,部分ドープした BAlq/Alq3 素子では電流の上昇と共に 450nm 付近の EL が増加してくる(図10)。これは NPD の EL 成分ではなく,BAlq の EL 成分であることがわかった。

図11に BAlq/Alq3 素子のエネルギーダイアグラムを示す[13]。BCP と異なり BAlq では,電流が少ないうちは,BAlq/Alq3 界面の Alq3 側が主たる再結合領域となる。このことは極めて驚くべきことである。Alq3 を積層しない場合には,ホールは完全にブロッキングされないまでも,NPD/BAlq 界面のホール注入障壁を容易に乗り越えられなかった。ところが Alq3 を積層すると,低電流(低電界)であっても NPD/BAlq 界面のホール注入障壁をホールは全く素通り

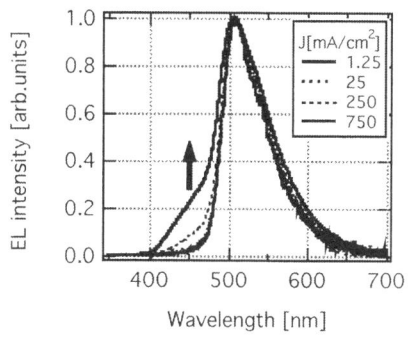

第4章 有機薄膜太陽電池：キャリアー移動材料と電極

図10 ITO/NPD(50nm)/BAlq(30nm)/C540-doped Alq3(1mol%, 10nm)/Alq3(10nm)/LiF/Al の EL スペクトルの電流依存性

図11 ITO/NPD/BAlq/C540-doped Alq3(1mol%, /Alq3/LiF/Al のエネルギーダイアグラムと電流領域における再結合領域

で BAlq/Alq3 界面に到達することができる。この現象は単にエネルギーダイアグラムを眺めているだけでは説明できない。そして高電流になると，BAlq へ電子注入が多くなり BAlq の発光成分が増加する。例えば BAlq/Alq3 素子を電子注入の点から検討することもできるが，その場合には NPD/BAlq 界面と BAlq/Alq3 界面の2カ所が再結合領域になると予想できる。しかしながら，クマリン誘導体の部分ドープにより主たる発光領域となるためには，キャリア再結合による発光なので，BAlq/Alq3 界面には十分なホールが供給されていると考えられる。この現象はまだ不明な点が多いので，メカニズムの解明には至っていない。しかし，ここで重要なのは界面における注入障壁という概念が単に HOMO, LUMO のエネルギー的な関係だけでは説明できないようだという点である。豊田中研ではフッ素化した材料 CF-X をホールブロッキング材料に利用して燐光材料の高効率化を実現している[31]。その材料は BCP に比較して深い HOMO を有しているが，同時に LUMO も浅いので，本来であれば電子輸送が妨げられると考えられる。これなども材料のエネルギーダイアグラムと実素子の性能と矛盾する例である。

3.6 まとめ

低分子を利用した有機 EL 素子や有機薄膜太陽電池では，機能分離された複雑な多層構造を有している。その中で高効率化を目指すためには，ホールブロッキング材料をはじめとするキャリア輸送制御層（注入層，輸送層，ブロッキング層）が非常に重要な役割を持っており，適切にコントロールすることが重要である。

文　　献

1) C. Adachi, T. Tsutsui, S. Saito, *Appl. Phys. Lett.*, **55**, 1489 (1989)
2) S. Kawami, K. Nanamura, T. Wakimoto, T. Miyaguchi and T. Watanabe, *Pioneer R & D*, **11** 13 [in Japanese] (2000)
3) R. C. Kwong, M. R. Nugent, L. Michalski, T. Ngo, K. Rajan, Y.-J. Tung, M. S. Weaver, T. X. Zhou, M. Hack, M. E. Thompson, S. R. Forrest and J. J. Brown, *Appl. Phys. Lett.*, **81**, 162 (2002)
4) S. Tokito, T. Iijima, T. Tsuzuki and F. Sato, *Appl. Phys. Lett.*, **83**, 2459 (2003)
5) M. Suzuki, S. Tokito, M. Kamachi, K. Shirane and F. Sato, *J. Photopolym. Sci. Technol.*, **16**, 309 (2003)
6) S. Tokito, M. Suzuki and F. Sato, *Thin Solid Films*, **445**, 353 (2003)
7) M. A. Baldo, S. Lamansky, P. E. Burrows, M. E. Thompson and S. R. Forrest, *Appl. Phys. Lett.*, **75**, 4 (1999)
8) B. W. D'Andrade, S. R. Forrest, A. B. Chwang, *Appl. Phys. Lett.*, **83**, 3858 (2003)
9) Y. T. Tao, E. Balasubramaniam, A. Danel, P. Tomasik, *Appl. Phys. Lett.*, **77**, 933 (2000)
10) P. Peumans, A. Yakimov, S. R. Forrest, *J. Appl. Phys.*, **93**, 3693 (2003)
11) T. Mori, Y. Iwama, *J. Photopolym. Sci. Technol.*, **18**, 59 (2005)
12) T. Mori, T. Itoh, T. Mizutani, *J. Photopolym. Sci. Technol.*, **17**, 301 (2004)
13) T. Mori, T. Itoh, Y. Iwama, T. Mizutani, *Jpn. J. Appl. Phys.*, **44**, (2005) in print
14) M. Ikai, S. Tokito, Y. Sakamoto, T. Suzuki, Y. Taga, *Appl. Phys. Lett.*, **79**, 156 (2001)

4 導電性高分子・フラーレンの泳動電着

小野田光宣*

4.1 はじめに

1986年にコダック社のC. W. Tangらが高効率の有機電界発光（OEL）素子について報告して以来[1]、有機材料を積極的にエレクトロニクス分野での機能素子へ活用する研究開発が極めて活発に行われている。例えば、高分子の主鎖が二重結合と単結合の長い繰返しからなる、すなわち、共役系の発達している導電性高分子では、二重結合に関与するπ電子が電気伝導に寄与し、光学吸収スペクトルを始めとする光学的性質をも決定する。共役系が一次元的に鎖状に発達しているか二次元的、すなわち、面状に発達しているかによって導電性高分子は、大きく二つのグループに大別され、前者が絶縁体、半導体としての性質を示すのに対し、後者はグラファイトのように金属的な性質を示す。図1に代表的な鎖状導電性高分子の分子構造を示す。鎖状導電性高分子の詳しい性質については成書を参照していただきたい[2]。

導電性高分子の最大の特徴は、可逆なドーピングが可能であることである。現在まで、導電性高分子の多種多様な性質を利用したエレクトロニクス応用が多数提案されている。例えば、①金属としての利用、②絶縁体、半導体としての利用、③絶縁体－金属転移現象の利用、④可逆なドーピング性の利用、⑤その他の共役系、配向性を反映する性質の利用などが可能である。例えば、導電性高分子を太陽電池へ応用する場合、多くの導電性高分子は蛍光の量子効率が高く、また単一のキャリアしか輸送しないという性質を持つため、効率よく正負の光キャリアを分離し、輸送することが困難である。従って、単一の導電性高分子で作製した太陽電池の光電変換効率は、低い値にとどまることが分かっている。

一方、導電性高分子を他の材料と組み合わせることによりドナ/アクセプタ系を構成し、光誘起電荷移動による効率的な正負キャリアの分離を行わせることで、光電変換効率の飛躍的な向上が図られることが報告されている[3,4]。例えば、代表的な導電性高分子であるpoly(2-methoxy-5-ethylhexyloxy-1,4-phenylene vinylene)（MEHPPV）やpoly(3-alkylthiophene)（PATn）では、ドナ型すなわち正孔受容型の性質を示す。しかし、これらの高分子に対してfullerene（C_{60}）は、極めて高効率のアクセプタとして作用することは良く知られている。すなわち、MEHPPVやPATnの導電性高分子にわずか1mol%、すなわち高分子100繰り返し単位に対して1個のC_{60}分子を導入することで、極めて効率よく電荷分離を起こすことができ、蛍光の消光および数桁に上る光電変換効率の向上が達成できる。

導電性高分子とC_{60}からなる複合体におけるキャリアの輸送を考えた場合、アクセプタ、ドナ

---

* Mitsuyoshi Onoda　兵庫県立大学　大学院工学研究科　教授

有機薄膜太陽電池の最新技術

図1 代表的な鎖状導電性高分子の分子構造

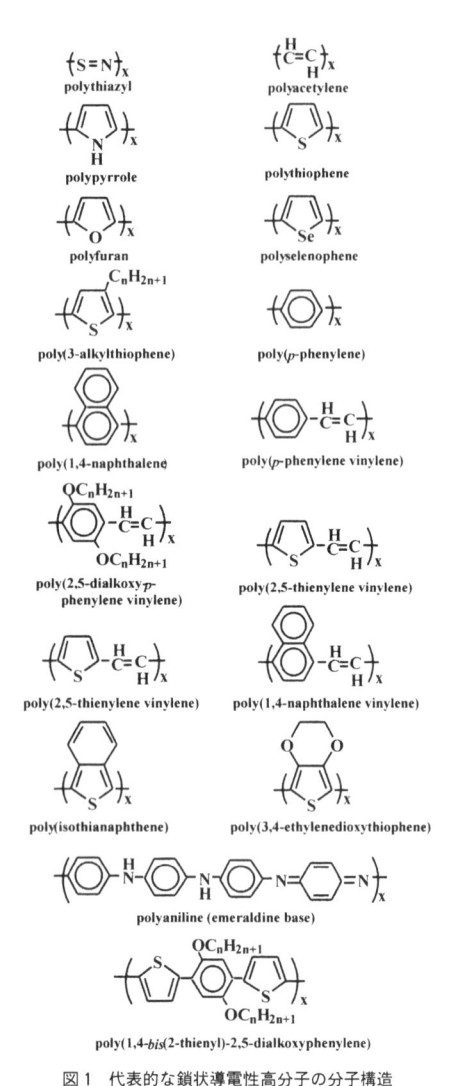

ともにパーコレーション閾値以上の濃度が含まれ、両極性輸送媒体となっていることが重要であるが、C_{60} そのものは通常の有機溶媒への溶解度は低いことが課題となっている。すなわち、導電性高分子と C_{60} の溶液を混合する方法では、乾燥中の C_{60} 微結晶析出などにより 10mol% 程度の分散すら現実には極めて困難である。従って、C_{60} を化学的に修飾することで溶解度を向上する試みがなされてきた[5,6]。しかし、現実問題として C_{60} を化学的に修飾することは、C_{60} 分子のπ電子系の対称性を大きく乱すことになり、C_{60} が有するアクセプタ性能を損なう可能性がある。また、複雑な化学合成反応を経て合成される C_{60} 誘導体は、経済性、環境負荷（環境安全性）、材料純度の面から見て未修飾の純粋な C_{60} に比べて優れているとは考えにくい。

最近、導電性高分子をナノ構造化する手法として、コロイド懸濁液からの電気泳動堆積法について検討されている[7~10]。溶液を基本とした従来からある製膜法では、基板上に塗布された溶液の液膜から固体化と乾燥がほぼ同時に進行するのに対して、電気泳動堆積法はコロイド懸濁液中で瞬間的に固体化した導電性高分子ナノ微粒子を、非溶媒の液体中で堆積、乾燥する手法である。すなわち、高分子固体化の過程を製膜、乾燥の過程から分離した過程であり、電気泳動堆積法の最大の特徴である。

ここでは電気泳動堆積法を用いた製膜技術について概観した後、この手法を利用して高濃度の C_{60} を導電性高分子に分子分散できることを提案し、太陽電池等の有機電子デバイスへの機能応

第 4 章　有機薄膜太陽電池：キャリアー移動材料と電極

用が可能であることを述べる[11]。

4.2　導電性高分子の溶液物性

　導電性高分子を機能応用する場合，優れた電気的性質，光学的性質，機械的性質などを有していると同時に，周囲環境に対して安定でしかも加工成型性を備えていることが肝要である。一般に，導電性高分子は主鎖骨格が剛直で柔軟性に乏しく，しかも強い分子鎖間相互作用を有する場合が多いので，溶解性，溶融性に乏しく加工面では大きな制約があった。しかし，導電性高分子の分子修飾，合成法などの検討から，環境安定性に優れ，加工成型性を有する多種多様な導電性高分子が合成できるようになり，導電性高分子とその機能応用の研究も新しい段階に差しかかっている。

　加工成型性という観点からもっとも特筆されるべきことは，PATn で溶融性，溶解性が見出されたことである。すなわち，チオフェン環の3位置を長鎖アルキル基（$-C_nH_{2n+1}$）で置換した，図1に示す分子構造の PATn が合成され，優れた溶解性，溶融性を有していることが報告された。このことが契機となって，導電性高分子をアルキル基，アルコキシ基（$-OC_nH_{2n+1}$）などの長い側鎖で置換することにより，溶解性，溶融性を付与した poly(3-alkylpyrrole)，poly(2,5-dialkoxy-1,4-phenylene vinylene) など様々な導電性高分子が合成され，緻密な膜が容易に得られるようになり，導電性高分子の物性が詳細に理解できるようになると共に，実用性という点からも大きな進展がもたらされた。特に，導電性高分子の溶液状態においては，p電子系の電子状態と主鎖骨格のコンフォメーション変化が直接関係しているということが観測できるので興味がもたれている。

　導電性高分子の基本的な特徴として，電子構造と骨格のコンフォメーションとの間に強い相関がある。この点から，特に興味がもたれる導電性高分子は PATn で，その溶液は溶媒の性質，温度に依存して劇的な色変化（クロミズム）を示す。側鎖にアルキル基あるいはアルコキシ基などの長い置換基を導入することにより導電性高分子が可溶性を示すのは，隣接する導電性高分子鎖間の相互作用が弱まり，置換基と溶媒との相互作用が有効になったためと考えられる。表1に poly(3-hexylthiophene)（PAT 6）および poly(3-docosylthiophene)（PAT22）の各種溶媒に対する溶解性を示す[12]。n-hexane，n-heptane などの鎖状炭化水素溶媒は PAT 6 の良溶媒ではないが，PAT22 では溶解性を示し赤色を呈する。一方，chloroform などの溶媒は，両者に共通の良溶媒で溶液の色は室温で黄色を呈する。このように PATn は溶媒の種類によりその色が大きく変化し，ソルバトクロミズム（solvatochromism）現象が明瞭に認められる。

有機薄膜太陽電池の最新技術

表1 種々の溶媒中におけるポリ(3-ヘキシルチオフェン)とポリ(3-ドコシルチオフェン)の溶解性

Solvent	Poly(3-hexylthiophene)			Poly(3-docosylthiophene)		
	R. T.	50℃	R. T.*	R. T.	50℃	R. T.*
n-heptane	△	△	△	*	○	○[a]
n-hexane	△	△	△	*	○	○[a]
di-n-butyl ether	△	△	△	*	○	○[a]
carbon tetrachloride	○	○	○	○	○	○
p-xylene	○[a]	○	○	○	○	○
1-butanol	*	*	*	*	*	*
tetrahydropyran	○	○	○	○[a]	○	○
trichloroethylene	○	○	○	○	○	○
toluene	○[a]	○	○	○[a]	○	○
1,4-dioxane	△	△	△	*	*	*
2-butanone	△	△	△	*	*	*
anisole	○[a]	○[a, b]	○[a]	*	○[a, b]	○[a]
chloroform	○	○	○	○	○	○
dichloromethane	○[a]	○	○	*	○	○
N,N'-dimethylaniline	○	○	○	○	○	○

○:soluble, *:non-soluble, △:slightly soluble
R. T.:room temperature
R. T.*:The sample dissolved at 50℃ was left at room temperature
a):a little precipitation, b):The sample dissolved uniformly at 80℃

4.3 導電性高分子コロイド懸濁液濃度の調整

導電性高分子のコロイド溶液は，図2に示すように導電性高分子の溶解液を非溶媒に投入するという極めて簡単な混合法によって得られることを見出した[7]。すなわち，poly(3-octadecylthiophene) (PAT18) の良溶媒であるトルエン (2 ml) に PAT18 (2 mg) を溶解し，PAT18 の非溶媒であるアセトニトリル (18ml) に投入することにより，0.1g/l の PAT18 コロイド懸濁液を得られる。アセトニトリル/トルエンの体積比が9:1の場合，PAT18 コロイド懸濁液の濃度は，PAT18 のトルエンに対する最大溶解度に依存して 0.01g/l から 0.5g/l の範囲で調整可能である。本手法による導電性高分子のコロイド溶液濃度の調整は，様々な可溶性導電性高分子に適用可能で，2種類以上の導電性高分子を複合化したコロイド懸濁液の作製に極めて有効である。ここでは，本手法を用いると導電性高分子体積内に有効に C_{60} を分子分散できることを示し，得られた導電性高分子－C_{60} 複合膜が有機太陽電池の活性層として利用できることを示す。

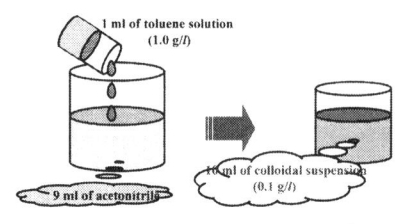

図2 導電性高分子コロイド懸濁液の作製方法の概略図

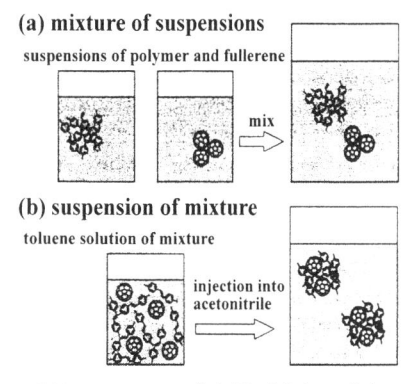

第4章　有機薄膜太陽電池：キャリアー移動材料と電極

(a) mixture of suspensions
suspensions of polymer and fullerene

(b) suspension of mixture
toluene solution of mixture
injection into acetonitrile

図3　MEHPPV-C_{60}複合懸濁液濃度の調整法
(a)MEHPPV および C_{60} 個々の懸濁液を混合（方法 a）
(b)MEHPPV-C_{60} 混合溶液から懸濁液（方法 b）

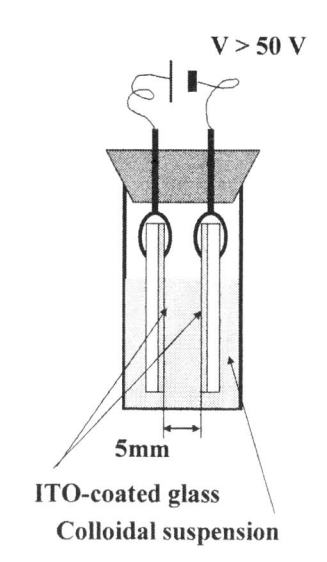

V > 50 V
5mm
ITO-coated glass
Colloidal suspension

図4　電気泳動堆積法に用いた製膜容器

　製膜しようとする可溶性導電性高分子，例えばMEHPPV などをトルエン溶液に溶解し，非溶媒であるアセトニトリルに注入することで導電性高分子のコロイド懸濁液濃度を調整した。C_{60} のトルエンへの溶解度は，実用的には高々 2 mmol/l であるので，この値を基準として濃度調整した。すなわち，MEHPPV の繰返し単位および C_{60} の濃度が共に 2 mmol/l となるように，0.33g/l の MEHPPV 溶液と，1.44g/l の C_{60} 溶液を作製した。これらのトルエン溶液 1 単位を，4 単位のアセトニトリル溶液に投入することで濃度 0.4mol/l の MEHPPV の懸濁液と C_{60} の懸濁液を作製した。この時点で材料はナノサイズのコロイド粒子として瞬間的に固体化する。従って，キャスト法などで徐々に乾燥して薄膜を得るとき問題となる C_{60} 結晶の成長などが防止可能となると考えた。更に，スピンコート法では製膜できないほど希薄な溶液から濃度調整したコロイド懸濁液であっても，電気泳動堆積法によって容易に薄膜化される場合が多く，この点でも複合膜の製膜に極めて有利である。

　MEHPPV-C_{60} 複合体を作製するに当たり，図3に示すような二通りの方法を試した。すなわち，①MEHPPV と C_{60} の懸濁液濃度を別個に調整し，その懸濁液を混合する方法，②MEHPPV と C_{60} のトルエン溶液をあらかじめ混合し，その後アセトニトリル中へ投入して懸濁液を作製する方法，である。これらは，MEHTPPV の繰返し単位に対して，C_{60} 懸濁液濃度が 10mol/l，20ml/l，および 50mol/l になるように調整した。

　電気泳動堆積法は，図4に示すようなガラス性の製膜容器を用いて行った。すなわち，懸濁液中に酸化インジュウム錫（ITO）をコートした二枚のガラス基板を浸漬して電極とし，電圧を印

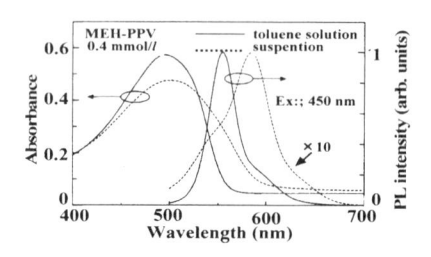

図5 MEHPPVのトルエン溶液と懸濁液の光学吸収スペクトルおよび蛍光スペクトル

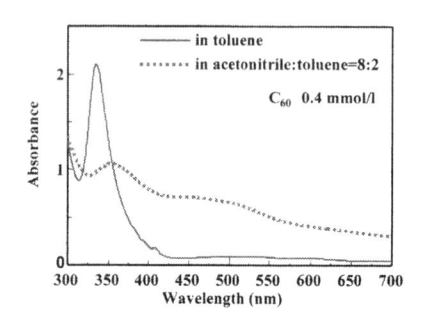

図6 C_{60}のトルエン溶液と懸濁液の光学吸収スペクトル

加して製膜した。典型的には、電極間隔は5mmとし、電圧250Vを1〜3秒間印加して製膜した。尚、これらの作業は全て空気中で行い、その後、基板上に作製した膜を空気中で自然乾燥した。光学吸収スペクトルや蛍光スペクトルの測定および原子間力顕微鏡（AFM）による表面観察は、室温、空気中で実施した。

4.4 MEHPPVおよびC_{60}懸濁液

図5にMEHPPVのトルエン溶液と懸濁液の光学吸収スペクトルおよび蛍光スペクトルを示す。濃度は共に0.4mol/lとした。MEHPPV懸濁液の光学吸収ピークおよび光学吸収端は、MEHPPVトルエン溶液のそれらに比べて長波長側へ移行しており、MEHPPVが懸濁液中で固体化していることを示唆している。また、懸濁液においても光学吸収端が明瞭に認められることから、懸濁液中のコロイド粒子は可視光の波長より十分に小さいことを示す。また、懸濁液の蛍光スペクトル強度は、トルエン溶液のそれに比べて約10%にまで低下し、長波長側へ移行しているので、MEHPPVの固体化を示唆していると考えられる。

一方、図6に示すようにC_{60}の懸濁液とトルエン溶液の光学吸収スペクトルには顕著な相違が観測される。すなわち、トルエン溶液ではC_{60}分子が孤立して存在しているため、そのπ電子系の高度な対称性が保たれるため、C_{60}の最高被占準位（HOMO）-最低空準位（LUMO）間の光学遷移が禁制となる。従って、430nmより短波長側の吸収のみが観測され、340nm付近に急峻なピークを示し、その溶液は透きとおった紫色である。一方、C_{60}懸濁液では、不透明な茶色に着色する。この時、懸濁液中でC_{60}は凝集状態となるためπ電子系の対称性は失われ、約500nm付近の長波長側にも光学吸収ピークが観測される。また、トルエン溶液で340nm付近に観測されたピークも、約360nm付近に移行すると共にブロードになっている。更に、赤外領域にまで伸びている光学吸収スペクトルの裾は、光散乱によるものと考えられる。このようにC_{60}の光学吸収スペクトルは凝集状態に極めて敏感である。

4.5 MEHPPV–C_{60} 複合懸濁液

図7(a)に個別に作製したMEHPPVおよびC_{60}の懸濁液を混合することにより作製したMEHPPV–C_{60}複合懸濁液の光学吸収スペクトルを示す。これらの光学吸収スペクトルは，図5に示すMEHPPV懸濁液および図6に示すC_{60}懸濁液の光学吸収スペクトルが単純に重畳されたものとして理解される。

一方，図7(b)に示すように，MEHPPV–C_{60}の混合トルエン溶液をアセトニトリル溶液に投入して作製したMEHPPV–C_{60}複合懸濁液では，C_{60}濃度が20mol%，すなわちMEHPPVの繰返し単位4個に対して，1個のC_{60}を導入したものまで，C_{60}分子に起因する340nm付近の光学吸収ピークが明瞭に観測されるとともに，赤外領域での光散乱も観測されていない。このことは，C_{60}分子の凝集が顕著に抑制された結果であると考えられる。言い換えれば，懸濁液中のMEHPPVマトリックス中でC_{60}が分子状に分散した複合体のコロイド微粒子が生成されていることを示唆していると考える。しかし，同図から明らかなように50mol%までのC_{60}の導入を試みた場合には，図6と同様のC_{60}の凝集に起因すると考えられる光学吸収スペクトルのブロード化や長波長側での光学吸収や光散乱が観測され，MEHPPV中に取り込まれなかったC_{60}分子が凝集したためと考えられる。

個別に作製したMEHPPVおよびC_{60}の懸濁液を混合することにより作製したMEHPPV–C_{60}複合懸濁液の蛍光スペクトルを図8(a)に示す。C_{60}濃度の増加と共に蛍光強度は減少しているが，50mol%まで導入したMEHPPV–C_{60}複合懸濁液には固体のMEHPPVに起因する発光が観測された。言い換えれば，C_{60}によるMEHPPVの蛍光の消光が効率的に生じていないことを示唆している。

一方，同図(b)に示すように，MEHPPV–C_{60}の混合トルエン溶液をアセトニトリル溶液に投入して作製したMEHPPV–C_{60}複合懸濁液では，固体のMEHPPVからの蛍光は20mol%までの

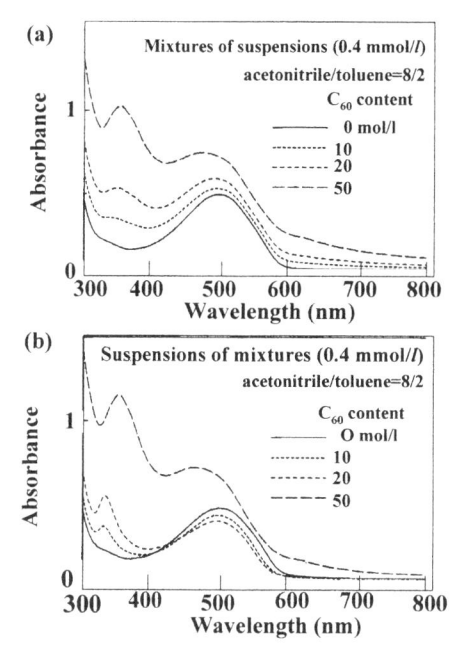

図7 (a)方法aおよび(b)方法bにより濃度調整したMEHPPV–C_{60}複合懸濁液の光学吸収スペクトル

C_{60}の導入で完全に消光しており、MEHPPVとC_{60}が良好に混合し、光誘起電荷移動が有効に生じていることを示唆している。

図8(a)、(b)では共に、550nm付近において蛍光スペクトルに肩が観測されるが、電気泳動堆積法から得たMEHPPV-C_{60}複合膜では、このような蛍光ピークは観測されなかった。また、この蛍光スペクトル形状は、MEHPPVのトルエン溶液の蛍光スペクトルと極めて酷似していることから、アセトニトリル/トルエン混合（4：1）溶液に微量に可溶な低分子成分によるものと考えられる。

4.6 MEHPPV-C_{60}複合膜

MEHPPV懸濁液およびC_{60}懸濁液から電気泳動堆積法により製膜を試みたところ、いずれも正に電圧を印加した電極上に膜の堆積が確認された。このことは、MEHPPVコロイド懸濁液およびC_{60}コロイド懸濁液は、い

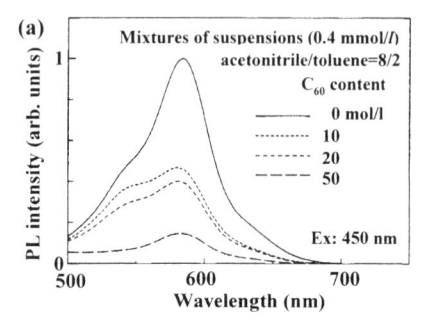

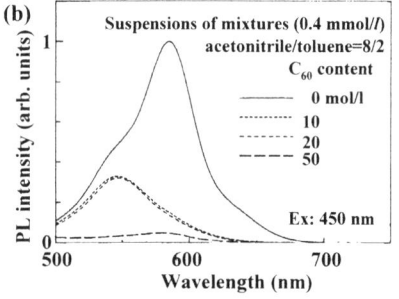

図8 (a)方法①および(b)方法②により濃度調整したMEHPPV-C_{60}複合懸濁液の蛍光スペクトル

ずれも負に帯電したコロイド粒子から成っていることを示唆している。これは、4.3で述べたドナ型の導電性高分子PAT18とは逆の極性を示しており、MEHPPVはドナ型、C_{60}はアクセプタ型であることから、コロイド粒子が帯電する極性は、このようなキャリアから見た極性とは無関係であることを示している。また、4.5で述べた2種類のMEHPPV-C_{60}懸濁液からも、電気泳動堆積法による製膜は可能であり、いずれも正電圧を印加した電極上に膜の堆積が認められた。

個別に作製したMEHPPVおよびC_{60}の懸濁液を混合することにより作製したMEHPPV-C_{60}複合懸濁液から作製したMEHPPV-C_{60}複合膜と、MEHPPV-C_{60}の混合トルエン溶液をアセトニトリル溶液に投入して作製したMEHPPV-C_{60}複合懸濁液から作製したMEHPPV-C_{60}複合膜の光学吸収スペクトルを図9(a)、(b)にそれぞれ示す。いずれのスペクトルも図7(a)、(b)に示すMEHPPV-C_{60}コロイド懸濁液の光学吸収スペクトルと定性的にほぼ一致している。

図10は、C_{60}分子の特徴的な光学吸収に起因する340nm付近のピークを基準として図9(b)の一部を規格化して示す。20mol%までのC_{60}分子に起因する光学吸収スペクトルの波形は、C_{60}分子のトルエン溶液のそれとピーク波長、線幅共にほぼ普遍であり、20mol%という高濃度のC_{60}

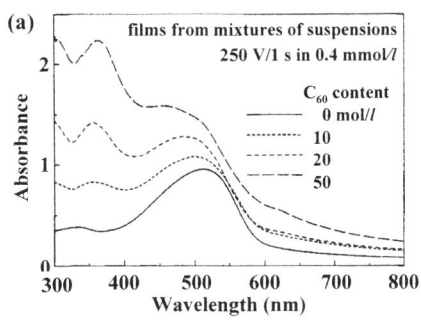

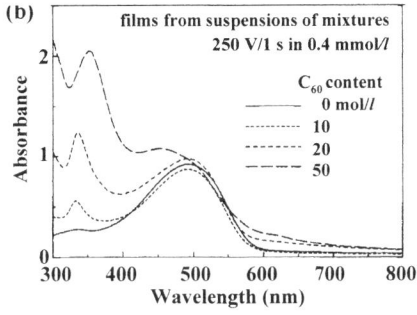

第4章 有機薄膜太陽電池：キャリアー移動材料と電極

図9 (a)方法①および(b)方法②により濃度調整した懸濁液からの電気泳動堆積法によるMEHPPV-C_{60}複合膜の光学吸収スペクトル

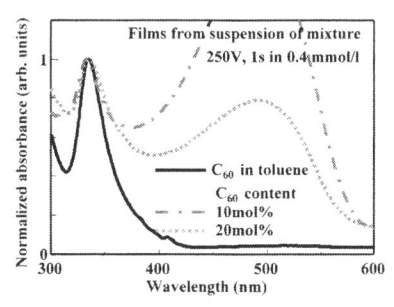

図10 340nm付近の光学吸収ピークを基準として正規化した図9(b)のスペクトル
比較のため、C_{60}のトルエン溶液の光学吸収スペクトルも図示。

分子が、MEHPPV薄膜中に分子状に分散していると考えられる。20mol%は重量比で約1:1に対応しており、このように電気泳動堆積法による製膜技術を用いることで、未修飾のC_{60}分子を高濃度で導入できることが初めて見出されており、今後この手法を活用した有機電子デバイス等への応用研究、例えば太陽電池、有機電界発光指紋認識素子などの進展が期待される。

電気泳動堆積法にしにより作製した2種類のMEHPPV-C_{60}複合膜の蛍光スペクトルを図11(a)、(b)に示す。MEHPPV-C_{60}複合懸濁液で観測された550nm付近の蛍光ピークは観測されておらず、電気泳動堆積法によって、図8で述べた蛍光の起源となる低分子量と考えられる成分は薄膜から分離できたものと考える。特に、図11(b)では10mol%のC_{60}導入によりMEHPPVの蛍光が雑音準位以下にまで抑制され、顕著な光誘起電荷移動が生じていることを示唆する。

図12はMEHPPV-C_{60}複合膜のAFM像を示す。同図(a)に示すMEHPPV単体の膜は、滑らかな高分子表面にクレータ状の穴が開いている像が観測された。すなわち、MEHPPVコロイド懸濁液から電気泳動堆積法により製膜した膜を自然乾燥させることで、膜内に残留している懸濁液中のアセトニトリルが蒸発し、トルエンの液滴が膜上に生成してMEHPPVを溶解したためこのような穴が形成されたものと考えられる。また、同図(b)に示すように、個別に作製したMEHPPVおよびC_{60}の懸濁液を混合することにより作製したMEHPPV-C_{60}複合懸濁液から作製した

MEHPPV-C_{60} 複合膜では，MEHPPV マトリックス中に C_{60} の微粒子が潜り込んだような表面構造が観察された。一方，MEHPPV-C_{60} の混合トルエン溶液をアセトニトリル溶液に投入して作製した MEHPPV-C_{60} 複合懸濁液から作製した MEHPPV-C_{60} 複合膜では，同図(c)に示すようにコロイド微粒子を反映したナノ構造化膜が得られた。言い換えれば，C_{60} の溶解性が低いことを反映して，個々のMEHPPV-C_{60} 複合体微粒子のトルエンに対する溶解度が低下していることを示唆しており極めて興味深い現象である。

4.7 まとめ

分子素子は無機半導体素子と比べて極めて高密度かつ動作，作製いずれの過程に於いても省エネルギーの素子で，非常に興味深い高度な機能を発揮する理想的な素子と言えるが，その素子構造，動作原理，構築法を含めて解決すべき課題が限りなくあると言って良い。従って，分子素子，デバイスの研究は長期的視点を持って多くの分野の研究者が協力して努力すべき，まさに学際領域の夢の多いテーマであり，その基盤を確立する上で導電性高分子の研究開発は非常に重要な位置にあると考えている。特に，分子系超構造の確立によって機能分子の集積化，分子レベルでの構造制御など，これまで考えられていた限界を超越する機能が実現できるだけでなく，量子効果機能の発現による新規な機能をも附与，創出されることが期待される。従って，様々な情報に対する超高密度記憶

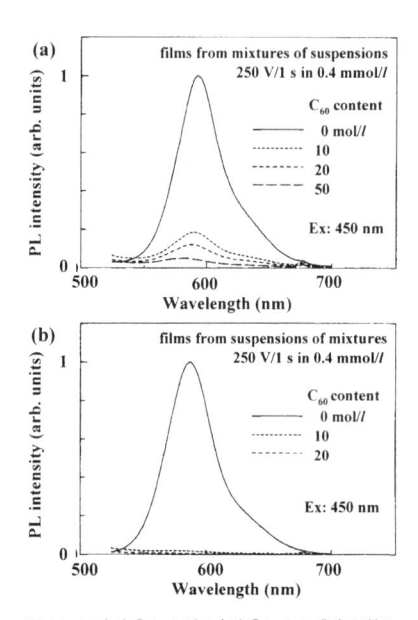

図11 (a)方法①および(b)方法②により濃度調整した懸濁液からの電気泳動堆積法によるMEHPPV-C_{60} 複合膜の蛍光スペクトル

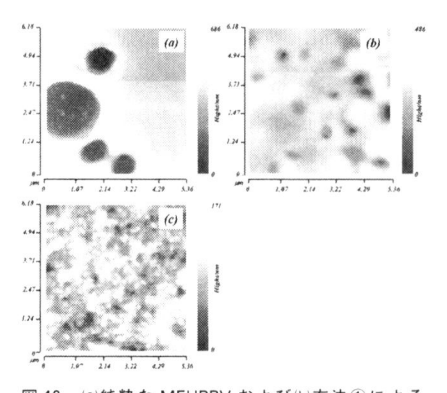

図12 (a)純粋な MEHPPV および(b)方法①によるMEHPPV-C_{60} 複合膜，(c)方法②によるMEHPPV-C_{60} 複合膜の AFM 像（C_{60} の導入量は(b)，(c)とも 20mol%）

第4章 有機薄膜太陽電池：キャリアー移動材料と電極

素子・記録素子，分子レベルで駆動する分子機械などを実現するために超分子化学の視点からナノ分子エレクトロニクス素子の設計，構築をすることが今後ますます重要になると考えられる。

有機／有機あるいは有機／電極の界面は，電子現象を把握したり有用な特性を実現する上で極めて重要であり，ナノ界面では実にさまざまで複雑な現象が生じている。例えば，電気化学における界面は，電極と電解質イオンの共存系であり，この界面を介した電位勾配のある場での電荷の移動，化学種の変化や吸着，移動が起こり，それに溶媒が関与する不均一系での反応であるため，界面自体が化学変化することも予想されるので非常に複雑となるが，将来この方面の発展の可能性を見極めて充分に解明されていなかった問題を浮き彫りにするとともに，界面電子物性の電気化学的評価技術の確立も重要となる。

未来エレクトロニクス技術へ向けた有機薄膜の作製，評価とそれらを用いた薄膜素子の構築が極めて重要であることが指摘されている。機能の多様性と超微細加工による機能の集積化には，構造的にも準安定状態を多く持ち，多種多様性に富んでいる有機材料に多くの期待がよせられ，電子の流れを制御する機能を個々の分子に持たせ，分子サイズの素子を実現する分子エレクトロニクスへの期待は大きい。今後，有機分子およびそれらで構成される構造体の持つ性質と特徴を電気電子工学分野で活用するために必要となる工学体系として「有機分子素子工学」の展開が必要である。米国のクリントン前大統領が発表した「国家ナノテクノロジー戦略」により，我が国でも総合科学技術会議が国としてナノテクノロジーに力を注ぐことを決めている。ナノメートルの世界を任意に制御することで，全ての産業分野に技術革新をもたらす可能性が広く認識されるようになった。有機機能性薄膜素子は，インターネットを中心とする高度映像情報化社会を支える新技術として，今後一層その重要性が増すと考える。

有機超薄膜の電子素子，デバイス応用を考えた場合，有機分子を規則正しく配列制御することにより電気的，光学的性質などを分子レベルで制御でき，有機層の厚さが分子スケールに近づくにつれて界面の特異な性質が反映されるなど，従来予想もつかなかった機能を有する素子，デバイスを実現できる可能性を秘めている。機能を発現するということは，電界，光，熱などの外部刺激や不純物などの外的因子と，有機分子内のπ電子，双極子などが受動的，能動的に相互作用することを意味しており，界面電子現象が機能発現の"からくり"と深く関与していると言える。有機分子素子工学では，電子光機能発現の源の追求がミクロな観点から極めて重要となり，分子コンピュータを目指した単電子トランジスタや分子電子素子などナノテクノロジーと深く関連している。特に，生体超分子の大きさは nm～μm であり，生物の巧みな機能や能力はナノメートルオーダの分子の組合せからなっており，生物は巨大なナノマシンの集合体と考えられる。21世紀中頃までには，生物における情報処理をナノサイエンスから人工的に実現できると確信する。

ナノ構造化導電性高分子の製膜法として開発した電気泳動堆積法により，MEHPPV-C$_{60}$複合

膜を作製した。20mol%の高濃度においてもC$_{60}$が分子状に分散していることが明らかになり、コロイド懸濁液からの電気泳動堆積法による導電性高分子-C$_{60}$複合膜の製膜技術は、太陽電池用材料として極めて有望であり、今後の進展が期待される。

文　　献

1) C. W. Tang and S. A. VanSlyke, *Appl. Phys. Lett.*, **51**, 913 (1987)
2) 例えば、吉野、小野田、高分子エレクトロニクス、コロナ社 (2004)
3) K. Yoshino, K. Tada, A. Fujii, E. M. Conwell and A. A. Zakhidov, *IEEE Trans. Electron Dev.*, **44**, 1315 (1997)
4) S. Morita, A. A. Zakhidov and K. Yoshino, *Solid State Commun.*, **82**, 249 (1992)
5) J. J. M. Halls, C. A. Walsh, N. C. Greenham, E. A. Marseglia, R. H. Friend, S. C. Moratti and A. Holmes, *Nature*, **376**, 498 (1995)
6) G. Yu and A. J. Heeger, *J. Appl. Phys.*, **78**, 4510 (1995)
7) K. Tada and M. Onoda, *Adv. Funct. Mater.*, **12**, 421 (2002)
8) K. Tada and M. Onoda, *Thin Solid Films*, **438-439**, 365 (2003)
9) K. Tada and M. Onoda, *Jpn. J. Appl. Phys.*, **42**, L1093 (2003)
10) K. Tada and M. Onoda, *Jpn. J. Appl. Phys.*, **42**, L279 (2003)
11) K. Tada and M. Onoda, *Adv. Funct. Mater.*, **14**, 4 (2004)
12) K. Yoshino, S. Nakajima, H.. Gu and R. Sugimoto, *Jpn. J. Appl. Phys.*, **26**, L2046 (1987)

5 新しい表面:濃厚ポリマーブラシ

福田　猛[*1]、辻井敬亘[*2]

5.1 はじめに

　表面は、材料と外界の相互作用の接点として極めて重要な役割を担っている。色や反射などの光学的性質、硬さ、滑らかさ、磨耗性といった力学的性質、さらには、吸・接着、透過・排除、防錆、触媒作用から他物質との混和・相溶や他物質への熱・電気の伝導に至る様々な熱力学的、化学的、物理的諸現象はすべからく表面の性質に支配される。このため、表面の修飾・改質は科学技術の主要課題の一つとして、古くより様々な方法が考案され、研究され、実用されてきた。その中で、表面の性質を劇的に改変しうる方法として、表面にその一端を固定(grafting：グラフト)された高分子からなる薄膜を付与する方法がある。材料表面に高分子薄膜を付与する方法は、高分子と表面の相互作用を利用する物理的方法と両者間に化学結合を導入する化学的方法に大別される。前者は、各種の塗膜作製法に加え、ラングミュア・ブロジェット(LB)法や交互吸着法などナノ構造膜の作製技術を含む。化学的方法には、既成の高分子と表面の官能基の反応による「grafting to」法と、表面に化学的に固定された開始基からの重合反応による「grafting from」法(表面開始グラフト重合)がある。物理膜が耐熱性や耐溶剤性に欠け、力学的にも弱いのに対し、化学膜は耐環境的にも、力学的にもより丈夫である。「grafting to」法と「grafting from」法を比較すると、前者では、反応の進行に伴って材料表面の高分子濃度が上昇するため、新たな高分子がこの濃度勾配に逆らって表面に到達する可能性が指数関数的に減少する。このため、反応は一定の限界値を超えて進行しない。この限界値が高分子の分子量とともに減少することは容易に理解される。一方、「grafting from」法では、材料表面に固定された高分子が、通常は低分子化合物であるモノマーや触媒の接近に対する障害となる程度ははるかに小さい。したがって、少なくとも原理的には、モノマーや触媒が入り込めないほど反応環境が密にならない限り、重合反応が進行しうると考えられる。

　良溶媒中の高分子鎖は、膨潤したランダムコイル形態をとるが、固体表面にその一端を固定すると、その形態は高さ方向にやや歪んだものになると考えられる(マシュルーム形態)。グラフト鎖の表面密度が上昇し、マシュルーム同士が互いに重なり合うと、濃度の増大を避けるべく浸透圧が鎖を高さ方向に延伸する。この状態の分子組織を「ポリマーブラシ」と呼ぶ。比較的表面密度 σ の低いポリマーブラシは「準希薄ポリマーブラシ」と呼ばれ、スケーリング理論によると、その膨潤膜厚 L_e は次式で表される[1]。

---

*1　Takeshi Fukuda　京都大学　化学研究所　教授
*2　Yoshinobu Tsujii　京都大学　化学研究所　助教授

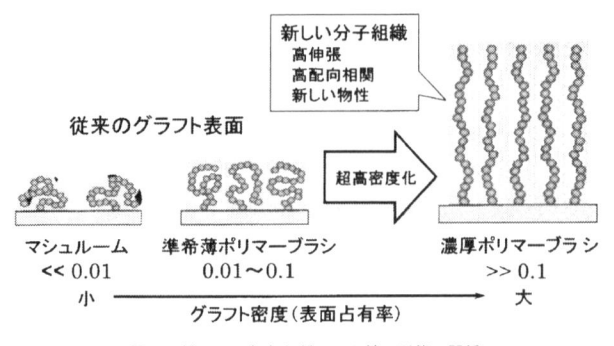

図1 グラフト密度とグラフト鎖の形態の関係

$$L_e \sim L_c \sigma^{1/3} \tag{1}$$

ここで L_c は鎖の全長（伸び切り鎖長）である。表面密度がさらに増大すると，グラフト鎖に対するガウス鎖近似とセグメント間の2体相互作用近似が成立しない「濃厚ポリマーブラシ」領域に入る。濃厚ブラシの L_e は，式(1)の予測より大きな σ 依存性を持つと考えられる[2]。しかし，従来技術で達成しうるのは，準希薄ブラシ領域までであり，グラフト鎖の表面占有率が約10%から数十%に及ぶ濃厚ブラシは最近までほとんど未知・未経験の領域であった。

当研究グループは，リビングラジカル重合の利用により，長さの揃ったグラフト鎖からなる濃厚ポリマーブラシの合成に世界に先駆けて成功し，濃厚ブラシ中の柔軟な高分子鎖が，良溶媒中で伸び切り鎖長に匹敵するほど高度に伸張配向するという驚くべき事実を発見した（図1）。この他多くの点で，濃厚ブラシは準希薄ブラシとはまったく異なる，独自で斬新な性質を示すことが明らかになりつつあり，多様な応用分野への展開が期待される。以下に，濃厚ポリマーブラシの合成と構造・物性に関する当研究グループの最近の研究を紹介する。既発表の総説・解説等[3~8]を併せて参照されたい。

5.2 ポリマーブラシの精密合成：表面開始リビングラジカル重合

古典的な表面開始グラフト重合法は，汎用性に優れる反面，常法では分子量や分子量分布をはじめとするグラフト鎖構造の制御が困難であり，また，開始効率が一般に低いために（上記の指摘にも拘わらず）グラフト密度があまり高くならない。この困難を克服すべく，最近，リビングアニオン重合，リビングカチオン重合，リビング開環重合，リビングラジカル重合（LRP）など各種のリビング重合法の適用が試みられている。この中でLRPは，多くのモノマーに適用し

第 4 章　有機薄膜太陽電池：キャリアー移動材料と電極

うる汎用性と特に厳格な実験条件の設定を必要としない簡便性のゆえに，最もよく用いられている。

　リビングラジカル重合（LRP）の基本機作は，成長ラジカルを適当なキャッピング基で一時的に共有結合化（ドーマント化）し，この共有結合の開裂によるラジカルの再生－成長－再ドーマント化のサイクルを擬平衡下で進行させることにある。低分子量のドーマントモデル化合物を開始種とし，上記のサイクル数が十分多くなるように，また停止反応等により失活する分子の相対分率を十分低く抑えるように反応設計すれば，各成長鎖の分子量が平均化され，分子量分布が狭く，末端活性率の高いポリマーが得られる[9,10]。主なキャッピング基に，ニトロキシドなどの安定ラジカルやハロゲン，ジチオエステル化合物があり，これらを利用する代表的な LRP として，それぞれニトロキシド媒介重合（NMP）[11]，原子移動ラジカル重合（ATRP）[12,13]，可逆的付加－解裂連鎖移動（RAFT）重合[14]が挙げられる[10]。ATRP におけるハロゲン（Cl または Br）の授受（移動）は遷移金属錯体の媒介による。

　LRP を表面開始グラフト重合に利用した最初の系統的な研究は，筆者らのグループによるポリメタクリル酸メチル（PMMA）ブラシの合成である[15]。p-toluenesulfonylchloride 型の頭部を有するシランカップリング剤を用いてシリコン基板上に開始基（クロリド）を固定化し，等価なフリー開始剤（トシルクロリド）の共存下で銅錯体を触媒とする ATRP 重合を行った。図 2 は，単位表面積当たりのグラフト量と（フリー開始剤から成長した）フリー鎖の数平均分子量 M_n の関係を示す。参考のため，他の開始基を用いた系に加え，シリカ微粒子やシリカモノリスなど非平面材料による結果も併せて示してある[7]。重合時間はいずれも10 時間以内である。フリー開始剤の濃度や表面の曲率を問わず，すべての実験点は原点を通る 1 本の直線で近似される。微粒子表面からフッ化水素酸処理によりグラフト鎖を切り出して解析した結果を図 3[16]に示す。グラフト鎖の M_n はモノマー転化率に比例し，M_w/M_n 比も比較的小さい。また，グラフト鎖とフリー鎖の分子特性はほぼ一致しており，したがってフリー鎖はグラフト鎖のよい指針

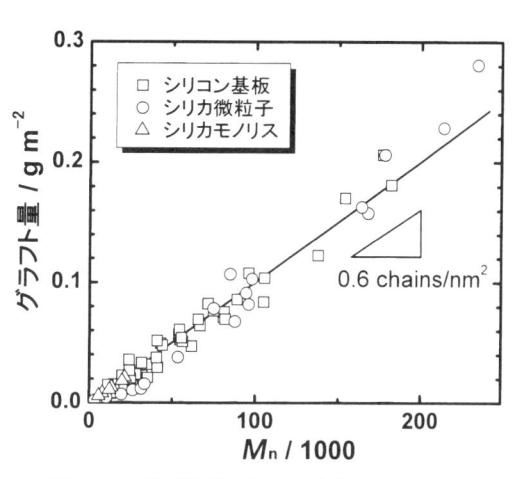

図 2　フリー鎖の数平均分子量 M_n とグラフト量の関係

となる。図2と図3から、この表面グラフト重合は、基材表面の曲率を問わずフリー鎖の成長とほぼ同じ速度でリビング的に進行し、数密度 σ で約 0.6chains nm^{-2}（図2の直線の勾配）、表面占有率で約35%という高い密度の、分子量分布の狭いグラフト膜を与えると結論された。なお、本系および他系[17]におけるフリー開始剤は、均一溶液系での重合と同様に、キャッピング剤（この例では2価のハロゲン化銅）の濃度を、いわゆる持続ラジカル効果[5, 18]により自動調節させる働きをもつ。フリー開始剤を用いずに制御重合を達成するためには、適量のキャッピング剤を予め系に添加する必要がある[19〜21]。この量は、均一系実験の解析結果によるか、または試行錯誤的に設定せざるをえない。

原理的に見て、LRPの開始効率は非常に高い。Yamamotoら[22]は、シリコン基板上に固定化した開始剤単分子膜（開始基密度約 4.5groups nm^{-2}）をUV照射で部分的に失活させる方法で、開始基の表面密度 σ_i を異にする一連の基板を作製し、これにより、既述の方法で PMMA ブラシを調製した。その結果によると、σ_i が約 0.5nm^{-2} 以下で、σ_i とグラフト鎖の表面密度 σ はほぼ一致しており、この領域での開始効率はほぼ100%といえるが、この領域を超えると σ は σ_i に追随せず、約 0.7nm^{-2} なる飽和値に留まる。分子間の立体障害が開始反応または成長反応（またはその両者）を妨げ、この飽和値をもたらすと考えられる。

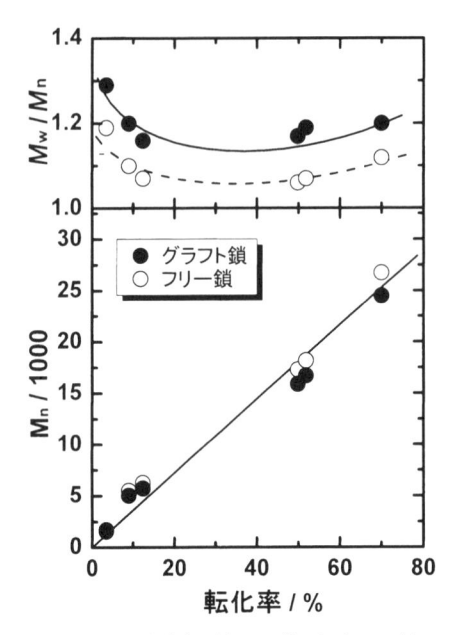

図3　モノマー転化率とグラフト鎖およびフリー鎖の M_n および M_w/M_n 比の関係

5.3　濃厚ポリマーブラシの構造と物性

表面開始LRPによる分子構造の制御された高密度ポリマーブラシの合成が可能となり、これを用いて、濃厚ポリマーブラシという、従来、実験的にほとんど未開拓であった分野の系統的な研究が始まった。その結果、以下に述べるように、濃厚ブラシ膨潤膜および乾燥膜の構造と物性に関して多くの新しい発見が生まれている。

PMMA濃厚ブラシのトルエン膨潤膜を原子間力顕微鏡（AFM）で調べたところ、その膨潤

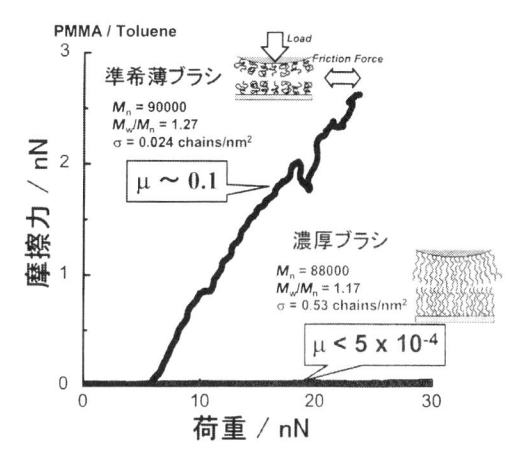

第4章　有機薄膜太陽電池：キャリアー移動材料と電極

図4　マイクロトライボロジーでみたポリマーブラシの荷重と摩擦力の関係

　膜厚はグラフト密度の増加とともに，準希薄ブラシに対する式(1)の予測を超えて，急激に増大し，最も密度の高いブラシの膜厚は伸び切り鎖長の 80～90% にも達することが判明した[22, 23]。これは，グラフト鎖が高度に伸張配向し，図1に模式的に示すような，文字通りの「ポリマーブラシ」構造を形成していることを示す。この濃厚ブラシ膨潤膜は圧縮に対して強い抵抗を示すが（文献[22, 23] 参照），その一方で，摩擦に対する抵抗がほとんどない極低摩擦表面であることが，最近，マイクロトライボロジー的に確認された[24]。図4は，ブラシ密度が 0.024chains nm^{-2} の準希薄領域から，同 0.53chains nm^{-2} の濃厚領域に増大するとき，摩擦係数が2桁以上低下するという驚くべき事実を示している。

　表面占有率が，例えば 35% であることは，乾燥状態のグラフト膜厚が伸び切り鎖長の 35% であることを意味する。参考までに，このグラフト密度をもつ分子量10万（重合度 1,000）の単分散 PMMA ブラシを例にとると，グラフト鎖の伸び切り鎖長は 250nm であるから，その乾燥膜厚は約 90nm となり，この値はフリー鎖の非摂動両端間距離約 20nm よりずっと大きい。つまり，このような濃厚ブラシを形成するグラフト鎖は，乾燥状態においても顕著に伸張配向している。この事実に対応すると考えられるが，乾燥濃厚ブラシ膜は等価なスピン・キャスト膜に比べて，高分子量領域でも顕著に高いガラス転移温度をもち[25]，また，溶融状態における圧縮弾性率が 40% 以上大きい[26]。さらに，中性子反射率測定により，濃厚ブラシは同種のフリーポリマーと溶融状態で全く相溶しないことが確認された[16, 27]。グラフト鎖の伸張配向は，伸張度が大きいほど，多大な形態エントロピー減を伴う。他者との混合は，グラフト鎖にさらなる伸張を余儀な

209

PHEMAブラシ／水系

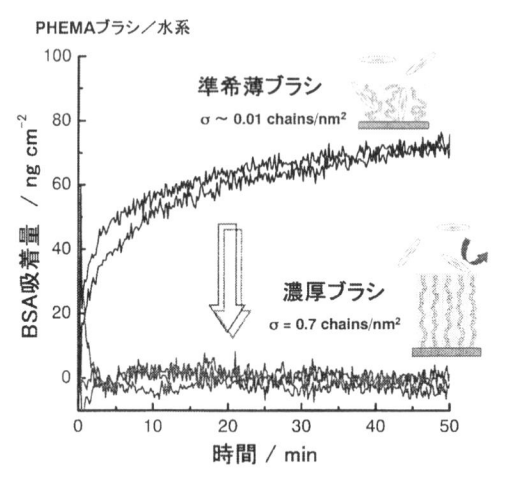

図5 PHEMA準希薄ブラシおよび同濃厚ブラシへのタンパク BSA（ウシ血清アルブミン）吸着量と時間の関係

くするが，この大きなペナルティを高分子－高分子混合の僅かなエントロピー増で埋め合わすことは到底できない。つまり，実験が示すとおり，両者は混合しない。これらの諸性質も，すべて濃厚ブラシ特有のものである。

濃厚ブラシはまた，膨潤状態においても他分子との相互作用において顕著な選択性を示す。例えば，シリカモノリスはその微細孔により，GPC（サイズ排除）効果をもつことが知られるが，LRP法によりこの微細孔の壁面にびっしりと濃厚ブラシを"生やす"ことが可能である。このようなPMMA修飾カラム（グラフト密度約 0.6chains nm^{-2}）を用いた実験は，濃厚ブラシ層がサイズ排除効果をもつ（分子量約700以上の溶質ポリスチレンをブラシ層から排除し，これ以下の溶質を層内に取り込む）ことを実証している[28]。また，図5に示すように，水溶性高分子ポリメタクリル酸ヒドロキシエチル（PHEMA）の準希薄ブラシが，多量のタンパクを吸着するのに対して，濃厚ブラシは同タンパクをほとんど吸着しない[29]。タンパクのような大きな分子が，濃厚ブラシ層から物理的に排除されること（内部吸着の抑制）に加えて，ブラシ層表面での吸着（接着）も抑制されるものと考えられ，その機構は今後の興味深い課題である。

濃厚ポリマーブラシを付与した微粒子は，気液界面で秩序構造を形成する。グラフト鎖の高度な伸張を反映し，隣接粒子間の距離は一般に極めて大きく，分子量とともに増大する[30]。最近，濃厚ブラシを付与した単分散シリカ微粒子が，有機溶媒分散液中でコロイド結晶を形成することが見出された（図6）[31]。従来，剛体球ポテンシャルとクーロンポテンシャルをそれぞれ駆動力

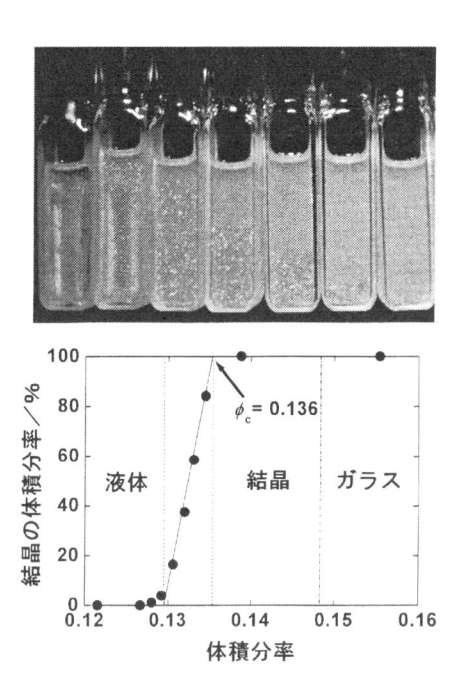

第4章　有機薄膜太陽電池：キャリアー移動材料と電極

図6　PMMA濃厚ブラシ（$M_n=69,000$）を付与した単分散シリカ微粒子（直径130nm）の混合有機溶媒分散液中における結晶－無秩序相転移

とするハード系およびソフト系コロイド結晶が知られるが，この系の駆動力は伸張グラフト鎖間の長距離相互作用であり，この意味で準ソフト系とでも呼ぶべき新しいタイプの結晶である。ハード系とソフト系結晶の相転移点が体積分率でそれぞれ約50％と数％であるのに対し，準ソフト系結晶の典型的な相転移点は10％前後である。濃厚ブラシ付与微粒子に特徴的な高度の分散性が，これら秩序構造形成の背景をなすと考えられる。

5.4　おわりに

表面開始リビング重合，特に表面開始LRPが構造の明確な濃厚ポリマーブラシの合成を可能にし，その濃厚ブラシが，準希薄ブラシの延長線上にない，新しい，時には思いがけない性質を示すことをみた。豊かな応用に繋がることを期待したい。とは言え，現時点のグラフト密度のチャンピオンデータは，表面占有率にして高々40％であり，これが限界であるべき明確な理論的根拠はない。グラフト密度の上昇が濃厚ブラシ特性の更なる飛躍的向上に繋がることは疑いなく，

この方面の発展が期待される。

文　　献

1) S. Alexander, *J. Phys. (Paris)*, **38**, 977 (1977)
2) D. F. K. Shim, M. E. Cates, *J. Phys. (Paris)*, **50**, 3535 (1989)
3) B. Zhao, W. J. Brittain, *Prog. Polym. Sci.*, **25**, 677 (2000)
4) R. C. Advincula, W. J. Brittain, K. C. Caster, J. Ruehe, Eds., Polymer Brushes, Wiley-VCH, Weinheim (2004)
5) S. Edmondson, V. L. Osborne, W. T. S. Huck, *Chem. Soc. Rev.*, **33**, 14 (2004)
6) 辻井敬亘, 高分子, **53**, 490 (2004)
7) 福田　猛, 高分子, **54**, 483 (2005)
8) Y. Tsujii, K. Ohno, A. Goto, T. Fukuda, *Adv. Polym. Sci.*, in press (2005)
9) T. Fukuda, *J. Polym. Sci., Part A, Polym. Chem.*, **42**, 4743 (2004)
10) A. Goto, T. Fukuda, *Prog. Polym. Sci.*, **29**, 329 (2004)
11) M. K. Georges, R. P. N. Veregin, P. M. Kazmaier, G. K. Hamer, *Macromolecules*, **26**, 2987 (1993)
12) J. S. Wang, K. Matyjaszewski, *J. Am. Chem. Soc.*, **117**, 5614 (1995)
13) M. Kato, M. Kamigaito, M. Sawamoto, T. Higashimura, *Macromolecules*, **28**, 1721 (1995)
14) J. Chiefari, Y. K. Chong, F. Ercole, J. Krstina, J. Jeffrey, T. P. T. Le, R. T. A. Mayadunne, G. F. Meijs, C. L. Moad, G. Moad, E. Rizzardo, *Macromolecules*, **31**, 5559 (1998)
15) M. Ejaz, S. Yamamoto, K. Ohno, Y. Tsujii, T. Fukuda, *Macromolecules*, **31**, 5934 (1998)
16) Y. Tsujii, M. Ejaz, S. Yamamoto, K. Ohno, K. Urayama, T. Fukuda, 文献4, 第14章 (2004)
17) M. Husseman, E. E. Malmstrom, M. McNamara, M. Mate, D. Mecerreyes, D. G. Benoit, J. L. Hedrick, P. Mansky, E. Huang, T. P. Russell, C. J. Hawker, *Macromolecules*, **32**, 1424 (1999)
18) H. Fischer, *Macromolecules*, **30**, 5666 (1997)
19) K. Matyjaszewski et al., *Macromolecules*, **32**, 8716 (1999)
20) J. D. Jeyaprakash, J. D. Samuel, Dhamodharan, R. Rühe, *Macromol. Rapid Commun.*, **23**, 277 (2002)
21) J. B. Kim, W. H. Huang, M. D. Miller, G. L. Baker, M. L. Bruening, *J. Polym. Sci., Part A, Polym. Chem.*, **41**, 386 (2003)
22) S. Yamamoto, M. Ejaz, Y. Tsujii, T. Fukuda, *Macromolecules*, **33**, 5608 (2000)
23) S. Yamamoto, M. Ejaz, Y. Tsujii, M. Matsumoto, T. Fukuda, *Macromolecules*, **33**, 5602 (2000)
24) 岡安賢治, 辻井敬亘, 福田　猛, 高分子学会予稿集, **54**, 922 (2005)

第 4 章　有機薄膜太陽電池：キャリアー移動材料と電極

25) S. Yamamoto, Y. Tsujii, T. Fukuda, *Macromolecules*, **35**, 6077 (2002)
26) K. Urayama, S. Yamamoto, Y. Tsujii, T. Fukuda, D. Neher, *Macromolecules*, **35**, 9459 (2002)
27) S. Yamamoto, Y. Tsujii, T. Fukuda, N. Torikai, M. Takeda, *KENS report*, **14**, 204 (2001-2002)
28) 何　漢宏, 辻井敬亘, 福田猛, 中西和樹, 石塚紀生, 水口博義, 高分子学会予稿集, **52**, 2961 (2003)
29) 吉川千晶, 後藤　淳, 辻井敬亘, 福田　猛, 山元和哉, 木村　剛, 岸田晶夫, 高分子学会予稿集, **53**, 3425 (2004)
30) K. Ohno, K. Koh, Y. Tsujii, T. Fukuda, *Angew. Chem. Int. Ed.*, **42**, 2751 (2003)
31) 竹野聡志, 森永隆志, 大野工司, 辻井敬亘, 福田　猛, 高分子学会予稿集, **54**, 955 (2005)

6 有機薄膜型ならびに酸化物ヘテロ接合型太陽電池への酸化亜鉛の応用

伊崎昌伸*

6.1 酸化亜鉛（ZnO）[1]

酸化亜鉛（ZnO）は，ウルツァイト構造を持ち，格子定数は a＝0.32498nm，c＝0.52066nm である。ZnO は，禁制帯幅 3.3eV の n 型半導体であり，禁制帯内に過剰亜鉛（Zni），酸素欠損（V'O）等に基づく局在準位を形成する（図1）。過剰亜鉛は伝導帯の約 0.2eV 下に局在準位を形成するので，過剰亜鉛量の増加によってキャリア密度は増加する。また，Al^{3+} や Ga^{3+} などの不純物を添加するとドナー準位が形成されるので，キャリア密度が増加する。過剰亜鉛や不純物の濃度制御により，$1\times10^{-4}\Omega cm$ の ITO などに匹敵する低抵抗率が得られている。また，移動度はキャリア密度に依存し，$10^{20}cm^{-3}$ 台では $30cm^2V^{-1}s^{-1}$ であるが，低い場合には化合物半導体に匹敵する数百 $cm^2V^{-1}s^{-1}$ も得られている。禁制帯幅が 3.3eV であるので，可視光領域の光（約 400～800nm）に対して高い透明性を示し，その透過率は表面の起伏や内部の散乱欠陥などに依存する。これらの電気的・光学的性質から，太陽電池の透明電極や n 型バッファ層に用いられている。また，59meV の非常に大きなエキシトン結合エネルギーから室温紫外発光素子などの新しい応用分野も展開されている。

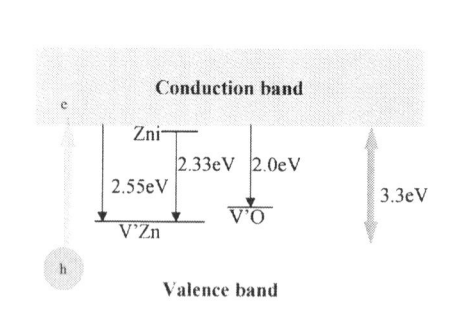

図1 ZnO のエネルギーバンド図

6.2 ZnO 層の電気化学的形成

ZnO などの半導体酸化物膜は，化学蒸着（CVD）法，マグネトロンスパッタリング法，レーザーアブレージョン法ならびに分子線エピタキシー（MBE）法などの乾式真空製膜法により主に作製される。真空製膜法では，非常に高品質の膜が得られることから，半導体酸化物膜製造方法として発展してきたが，真空製膜装置は複雑・巨大であり，原料も複雑・高価となっている。電気化学的製膜法は，真空製膜法に比べ，いくつかの利点を持っている[2]。

① 安全で環境負荷が小さい。
② 製膜装置が非常に簡単で安価である。
③ 複雑形状の基材上にも比較的均質な膜が得られる。

---

* Masanobu Izaki　大阪市立工業研究所　電子材料課　無機薄膜研究室　研究副主幹

第4章　有機薄膜太陽電池：キャリアー移動材料と電極

④ 製膜温度が100℃以下であるため，プラスチックスを始めとした低融点材料上にも製膜できる。

水溶液中での金属イオンの状態は，Marcel Pourbaixにより創案された電位-pH図[3]から予測することができる。図2に25℃でのZn-水系電位-pH図を示す。横軸は水溶液のpH，縦軸は水素基準での電位であり，ある電位とpHにおける水溶液中での亜鉛の安定な状態を示している。図中のZn^{++}の領域（pH＜約5, 電位＜約-0.8V vs NHE）内では，水溶液中ではZn^{++}のイオンの状態が安定であるので，錯体などを用いずに単純亜鉛塩を溶解させた水溶液は，この範囲内のpHと電位をとる。この水溶液に電導性基板と対極（Zn板など）を浸漬し，電位を-0.8Vよりも卑な値に設定すると，金属Znが基板上に析出する。これが電気Znめっきである。

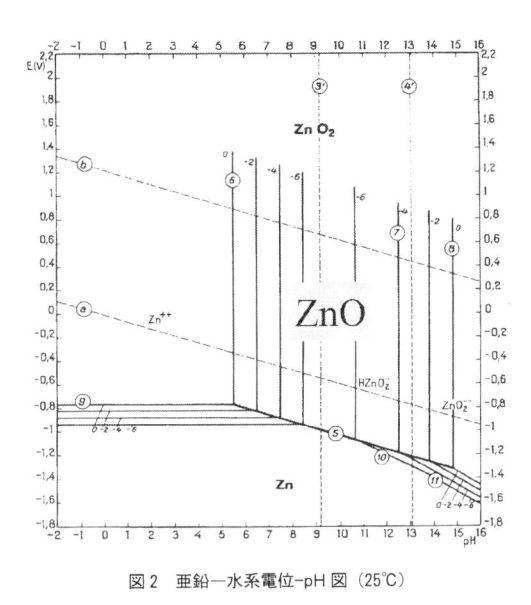

図2　亜鉛—水系電位-pH図（25℃）

また，基板を浸漬し，基板表面のごく近傍だけのpHを，図中のZnOと記載された領域の値まで上昇させることができれば，ZnOが安定となるため，基板上にZnOが析出する。水溶液全体のpHを上昇させると，水溶液全体でZnOの沈殿が生じてしまうため，ZnOを析出させるためには基板表面のごく限られた領域のみで上昇させることが必要である。

水溶液中の溶存酸素（O_2）ならびに硝酸イオン（NO_3^-）は以下の反応により，還元することによってOH^-を発生し，pHを上昇させる。

$$O_2 + 2H_2O + 4e^- \rightarrow 4OH^- \quad (E_0 = 0.4V/NHE) \tag{1}$$

$$NO_3^- + H_2O + 2e^- \rightarrow NO_2^- + 2OH^- \quad (E_0 = 0.01V/NHE) \tag{2}$$

溶存酸素は，水溶液中で酸素ガスをバブリングさせることによって調整できる。ENSCPのProf. D. Lincotらのグループは，溶存酸素濃度を8×10^{-4}Mまで高めた塩化亜鉛ならびに過塩素酸-亜鉛水溶液から，陰極析出法によりZnO膜の直接作製に成功している[4]。

筆者は，水溶液中での硝酸還元反応(2)を用いて半導体ならびに磁性体酸化物膜の直接作製を行っている。本方法は，硝酸イオンを還元し，基板付近のpHをわずかに上昇させ，溶液中の金属イオンを酸化物や水酸化物として基板上に析出させる方法である。硝酸塩水溶液からの酸化物膜の析出反応は以下のように考えている。

$$NO_3^- + H_2O + 2e^- \rightarrow NO_2^- + 2OH^- \tag{3}$$

$$M^{n+} + nOH^- \rightarrow M(OH)_n \tag{4}$$

$$2M(OH)_n \rightarrow 2MO_n + nH_2O \tag{5}$$

ここで，(3)式の電子eは，外部電源もしくは水溶液中に共存させた還元剤により供給する。この方法では，還元されるのは水溶液中の硝酸イオンであり，金属カチオンの価数は水溶液中，固体中とも同一である場合が多い。筆者らは，すでに上記反応によりZnO[5]，Fe_3O_4[6]，CeO_2[7]などの酸化物膜を直接形成できることを報告した。

6.3 硝酸還元反応を用いた半導体ZnO膜の陰極析出

図3に，外部電源を用いる場合の3電極型電解セルの模式図を示す。ZnO膜作成用電解液は，硝酸亜鉛水溶液である。電解液温度60℃，電解液pH5.2の条件で，陰極の導電性基板上に析出させることによってZnO膜を作製する。

析出膜は，ウルツァイト構造のZnOであり，水酸化物や水を含有していない。ZnO膜の配向ならびに表面形態は，基板や過電圧に依存して変化する。ここで，過電圧とは，負荷した電位と標準電極電位の差である。導電性ガラス基板や多結晶金属基板上に低過電圧で作製したZnO膜は(0001)配向を有し，六角柱状粒子からなる。ウルツァイト構造のZnO結晶においては，(0001)面が最も表面エネルギーが小さいため，平衡に近い環境においては，(0001)配向の膜が得やすいため，低過電圧条件下では(0001)配向が強くなる。過電圧の増加に伴い(0001)軸は回転し，高過電圧下ではほぼランダムとなる[8]。

ZnOは直接遷移型半導体である。吸収端波長より求めた禁制帯幅は，電位によらず3.3eVの一定値である。低過電圧下で作製したZnO膜

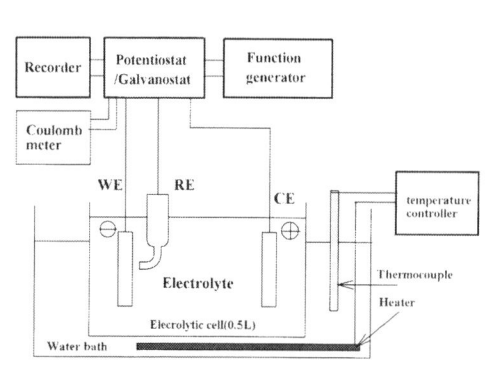

図3 ZnO製膜セル

の透過率は70％程度であるが，過電圧の増加に伴い，表面起伏の増加に伴い透過率はやや低下する。ZnO 膜の抵抗率は，過電圧に対して大きな依存性を示し，2×10^{-3} から $13\Omega cm$ まで約5桁変化する。ZnO 膜の電気伝導性は，ZnO 中の過剰 Zn 原子量に関係するキャリア密度，ならびに結晶粒の大きさなどの散乱欠陥量と関係するキャリア移動度に依存する。ZnO 格子中の過剰 Zn 原子量は，過電圧が小さいほど多くなる。また，結晶粒径も大きくなり，キャリア移動度は大きくなる[9]。

6.4 室温紫外発光 ZnO 膜のヘテロエピタキシャル陰極析出

ZnO 膜の優先方位や組織は，過電圧だけでなく基板材料によっても制御できる。Lincot らは，溶存酸素を飽和させた塩化物水溶液中で GaN を被覆したサファイア基板上にヘテロエピタキシャル成長させることによって(0001)ZnO 層を形成した[10]。J. A. Switzer らも，同じ水溶液から単結晶(111)金基板上に(0001)ZnO をヘテロエピタキシャル成長させた[11]。

筆者らは，(111)金多結晶層を被覆した(100)Si ウエファを基板として用い，陰極析出法により(0001)ZnO 層をヘテロエピタキシャル成長させた[12, 13]。図4aに，その断面 SEM 像を示す。(111)Au 面と(0001)ZnO 面の間には，$(1 \times 1)\mathrm{Au}(111)[\bar{1}10]//(1 \times 1)\mathrm{ZnO}(0001)[11\bar{2}0]$ のエピタキシャル関係があり，そのa軸方向のミスマッチは12.7％である。非常に均質で欠陥のない平滑な ZnO 層が得られている。極点図測定から極めて良好な(0001)優先方位を有していることを確認している。図4bに，異なる条件で作製した(0001)ZnO 層の室温での PL スペクトルを示す。いずれの(0001)ZnO 層についても，エキシトンに基づく 3.25～3.3eV の紫外発光が認めら

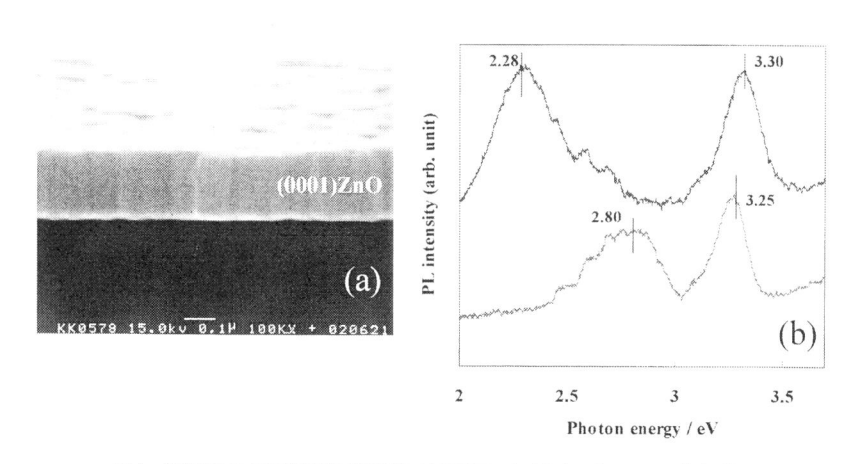

図4 (0001)ZnO 層の断面 FE-SEM 像(a)と室温フォトルミネッセンススペクトル(b)

れる。加えて、2.38〜2.80eV の範囲に欠陥に基づく可視光発光が認められる。紫外発光の発現と消失、ならびに可視光発光の光子エネルギーは、製膜条件と密接に関係している。しかし、この室温での紫外発光の確認は、硝酸塩水溶液からの電気化学的製膜法が、高品質の ZnO 製膜法の一つとなりうることを実証している。

6.5 硝酸還元反応を用いた酸化亜鉛層の化学析出[14, 15]

水溶液中に硝酸亜鉛とジメチルアミンボラン（DMAB）を共存させることによって、外部電源無しに ZnO 層を析出させることができる。DMAB は、水溶液中で下式のような酸化反応により電子を放出する。

$$(CH_3)_2NHBH_3 + H_2O \rightarrow BO_2^- + (CH_3)_2NH + 7H^+ + 6e^- \tag{6}$$

この電子が硝酸イオンの還元に消費され、ZnO 膜の析出が生じる。ただし、この DMAB の酸化反応を基板上で起こすためには、反応触媒を基板表面に付着させる活性化処理が必要である。この活性化処理により形成された触媒粒子上でのみ ZnO の析出反応が生じるため、触媒密度が低く不均一な場合には粗な膜となり透過率は低くなる。また、触媒密度が高く均一であれば、ZnO 膜も均一で透過率も高くなる。この方法の場合、基板に電導性は必要なく、セラミックス、ガラス、ポリマーなど非導電性基板や各種高分子材料を利用することができる。電源などが必要なくなるため、製膜セルは非常に単純となる。この化学的に形成した ZnO 膜を、金属イオンを

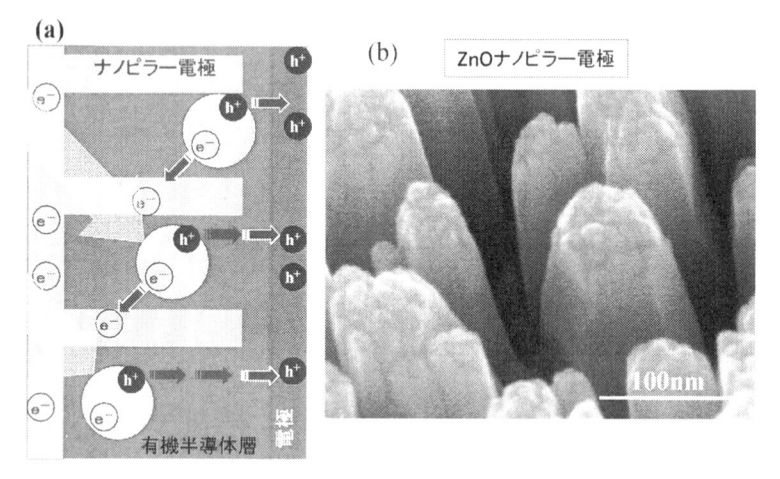

図5　ZnO ナノピラー電極を用いた有機太陽電池の模式図(a)と ZnO ナノピラーの FE-SEM 像(b)

含有する水溶液に浸漬することによって，ZnO 中に不純物金属イオンを導入させることができる。

この方法によって In イオンを添加した ZnO は，可視光領域での透明性 94%，抵抗率 8×10^{-4} Ωcm の優れた性能を示す。また，従来から指摘されているように ZnO 膜を高温・高湿度環境に放置すると，抵抗率は急激に増加するが，本方法による In 添加 ZnO 膜では同環境に放置しても抵抗率の変化はほとんどなく，高い安定性を有しており[16]，EL 素子や太陽電池用透明電極として利用できる。

6.6 有機薄膜型太陽電池用 ZnO ナノピラー電極

有機太陽電池では，有機半導体ポリマー中で生成した電子とホールの励起子がホッピング伝導により，電子が金属電極に，またホールが ITO などの透明電極に到達し収集されることによって，電力として取り出すことができる。しかし，ホッピング伝導中の励起子の再結合が，有機太陽電池の効率低下の要因となっている。そこで，図5aに示すような均一層と高密度に直立した柱からなる透明電極を用いることによって，ホッピング中の再結合を抑止し効率よく励起子を収集することが可能になる。一般に用いられている透明電極は，ランダム方位の多結晶集合体であり，キャリアの移動に対して散乱欠陥となる結晶粒界を多く含有している。大きなキャリア移動度を得るためには単結晶に近い高品質が，

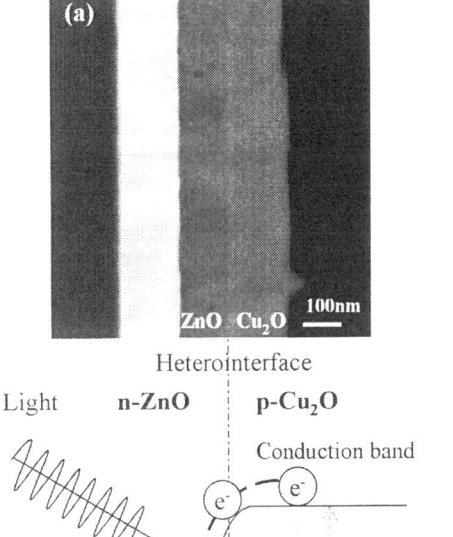

図6 (111)Cu_2O/(0001)ZnO ヘテロ接合体の断面 FE-SEM 像(a)とエネルギーバンドの模式図(b)

また平行に高密度に直立させるためには良好な単一配向,ZnO では<0001>が要求される。図5bに,電気化学的に成長させた<0001>単一配向 ZnO ナノピラーの FE-SEM 像を示す。この ZnO ナノピラーは室温でエキシトン発光するほどの高品質を有し,大きな移動度を示すとともに,そのサイズや長さは電気化学的に制御することが可能である。

6.7 ZnO を用いた酸化物系ヘテロ接合型太陽電池

Cu_2O は,赤銅鉱型構造を有する禁制帯幅が 2.1eV の p 型半導体であり,E_F は荷電子帯の約 0.2eV 上に位置する。$CuInGaSe_2$(CIGS) などの化合物系吸収層に匹敵する 10^5/cm 台の大きな光吸収係数を有しており,太陽電池の光吸収層として利用できる。n 型半導体である ZnO とのヘテロ接合体を形成した場合の理論変換効率は約 18%となる。スパッタリング法などの真空製膜法による形成は困難であるが,Switzer らが報告しているように乳酸などのオキシカルボン酸と銅塩を含有する水溶液から陰極電解法により立方晶 Cu_2O を直接形成することができる。

陰極電解法により得られた Cu_2O 膜は,製膜条件によらず p 型伝導を示し,禁制帯幅は 2.1eV である。キャリア密度は Cu_2O の化学量論組成からのずれと,また移動度は結晶粒子径と関係する[17]。図6に,(111)Cu_2O/(0001)ZnO ヘテロ接合体の断面 FE-SEM 像とエネルギーバンドの模式図を示す。Cu_2O 層ならびに ZnO 層は,水溶液中での電解により成長させた。(111)Cu_2O/(0001)ZnO 面での格子ミスマッチが 8.2%と小さいため,均質なヘテロ接合体を形成することができる。この ZnO/Cu_2O 系ヘテロ接合型薄膜太陽電池は,新規な太陽電池として世界的にも活発な研究開発が行われている。

文　　献

1) マテリアルインテグレーション,vol.12, No.12 (1999)
2) 伊崎昌伸,機能材料,**16** (10), 28 (1996)
3) M. Pourbaix, Atlas of Electrochemical Equilibria in Aqueous Solution, (NACE international Cebelcor, Houston, 1974)
4) S. Peulon, D. Lincot, *ADVANCED MATERIALS*, **8**, 166 (1996)
5) M. Izaki, T. Omi, *Appl. Phys. Lett.*, **68**, 2439 (1996)
6) M. Izaki, and O. Shinoura, *ADVANCED MATERIALS*, **12**, 142 (2000)
7) M. Izaki et al., *J. Mater. Chem.*, **11**, 1972 (2001)
8) M. Izaki, T. Omi, *J. Electrochem. Soc.*, **144**, 1949 (1997)
9) M. Izaki, *J. Electrochem. Soc.*, **146**, 4517 (1999)

10) Th. Pauprte, D. Lincot, *Appl. Phys. Lett.*, **75**, 3817 (1999)
11) R. Liu, A. A. Vertegel, E. W. Bohannan, T. A. Sorenson, J. A. Switzer, *Chem. Mater.*, **13**, 508 (2001)
12) M. Izaki, S. Watase, H. Takahashi, *ADVANCED MATERIALS*, **15**, 2000 (2003)
13) M. Izaki, S. Watase, H. Takahashi, *Appl. Phys. Lett.*, **83**, 4930 (2003)
14) M. Izaki, T. Omi, *J. Electrochem. Soc.*, **144**, L3 (1997)
15) M. Izaki, J. Katayama, *J. Electrochem. Soc.*, **147**, 210 (2000)
16) M. Izaki, Y. Saijo, *J. Electrochem. Soc.*, **150**, C73 (2003)
17) K. Mizuno, M. Izaki, T. Shinagawa, M. Chigane, K. Murase, M. Inaba, A. Tasaka, Y. Awakura, *J. Electrochem. Soc.*, **152**, C179 (2005)

第5章 有機薄膜太陽電池: 有機EL と有機薄膜太陽電池の周辺領域

1 アモルファス分子材料を用いる有機EL素子

城田靖彦*

1.1 はじめに

 太陽電池が光エネルギーを電気エネルギーに直接変換する素子であるのに対し,有機エレクトロルミネッセンス(EL)素子は,電気エネルギーを光エネルギーに変換する素子である。両者は互いに逆のエネルギー変換を行う素子であるが,両者の間には共通の概念がいくつか含まれており,それらを理解することは,高性能光電変換素子,有機EL素子の開発にあたって重要である。

 有機EL素子は,液晶表示素子に比べて自発光型であり,高輝度,広視野角,高コントラスト,高速応答などの特徴を有している。また,有機EL素子は,液晶表示素子と異なってバックライトが不要であるため,液晶表示素子にくらべてより薄型化が可能である。無機半導体を用いる発光ダイオード(LED)が点光源であるのに対して,有機EL素子は面発光であり,大面積・フレキシブル素子の作製が可能である。このような魅力ある特徴を備えている有機EL素子は,各種モバイルディスプレイや薄型テレビなどへの用途が拓けているとともに,各種照明用光源としても期待されている。有機ELディスプレイは,すでに携帯電話やカーオーディオに一部実用化されている[1]。

 有機EL素子の構造は,一層あるいは多層の有機薄膜を二つの異なった電極で挟んだものである。有機EL素子の動作プロセスは,(1)電圧印加による電極から有機薄膜への正孔および電子の注入,(2)注入された正孔および電子の輸送,(3)発光層における正孔と電子の再結合による励起分子の生成,(4)励起分子からの蛍光あるいはりん光放射と外部への取り出しから成り立っている。

 有機EL素子の発光効率 [lm W^{-1}] は,式(1)で定義される。ここでV[V]は印加電圧,J[A cm^{-2}]は電流密度,L[cd m^{-2}]はその際の発光輝度である。

$$発光効率 = \frac{\pi L}{JV} \tag{1}$$

有機EL素子の発光量子収率は,注入された電荷量に対する発光フォトン数の割合で定義される。外部発光量子収率(Φ_{ext})は,注入された正孔と電子が再結合する確率(Φ_{rec}),再結合により励

---

* Yasuhiko Shirota 福井工業大学 環境・生命未来工学科 教授

第5章 有機薄膜太陽電池：有機ELと有機薄膜太陽電池の周辺領域

起一重項あるいは三重項状態が生成する確率（Φ_{spin}），励起一重項あるいは三重項状態からの蛍光あるいはりん光の量子収率（Φ_{em}），発光を外部に取り出す効率（α）によって決まり，式(2)で示される。

$$\Phi_{ext} = \alpha \cdot \Phi_{rec} \cdot \Phi_{spin} \cdot \Phi_{em} \tag{2}$$

高性能有機EL素子の開発のためには，低い駆動電圧で電極から電荷注入を行わせ，電荷バランスを達成するとともに，正孔と電子を発光層に閉じ込めることにより，高い再結合確率を実現することが重要である。このように，有機EL素子の性能は，電極からのキャリヤー（正孔，電子）注入効率，電荷バランス，正孔と電子との再結合によって生じる電子的励起状態の多重度，発光材料の発光量子収率，および発光の取り出し効率などによって決定され，素子においてそれぞれの役割を担う正孔輸送材料，電子輸送材料，電荷ブロッキング材料，発光材料の性能に強く依存している。

有機EL素子用材料として，低分子系および高分子系材料が用いられる。一般に，低分子材料は真空蒸着法により，高分子材料はスピンコート，ディップコート，インクジェットプリントなどの湿式法により製膜される。高分子材料については，これまで主にπ共役高分子について活発な研究が行われてきた。低分子材料に関しては，安定なアモルファスガラスを容易に形成する有機物質群―アモルファス分子材料―が有機EL素子用材料として重要な位置を占め，一部実用化されている。アモルファス分子材料は，真空蒸着法のみならず溶液からのスピンコート法など湿式法によってもピンホールのない均質なアモルファス薄膜を容易に形成する。

一般に，有機低分子化合物は結晶化しやすく，融点以下では通常結晶として存在するが，筆者らは，室温以上で安定なアモルファスガラスを容易に形成する有機低分子化合物群（アモルファス分子材料）の創製とそれらの構造，反応，物性・機能解析，および応用に関する一連の研究を1980年代後半から行ってきた[2,3]。1990年半ば頃から，アモルファス分子材料に関する研究が活発に行われるようになり，今日では，適切な分子設計を行えば，一般に結晶化しやすいと考えられていた有機低分子化合物も安定なアモルファスガラスを形成できることが広く知られるようになった。筆者らは，アモルファス分子材料の創製研究の一環として，アモルファス分子材料を用いる有機EL素子に関する一連の研究を行い，各種材料の分子設計指針を提示し，それに従って，正孔注入材料，正孔輸送材料，電子輸送材料，正孔ブロッキング材料，発光材料を創出するとともに，これらの材料を用いて高性能有機EL素子を開発してきた。さらに，有機EL素子用アモルファス分子材料のみならず，導電性アモルファス分子材料，フォトクロミックアモルファス分子材料，アモルファス分子性レジストなど次世代の光・電子機能材料に対する新しい概念を提示し，これらの概念に基づいて各種光・電子機能性アモルファス分子材料を創製した。

有機薄膜太陽電池の最新技術

本稿では、有機 EL 素子アモルファス分子材料の創製とそれらを用いる有機 EL 素子の開発に関する筆者らの研究の一端を紹介する。

1.2 有機 EL 素子用アモルファス分子材料

素子の高性能化を実現するために、一般に、発光層のみからなる単層型素子よりも多層型素子が多く採用されており、材料のイオン化ポテンシャル、電子親和力の値によって正孔注入材料、正孔輸送材料、電子輸送材料、正孔ブロッキング材料など各種の材料が目的に応じて用いられている。有機 EL 素子の性能は、用いられる材料の特性に大きく影響され、優れた材料の開発が高性能有機 EL 素子開発の鍵となる。筆者らは、TDATA 系[1]、TDAB 系[5]、TDAPB 系[6]、トリス（オリゴアリレニルアミン）系[7]分子群がアモルファスガラスを容易に形成することを見出した。これらの分子構造は、以後の有機 EL 素子用材料に関する広範な研究の基本骨格となっている。

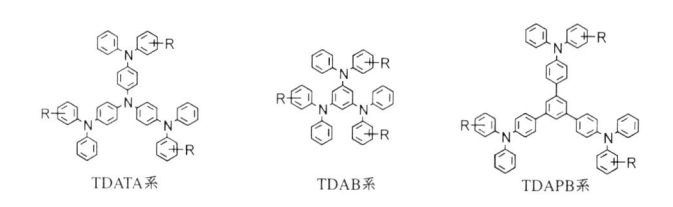

TDATA系　　　TDAB系　　　TDAPB系

1.2.1 正孔注入材料

正孔注入層は、陽極（通常、インジウム・スズ酸化物（ITO）が用いられている）から有機層への正孔注入を容易にする役割を有している。従って、正孔注入材料としては、ITO からの正孔注入のエネルギー障壁が小さい材料、換言すれば、イオン化ポテンシャルの低い材料が用いられる。

筆者らは、非常に低いイオン化ポテンシャル（5.1eV）で特徴づけられる TDATA 系アモルファス分子材料、4,4′,4″-トリス[3-メチルフェニル(フェニル)アミノ]トリフェニルアミン(m-MTDATA)[4,8]、4,4′,4″-トリス[1-ナフチル(フェニル)アミノ]トリフェニルアミン(1-TNATA)[9]、4,4′,4″-トリス[2-ナフチル(フェニル)アミノ]トリフェニルアミン(2-TNATA)[9]、および 4,4′,4″-トリス[9,9-ジメチルフルオレン-2-イル(フェニル)アミノ]トリフェニルアミン(TFATA)[10]などを設計・合成し、これらが優れた正孔注入材料となることを見出した。これらスターバースト分子群は、いずれも、可逆的陽極酸化過程を示し、非常に低い固相イオン化ポテンシャルおよび均一なアモルファス薄膜形成能を有していることで特徴づけられる。1-TNATA、2-TNATA、TFATA のガラス転移温度（T_g）は、いずれも 110℃以上である。

第5章　有機薄膜太陽電池：有機ELと有機薄膜太陽電池の周辺領域

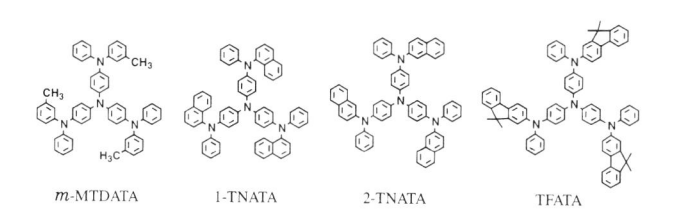

m-MTDATA　　1-TNATA　　2-TNATA　　TFATA

1.2.2　正孔輸送材料

　正孔輸送層は，正孔注入層から注入された正孔を輸送し，それを発光層へ注入する役割を担うとともに，陰極から発光層に注入された電子が陽極へ抜け出ることを防ぐ電子ブロッカーとしての役割を果たす。正孔輸送層に用いられる材料は，正孔注入材料に比べてより高いイオン化ポテンシャルを有し，正孔移動度が大きいことが求められる。

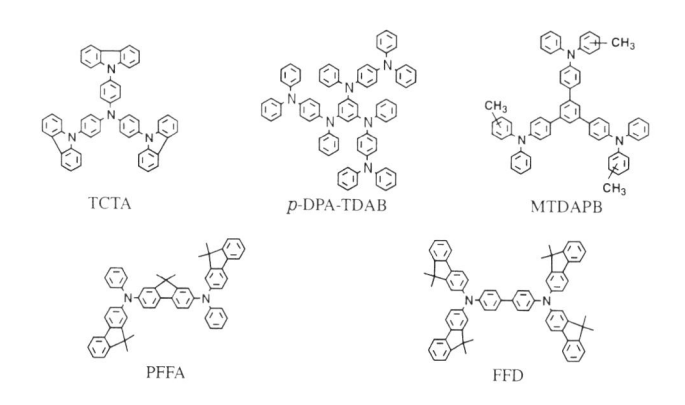

　電子写真用感光体材料として高分子バインダーに分散して用いられてきたN,N'-ジフェニル-N,N'-ビス(3-メチルフェニル)-[1,1'-ビフェニル]-4,4'-ジアミン(TPD)が正孔輸送材料に転用されて広く用いられてきた。しかし，TPDは，結晶化しやすく，モルフォロジー安定性に欠けるとともに熱安定性にも欠ける。筆者らは，新規な正孔輸送材料，4,4',4''-トリス[N-カルバゾイル]トリフェニルアミン(TCTA)[11]のほか，1,3,5-トリス[N-(4-ジフェニルアミノフェニル)フェニルアミノ]ベンゼン(p-DPA-TDAB)[12]，1,3,5-トリス{4-[メチルフェニル(フェニル)アミノ]フェニル}ベンゼン(MTDAPB)[6,13]などを開発した。TPDの熱安定性を向上させたN,N'-ジフェニル-N,N'-ジ(1-ナフチル)-[1,1'-ビフェニル]-4,4'-ジアミン(α-NPD)が正孔輸送材料として広く用いられているが，筆者らは，さらに耐熱性を高めた材料，N,N'-ビス(9,9'-ジメチルフル

TCTA　　p-DPA-TDAB　　MTDAPB

PFFA　　FFD

オレン-2-イル)-N,N'-ジフェニルフルオレン-2,7-ジアミン(PFFA)[14]およびN,N,N',N'-テトラキス(9,9-ジメチルフルオレン-2-イル)-[1,1'-ビフェニル]-4,4'-ジアミン(FFD)[10]などを開発した。開発したこれらの材料は,耐熱性有機EL素子用の優れた正孔輸送材料として機能することが示された。

1.2.3 電子輸送材料

電子輸送層は,陰極から有機層への電子注入を容易にするとともに,陽極から電子輸送層を経て段階的に発光層に注入された正孔が陰極へ抜け出ることを防ぐ正孔ブロッカーとしての役割を果たす。緑色発光材料であるトリス(8-キノリノラート)アルミニウムAlq_3が優れた電子輸送材料として広く用いられているが,電子輸送材料の例は正孔輸送材料に比べて少なく,優れた電子輸送材料の開発は依然として重要課題である。

筆者らは,モルフォロジー安定性ならびに耐熱性に優れる新しいタイプの電子輸送性アモルファス分子材料としてボロン含有分子を提案し,5,5'-ビス(ジメシチルボリル)-2,2'-ビチオフェン(BMB-2T)[15],5,5'-ビス(ジメシチルボリル)-2,2':5',2''-ターチオフェン(BMB-3T)[15]および1,3,5-トリス[5-(ジメシチルボリル)チオフェン-2-イル]ベンゼン(TMB-TB)[16]などを創出した。これらの化合物の陰極還元過程はいずれも可逆であり,生成するアニオンラジカルは安定である。BMB-2TおよびBMB-3Tは,Alq_3にくらべてより電子受容性に優れ,Alq_3と積層することによりAlq_3への電子注入用材料として機能し,素子の性能が向上することを見いだした[15]。TMB-TBは,Alq_3とほぼ同程度の電子受容性を有し,Alq_3よりも正孔ブロッキング性により優れる新規な電子輸送材料である[16]。

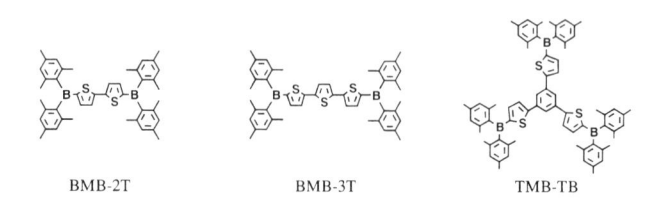

BMB-2T　　BMB-3T　　TMB-TB

1.2.4 正孔ブロッキング材料

正孔ブロッキング層は,電子輸送層から電子を受け入れてそれを発光層に注入する役割を担うとともに,発光層からの正孔注入をブロックして正孔を発光層内に閉じ込める役割を果たす。従って,ホールブロッキング層には,電子受容性を有するとともに,イオン化ポテンシャルの大きい材料が用いられる。

第5章 有機薄膜太陽電池：有機ELと有機薄膜太陽電池の周辺領域

ホールブロッキング材料は，以下のようないくつかの性質を満たしていることが要求される。まず，発光層からの正孔注入をブロックするための適切な最高被占分子軌道（HOMO）エネルギーレベル，および電子を電子輸送層から発光層へ受け渡すことができるような適切な最低空分子軌道（LUMO）エネルギーレベルを有していなければならない。次に，発光材料とホールブロッキング材料との間でエキサイプレックス形成が起こらないことが必要である。これらに加えて，高いガラス転移温度を有するとともに均質なアモルファス薄膜を形成できることが求められる。

これまでに，ホールブロッキング材料として2,9'-ジメチル-4,7-ジフェニル-1,10-フェナントロリン（BCP）を用いた研究例があるが，BCPは，多くの正孔輸送性発光材料とエキサイプレックスを形成し，長波長領域にエキサイプレックス発光を示すためホールブロッカーとして適切ではない[17]。

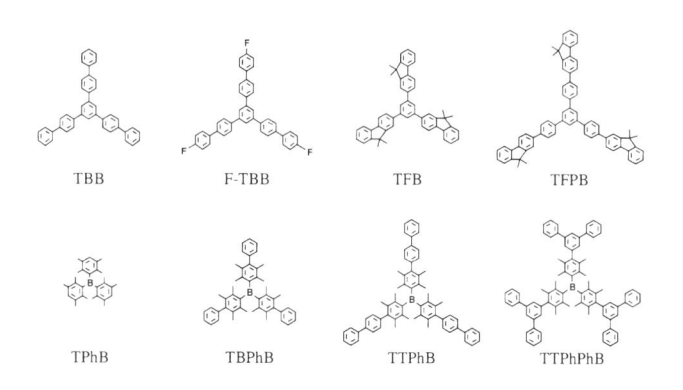

筆者らは，上述の要求性能を全て満たす新規な二系列のホールブロッキングアモルファス分子材料，トリス（オリゴアリレニル）ベンゼン系[18, 19]およびトリアリールボラン系[20]を開発した。前者の系として，1,3,5-トリス（ビフェニル-4-イル）ベンゼン（TBB），1,3,5-トリス（4-フルオロビフェニル-4'-イル）ベンゼン（F-TBB），1,3,5-トリス（9,9-ジメチルフルオレン-2-イル）ベンゼン（TFB）および1,3,5-トリス［4-(9,9-ジメチルフルオレン-2-イル）フェニル］ベンゼン（TFPB），後者の系として，トリス（2,3,5,6-テトラメチルフェニル）ボラン（TPhB），トリス（2,3,5,6-テトラメチルビフェニル-4-イル）ボラン（TBPhB），トリス（2,3,5,6-テトラメチル-1,1':4',1''-ターフェニル-4-イル）ボラン（TTPhB）およびトリス［4-(1,1':3',1''-ターフェニル-5'-イル)-2,3,5,6-テトラメチルフェニル］ボラン（TTPhPhB）を設計・合成し，これらを用いて高性能青紫色発光有機EL素子を開発した。

1.2.5 発光材料

　有機 EL 素子における発光層は正孔と電子の再結合中心であり，発光層に用いられる材料は，正孔と電子の両荷電担体を受け入れ，正孔と電子の再結合中心としての役割を果たす。従って，用いられる材料は，正孔および電子注入に対する適切な HOMO および LUMO エネルギーレベルを有するとともに，正孔と電子を受け入れてそれぞれ生ずるカチオンラジカルとアニオンラジカルがともに安定なバイポーラ性を有することが望まれる。さらに，高い発光量子収率を有していることが望まれる。そのほかに，均質で安定なアモルファス薄膜を容易に形成し，高いガラス転移温度を有し，耐熱性に優れることが要求される。緑色発光材料あるいは発光性ドーパントのホスト材料として広く用いられている Alq_3 は，カチオンラジカル，アニオンラジカルともに不安定であり，このことは素子の長期的劣化につながると考えられる。

　筆者らは，発光材料に対する上述の要求性能をすべて満たす一群のバイポーラ性発光性アモルファス分子材料，α,ω-ビス{4-[ビス(4-メチルフェニル)アミノ]フェニル}オリゴチオフェン(BMA-nT)系分子群[21, 22] および α-{4-[ビス(9,9-ジメチルフルオレン-2-イル)アミノ]フェニル}-ω-(ジメチルボリル)オリゴチオフェン(FlAMB-nT ($n=0〜3$))系分子群[23, 24] を創出した。これらは，バイポーラ性を有する発光性アモルファス分子材料の最初の明確な例であり，いずれも安定なアモルファスガラスを容易に形成し，120℃以上の高いガラス転移温度を有する。また，陽極酸化過程および陰極還元過程がともに可逆であり，比較的高い蛍光量子収率を示す。分子中のオリゴチオフェンの共役鎖長を変化させることにより，発光色を変えることができる。

　有機 EL 素子の発光層への色素ドーピングは，高い EL 量子収率を得るための有効な手法である。筆者らは，高い蛍光量子収率を示すとともに狭い半値幅を有する新規赤色蛍光色素 [7-diethylamino-3-(2-thienyl)chromen-2-ylidene]-2,2-dicyanovinylamine(ACY) および {10-(2-thienyl)-2,3,6,7-tetrahydro-1H,5H-chromeno[8,7,6-ij]quinolizin-11-ylidene}-2,2-dicyanovinylamine(CQY) を創出し，これらを Alq_3 にドープすることにより赤色発光有機 EL

BMA-nT ($n=1〜4$)　　　　　　FlAMB-nT ($n=0〜3$)

ACY　　　　　　　　　　CQY

素子を開発した[25]。

1.3 アモルファス分子材料を用いる有機EL素子の作製と性能

筆者らは，創出した高いガラス転移温度（T_g）を有するアモルファス分子材料を用いて耐熱性有機EL素子を開発した。また，創出した発光性アモルファス分子材料を用いることにより，青紫色から赤色にわたる多色発光有機EL素子を開発した。これらのうちのいくつかの例について述べる。

1.3.1 新しい正孔注入材料，正孔輸送材料を用いた緑色発光素子

イオン化ポテンシャルの異なる正孔輸送材料を積層してITO電極から発光層への正孔注入のエネルギー障壁を段階的に下げることは，正孔注入効率を高め，駆動電圧を下げるための有効な方法になると考え，非常に低いイオン化ポテンシャル（5.1eV）で特徴づけられる4,4',4''-トリス[3-メチルフェニル(フェニル)アミノ]トリフェニルアミン（m-MTDATA）を正孔注入層に用い，その上に正孔輸送層を積層した新しい多層型有機EL素子を作製した（図1）。正孔注入層と正孔輸送層を積層した多層型素子は，それまでのトリス(8-キノリノラート)アルミニウム（Alq_3）発光層とN,N'-ビス(3-メチルフェニル)-N,N'-ジフェニル-[1,1'-ビフェニル]4,4'-ジアミン（TPD）その他の正孔輸送層からなる二層型有機EL素子に比べて，より優れた発光特性ならびに耐久性を示すことを見いだし[8,9]，その後の耐久性素子構築への道を開いた。

筆者らは，TCTA（T_g 151℃）を用いて最初の耐熱性有機EL素子を報告して以来[11]，創出した高いT_gを有するアモルファス分子材料を用いていくつかの耐熱性有機EL素子を開発してきた。正孔注入材料としてTFATAを，正孔輸送材料としてFFDを，発光材料としてAlq_3を用いた有機EL素子（ITO/TFATA(30nm)/FFD(20nm)/Alq_3(50nm)/MgAg）は，3.0V以上の電圧印加によりAlq_3の発光に基づく緑色の発光を示し，優れた発光特性を示すとともに，170℃の高温条件下においても安定に作動した[20]。

MgAg
Alq_3 (50nm)
TPD (10nm)
m-MTDATA (60nm)
ITO
Glass Substrate

図1 m-MTDATAを用いる多層型素子の構造

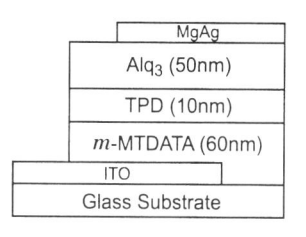

1.3.2 青紫色発光有機EL素子

有機EL素子のうち，青色発光素子に関しては十分な性能を示すものは少なく，その開発は重要な研究課題であった。また，青色発光より短波長側の青紫色発光有機EL素子の開発は，各種発光性ドーパントへのエネルギー移動を利用することにより多色発光を実現できるという点で重要である。これまでに，ポリシランやポリ(N-ビニルカルバゾール)あるいはポリ(p-フェニレ

ン）などを用いる青紫色発光有機 EL 素子の研究例がいくつか報告されていたが，それらの性能は非常に低かった。

青色あるいは青紫色発光材料の候補として，電子供与性の性質を有し，正孔輸送材料として機能する物質群がいくつか挙げられる。これらの材料を発光材料として用いるためには電子輸送材料を組み合わせる必要があるが，Alq_3 などの電子輸送材料を用いた場合には，Alq_3 層からの緑色発光が観測され，青紫色発光は得られない。これは，Alq_3 のホールブロッキング特性が十分でないために，青紫色発光材料の層から Alq_3 層へ正孔が流出することに基づく。青紫色発光を取り出すための有効な方法の一つは，ホールが発光層から Alq_3 電子輸送層に流出するのを防ぐホールブロッキング層を発光層と電子輸送層の間に挿入することである。

筆者らは，創出した二系列のホールブロッキングアモルファス分子材料と青紫色発光性アモルファス分子材料と組み合わせることにより，高性能青紫色発光有機 EL 素子を開発した。例えば，正孔輸送に 4,4′,4″-トリス[3-メチルフェニル(フェニル)アミノ]トリフェニルアミン(m-MTDATA)，発光層に TPD，ホールブロッキング層に 1,3,5-トリス(4-フルオロビフェニル-4′-イル)ベンゼン（F-TBB）および電子輸送層に Alq_3 を用いる四層型有機 EL 素子(ITO/m-MTDATA(50 nm)/TPD(20 nm)/F-TBB(10 nm)/Alq_3(20 nm)/MgAg) は，明るい青紫色の発光（ピーク波長：404 nm）を示し，その EL スペクトルは TPD の PL スペクトルとよく一致した。発光しきい電圧は 4.0V，最高輝度は 15V において 3,960cdm^{-2}，100cdm^{-2} 発光時における外部量子収率は 1.4％であり，それまでに報告されていた青紫色発光有機 EL 素子としては最も高い性能を示した[18,19]。また，正孔ブロッキング層に TTPhPhB を用いる四層型素子 (ITO/m-MTDATA(40 nm)/TPD(20 nm)/TTPhPhB(10 nm)/Alq_3(30 nm)/LiF/Al) は，ホールブロッキング層に F-TBB を用いる素子と同様に，TPD からの発光に基づく青紫色発光を与え，最高輝度は 11V において 26,000cdm^{-2}，300cdm^{-2} 発光時における発光効率および外部量子収率は，それぞれ 0.33 lmW^{-1} および 1.5％であった[20]。

1.3.3 赤色発光有機 EL 素子

高性能赤色発光有機 EL 素子の開発は，有機 EL 素子のフルカラーディスプレイへの応用の観点から重要な研究課題である。これまでに，赤色蛍光色素として DCM 誘導体が主に用いられてきた。しかしながら，これらは一般に半値幅が広いため色純度が高い赤色発光は得られない。創出した ACY および CQY を蛍光ドーパントとして用いる素子は，半値幅 65nm，発光ピーク 645 nm の純赤色を示し，すぐれた発光特性（最高輝度 6,400cdm^{-2}，発光効率 1.4 lmW^{-1}）を示した[25]。

1.3.4 多色発光有機 EL 素子

正孔注入層として m-MTDATA，発光層として FlAMB-nT，ホールブロッキング層として 5,5′-ビス(ジメシチルボリル)-2,2′-ビチオフェン(BMB-2T)，電子輸送層として Alq_3 を用いた

第 5 章　有機薄膜太陽電池：有機 EL と有機薄膜太陽電池の周辺領域

四層型素子(ITO/m-MTDATA(50 nm)/FlAMB-nT(20 nm)/BMB-2T(20 nm)/Alq$_3$(10 nm)/LiF/Al)は，それぞれ FlAMB-nT（n=0，1，2，3）の発光に基づく緑青，緑，黄緑，黄色発光を与え，いずれも優れた特性を示した。例えば，FlAMB-1T を用いた緑色発光有機 EL 素子は，最高輝度 26,000cdm^{-2}，300cdm^{-2} 発光時における発光効率および外部量子収率 3.1lmW^{-1} および 2.0％を示し，蛍光を利用する未ドープ系緑色発光有機EL素子のなかで最高レベルの値を示した[28, 29]。

創出した FlAMB-nT は，有機 EL 素子における電荷再結合中心としての要求性能をすべて満たすことから，発光性ドーパントの優れたホスト材料としても機能する。緑色発光を示す FlAMB-1T をホスト材料，ルブレンを発光性ドーパントとして用いる多層型有機 EL 素子 (ITO/m-MTDATA/5 wt%ルブレン：FlAMB-1T/BMB-2T/Alq$_3$/LiF/Al) は，ルブレンからの黄色発光を示し，最高輝度は 35,700cdm^{-2}，300cdm^{-2} 発光時における発光効率および外部量子収率は，それぞれ 4.3 lmW^{-1} および 2.1％であった。このように，FlAMB-nT は発光性ドーパントのホスト材料としても優れていることが示された[21]。

白色発光有機 EL 素子の開発は，照明用光源としての応用の観点から興味深い課題である。多色発光性アモルファス分子材料 FlAMB-nT（n=0～3）の創製は，それらの適切な組み合わせにより白色発光有機 EL 素子の開発を可能にする。発光層として FlAMB-0T および FlAMB-3T を用いる五層型素子（ITO/m-MTDATA(50 nm)/FlAMB-0T(10 nm)/FlAMB-3T(10 nm)/F-TBB(20 nm)/Alq$_3$(10 nm)/LiF/Al）は白色発光を示し，最高輝度は 11V において 16,000 cdm^{-2}，300cdm^{-2} 発光時における発光効率および外部量子収率は，それぞれ 1.2 lmW^{-1} および 0.9％であり，良好な特性を示した[21]。

1.4　おわりに

本稿では，有機 EL 素子用アモルファス分子材料の創製とそれらを用いる高性能有機 EL 素子の開発に関する筆者らの研究の一端について述べた。有機 EL 素子の動作プロセスに含まれる電極から有機層への電荷注入，有機層における電荷輸送，有機固相界面における電荷移動相互作用などに関する研究結果については割愛した。また，本稿では述べなかったが，TCTA や TDAPB 系材料などのアモルファス分子材料は，りん光ドーパントの優れたホスト材料となる。さらにアモルファス分子材料は，光電変換素子においても用いられ，光活性材料や電荷輸送材料としての役割を演じている。

文　　献

1) 城田靖彦, 学術月報, Vol. 57, No. 2, 68 (2004)
2) Y. Shirota, *J. Mater. Chem.*, **10**, 1 and references cited therein (2000)
3) Y. Shirota, *J. Mater. Chem.*, **15**, 75 and references cited therein (2005)
4) Y. Shirota, T. Kobata, and N. Noma, *Chem. Lett.*, 1145 (1989)
5) W. Ishikawa, H. Inada, H. Nakano, and Y. Shirota, *Chem. Lett.*, 1731 (1991); *Mol. Cryst. Liq. Cryst.*, **211**, 431 (1992)
6) H. Inada and Y. Shirota, *J. Mater. Chem.*, **3**, 319 (1993)
7) A. Higuchi, K. Ohnishi, S. Nomura, H. Inada, and Y. Shirota, *J. Mater. Chem.*, **2**, 1109 (1992)
8) Y. Shirota, Y. Kuwabara, H. Inada, T. Wakimoto, H. Nakada, Y. Yonemoto, S. Kawami, and K. Imai, *Appl. Phys. Lett.*, **65**, 807 (1994)
9) Y. Shirota, Y. Kuwabara, D. Okuda, R. Okuda, H. Ogawa, H. Inada, T. Wakimoto, H. Nakada, Y. Yonemoto, S. Kawami, and K. Imai, *J. Lumin.*, **72–74**, 985 (1997)
10) K. Okumoto and Y. Shirota, *Chem. Lett.*, 1034 (2000)
11) Y. Kuwabara, H. Ogawa, H. Inada, N. Noma, and Y. Shirota, *Adv. Mater.*, **6**, 677 (1994)
12) W. Ishikawa, K. Noguchi, Y. Kuwabara, and Y. Shirota, *Adv. Mater.*, **5**, 559 (1993)
13) H. Inada, Y. Yonemoto, T. Wakimoto, K. Imai, and Y. Shirota, *Mol. Cryst. Liq. Cryst.*, **280**, 331 (1996)
14) K. Okumoto and Y. Shirota, *Mater. Sci. Eng.*, B, **85**, 135 (2001)
15) T. Noda and Y. Shirota, *J. Amer. Chem. Soc.*, **120**, 9714 (1998)
16) M. Kinoshita and Y. Shirota, *Chem. Lett.*, 614 (2001)
17) Y. Shirota, M. Kinoshita, and K. Okumoto, *Proc. SPIE–Int. Soc. Opt. Eng.*, **4464**, 203 (2002)
18) K. Okumoto and Y. Shirota, *Appl. Phys. Lett.*, **79**, 1231 (2001)
19) K. Okumoto and Y. Shirota, *Chem. Mater.*, **15**, 699 (2003)
20) M. Kinoshita, H. Kita, and Y. Shirota, *Adv. Funct. Mater.*, **12**, 780 (2002)
21) T. Noda, H. Ogawa, N. Noma, and Y. Shirota, *Adv. Mater.*, **9**, 720 (1997)
22) T. Noda, H. Ogawa, N. Noma, and Y. Shirota, *J. Mater. Chem.*, **9**, 2177 (1999)
23) Y. Shirota, M. Kinoshita, T. Noda, K. Okumoto, and T. Ohara, *J. Amer. Chem. Soc.*, **122**, 11021 (2000)
24) H. Doi, M. Kinoshita, K. Okumoto, and Y. Shirota, *Chem. Mater.*, **15**, 1080 (2003)
25) J. Yu and Y. Shirota, *Chem. Lett.*, 984 (2002)

2 フレキシブル有機EL素子とその光集積デバイスへの応用

大森　裕[*]

2.1 はじめに

有機EL（electroluminescence）素子は発光材料を選択することにより，容易に可視光域をカバーでき，高輝度・高効率，あるいは高速応答を得ることができる。有機ELの応用としてはディスプレーのほかに高速性の特徴を生かした応用が可能となる。その一つに有機ELの作製プロセスが低温プロセスであることを利用してポリマー基板に直接作製し，フレキシブルなディスプレーや，さらにポリマー導波路を基板として，有機発光素子，有機受光素子とポリマー導波路を集積化したポリマー光集積デバイス[1,2]が実現できる。高分子材料を用いた有機EL素子[3~5]は塗布法などのウエットプロセスによる簡便な素子作製が可能であり，柔軟性があることからポリマー基板を用いたフレキシブルなデバイスが実現できる。図1にポリマー基板上に作製したフレキシブルディスプレーの例を示す。本稿ではウエットプロセスで作製した高輝度・高効率な緑色および赤色燐光素子と有機ELを光源とした光集積デバイスについて述べる。

2.2 ウエットプロセスで作製した高輝度・高効率燐光素子

2.2.1 緑色燐光素子

ウエットプロセスにより作製した高輝度・高効率燐光素子に関し，まず緑色発光燐光素子について述べる。ホスト材料にスターバスト分子 1,3,5-tris[4-(diphenylamino)phenyl]benzene (TDAPB)[6]，発光材料には燐光発光材料である fac-tris(2-phenylpyridine)iridium(III)[Ir(ppy)$_3$][7,8]，電子輸送性材料には 2-(4-biphenyl)-5-(4-$tert$-butylphenyl)-1,3,4,-oxadiazole (PBD) を用いた。ITO基板上に正孔注入層として水溶性の poly(ethylene dioxythiophene)：poly(styrene sulfonicacid)(PEDOT：PSS) をスピンコート法により成膜し，加熱処理した後に発光層を積層した。発光層にはジクロロエタンを溶媒として TDAPB, PBD, Ir(ppy)$_3$ を混合した。図2に素子構造と素子作製に用いる分子構造を示す。それぞれの材料の濃度は Ir(ppy)$_3$ を TDAPB に対して 6 wt%，PBD を 80wt%添加した。膜厚は PEDOT：PSS 35nm，

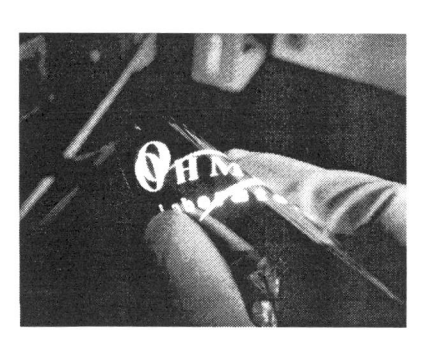

図1　フレキシブル素子の発光例

---

[*]　Yutaka Ohmori　大阪大学　先端科学イノベーションセンター　教授

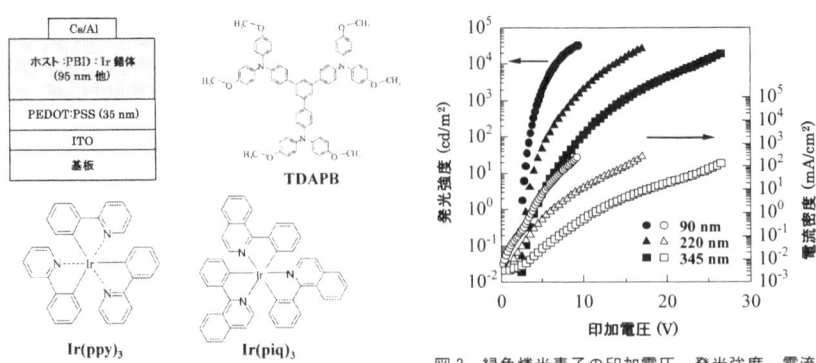

図2 ウエットプロセスにより作製した素子構造の例と分子構造

図3 緑色燐光素子の印加電圧ー発光強度ー電流密度特性

　発光層90，220，345nmの3種類について検討し，素子作製後雰囲気の酸素，水分などによる素子の劣化を防ぐために，ガラス板とエポキシ樹脂によりAr雰囲気中で封止した。

　ホストやドープした発光材料のHOMO，LUMO，三重項のエネルギー準位はキャリア注入や発光機構などを議論するために必要となるため，それらをフォトルミネッセンススペクトルから見積もった。三重項準位の測定は真空中で4Kにおける燐光スペクトルから求めた。その結果TDAPBの三重項準位は2.90eV，LUMOは2.09eV，HOMOが5.29eVと求まった。また，Ir(ppy)$_3$の三重項準位は2.92eVであるため，TDAPBとほぼ一致した。このため，TDAPBからIr(ppy)$_3$への効率的なエネルギー移動が期待される。

　EL素子の発光スペクトルから，TDAPBからの発光は見られず，Ir(ppy)$_3$の発光のみが観測された。このことより，TDAPBからIr(ppy)$_3$へのエネルギー移動が効率的に行われていると考えられる。図2に示す素子構造は正孔注入層と発光層からなる単純な構造のため，それぞれの材料の特性がキャリアの輸送性に影響する。特に，電子輸送性材料として用いたPBDはその添加濃度によって発光効率が大きく異なる。PBD濃度の最適化を図るために種々の濃度の素子を作製し検討した。その結果，PBD濃度が増加するにつれ，発光強度が増加して，低濃度である10wt%と，高濃度である80wt%を比較すると約80倍発光強度に差が生じることが明らかになった。これは，TDAPBが正孔輸送性を有しているため発光層中で電子が不足し，PBDを添加することで電子の移動度が向上したことで発光に寄与するキャリアが増加したためと考えられる。同時にこの結果はPBDが輝度，効率の向上のために非常に有効であることを示唆している。それらの結果より，これより示す素子はPBD濃度をTDAPBに対して80wt%添加している。

　図3に種々の膜厚に作製したIr(ppy)$_3$をドープした発光層をもつ素子の電流ー電圧ー輝度特

第5章 有機薄膜太陽電池：有機ELと有機薄膜太陽電池の周辺領域

性を示す。膜厚が90, 220, 345nmにおける発光開始電圧（1 cd/m²）はそれぞれ2.5, 3.0, 4.2Vであり，そのときの電流密度は0.18, 0.07, 0.017mA/cm²であった。膜厚の薄い（90nm）素子と厚い（345nm）素子を比較すると，低電界領域においては90nmの素子のほうが，約10倍電流が多く流れていることがわかる。これは，発光層中では正孔が多く存在しておりキャリアバランスが適切ではないためと考えられる。それぞれの素子の最高輝度は33,000, 27,000, 19,000cd/m²であり，膜厚の薄い90nmの素子が高い値を示した。これは注入されたキャリアバランスの他にも，適切な膜厚による発光層中への光閉じ込め効果の向上も考えられる。

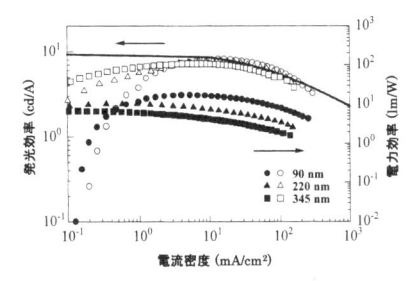

図4 緑色燐光素子の電流密度－発光効率－電力効率特性

図4にIr(ppy)₃をドープした発光層を持つ素子の外部量子効率－電力効率－電流特性を示す。実線は三重項励起子間による消光作用 Triplet-Triplet(T-T)annihilation の理論式[9]を適用したものである。今回このモデルを，本研究で作製したウェットプロセスを用いた有機ELに適用した。このモデルを用いると外部量子効率は以下の式になる。

$$\eta_{ext} = \frac{\eta_0 J_0}{4J}\left(\sqrt{1+8\frac{J}{J_0}}-1\right)$$

ここで，$J_0 = 4qd/\kappa_{TT}\tau^2$ であり q は電荷，d は励起子形成領域，τ は燐光の発光寿命，κ_{TT} は T-T annihilation に関する定数である。図4より全ての素子で高電界領域において実験値と測定値のよい一致が見られ，このとき $J_0 = 150\text{mA/cm}^2$ であった。このことは膜厚が異なっても全ての素子で励起子の形成領域がほぼ等しいことを意味する。最高効率は90nmの素子において外部量子効率8.2%（3,800cd/m²），電力効率17.3 lm/W（1,000cd/m²）が得られた[10]。また，膜厚の厚い220, 345nmの素子においてもそれぞれ外部量子効率7.7, 7.2%が得られており，膜厚の増加による効率の低下は少ない。このことにより，膜厚を厚くすることにより機械的に耐久性のあるフレキシブルデバイスが実現できることになる。

2.2.2 赤色燐光素子

次に赤色燐光材料を用いた高輝度・高効率な有機EL素子について述べる。素子はホスト材料に高分子材料 poly(n-vinylcarbazole)(PVCz)とスターバスト分子（TDAPB）を用い，発光材料は赤色燐光材料 tris(1-phenylisoquinoline)iridium(III)[Ir(pic)₃]，電子輸送性材料にはPBDを用いウェットプロセスで成膜した。ITO基板上に正孔注入層として水溶性のPEDOT：PSS

をスピンコート法により成膜し，加熱処理した後に発光層を積層した。発光層はジクロロエタンを溶媒としてPVK，TDAPB，PBD，Ir(pic)$_3$を混合して用いた。素子構造と分子構造は先に図2に示す。発光層の混合比はホストに対してIr(pic)$_3$を6wt%，PBDを80wt%添加した。膜厚はPEDOT：PSS 35nm，発光層95nmであり，素子作製後，エポキシ樹脂によりAr雰囲気中で封止した。尚，ポリマー基板としてはPEN：poly (ethylene naphthalate) を用いた。

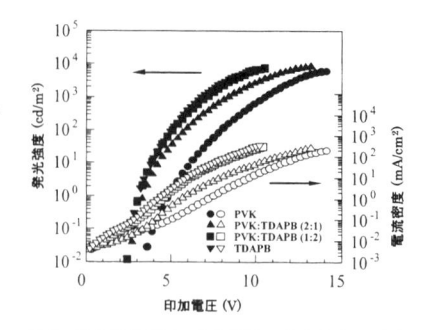

図5 赤色燐光素子の印加電圧-発光強度-電流密度特性

図5に電圧-発光輝度-電流特性を示す。尚，発光スペクトルはPL，ELともに同様の630nmにピークを持つ単一の発光を示す。図5に示すように発光開始電圧はPVKの混合比率が増加するに従い若干増加するがTDAPBの素子では約3Vであった。最大の発光強度はホストがPVKの素子では6,000cd/m^{2}であり，TDAPBでは8,200cd/m^{2}であった。また最大輝度はホストをブレンドしたPVK：TDAPB＝2：1の時に得られ，印加電圧13Vで8,800cd/m^{2}であった。このことは，PVK：TDAPB＝2：1のときに効率よくIr(pic)$_3$にキャリアが注入されていることを示すものである。TDAPBもPVKともに正孔輸送性の材料であり，それぞれの材料のHOMO準位は真空準位を基準として5.70と5.29eVであり，混合することによりキャリアのエネルギー移動のみならず，TDAPBを添加することにより成膜性の向上にも寄与している。TDAPB濃度が増加するに従い薄膜の表面は平坦化するが，TDAPBとIr(pic)$_3$は520nm付近にエキサイプレックス発光を示し，TDAPBの添加濃度を増加することによりエキサイプレックス発光も増加するので，最適な混合比PVK：TDAPB＝2：1のときに最大の発光を示すことが示される。

図6に種々の比率のホスト材料に対する電流密度-発光効率特性を示す。最高効率はPVK：TDAPB＝2：1の素子で得られ，効率6.3%（輝度450cd/m^2），パワー効率では3.0lm/W（輝度57cd/m^2）が得られており，先に示した結果と一致する[11]。

同様に燐光材料をホストに添加した層を発光層として，ウェットプロセスでポリマー基板としてPENを用いることによりフレキシブルなELディスプレーが作製できた。

2.3 有機ELの光集積デバイスへの応用

高速応答を得るために蛍光寿命の短い発光材料を用い，同様にウェットプロセスで有機EL素

第5章　有機薄膜太陽電池：有機ELと有機薄膜太陽電池の周辺領域

子を作製した。図7に素子構造と素子作製に用いた発光分子の構造を示す。ホストとしてはPVCzあるいはスターバスト分子TDAPBを用いて比較検討した。

素子の構造は図7に示すように正孔輸送層にはPEDOT：PSS（35nm）を用い，発光層（65nm）には応答速度の速い発光分子としてルブレン 5,6,11,12-tetraphenyl naphthacene (Rubrene)，電子輸送材料としてPBDをドープして発光層とした。それらの層はスピンコート法により成膜した。陰極はCs/Alの2層構造とした。

図8にホストにPVCzまたはTDAPBを用いた素子の電圧－電流密度－発光強度特性を比較して示す。発光層の組成比はTDAPB (or PVCz)：PBD：Rubrene＝100：72：1.65 (wt%)とした。PVCzに比べTDAPBをホストに用いることにより発光開始電圧は低電圧化し3V程度で$100cd/m^2$の輝度が得られる。これは，PVCzに比べてTDAPBの正孔移動度が大きく，正孔輸送性に優れることによる。

図9に素子サイズ直径$100\mu m$にパターン化した素子のパルス幅$10\mu s$のパルス電圧に対する応答を示す。立ち上がりおよび立ち下がり波形の90～10%の値をとって，それぞれ立ち上がり時間，立ち下がり時間とした。印加電圧が増加するに従い立ち上がり時間，立ち下がり時間ともに減少する。発光層が陰極と陽極の間にサンドイッチされ電界が印加されているとして，電極から注入された電子と正孔は発光層中で励起子を形成して再結合による発光が応答波形として得られているとすると，ホスト材料の移動度が求まりTDAPBでは約$5\times10^{-1}cm^2/Vs$と求まり，PVCzで報告されている移動度の値に比べて大きな値となっている。

TDAPBをホストとしてウエットプロセスで作製したルブレンは発光分子とする有機ELを光

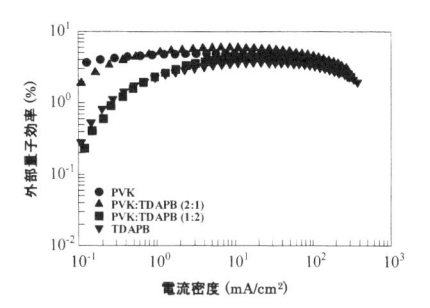

図6　赤色燐光素子の電流密度－外部量子効率特性

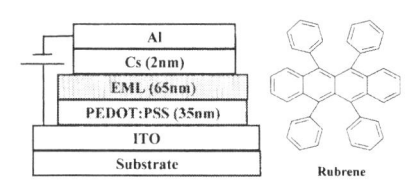

図7　ウエットプロセスにより作製した光集積素子の光源に用いる素子構造と分子構造

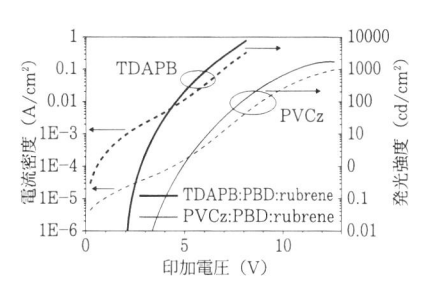

図8　黄色蛍光素子の印加電圧－電流密度－発光強度特性

237

源として，光伝送実験を行った．動画信号（変調信号5 MHz）を電気－光変換し，直径1 mmのポリマー光ファイバーを通して，市販の光伝送キット（TOTX195，TOSHIBA）を用いて5 mのポリマー光ファイバー伝送を行うことができた[12]．このことは，作製プロセスが容易なウェットプロセスで有機ELを作製し，ポリマー光ファイバーを用いた光信号の光リンクが形成できることを示すものである．

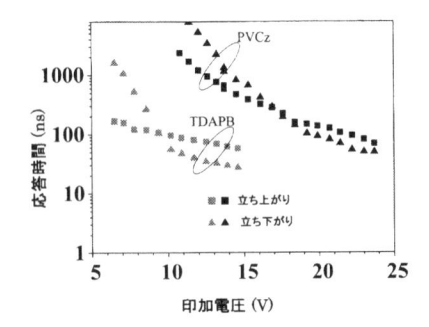

図9 黄色蛍光素子の印加電圧－応答時間特性

2.4 まとめ

低分子系材料TDAPBをホストに用いた有機EL素子をウェットプロセスによって作製した．Ir(ppy)$_3$，PBDの濃度を最適化することで外部量子効率8.2%，電力効率17.3 lm/Wの低電圧駆動，高輝度な素子を作製することができた．また，T–T annihilationモデルを用いた解析により，どの膜厚の素子においても励起子の形成領域を説明できることがわかった．

燐光材料Ir(pic)$_3$をポリマーPVCzとスターバスト分子TDAPBをブレンドしたホストにドープし，ウェットプロセスで発光層を形成した赤色発光有機EL素子において，外部量子効率6.3%，最高輝度8,800cd/m^{2}の高効率・高輝度な素子が得られた．ここに示した結果は，スターバスト系低分子材料TDAPBをホストに用いることで簡便な素子作製が可能であり，単純な素子構造で高輝度，高効率が得られることを示した．

また，RubreneをTDAPBにドープしウェットプロセスで作製した有機ELを用いて，ポリマー光ファイバーを用いた光リンクで画像信号を光伝送できた．

文　献

1) Y. Ohmori, H. Kajii, M. Kaneko, K. Yoshino, M. Ozaki, A. Fujii, M. Hikita, H. Takenaka, *IEEE J. Selected Topics in Quantum Electronics*, **10**, 70 (2004)
2) H. Kajii, T. Tsukagawa, T. Taneda, K. Yoshino, M. Ozaki, A. Fujii, M. Hikita, S. Tomaru, S. Imamura, H. Takenaka, J. Kobayashi, F. Yamamoto, *Jpn. J. Appl. Phys.*, **41**, 2746 (2002)
3) J. H. Burroughes, D. D. C. Bradley, A. R. Brown, R. M. Marks, K. Mackay, R. H.

Friend, P. L. Burns, A. B. Holmes, *Nature*, **347**, 539 (1990)
4) Y. Ohmori, M. Uchida, K. Muro, K. Yoshino, *Jpn. J. Appl. Phys.*, **30**, L1938 (1991)
5) Y. Ohmori, M. Uchida, K. Muro, K. Yoshino, *Jpn. J. Appl. Phys.*, **30**, L1941 (1991)
6) Y. Shirota, K. Okumoto, H. Inada, *Synth. Met.*, **111**-**112**, 387 (2000)
7) M. A. Baldo, S. Lamansky, P. E. Burrows, M. E. Thompson, S. R. Forrest, *Appl. Phys. Lett.*, **75**, 4 (1999)
8) M. A. Baldo, M. E. Thompson, S. R. Forrest, *Nature*, **403**, 750 (2000)
9) C. Adachi, R. Kwong, S. R. Forrest, *Organic Electronics*, **2**, 37 (2001)
10) Y. Hino, H. Kajii, Y. Ohmori, *Organic Electronics*, **5**, 265 (2004)
11) Y. Hino, H. Kajii, Y. Ohmori, *Jpn. J. Appl. Phys.*, **44**, 2790 (2005)
12) H. Kajii, K. Takahashi, Y. Hino, Y. Ohmori, *IEICE Trans. Electron.*, **E87**-**C**, 2059 (2004)

3 OLEDs and Solar Cells: Novel Device Structures and Materials Designed for Each Application
3 有機発光ダイオードと有機薄膜太陽電池:新素子構造と材料設計

Mark Thompson[*1], Biwu Ma[*2], Peter Djurovich[*3], Jian Li[*4],
Elizabeth Mayo[*5], Stephen Forrest[*6], Barry Rand[*7], Rhonda Salzman[*8]

翻訳:上原 赫[*9]

有機発光ダイオード(OLED)と有機薄膜太陽電池を比較すると,両者には多くの共通点と相違点がある。ある種の材料は共通しているものの,高性能デバイスの設計という点で,両者のアーキテクチャーと材料選択においては顕著な相違がある。本稿では,両デバイス設計において,なぜある選択がなされたのかを紹介し,これら2つのデバイスに対して最適化された構造と材料に焦点をしぼって述べる。

発光ダイオードの構築のために,低分子および高分子からなる新材料の開発に多大の関心がはらわれてきた。とくにOLED用の新材料の設計が,OLEDの開発の初期段階で始まった。有機材料からの効率的なエレクトロルミネッセンスの最初の報告(TangとVanSlyke,1987)では電子写真でよく知られていた正孔輸送材料(たとえばTPD)が使われていたが,エミッターには,当時アルミニウムの分析のみに使われていたアルミニウム錯体(たとえばAlq_3)が使われた。初期の新材料開発は,OLEDに幅広い色域と,より高効率を与える蛍光材料に焦点が合わせられていた。さらに,OLEDに導入された材料は典型的な市販品で,他のよく知られた材料(電荷輸送やレーザー色素など)と密接な関係にあるものであった。1990年代の後半に,ある一つの新しいアプローチが報告された。それはエレクトロルミネッセンスの三重項部分をターゲットにしたもので,新しい材料の組み合わせが要請されたが,その大部分は未だ報告されておらず,市販もされていなかった。われわれのグループがこの応用のために特別に開発された材料を持っていたので,これらのデバイス効率の大幅な改善に導くことができた。とくに,リン光をベースにしたエミッターを用いることによって,100%に近いLEDの効率を持つことになった。これらのリン光ドーパントは重金属を含む錯体(たとえば白金Ptやイリジウム Irの化合物)である。発光の色は配位子をデザインすることによって容易に制御することが出来る。OLEDにおけるエレクトロルミネッセンスの基本原理をまず述べ,それから,高いEL効率の達成のためのリン光錯体の使用に関してさらに詳しく述べる。

---

*1〜5 Department of Chemistry, University of Southern California
*6〜8 Department of Electrical Engineering, Princeton University
*9 Kaku Uehara 京都大学 エネルギー理工学研究所 客員教授;大阪府立大学名誉教授

第5章　有機薄膜太陽電池：有機ELと有機薄膜太陽電池の周辺領域

また，多くの同一発光材料を用いた白色光OLEDについても述べる。白色ルミネッセンスを達成するためには数種類のアプローチがある。われわれは，多重の独立したドーパントを有するデバイスと同時に，モノマー，ダイマー／会合体のPt錯体のドーパントから同時に発光するデバイスについて開発を行ってきた。結果は完全に可視域をカバーし，真の白色光を発した。これらの白色デバイスはそれらの単色光の対応物に比べると効率は低いが，白熱光の電球よりも高い効率を示す。講演では，新規の複核Pt錯体を用いて効率のよい白色光を得たわれわれの研究に焦点を絞る。

有機太陽電池（PV）は製造プロセスの容易さと，基材のフレキシブルさが両立するため，低コストで太陽エネルギー変換を供給できる可能性を秘めている。これらのデバイスの光電変換プロセスはドナー・アクセプターヘテロ接合（DA-HJ）において，励起子すなわち結合した電子・正孔対の解離に依存している。しかしながら，励起子は再結合する前に，DA-HJ界面まで拡散することができるように，十分に近いところで発生されなければならない。小さな分子量の有機半導体ベースのPVセルにおける，いわゆる"励起子拡散ボトルネック"を避けるために，混合したDA材料の使用，長い拡散長を持つ物質の使用，もしくはタンデム型に多重デバイスを直列に結合するなどの異なった方法が用いられる。これらの種々の戦略を駆使したデバイスの効率は最近，劇的に増大し，エアマス（AM）1.5G下で5.7%の高い変換効率（ηp）に達している（S. R. Forrest et al., 2005）。最近報告された高効率は印象的であるが，さらなる改善の余地がある。ある意味において，有機PVは10年前にOLEDがおかれていたのと同じ場所にいる。今日，有機PVセルに使われている材料のほとんど全ては，市場で入手可能であり，重大な新材料の革新を伴っていない。しかしこのことは，有機PVセルに用いられるポリマーに対しては完全に正しくはなく，しばしば市販されていないポリマーが使用されているが，最も高く報告された効率をもつ有機PVセルには市場で入手可能な分子材料（たとえば，Cupc，C_{60}，およびBCP）が使われている。新材料の選択がOLEDを顕著な効率増大に導いたように，PVセルにとくに適した材料が開発されたとき，そのデバイス効率が改善されるとわれわれは期待している。講演では，光電流発生のメカニズムと同様にPVセルの構造についても議論する。それから，われわれの研究におけるPVセルのための新材料開発について議論し，あわせて，新しい励起子ブロッキング層の開発の主要目標について述べる。　　　　　　　　（和訳文責　上原　赫）

本稿はMark Thompson教授の了解のもとに，2005年7月15〜16日に京大会館で開催された京都大学21世紀COEプログラム「環境調和型エネルギーの研究教育拠点の形成」太陽電池タスク主催のシンポジウム『有機薄膜太陽電池の最前線』の講演要旨を転載し，その和訳を付したものである。

有機薄膜太陽電池の最新技術

(原文)

A number similarities and differences are seen when comparing organic LEDs and solar cells. While they have some materials in common, the design of efficient devices dictates marked differences in both architecture and materials choices for two devices. In my talk I will introduce the device structures and discuss why certain choices were made in the design of the two devices. I will then focus on optimized devices and materials for the two types of devices.

There has been a great deal of interest in developing new materials for the fabrication of light emitting diodes, built from molecular and polymeric materials. The design of new materials, tailored specifically for OLEDs, began early in the development of OLEDs. While the initial report of efficient electroluminescence from organic materials (Tang and VanSlyke, 1987) involved a well known hole transporter, used in xerography (*i.e.* TPD), the emitter was an Al complex that had only been used in aluminum assays (*i.e.* Alq_3). The development of new materials, which give a wide color gamut and higher efficiency for OLEDs was initially focused around fluorescence based materials. Moreover, the materials incorporated into OLEDs were typically commercially available and were closely related to other known materials (charge transporters, laser dyes, *etc.*). Late in the 1990's a new approach was reported, in which the triplet fraction of electroluminescence was targeted, which required a new materials set, most of which where not previously reported or commercially available. Our group has developed materials specifically for this application, leading to marked improvements in the efficiencies of these devices. In particular, we have efficiencies for LEDs close to 100%, by using phosphorescence based emitters. The phosphorescent dopants in these devices are heavy metal containing complexes (*i.e.* Pt, and Ir compounds). The emission color is readily tuned by ligand design. I will briefly discuss the basic mechanism of electroluminescence in OLEDs, and then elaborate on the use of phosphorescent complexes to achieve high EL efficiencies.

We have also demonstrated white light emitting OLEDs, using many of the same emissive materials. There are several approaches to achieving white electroluminescence. We have demonstrated devices with multiple independent dopants as well as devices emitting simultaneously from monomer and dimer/aggregate states Pt based dopants. The result is an emission spectrum that covers the entire visible spectrum, giving true white illumination. While these white devices have efficiencies lower than their monochromatic counterparts,

第5章 有機薄膜太陽電池：有機 EL と有機薄膜太陽電池の周辺領域

they have efficiencies exceeding those of incandescent light bulbs. In this talk I will focus on our work in achieving efficient white electroluminescence from a new set of binuclear Pt based emitters.

Organic photovoltaic (PV) cells have the potential to provide low cost solar energy conversion, due to their relative ease of processing and compatibility with flexible substrates. The photogeneration process in these devices relies on the dissociation of excitons, or bound electron-hole pairs, at a donor-acceptor heterojunction (DA-HJ). Excitons, however, must be generated sufficiently close to the DA-HJ such that they can diffuse to this interface before recombining. Different methods have been employed to avoid this so-called 'exciton diffusion bottleneck' in small molecular weight organic semiconductor based PV cells, such as using mixed DA materials, materials with long exciton diffusion lengths, or by connecting multiple devices in a series connection. The performance of such devices utilizing these various strategies has recently increased dramatically, reaching power conversion efficiencies (ηp) as high as 5.7% under AM 1.5G (S. R. Forrest *et al.*, 2005). While the high efficiencies reported recently are impressive, there is significant room for improvement. In a way, organic PV cells are in the same place that OLEDs were 10 years ago. Nearly all of the materials used in organic PV cells today are commercially available and do not involve significant new materials innovation. This statement is not completely true for polymer based PV cells, which often involve polymers that are not commercially available, but the organic PV cells with the highest reported efficiencies involve commercially available molecular materials (*i.e.* Cupc, C_{60} and BCP). As materials are developed specifically for application to PV cells, we expect the efficiencies of these devices will improve, in the same way that new materials choices led to marked increases in OLED efficiency. In my talk I will discuss the structure of these PV cells as well as the mechanism for generation of the photocurrent. I will then discuss our recent work in developing new materials for PV cells, with our principal goal being to develop new exciton blocking layers.

4 有機ELから光電変換素子へ－発光層と受光層を有する有機複合素子の開発－

近松真之[*1], 坂口幸一[*2], 吉田郵司[*3], 阿澄玲子[*4], 八瀬清志[*5]

4.1 はじめに

有機電界発光（EL）素子は，自発光であることに加え低消費電力，速い応答速度，高コントラスト，軽量薄型などの特徴があるため，次世代ディスプレイとして注目を集めており，将来的には紙のように軽いフレキシブルディスプレイへの展開が期待されている。すでに，カーステレオ，携帯電話，PDAやデジタルカメラ用ディスプレイとして商品化されたものも出始めている。また，電気を光に変換する有機ELに対し，その逆過程であり光を電気に変換する有機光電変換デバイスは，1980年代にレーザープリンターや複写機の感光ドラムとして有機光伝導体（OPC）の実用化に成功し，現在一般に用いられるようになっている。近年では，有機薄膜太陽電池が，変換効率3％を越える報告が出てきており注目を集めている。このように，有機材料は優れた発光・受光性能を持っており，これらの機能を一体化した複合素子の開発は，光による情報の入出力や発光素子の省エネルギー化などが期待される。

これまでも，いくつかの研究グループが発光・受光機能を一体化した複合素子の開発を行っている。阪大のグループは，光電流増倍現象を利用することで，光増幅，波長変換，光演算が可能な有機複合素子を報告している[1]。また，富山大のグループは，有機ELと有機フォトダイオードの積層素子をアレイ化し，スキャナー機能をもった発光素子の開発を行っている[2]。我々は，通常の有機EL素子にOPC層を挿入した，光応答型有機EL素子を報告している[3~6]。この素子は，光照射による光スイッチング，発光増強，高速な二次元イメージの波長変換が可能である。本稿では，光応答型有機EL素子の開発の現状について述べる。

---

*1 Masayuki Chikamatsu ㈱産業技術総合研究所　光技術研究部門　分子薄膜グループ　研究員

*2 Koh-ichi Sakaguchi ㈱産業技術総合研究所　光技術研究部門　分子薄膜グループ　特別研究員

*3 Yuji Yoshida ㈱産業技術総合研究所　光技術研究部門　分子薄膜グループ　主任研究員

*4 Reiko Azumi ㈱産業技術総合研究所　光技術研究部門　分子薄膜グループ　グループリーダー

*5 Kiyoshi Yase ㈱産業技術総合研究所　光技術研究部門　副研究部門長

第5章 有機薄膜太陽電池:有機ELと有機薄膜太陽電池の周辺領域

4.2 光応答型有機EL素子

図1に光応答型有機EL素子の構造を示す。この素子で,OPC層はITO電極と有機EL層の間に挿入している。素子に電圧を印加した状態でOPC層が吸収可能な波長の光を照射すると,OPC層で光キャリアが発生する。そのキャリアが有機EL層に注入され,EL発光が起こる。我々は,OPC層としてチタニルフタロシアニン(TiOPc)を用いている。TiOPcは600nmから900nm付近に強い吸収バンドを持ち,キャリア発生の効率も非常に高いことが知られている材料である。

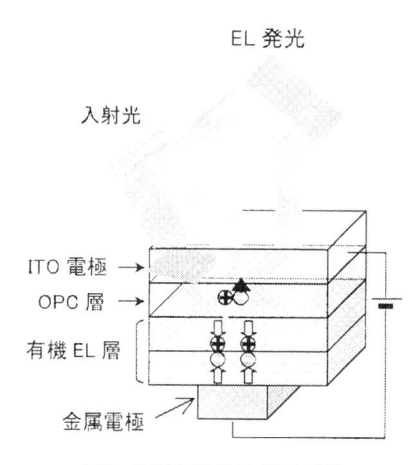

図1 光応答型有機EL素子の構造

図2に青色発光素子の輝度-電圧特性を示す。素子構造は,ITO/TiOPc(60nm)/α-NPD(60nm)/bathocuproine(BCP)(60nm)/MgAgであり,照射光は780nmレーザー(50mW/cm^2)を用いた。非照射時は12Vからα-NPDによる青色発光が観測され,電圧を上げるに従い輝度が上昇した。これに対し赤色のレーザー光を照射すると,発光開始電圧が7V減少し5Vから発光が観測された。5Vから12Vの印加電圧では素子は非照射時には非発光の状態であり,近赤外光(低エネルギーの光)を当てた時のみ青色発光(高エネルギーの光)している。したがって,この電圧域での素子特性を,"光スイッチ/アップコンバージョン"モードと呼ぶことにする。12V以上では,近赤外光照射により青色発光の増強が観測された("光増強"モード)。オン/オフ比は最大で約1,000に達した。この比は,印加電圧を上げるに従い減少した。

図3に青色発光素子の電流密度-電圧特性を示す。印加電圧4V以上で,光照射による電流密度の増強(光電流)が観測された。オン/オフ比は最大で60に達した。この電流増強は,TiOPc層が近赤外光を吸収し光キャリアを発生したためである。ちなみに,TiOPc層のない通常の有機EL素子に近赤外光を照射しても,電流および発光の増強は見られなかった。

緑色,赤色発光素子も青色発光素子と同様に光応答性を示した。緑色発光素子(ITO/TiOPc(60nm)/α-NPD(60nm)/Alq$_3$(60nm)/MgAg)では,非照射時は15Vから発光が観測されたのに対し,光照射時は4Vから発光が始まった。発光のオン/オフ比は,15Vで約5,000に達した。赤色発光素子(ITO/TiOPc(60nm)/α-NPD(60nm)/10wt%-PtOEP doped Alq$_3$(40nm)/Alq$_3$(20nm)/MgAg)では,非照射時は6V,光照射時は4Vから発光が始まった。発光のオン/オフ比は,6Vで20であった。赤色発光素子で,非照射時の発光開始電圧が低いこととオン/オ

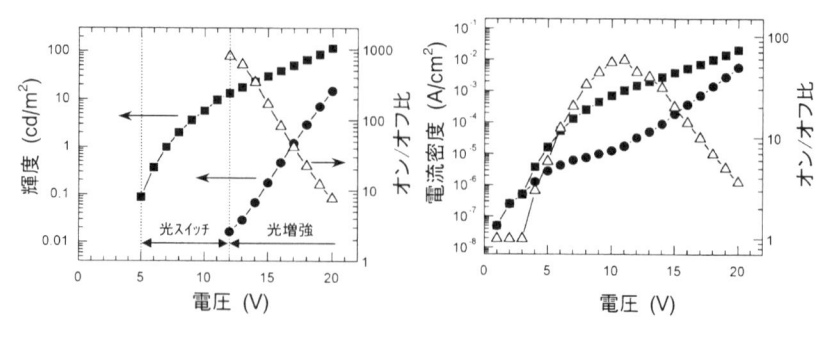

図2 青色発光素子の光照射時（■）と非照射時（●）の輝度-電圧特性（入射光：780nmレーザー，50mW/cm²）
オン/オフ比（△）は，光照射時の輝度を非照射時の輝度で割った値。

図3 青色発光素子の光照射時（■）と非照射時（●）の電流密度-電圧特性（入射光：780nmレーザー，50mW/cm²）
オン/オフ比（△）は，光照射時の電流密度を非照射時の電流密度で割った値。

フ比が小さい理由として，TiOPc層によるフィルター効果が考えられる。TiOPc薄膜は，400nmから600nmの間では非常に吸収が弱いが，600nmから900nm付近に強い吸収バンドを持つ。したがって，青や緑の発光はほとんど透過するが，赤の発光は強く吸収されてしまう（650nmで吸光度が0.5）。したがって，近赤外光を照射しなくても，素子自身の赤色EL発光をTiOPc層が吸収して光キャリアを発生し，そのキャリアが再びEL層に注入されるため，発光開始電圧が低電圧側にシフトし発光のオン/オフ比が小さくなると考えられる。実際に赤色発光素子の非照射時の電流値は，他の素子のそれと比べて高くなっている。今後，オン/オフ比を向上するためには，赤色に吸収を持たないOPC層に変えていく必要がある。

図4に青色，緑色，赤色発光層を有する光応答型素子の光照射時，非照射時のELスペクトルを示す。入射光は，近赤外レーザー（780nm）を用いた。青色，緑色，赤色発光素子は，それぞれ470nm，520nm，650nmにピークを持つELスペクトルが観測された。したがって，これらの素子を用いることで，近赤外光の可視化（RGB発光）が可能である。ま

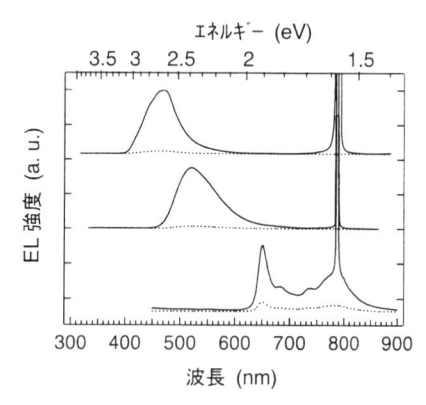

図4 青色（上），緑色（中），赤色（下）発光素子の光照射時（実線），非照射時（点線）のELスペクトル

第5章 有機薄膜太陽電池：有機ELと有機薄膜太陽電池の周辺領域

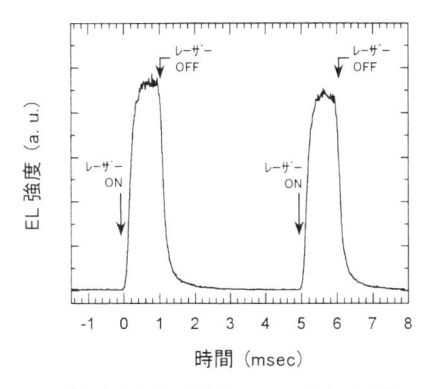

図5 青色発光素子の近赤外レーザー照射/非照射によるEL発光応答（光スイッチ/アップコンバージョンモード時）

図6 緑色発光素子の光増強モード時の発光写真
（発光面積：1cm×1cm）
レーザーの当たった所（中央の白い部分）のみ明るく光っている。

た，光照射により発光増強が起こったが，スペクトルの中心波長および形状の変化は見られなかった。よって，これらの光応答型素子は近赤外光照射により発光の色合いを変えることなく，強度のみをコントロールできることが明らかになった。また，これらの素子を光入出力素子と捉えると，低エネルギーの近赤外光780nm(1.6eV)を高エネルギーの可視光470nm(2.6eV)，520nm(2.4eV)，650nm(1.9eV)に波長変換が可能な素子である。

図5に光スイッチ/アップコンバージョンモードにおける青色発光素子の近赤外レーザー照射/非照射によるEL発光応答を示す。立ち上がりと立ち下がりの応答時間は，260μsと330μsであった。この応答時間は光スイッチング素子として十分に速く，動画にも対応できる時間である。また，この光スイッチはレーザーの当たったスポットのみで起こっている（図6）ことから，赤外－可視（RGB）イメージコンバータとしての応用も今後期待できると考えている。

4.3 光応答型有機EL素子の高効率化

これまで，光応答型有機EL素子においてRGB発光が実現できることを紹介した。我々は，素子の特性向上を図るため，燐光発光材料であるIr錯体を有機EL層に用いることにより光応答型素子の高効率化を行った[6]。図7に緑色燐光発光素子の輝度－電圧特性を示す。素子構造は，ITO/TiOPc(90nm)/α-NPD(50nm)/CBP：6.3wt％ Ir(ppy)$_3$ (30nm)/BCP(10nm)/Alq$_3$(30nm)/MgAgであり，照射光は780nmレーザー（14mW/cm^2）を用いた。比較の為に，緑色蛍光発光素子（ITO/TiOPc(90nm)/α-NPD(60nm)/Alq$_3$(60nm)/MgAg）の特性も図7に示した。OPC層，有機EL層の膜厚はそれぞれ90nm，120nmとした。燐光素子の発光のオン/オフ比（最大）は1,130（蛍光素子：230）であり，光照射時の最大外部量子効率は12.8％（蛍光素子：1.1％）であることから，燐光発光素子は蛍光発光素子よりも高い特性を示すことがわかっ

247

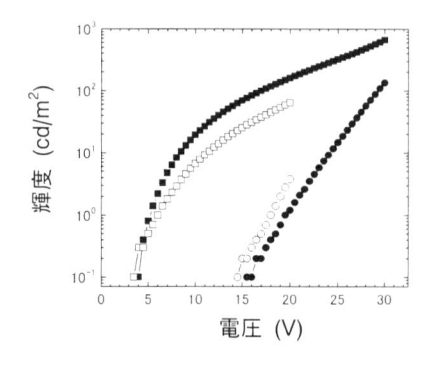

図7 緑色燐光発光素子の光照射時（■）と非照射時（●）の輝度－電圧特性（入射光：780nmレーザー，14mW/cm²）
比較の為，緑色蛍光発光素子の光照射時（□）と非照射時（○）の輝度－電圧特性も示した．

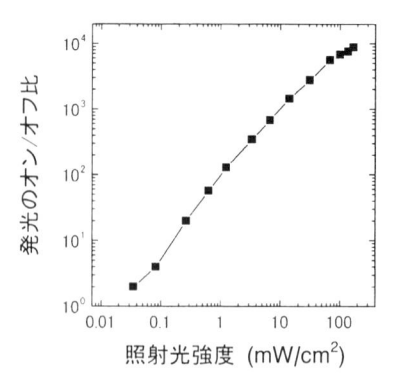

図8 青色燐光発光素子における発光のオン/オフ比の照射光（780nmレーザー）強度依存性（21.5 V印加時）

た．青色燐光素子（ITO/TiOPc(90nm)/α-NPD(50nm)/CBP：4.7wt% Flrpic(30nm)/BCP(10nm)/Alq₃(30nm)/MgAg）および赤色燐光素子（ITO/TiOPc(90nm)/α-NPD(40nm)/CBP：5.0wt% Ir(btp)₂acac(30nm)/BCP(10nm)/Alq₃(40nm)/MgAg）も，緑色燐光素子と同様に高い光応答性と発光効率を示した．青色燐光素子と赤色燐光素子の発光のオン/オフ比（最大）および光照射時の最大外部量子効率は，それぞれ（1,640, 3.9%）と（260, 4.9%）であり，青色蛍光素子の値（110, 2.3%）と赤色蛍光素子の値（80, 0.3%）よりも特性が向上した．

図8に青色燐光素子における発光のオン/オフ比の照射光強度依存性を示す．照射光強度170mW/cm²において，オン/オフ比は約9,000まで増加した．また，35μW/cm²という微弱光に対しても，発光増強が観測された（発光のオン/オフ比：2）ことから，この素子が広い照射光強度範囲で使用可能な光入出力素子であることがわかった．

4.4 おわりに

発光層と受光層を有する有機複合素子として，光応答型有機EL素子の開発の現状を概観した．現在は，OPC層が特定の波長域（赤～近赤外光）に感度が高い材料を用いているが，今後，新規材料の探索やデバイス構造の改善により，単色光だけでなく白色光にも高感度な光応答型有機EL素子の作製が可能である．また，受光層に高効率な薄膜太陽電池を組み込めれば，発電する有機EL素子の実現も将来期待できるであろう．

第5章　有機薄膜太陽電池：有機ELと有機薄膜太陽電池の周辺領域

文　　献

1) 横山正明, 未来材料, **2**, 34 (2002)
2) Y. Matsushita, H. Shimada, T. Miyashita, M. Shibata, S. Naka, H. Okada and H. Onnagawa, *Jpn. J. Appl. Phys.*, **44**, 2826 (2005)
3) J. Ni, T. Tano, Y. Ichino, T. Hanada, T. Kamata, N. Takada and K. Yase, *Jpn. J. Appl. Phys.*, **40**, L948 (2001)
4) M. Chikamatsu, Y. Ichino, N. Takada, M. Yoshida, T. Kamata and K. Yase, *Appl. Phys. Lett.*, **81**, 769 (2002)
5) M. Chikamatsu, Y. Ichino, Y. Yoshida, N. Takada, M. Yoshida, T. Kamata and K. Yase, *J. Photochem. Photobio. A : Chemistry*, **158**, 215 (2003)
6) M. Chikamatsu, H. Konno, T. Oosawa, M. Yamashita, Y. Yoshida and K. Yase, IDW '04, 1327 (2004)

5 ビススチリルベンゼン誘導体を活性層とする有機 DFB レーザーの発振特性

中野谷　一[*1]，安達千波矢[*2]

　有機半導体レーザーは，有機半導体材料を活性層とすることにより，有機材料の特徴である紫外から可視域に渡る幅広い波長選択性が可能であること，軽量小型化が可能であることから，次世代の小型レーザ光源として期待されている。

　これまでに，有機半導体レーザーに関する研究は，低閾値を目指した材料探索に加え，DFBやDBRなどの光共振器構造についても実験的，理論的に幅広く検討が行われているが，いずれも光励起下での検討に留まり，キャリア注入による有機半導体材料からのレーザー発振は，未だ実現されていない[1～9]。

　Amplified spontaneous emission（ASE）発振，またはレーザー発振を起こすためには反転分布の形成が必要であり，そのためには，高電流密度の注入が必要であるが，有機材料のキャリア移動度は無機材料の移動度と比較して一般に $\sim 10^{-3}\mathrm{cm}^2/\mathrm{Vs}$ 程度と低いために，高電流密度の電荷注入は一般に困難であると考えられてきた。しかしながら，最近，私たちの研究グループは，微小電極と放熱性に富む基板材料を用いれば，有機層に $\sim 10\mathrm{kA/cm}^2$ に達する高電流密度を流すことが可能であることを示した[10]。この様に，素子設計を十分に考慮すれば，有機物に高電流を流すことは十分に可能であるが，現在，有機レーザーの実現を妨げている最大の理由は，高電流密度下（高励起下）での電荷と励起子の相互作用（Polaron-exciton annihilation）や励起子－励起子相互作用（exciton-exciton annihilation）により発光効率が低下してしまうことである[11～13]。さらに，有機半導体レーザダイオードを実現するためには organic light emitting diode（OLED）構造を適用することが必要であるが，電極金属による光の伝播損失による発振閾値の上昇が問題点として挙げられ，この問題点を解決するために透明電極を陽極と陰極に用いたレーザー構造が有用である[14]。

　我々は，これまでにビススチリルベンゼン骨格を有する BSB 誘導体が，優れた ASE 発振特性を示すことを報告してきた[15]。本稿では BSB 誘導体である 2,5-bis(p-(N-phenyl-N-(m-toryl)amino)styryl)benzene(BSB-Me) を活性層に用いた場合の ASE 及びレーザー発振特性について述べる。また，BSB-Me を発光中心として用いた電流励起可能な OLED 構造からの ASE 発振とレーザー発振についても述べる。

　まず，ASE 測定用試料の作製について述べる。ガラス基板を中性洗剤，蒸留水，アセトン，

---

　*1　Hajime Nakanotani　千歳科学技術大学　大学院光科学研究科
　*2　Chihaya Adachi　千歳科学技術大学　光科学部　物質光科学科　教授

第5章 有機薄膜太陽電池：有機ELと有機薄膜太陽電池の周辺領域

イソプロパノールを用いて超音波洗浄を行った後，基板上の有機物を除去するためにUV-ozone（Nippon Laser & Electronics Lab., NL-UV253）処理を行った。2,5-bis(p-(N-phenyl-N-(m-toryl)amino)styryl)benzene(BSB-Me)を4,4′-bis-(N-carbazole)-biphenyl(CBP)ホスト中に6wt%の濃度でドープした共蒸着膜を3×10^{-3}Pa以下の真空度で100〜200nmの厚みで基板

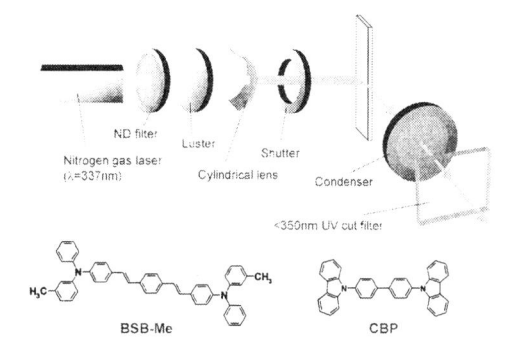

図1 BSB-MeとCBPの分子構造とASE測定系

上に形成した後，基板を切断し，5mmのストライプ幅の有機活性層からなる光導波路を作成した。

OLEDデバイスのJ-V-L特性は，DC駆動の場合，Semiconductor Parameter Analyzer（4155C Agilent社製）を用い，発光輝度（L）はMulti-Function Optical Meter（Model 2835-C, Newport社製）を用いて測定を行った。Pulse駆動での測定は，パルスジェネレーター（NF WF1945）を用いて，パルス幅5μs，周期50μs，周波数120Hzのパルスを素子へ印加した。

図1にASE特性の測定系を示す。波長337nmの窒素ガスレーザー（パルス幅：〜500ps，繰り返し周期：20Hz）を励起光源として用い試料を光励起した。励起光はシリンドカルレンズによって0.1cm×0.5cmの大きさに集光し，ストライプ状に集光して光照射した。そして試料からの発光はMulti-channel photodiode（PMA-11, Hamamatsu photonics Co.）によって端面からASEを観測した。湿気と酸素による有機層の劣化を防ぐために，真空チャンバを用い，窒素雰囲気下で測定を行った。さらに，レーザー発振を実現するためには，導波路薄膜中に共振器構造を組み込む必要がある。そこで我々はDFB共振器を有する光導波路構造を作製した。DFB共振器は次のように作製した。フォトレジストの剥離を防止するために，シランカップリング剤であるHMDSを基板上にスピンコート法（回転数2,000rpmで26.5s）によりコーティングした後，160℃において5分間ベークした。フォトレジスト（THMR ip3300）と1-アセトキシ-2-エトキシエタンを1：1の割合になるように調整した溶液を作製し，スピンコーター（4,000rpm-27s）にてレジスト膜を製膜した（膜厚100nm）。その後，110℃において5分間ベークした。そしてHe-Cdレーザーを励起光源とし，二光束干渉露光法を用いて周期270，275，280，285，290nmのDFB共振器を作製した。Grating周期ΛはBragg回折条件

$$\lambda = \frac{2\eta_{\mathrm{eff}}\Lambda}{m} \tag{1}$$

により決定した。ここで、η_{eff} は有効屈折率、L はグレーティング周期、m は回折オーダー次数である。

図2にBSB-MeをCBPに6 wt%ドープした薄膜におけるASE発光、PL、吸収スペクトルを示す。ピーク発光波長はλ=475nmであり、ASE発振波長はλ_{ASE}=505nmであった。発振閾値は$E_{th}=0.75\pm0.1\mu J/cm^2$と非常に低い値を示した。ここで、積分球を用いてPL量子収率の測定を行った結果、6 wt%-BSB-Me：CBP薄膜のPL内部量子効率は、η_{PL}=91±3%の高い値を有することが分かった[16]。さらに図3にBSB-Meの温度特性の結果を示す。この様にBSB-Meは温度特性を示さないことが分かった。このことは、BSB-Meの励起一重項（S_1）からの熱活性化型の非放射失活速度定数（k_{nr}）が室温においても非常に小さいことを示している。ストリークカメラによる発光寿命測定の結果、BSB-Meの蛍光寿命はτ=1.05nsであり、自然放射失活速度定数を算出した結果、6 wt%-BSB-Me：CBP薄膜の自然放射失活速度定数k_r はk_r=

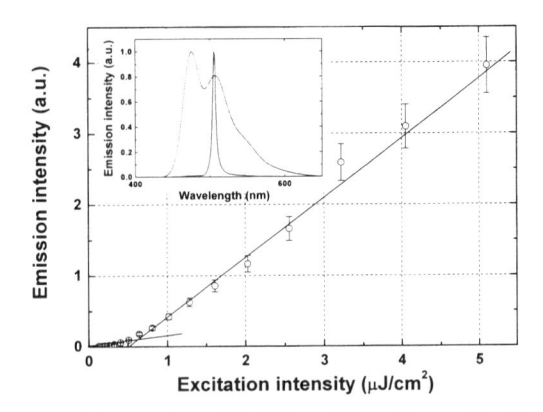

図2 窒素ガス励起下（励起波長 λ=337nm、20Hz、パルス幅500ps）6 wt% BSB-Me：CBP共蒸着膜（100nm）のPL強度と励起強度の関係
挿入図：ASE閾値以下と以上（$10.2\mu J/cm^2$）における発光スペクトル。

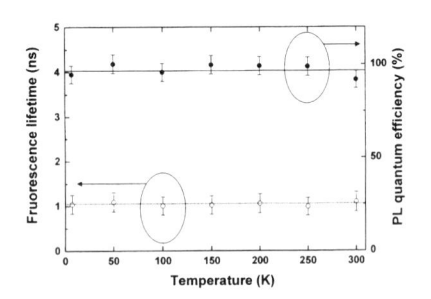

図3 6 wt% BSB-Me：CBP共蒸着膜の蛍光強度及び蛍光寿命の温度依存性

$9.1\times10^8 s^{-1}$となり、極めて大きな値を有していることが分かった。ここで、誘導放出断面積（stimulated emission cross section：σ_{em}）と吸収断面積（absorption cross section：σ_{abs}）を算出した。誘導放出断面積は、励起準位にある電子がどのくらい励起光を吸収しやすいかを面積の単位で表したものであり、この値は、誘導放出の起こりやすさを表す指針となる。誘導放出断面積σ_{em}は、以下の式により求めた[17~19]。

第 5 章　有機薄膜太陽電池：有機 EL と有機薄膜太陽電池の周辺領域

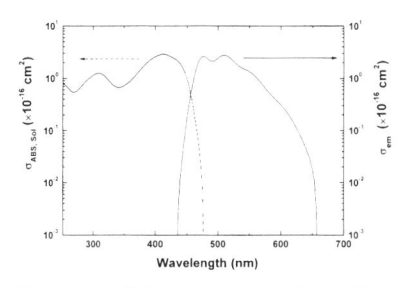

図 4　CH_2Cl_2 溶液中の BSB-Me の吸収断面積と 6 wt%-BSB-Me：CBP 薄膜の誘導放出断面積

図 5　6 wt%-BSB-Me：CBP 共蒸着膜の発光スペクトル

自然放出スペクトル（dash line），ASE スペクトル（$10.2\mu J/cm^2$），lasing 時のスペクトル（$93\mu J/cm^2$）

$$\sigma_{em}(\lambda) = \frac{\lambda^4 E_f(\lambda)}{8\pi n^2(\lambda) c \tau_f} \quad (2)$$

$$n_f = \int E_f(\lambda) d\lambda \quad (3)$$

ここで，$E_f(\lambda)$ は量子収率分布，$n(\lambda)$ は各波長における屈折率，τ_f は蛍光寿命である。ここで有機層の屈折率を $n=1.8$ とした。吸収断面積 σ_{ABS} は，BSB-Me を $C_2H_2Cl_2$ に溶かした溶液（10^{-5}mol/l）の吸収スペクトルを用い，以下の式により求めた。

$$\sigma_{ABS,Sol}(\lambda) = \frac{1,000\varepsilon(\lambda) ln10}{N_A} \quad (4)$$

ここで，$\varepsilon(\lambda)$ はモル吸光係数，N_A はアボガドロ数である。図 4 に算出したスペクトルを示す。BSB-Me は ASE 発振波長である $\lambda_{ASE}=505$nm において，$\sigma_{em}=2.66\times10^{-16}$cm^2 と大きな誘導放出断面積を有していることが分かった。この大きな誘導放出断面積は，$E_{th}=0.75\pm0.1\mu J/cm^2$ の低い閾値で ASE 発振が生じる実験結果と矛盾しない。

図 5 に $\Lambda=270$nm の DFB 共振器上に作製した素子からのレーザー発振スペクトルを示す。このときの発振波長は 491nm であり，発振閾値は $E_{th}=20.6\pm0.5\mu J/cm^2$ であった。図 6 に grating 周期 Λ を $\Lambda=270$

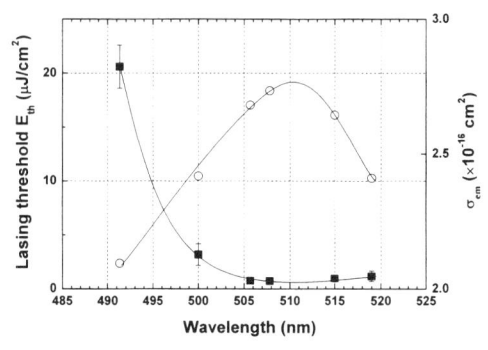

図 6　BSB-Me のレーザー発振の閾値（■）と誘導放出断面積（○）の相関

表1 2次のDFB共振器を有する6wt%-BSB-Me：CBP膜（200nm）のレーザー特性 λ：レーザー発振波長，E_{th}：レーザー発振閾値，η_{eff}：屈折率

	λ(nm)	Threshold $E_{th}(\mu J/cm^2)$	η_{eff}
DFB（Λ=270nm）	491	21	1.820
DFB（Λ=275nm）	500	3.2	1.819
DFB（Λ=280nm）	507	0.78	1.814
DFB（Λ=285nm）	515	1.1	1.808
DFB（Λ=290nm）	519	1.2	1.790

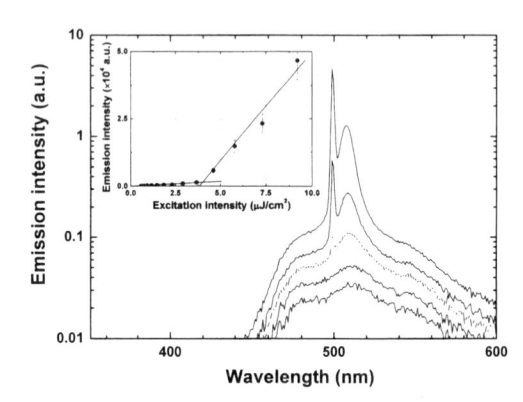

図7 Glass/ITO(110nm)/DFB/α-NPD(20nm)/6 wt%-BSB-Me：CBP(100nm)/BCP(20nm)/Alq$_3$(30nm) デバイス構造からの lasing 特性（閾値：E_{th}=3.9μJ/cm^2）

nm～290nm の間で変化させた場合のレーザー発振閾値と誘導放出断面積の関係を，表1にレーザー発振特性をそれぞれ示す。レーザー発振閾値と6wt%-BSB-Me：CBP薄膜の誘導放出断面積の間には強い相関が見られ，最も大きな誘導放出断面積を示す波長 λ=507nm において，最も低い発振閾値 E_{th}=0.78±0.1μJ/cm^2 が観測された。

次にOLED構造からのレーザー発振について検討を行った。Λ=280nm の DFB 層を ITO 基板上に作製し，その後，有機層を蒸着し電流励起型デバイス構造を作製した。励起光はガラス基板側から入射させた。デバイス構造は，Sample A：Glass/ITO(110nm)/DFB/α-NPD(20nm)/6 wt%-BSB-Me：CBP(100nm)/BCP(20nm)/Alq$_3$(30nm)，Sample B：Glass/ITO(110nm)/DFB/α-NPD(20nm)/6 wt%-BSB-Me：CBP(100nm)/BCP(20nm)/Alq$_3$(30nm)/MgAg(2.5nm)/ITO(30nm) について検討を行った。陰極として用いた ITO は，コニカルスパッタ装置[20]により製膜を行い，真空度が 4×10^{-4}Pa 以下にまで到達した後，出力50W，Ar：32SCCM，O$_2$：0.23SCCM に調節し，真空度 1×10^{-2}Pa，スパッタ速度 0.033nm/s で成膜を行った。図7に Sample A から得られた発光スペクトルを示す。発振波長は498.8nmであり有効屈折率は1.781であった。図7の挿入図に励起光強度依存性を示す。発振閾値は E_{th}=3.9μJ/cm^2 であった。図8には Sample B から得られた発光スペクトルとレーザー特性を示す。発振波長は502.5nm，有

第5章 有機薄膜太陽電池：有機ELと有機薄膜太陽電池の周辺領域

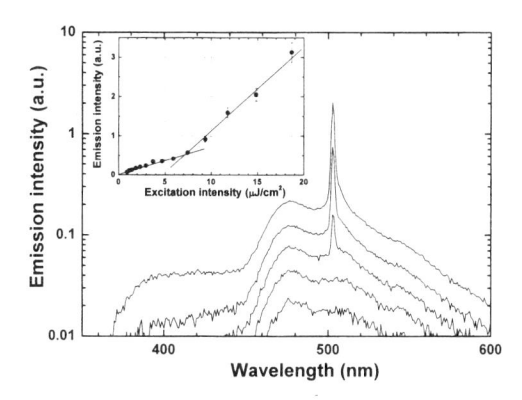

図8 Glass/ITO(110nm)/DFB/α-NPD(20nm)/6 wt%-BSB-Me：CBP(100nm)/BCP(20nm)/Alq$_3$(30nm)/MgAg(2.5nm)/ITO(30nm) デバイス構造からの lasing 特性（閾値：$E_{th}=7.4\mu J/cm^2$）

効屈折率は1.795，発振閾値は$E_{th}=7.4\mu J/cm^2$であった。Sample Aと比較して，MgAg/ITO陰極の伝播損失により発振閾値が若干大きくなったが，電流励起可能な構造からのレーザー発振に成功した。ここでlasingに必要な閾値と閾値電流密度について述べる。窒素ガスレーザーのパルス幅は500psであり，活性層の膜厚は100nmであることから発振閾値（$E_{th}=7.4\mu J/cm^2$）における単位時間単位体積当たりの吸収光子数は，2.516×10^{27}[photon/cm^{3}s]である。ここで，電流励起下における再結合領域の幅を$d=5$nmと仮定し，励起子失活過程が生じないとした場合，閾値電流密度は$J=830A/cm^2$と見積もられる。

最後に，高い熱伝導率を有する基板と極小電極を用いることによって，OLED構造に高い電流密度を注入・輸送することを試みた結果について示す。検討を行ったデバイス構造は，基板/ITO(110nm)/α-NPD(30nm)/6 wt%-BSB-Me：CBP(20nm)/BCP(20nm)/Alq$_3$(30nm)/MgAg(100nm)であり，電極半径

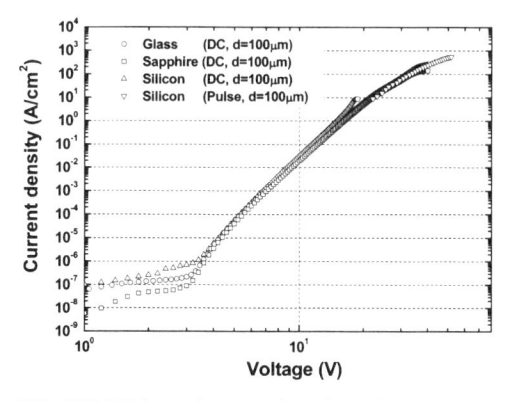

図9 基板/ITO(110nm)/α-NPD(30nm)/6 wt%-BSB-Me：CBP(20nm)/BCP(20nm)/Alq$_3$(30nm)/MgAg(100nm) 構造のJ-V特性（基板：ガラス，サファイア，シリコン）

は$r=50\mu m$，基板はガラス，サファイア，シリコン基板を用いた。熱伝導率は300Kにおいて，それぞれ1.1k/Wm^{-1}K^{-1}，46k/Wm^{-1}K^{-1}および148k/Wm^{-1}K^{-1}である。図9に得られた電圧-電流密度特性を示す。素子の最大電流密度は基板の熱伝導率の上昇とともに大きく向上し，ガラス，サファイア，シリコン基板においてそれぞれ，$J_{max}=11.2A/cm^2$, $144A/cm^2$, $247A/cm^2$であった。さらにパルス駆動下でのシリコン基板，電極半径$r=50\mu m$の素子の最大電流密度はJ

=555A/cm² に達した。このように，高熱伝導率基板，極小電極，pulse電圧駆動を用いることにより，素子中に発生するjoule熱を抑制することができ，その結果，デバイス破壊が抑えられ高電流密度が達成できた。

文　献

1) G. Kozlov, V. Bulovic, P. E. Burrows, M. Baldo, V. B. Khalfin, G. Parthasarathy, S. R. Forrest, Y. You, and M. E. Thompson, "Study of lasing action based on Forster energy transfer in optically pumped organic semiconductor thin films", *J. Appl. Phys.*, **84**, 4096 (1998)
2) M. D. McGehee, M. A. Diaz-Garcia, F. Hide, R. Gupta, E. K. Miller, D. Moses, and A. J. Heeger, "Semiconducting polymer distributed feedback lasers", *Appl. Phys. Lett.*, **72**, 1536 (1998)
3) M. Ichikawa, Y. Tanaka, N. Suganuma, T. Koyama, and Y. Taniguchi, "Photopumped Organic Solid-State Dye Laser with a Second-Order Distributed Feedback Cavity", *Jpn. J. Appl. Phys., Part 2*, **40**, L799 (2001)
4) A. Jebali, R. F. Mahrt, N. Moll, D. Erni, C. Bauer, Gian-Luca Bona, and W. Bachtold, "Lasing in organic circular grating structures", *J. Appl. Phys.*, **96**, 3043 (2004)
5) A. E. Vasdekis, G. A. Turnbull, I. D. W. Samuel, P. Andrew, and W. L. Barnes, "Low threshold edge emitting polymer distributed feedback laser based on a square lattice", *Appl. Phys. Lett.*, **86**, 161102 (2005)
6) R. Gupta, M. Stevenson, A. Dogariu, M. D. McGehee, J. Y. Park, V. Srdanov, A. J. Heeger, and H. Wang, "Low-threshold amplified spontaneous emission in blends of conjugated polymers", *Appl. Phys. Lett.*, **73**, 3492 (1998)
7) A. Haugeneder, M. Neges, C. Kallinger, W. Spirkl, U. Lemmer, J. Feldmann, M.-C. Amann, and U. Scherf, "Nonlinear emission and recombination in conjugated polymer waveguides", *J. Appl. Phys.*, **85**, 1124 (1999)
8) G. Heliotis, D. D. C. Bradley, G. A. Turnbull, and I. D. W. Samuel, "Light amplification and gain in polyfluorene waveguides", *Appl. Phys. Lett.*, **81**, 415 (2002)
9) R. Xia, G. Heliotis, and D. D. C. Bradley, "Fluorene-based polymer gain media for solid-state laser emission across the full visible spectrum", *Appl. Phys. Lett.*, **82**, 3599 (2003)
10) W. Yokoyama, H. Sasabe, and C. Adachi, "Carrier Injection and Transport of Steady-State High Current Density Exceeding 1000 A/cm² in Organic Thin Films", *Jpn. J. Appl. Phys., Part 2*, **42**, L1353 (2003)
11) M. A. Baldo, C. Adachi, and S. R. Forrest, "Transient analysis of organic electro-phosphorescence. II. Transient analysis of triplet-triplet annihilation", *Phys. Rev. B*, **62**,

第5章 有機薄膜太陽電池：有機ELと有機薄膜太陽電池の周辺領域

010967 (2000)
12) M. A. Baldo, R. J. Holmes, and S. R. Forrest, "Prospects for electrically pumped organic lasers", *Phys. Rev. B*, **66**, 035321 (2002)
13) H. Nakanotani, H. Sasabe, and C. Adachi, "Singlet-singlet and singlet-heat annihilations in fluorescence-based organic light-emitting diodes under steady-state high current density", *Appl. Phys. Lett.*, **86**, 213506 (2005)
14) H. Yamamoto, T. Oyamada, H. Sasabe, and C. Adachi, "Amplified spontaneous emission under optical pumping from an organic semiconductor laser structure equipped with transparent carrier injection electrodes", *Appl. Phys. Lett.*, **84**, 1401 (2004)
15) T. Aimono, Y. Kawamura, K. Goushi, H. Yamamoto, H. Sasabe, and C. Adachi, "100% fluorescence efficiency of 4,4'-bis[(N-carbazole)styryl]biphenyl in a solid film and the very low amplified spontaneous emission threshold", *Appl. Phys. Lett.*, **86**, 071110 (2005)
16) Y. Kawamura, H. Sasabe, and C. Adachi, "Simple Accurate System for Measuring Absolute Photoluminescence Quantum Efficiency in Organic Solid-State Thin Films", *Jpn. J. Appl. Phys.*, **43**, 7729 (2004)
17) A. V. Deshpande, A. Beidoun, A. Penzkofer, and G. Wagenblast, "Absorption and emission spectroscopic investigation of cyanovinyldiethylaniline dye vapors", *Chem. Phys.*, **142**, 123 (1990)
18) X. Liu, C. Py, Y. Tao, Y. Li, J. Ding, and M. Day, "Low-threshold amplified spontaneous emission and laser emission in a polyfluorene derivative", *Appl. Phys. Lett.*, **84**, 2727 (2004)
19) W. Holzer, A. Penzkofer, T. Schmitt, A. Hartmann, C. Bader, H. Tillmann, D. Raabe, R. Stockmann, and H.-H. Horhold, "Amplified spontaneous emission in neat films of arylene-vinylene polymers", *Opt. Quantum Electron.*, **33**, 121 (2001)
20) H. Yamamoto, T. Oyamada, H. Sasabe, and C. Adachi, "Low-damage ITO formation using a unique cylindrical sputtering module and high-performance transparent organic light-emitting diode" Thin Solid Films (submitted).

6 有機薄膜における光・電気双方向変換を利用した光機能デバイス

横山正明*

6.1 はじめに

　最近，分子の多様性に富み，大面積化，薄膜化が容易であるなどの特長を持つ有機電子材料を用いた高機能オプトエレクトロニクスデバイスの出現に大きな期待が寄せられている。これまで光・電子機能有機材料の中で有機光導電体（OPC）が電子写真複写機・レーザープリンターの感光体として実用に至り，大きな成功を納めたことはよく知られているが，そこでは有機薄膜における「光から電気への変換」，いわゆる光電変換が巧みに画像形成に応用されている。一方，最近すでにフラットパネルディスプレイとして実用化も始まり，多くの話題を集めている有機EL（電界発光）素子は，有機薄膜にホール・エレクトロンを注入することで光が取り出せる，感光体とは全く逆の「電気から光への変換」を可能にするデバイスである。このことは，我々が有機光・電子材料において全く逆の2つの実用可能な変換プロセスを手にしたことを意味する。したがって，有機薄膜における「光→電気変換」と「電気→光変換」，光・電気双方向の変換をうまく組み合わせることによって，これまでにない新しい機能をもった光デバイスの構築が可能となる。

　ここでは，筆者らが光導電有機材料の物性研究の過程で偶然に見出した，有機薄膜／金属電極界面で起こる新しい現象，光電流増倍現象を「光→電気変換」と捉え，これと逆の「電気→光変換」機能を持つ有機EL素子と組み合わせて積層一体化することによって，素子全体として「光-光変換」を試み，光の短波長化や赤外光の可視化ができる光→光変換素子，さらに光電流増倍現象の特長を活かして光増幅素子，光スイッチング素子，さらに光演算素子へ展開した研究を紹介する。

6.2 有機／金属界面現象としての光電流増倍現象

6.2.1 有機薄膜における光電流増倍現象

　通常の「光を照射すると電流が流れる」光導電現象は，理想的な光導電性物質を用いてもキャリア生成量子収率が1を越えることはない。しかし，もし何らかの機構によって1を越える量子収率が達成できれば，言い換えると僅かなフォトンの照射で大量の電子の流れを引き起こすことができれば，高感度の光センサーはもとより，いろいろな新しい応用展開が期待できる。無機材料では，これまでに光電流の増倍現象として，いわゆるアバランシェ効果（電子なだれ現象）が知られているが，有機材料ではそのような報告例はなかった。我々は，偶然にも有機顔料薄膜で，

＊　Masaaki Yokoyama　大阪大学　大学院工学研究科　生命先端工学専攻　教授

第5章　有機薄膜太陽電池：有機ELと有機薄膜太陽電池の周辺領域

光を高感度で検出する光電子増倍管にも匹敵する，「光電流の量子収率が1を越える現象」，光電流増倍現象を発見することができた。

有機薄膜における光電流増倍現象は，赤い車の顔料であるペリレン顔料（Me-PTC，図1）において最初に見出された[1]。電子写真感光体のキャリア発生剤，有機太陽電池の研究対象となっている光導電性顔料の一つである。500nm程度の厚さのMe-PTC蒸着膜をITO電極とAu電極でサンドイッチした単純な構造である（図1）。図2に典型的な光電流量子収率の印加電圧依存性を示す。光電流量子収率すなわち増倍率は，光電流として流れたキャリア数を顔料薄膜が吸収したフォトン数で割って算出される。Au電極をマイナスに電圧を加えて光照射すると，わずか数Vで量子効率は1を越え，10V以上で急激に増大して，20Vで約10万に達する。このときの光電流は，数百$mAcm^{-2}$にも達する。素子の劣化による光電流の減少はみられず，何度でもオンオフを繰返すことができる。ここで観測された10万倍という増倍率は，1個のフォトンによって10万個の電子が素子を流れたことを意味し，驚くべき大きな値で，この素子が高感度増幅型光センサー機能を持つことを示している。Me-PTCでは増倍は-50℃に素子を冷却したときに最大となるが，化合物によっては室温でも起こる[2]。結果的に，この有機薄膜で観測された光電流増倍現象は，無機材料で見られる電子なだれ現象ではなく，金属／有機接合界面の極微細領域の構造が深く係わった特異な現象であった[1,3]。

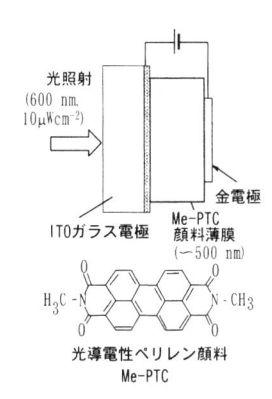

図1　光電流増倍素子の構造とペリレン顔料（Me-PTC）の構造

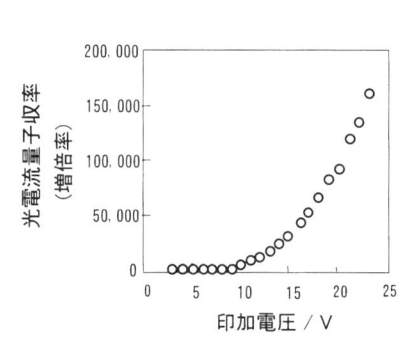

図2　光電流量子収率（増倍率）の印加電圧（V_{app}）依存性
V_{app}はITO側に印加した電圧。600nm単色光（0.01mW/cm²）をITO電極側から照射。-50℃で測定。

6.2.2　光電流増倍機構

一連のこれまでの研究の結果，光電流増倍のメカニズムは次のようである。図3に光照射から増倍に至る過程を模式的に示した。光照射で生成し

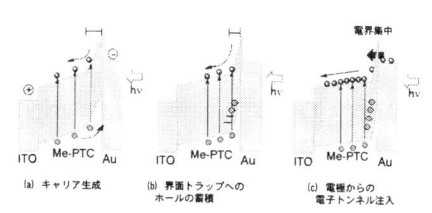

図3　光電流増倍機構
(a) キャリア生成
(b) 界面トラップへのホールの蓄積
(c) 電極からの電子トンネル注入

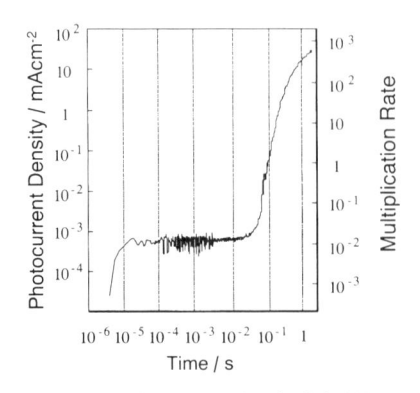

図4 光照射にともなう光電流の初期応答

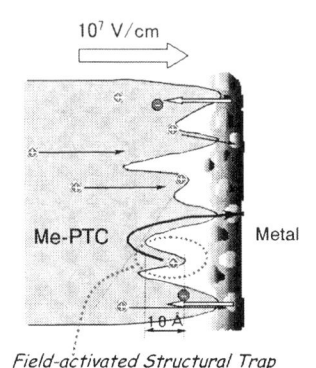

図5 有機/金属界面における構造的トラップモデル
Field-activated Structural Trap

たホール（正孔）の一部がマイナス電極界面近傍にトラップされて蓄積し，その結果，有機/金属界面に大きな電界が集中して最終的にAu負極電極から電子が大量にトンネル注入されて増倍に至る。そのため増倍光電流は比較的ゆっくりした光応答を示すが，これは光で生成したホールの蓄積によって電界が界面に集中する過程を反映している。実際に，増倍光電流の応答は，図4に示すように，光照射後一定の1次光電流（通常の光電流）が流れ，数10ミリ秒後に増倍電流が立ち上がるのが観測され，上述のメカニズムを支持する[4]。興味あることに，増倍電流が立ち上がるまでに流れた電流量は光強度に依存せずほぼ一定であった。このことは一定量の電荷が金属/有機薄膜近傍に蓄積することによって増倍現象が引き起こされることを示す。条件さえ整えば種々の有機顔料薄膜で観測されるようになっている[5]。

このように，光電流増倍の決め手は，金属/有機顔料接合界面のトラップサイトでのホールの蓄積による電界の集中である。増倍光電流の電流-電圧特性をトンネル注入として解析すると，増倍時には僅か4nmの厚さに10^7 Vcm^{-1}もの電界が集中している[6,7]。このような強烈な電界集中を引き起こすトラップの候補として，電界によって活性化される構造トラップ（Field-Activated Structural Trap）を提案した（図5）[8]。図6は有機顔料蒸着膜とその上に蒸着した金膜の原子間力顕微鏡（AFM）による表面構造である。有機顔料蒸着膜は，~200nmの結晶粒子の集合体で激しい凹凸構造を持つ。一方，その上に蒸着した金は直径約20nmの微粒子の集合体として顔料表面を覆っている。したがって，電極金属と有機薄膜は完全にかつ均一に密着できずに，その界面にはホールが通り抜けられない行き止まり（Blind alley）となるサイトが多数存在することは容易に想像される。ここでは詳細は省略するが，例えば電極金属にInを用いた場合は，Inが有機顔料表面を完全に密着して覆うために増倍現象が観測されない。また，有機薄膜がアモルファスの場合は増倍電流が激減する。このように，有機顔料薄膜

第5章 有機薄膜太陽電池:有機ELと有機薄膜太陽電池の周辺領域

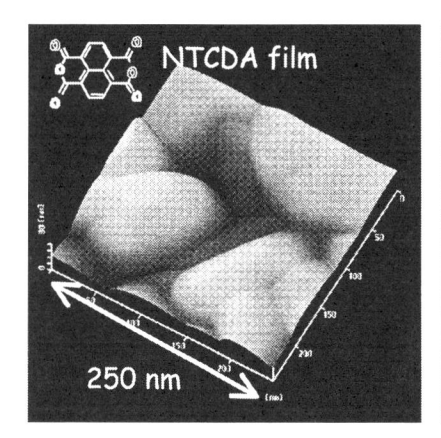

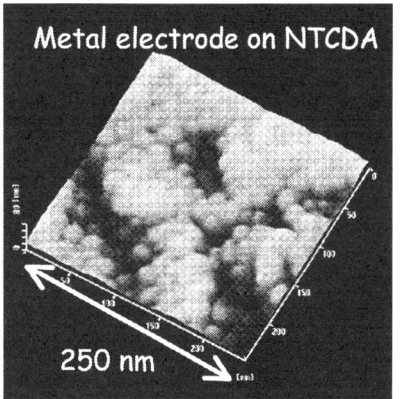

図6 有機顔料蒸着膜表面ならびにその上に蒸着した金の典型的なAFMによる表面構造

/電極の界面構造が決定的に増倍現象を支配していることを示す多くの結果が得られている[9]。図5に示すように,このモデルでは,電界集中を引き起こすトラップサイトと電子注入が起こる部分が空間的に分離し,大量の電子注入によっても互いに再結合することなく,増倍現象が持続することが理解できる。

6.3 光電流増倍現象を利用した新規光デバイス

増倍光電流は,最初にも述べたように,僅か$10\mu Wcm^{-2}$の光照射で数百$mAcm^{-2}$に及ぶ。この電流は,ホール,電子を注入して発光する有機ELダイオードの駆動に十分な電流で,しかもその電流を光で制御できる。そこで,我々は,この「光で電流を制御できる」光電流増倍層と「電流を光に変える」有機ELダイオードを積層一体化することによって,全く新しいタイプのオプトエレクトロニクス有機デバイスを提案した[10~14]。

6.3.1 光-光変換デバイス[10, 11]

図7に積層一体化した光-光変換素子の一般的な構造を示す。光電変換機能を持つ増倍層にはペリレン系顔料(Me-PTC)を用いた。素子はITO透明電極ガラス基板上に有機EL層,Me-PTC層,半透明Au電極の順に全て真空蒸着法によって積層して作製した。有機EL層は,アミン系ホール輸送層(PDA)と緑色蛍光を示すAlキノリニウム錯体(Alq_3),または赤色蛍光性ペリレン誘導体発光層(t-BuPh-PTC)から構成されている。電圧を加えてAu電極側から,Me-PTCが応答する赤色光を照射すると,Me-PTC層/電極界面での光電流増倍によって電極から注入された大量の電子が,反対のITO電極から注入されたホールとEL層中で再結合して

261

緑色の EL 発光（Alq₃ の場合）が得られる。図8に Alq₃ を用いた場合の出力光スペクトルを示す。630nm 付近のシャープなピークは入力レーザ光で，520nm にピークを持つブロードなスペクトルは EL 出力光である。このように，発光層として緑色蛍光性材料を用いれば赤色から緑色への光の短波長化，また赤外光に応答する増倍顔料（たとえばイミダゾールペリレン顔料など）を用いると赤外光を可視光として取り出すことも可能である。このように，光電流増倍層と有機 EL を積層したデバイスは，光の波長を変換できる光-光変換デバイスとして機能する。

6.3.2 光増幅デバイス[11, 12]

図9に発光材料に赤色蛍光性ペリレン誘導体を用いた場合の「光-光」変換効率を示す。変換効率は，フォトン1個の入力に対して出力されたフォトン数で定義される。興味あることに，36V 電圧印加で光-光変換効率は25倍に達した。これは1個の入力フォトンが25倍に増幅されて出力されたことを意味し，この素子は光増幅機能を持つ。この素子における2つの変換，すなわち光→電子，電子→光変換効率を見積ると，後者の有機 EL 層で

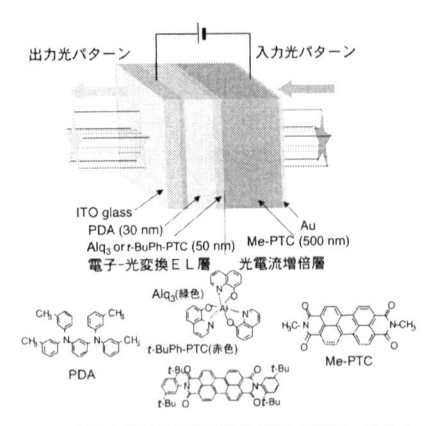

図7 光電流増倍有機薄膜と有機ELを積層一体化した光-光変換素子の構造

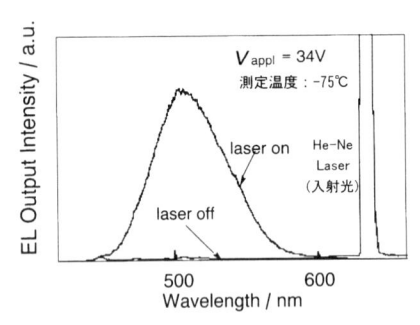

図8 光-光変換素子における光入射（He-Ne レーザ光）にともなう EL 出力光スペクトル

の変換効率（電流発光効率）は 0.01% 程度と通常の有機 EL 素子に比べるとかなり低い。しかし一方で，Me-PTC 薄膜における光電変換効率は 40 万倍という極めて大きな値が得られ，この素子の中でも光電流増倍作用が起こっていることが確認された。つまり1個のフォトンの入力によって 40 万個の電子が素子に供給され，これがトータルの光-光変換において光増幅効果をもたらした。有機 EL 層での低い電流発光効率は，図6のように表面の凹凸が多い有機顔料薄膜との多層膜デバイスでは積層界面構造の制御が難しいことに起因する。実際に，増倍層と有機 EL 素子を別個に同一基板上に並置して作製したコプラナー型デバイス（図10）で，増倍・EL 両素子をそれぞれ独立に最適化することによって，光-光変換効率は最大で 430 倍に達し，極めて大

第 5 章 有機薄膜太陽電池:有機 EL と有機薄膜太陽電池の周辺領域

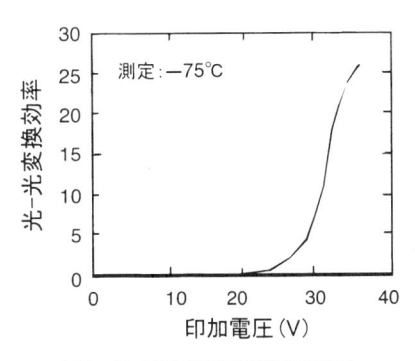

図 9 光-光変換効率の印加電圧依存性
(入力光強度:$10\mu Wcm^{-2}$)

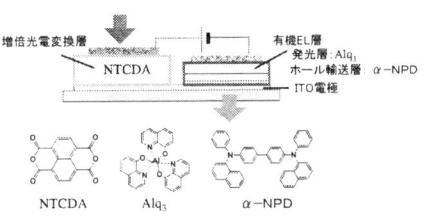

図 10 同一基板上に増倍光電変換層と有機 EL 層を並置したコプラナー型光-光変換素子

きな光増幅が確認された[15]。この増倍・EL ペアを 1 画素として 2 次元アレイ化することで,高感度の光アドレス EL ディスプレイへの展開が可能となる。

6.3.3 光スイッチング[11, 12]

この素子は,光の増幅だけでなく,いくつかの興味ある機能を有する。EL 層からの出力光は ITO 電極を通って外部に出力されるばかりでなく,反対側の Me-PTC の光電流増倍層側にも出射される。Me-PTC 光電流増倍層がその波長に光応答感度を持つため,フィードバックされた出力光は再び Me-PTC 層で吸収され,さらに光電流の増倍を引き起こし大量の電子が素子に供給される。図 11 に光増幅時の素子の出力光応答を示す。電圧を印加して光を照射すると,出力光強度は徐々に増大し数分で飽和した。ここで入力光を切っても,いったん始まったフィードバック効果が持続するため,出力光は放出され続け,電圧をオフするまで観測できる。この性質を利用すれば,この素子は,入力光パターンを長時間にわたって素子上に記憶できる一種の光メモリー素子として働く。一例として,図 12 に星形パターンに光を入力した場合の写真を示す。入力光をオフした後でも星形の出力光パターンが鮮明に維持されている。このように,入力光パターンが出力光で保持されるのもこの素子の特徴である。

6.3.4 光演算デバイス[13, 14]

さらに光電流増倍現象が,有機/金属界面だけでなく,異種の有機顔料の積層による有機膜/有機膜接合界面でも起こることを見出した[11, 12]。増倍率は数千倍と小さいものの,片方の顔料薄膜を光励起することによって得られる増倍光電流が,もう一方の顔料が選択的に吸収できる光を重ねて照射すると,光増倍電流が抑制されるという興味ある現象を示した。何度も繰り返し可能である(図 13)。これを光の演算と捉え,その演算結果を表現するのに有機 EL を用いると光演算デバイスができる。図 14 に作製した光演算デバイスの構造と実例を示す。フタロシアニン顔

有機薄膜太陽電池の最新技術

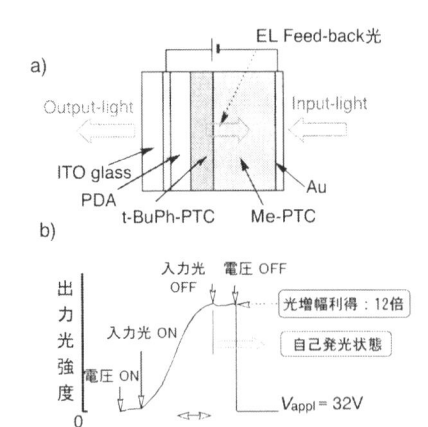

図11 (a)光増幅素子における EL 出力光の電流増倍層へのフィードバック効果と(b)光メモリー効果

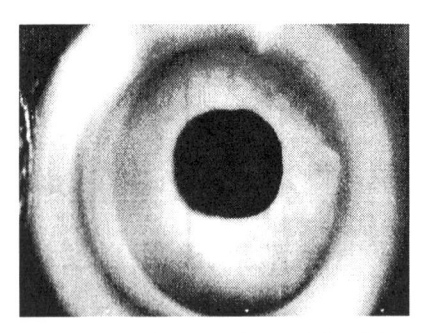

図12 星形の入力パターンをオフした後の出力光パターン

料/ペリレン顔料からなる光電流増倍薄膜に有機 EL を積層した構造である。この素子にフタロシアニン顔料のみ励起できる赤色光を照射すると，上述の光-光変換素子と同様に，光電流の増倍が起こって有機 EL 層からの発光が観測される。そこにペリレン顔料のみが選択的に励起される青色光を重ねて照射すると，増倍光電流が抑制されて，互いの光が重なった部分の EL 出力光が消去される。電極全面からの EL 出力光がスポット状の青色光照射部分のみが消去されているのが分かる。すなわち，2つの光入力に対して"0"を返す"NOT"の光論理演算素子が構築できたとみることができる。したがって，入力画像の一部分を消去するような面状の画像処理デバイスとしても利用可能と思われる。

一方，基本論理演算には，NOT 演算に加えて OR 演算と AND 演算が必要である。図15a)に示すように，残った2つの論理光演算に対して，2つの入力パターンの重なった部分を含み，全光照射領域で同じ強度の EL 光出力を与える"OR"演算と，2つの入力パターンの重なり部分のみで EL 光出力が得られる"AND"演算デバイスに挑戦した。そのために，図15b)に示すような出力光強度の入力光強度に対する非線形応答特性に着目し，大面積化のために蒸着顔料膜に替えて同様に大きな光電流増倍現象が観測される顔料の樹脂分散膜を用いた。この顔料樹脂分散による光電流増倍層と EL 層を組み合わせた光-光変換素子において，出力光-入力光強度特性を検討したところ，入力光強度の大きい領域で EL 出力光強度が強く飽和することが分かった。飽和が得られた要因は，増倍率が光強度に対して飽和することと EL の輝度が電流の大きいところで飽和することによる。すなわち，図15b)に示した領域 I の特性が得られ，入力パターンが重なった2倍の光入力に対しても出力光強度はあまり変化しない OR 光演算に適した特性を持

第5章　有機薄膜太陽電池：有機ELと有機薄膜太陽電池の周辺領域

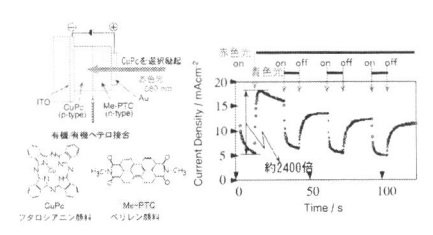

図13　光電流増倍現象を示した異種顔料積層デバイスと2波長照射における有機/有機接合の増倍電流応答

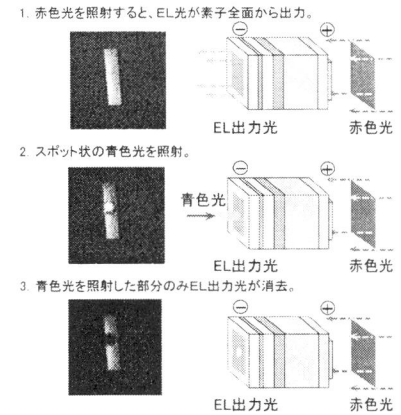

図14　光演算デバイスにおける2波長照射によるEL出力光の消去の実例
増倍赤色光と増倍抑制青色光が重なった部分が消去され、NOT演算が実現。3の状態は、時間経過とともに1の状態に戻る。

つデバイスを構築できた。一方、AND光演算には、図15b）の領域Ⅱのように、出力光強度がしきい値を持って立ち上がる特性が要求される。そこで我々は、光メモリー効果（図11）で述べた発光部と受光部が結合した系に見られる特有の「光フィードバック効果」に着目した。ある入力光強度以上でフィードバックがかかって急激に出力光強度が増大する。そのため、発光層に隣接した光電流増倍層をできるだけ薄くし、フィードバック光が増倍を引き起こす有機／金属界面に効率よく到達するようにデバイスを作製した。その結果、まだ完全なしきい値特性とはいえないが、入力光の60から120$\mu m/cm^2$まで2倍の増加に対して約4倍の出力光強度が得られ、両方の入力パターンの重なった部分でのみEL光出力が得られるAND光演算に適した特性を得ることができた。

実際にこれらのデバイスを用いて、2つの入力画像に対する光画像演算のデモンストレーションを行った結果を図16に示す。入力光パターンとして、ディジタル数字の「4」と「7」を用い、これらのパターンを素子上に重ねて照射し、2つの画像間の演算結果を有機ELの発光パターンとして、反対側からCCDカメラで撮影した。上述のOR演算素子では、「4」と「7」の重ね合わせであるパターン「9」が、また、AND演算素子では、両方のパターンの重なった部分だけが発光し、パターン「1」が発光している[16,17]。

このように、光電流増倍有機薄膜と有機ELを積層一体化した素子は、波長変換、光増幅、光パターンの記憶、演算など多くのユニークな機能を備えている。これらを生かせば、光の並列性を利用した光情報処理を目指す光コンピューティングの要素部品としての応用も期待される。

265

有機薄膜太陽電池の最新技術

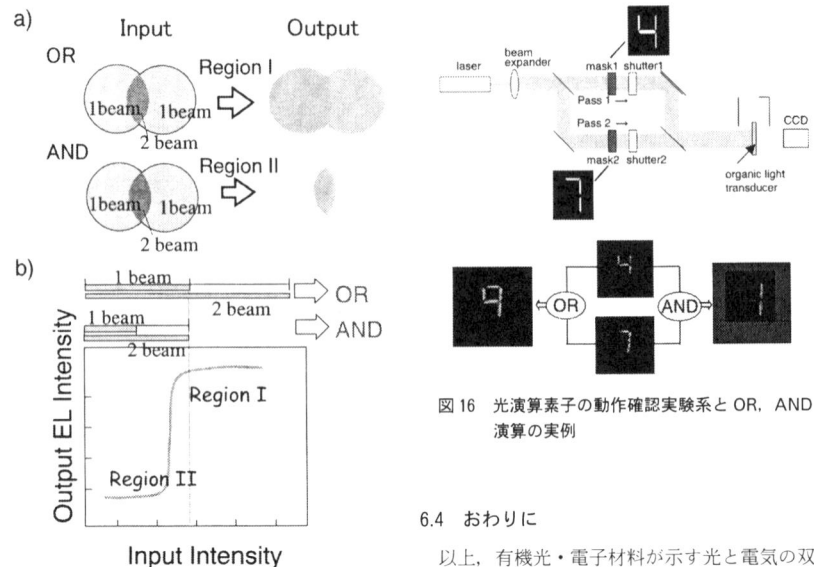

図 15 a) OR と AND 光演算，b) OR 演算 (Region I)，AND 演算 (Region II) に必要な光-光変換素子における入力光-出力光強度特性

図 16 光演算素子の動作確認実験系と OR, AND 演算の実例

6.4 おわりに

以上，有機光・電子材料が示す光と電気の双方向変換を活用して，有機顔料薄膜／金属界面現象として新しく見出した光電流増倍現象とそれを有機 EL と組み合わせた光-光変換デバイス，光機能デバイスへの応用展開を紹介した。もともと電気を流さないものとされていた有機物質が，電子写真有機感光体材料として実用化され，そして今，有機 EL として新しい花を咲かせようとしている。環境・省エネルギーなどがクローズアップされ，技術を取り巻く環境が大きく変わる中で，低温でのプロセスで製膜でき，加工が容易な有機材料に対する期待は大きい。有機 EL に続く有機電子デバイスとして有機トランジスタの研究開発が盛んに行われている。我々材料を扱う者が，自ら作った材料に自ら新しい機能を見出し，新しいデバイスへ展開することを喜びとする一人である。

謝辞
　本研究は科学技術振興事業団の戦略的基礎研究推進事業「量子効果等の物理現象」プロジェクト研究支援のもとに行われたもので，ここに厚く感謝致します。

第5章　有機薄膜太陽電池：有機 EL と有機薄膜太陽電池の周辺領域

文　　献

1) M. Hiramoto, T. Imahigashi, M. Yokoyama, *Appl. Phys. Lett.*, **64**, 187 (1994)
2) T. Katsume, M. Hiramoto, M. Yokoyama, *Appl. Phys. Lett.*, **69**, 3722 (1996)
3) 平本, 勝目, 横山, 応用物理, **64**, No.10, 1036 (1995)
4) K. Nakayama, M. Horamto, M. Yokoyama, *J. Appl. Phys.*, **84**, 6154 (1998)
5) M. Hiramoto, S. Kawase, M. Yokoyama, *Jpn. J. Appl. Phys.*, **35**, L 349 (1996)
6) 勝目, 平本, 横山, Japan Hardcopy '94 Fall, p.89 (1994)
7) 勝目, 中山, 平本, 横山, Japan Hardcopy '95, p.211 (1995)
8) M. Hiramoto, K. Nakayama, T. Katsume, M. Yokoyama, *Appl. Phys. Lett.*, **73**, 2627 (1998)
9) M. Hiramoto, I. Sato, K. Nakayama, M. Yokoyama, *Jpn. J. Appl. Phys.*, **37**, L 1184 (1998)
10) T. Katsume, M. Hiramoto, M. Yokoyama, *Appl. Phys. Lett.*, **64**, 2546 (1994)
11) M. Hiramoto, T. Katsume, M. Yokoyama, *Opt. Rev.*, **1**, 82 (1994)
12) M. Hiramoto, H. Kumaoka, M. Yokoyama, *Syn. Metals*, **91**, 77 (1997)
13) M. Hiramoto, K. Nakayama, I. Sato, H. Kumaoka, M. Yokoyama, *Thin Solid Films*, **331**, 71 (1998)
14) M. Hiramoto, Y. Motohashi, N. Nagayama, Kumaoka, M. Yokoyama, *Jpn. J. Appl. Phys.*, **43** (8A), L1041 (2004)
15) 菊地, 中山, 横山, 第52回応用物理学関係連合講演会, 28 p-ZQ-07, 東京工科大学 (八王子), 2004年3月
16) 西川, 中山, 横山, 日本画像学会年次大会 (87回), "Japan Hardcopy 2001", 中央大学駿河台記念館 (東京), 2001年6月
17) 横山正明, 第49回応用物理学関係連合講演会, 東海大学 (平塚), 2001年3月

第6章　有機薄膜太陽電池：応用の可能性

1　透明太陽電池の研究・開発

外岡和彦*

1.1　太陽光エネルギーの利用

　クリーンで尽きることのない太陽エネルギーを利用する太陽光発電は，地球温暖化の防止にも有望なため，将来の国産エネルギーとして期待されている。現代では冷暖房設備が広く普及し夏でも冬でも快適さを簡単に得られるようになったが，そのために消費するエネルギーが問題になりつつある。統計によると，温暖な地方では夏の冷房のために電力需要のピークが生ずる。省エネ基準（1992年基準）による試算では，夏の昼間の冷房時には，建物内に侵入する熱量の71%が窓から入りこむとされている。その大半は日射として入ることから，日射遮蔽の重要性が理解できる。窓からの日射を遮断することにより，冷房負荷を低減することは簡便な方法であるが，採光が困難となり室内が暗くなってしまったり眺望などの快適さを失う恐れがある。「家のつくりやうは夏をむねとすべし」と兼好法師が「徒然草」の中で書いたような昔からの知恵を現代に活かすべく，幅広い波長範囲に分布する太陽光を，紫外線，可視光，熱線に大別し，これらを省エネの観点から有効利用する技術開発を進めている。

　太陽光を6,000度Kの黒体輻射で近似するとそのスペクトルは図1のように与えられ，およそ紫外光が6%，可視光が50%，赤外光が44%のエネルギーを占める。光エネルギーを直接電気エネルギーに変換する太陽電池の効率は，太陽光の輻射スペクトルと太陽電池の感度スペクトルとの整合に支配される。太陽電池の理論効率は，太陽電池材料のバンドギャップ（E_g）の値をもとに太陽光の輻射スペクトルとの整合を評価することにより，シリコンで26%，GaAsで29%と見積もられている。現在普及しつつあるシリコン太陽電池は，資源

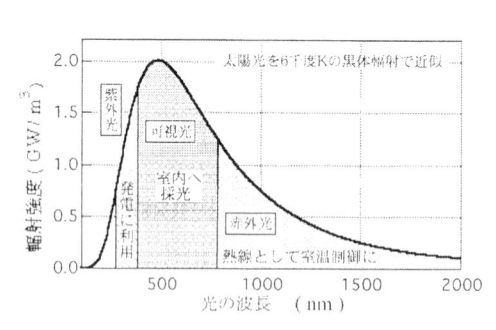

図1　太陽光スペクトルの概形と利用の提案

＊　Kazuhiko Tonooka　㈱産業技術総合研究所　エレクトロニクス研究部門　主任研究員

第6章 有機薄膜太陽電池:応用の可能性

に心配が少なくコスト低減も期待できるので最も実用的と考えられているが,可視光を吸収するため黒色である。太陽電池の材料にバンドギャップの大きな($E_g \geqq 3\mathrm{eV}$)半導体を用いると,発電効率は低下するものの可視光を透過させながら人体に有害な紫外線を利用して発電を行う「透明な太陽電池」を実現することが可能となる。このような視点で太陽光輻射を再検討すると,可視光を透過する透明半導体の利用により紫外光を発電,可視光を室内照明,赤外光を熱エネルギー等として図1に示すように独立に利用する可能性が見えてくる。「透明な太陽電池」が実現できれば,窓ガラスを代替して広い設置面積を容易に確保できるなど利点も大きいと考えられる。省エネに有用な光機能窓ガラスとするためには,太陽光エネルギーの44%を占める赤外光の制御が要点となる。

1.2 透明な太陽電池のための材料

無機系の半導体材料に限定して透明な太陽電池を実現するための技術について述べる。地殻に多く存在しているのは,酸素,シリコン,アルミニウム,鉄,カルシウム等であり,これらの金属元素は大部分が酸化物として存在する。このように酸化物材料は,資源として容易に利用でき環境にもよく調和するので,地球にやさしい材料としても期待できる。透明な半導体によるpn接合を形成すれば"透明な太陽電池"となることは予想されていたが,作製の困難さと期待される効率が低いことから,試みはほとんどなかった。n型透明半導体としてはZnOやSnO_2などが知られていたが,p型の透明半導体に適当なものがなかったことも障害であった。多様な電子デバイスを作製するためにはpn接合の形成が必要である。このため,透明電極として代表的なITOもn型半導体であるが応用は透明電導膜に限られていた。1997年,川副らによりp型の透明酸化物半導体が報告され[1],透明電子デバイスを実現するための研究が活発になった。我々は酸化物材料を対象に,透明なpn接合の候補となる材料を表1のように検討した。酸化物半導体では,材料の選択によりn型またはp型がほぼ定まってしまい,シリコンなどのように不純物ドーピングにより伝導型を制御することは困難である。n型材料については,スプレー法などの溶液法,CVD法,スパッタ法,レーザ蒸着法など幅広い作製法が利用可能であるが,p型材料についてはパルスレーザ蒸着法やスパッタ法がよく用いられる。パ

表1 代表的な透明酸化物半導体

伝導型	材料組成	バンドギャップ (eV)	キャリア移動度 ($cm^2 V^{-1} s^{-1}$)	文献
p	$CuAlO_2$	3.5	10	1)
n	ZnO	3.4	104	2)
n	In_2O_3	3.7	70	3)
n	SnO_2	3.6	44	4)
p	$CuGaO_2$	3.3	0.2	5)
p	$SrCu_2O_2$	3.3	0.5	6)
p	$CuScO_2$	3.5		7)

ルスレーザ蒸着法は超電導酸化物薄膜などに実績があり，多成分系の酸化物材料の薄膜形成に適した手法と考えられている。

これら半導体材料の特性を薄膜について報告されたキャリアの移動度で評価すると，n型材料ではZnO，p型材料では$CuAlO_2$が優れていることがわかる。$CuAlO_2$や$CuGaO_2$などはABO_2の化学式で表されるデラフォサイト（$CuFeO_2$）型酸化物[8〜10]であり，Aサイトの1価のイオンがO-A-Oの直線配位し，Bサイトの3価イオンが酸素6配位で結合した構造をとる。Aサイトの元素としては，Fe, Cu, Ag, Pt, Pdなどがあり，特に，銅系デラフォサイト型酸化物は，ワイドバンドギャップやp型電導などの特徴を有し光機能材料として期待されている。そこで，薄膜化によりp型透明半導体となる$CuAlO_2$について，硝酸法により合成したCu-Al-Oの500℃仮焼き粉末を試料として，大気中での反応過程を熱重量/示差熱分析により調べ[11]，図2に示すような結果を得た。最も単純には$Cu_2O+Al_2O_3 \rightarrow 2CuAlO_2$の反応が期待されるが，図2からは中間相$CuAl_2O_4$を経由し，CuOと約1,050℃の大気中において反応して$CuAlO_2$が生成することが分かる。このように低温側に$CuAl_2O_4$相が存在するため，レーザ蒸着やスパッタ成膜などの用途に$CuAlO_2$ターゲットを製作する場合には大気中焼成の後すみやかに温度を下げる必要がある。

溶液から機能材料を作製する方法は材料の均質性を高めるために有効と考えられ，アルコキシドを用いたゾルゲル法が代表的であるが，硝酸やクエン酸を用いる方法も有用である。我々は銅およびアルミの原料として銅エトキシド，銅アルミダブルエトキシド，硝酸銅，硝酸アルミ，銅エチルアセテートを選び，これらのいくつかの組み合わせの混合溶液についてディプコーティングによりp型透明半導体$CuAlO_2$の成膜を試みた。乾燥および仮焼を経て，反応に十分と見込まれる1,100℃まで焼成したところ，全ての試料について電気伝導を得ることができた。電気伝導は硝酸法による試料がもっとも高い値を示し，出発溶液ならびに乾燥工程の依存性が大きいことも判明した。現状では，まだ高い焼成温度が必要なことやpn接合の形成にとっては大き過ぎる表面粗さが問題であるが，溶液法によれば大面積の機能膜を低コストで作製することが可能なので，これらの問題を解決するプロセスの開発により応用への道が拓かれると期待できる。

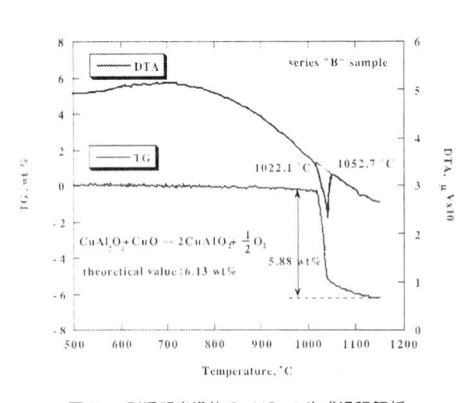

図2　p型透明半導体$CuAlO_2$の生成過程解析

第6章　有機薄膜太陽電池：応用の可能性

1.3　透明な半導体pn接合から太陽電池へ

　半導体pn接合を形成するためには異なる材料の積層構造化と界面の制御が重要なために，一般的に真空プロセスが有利である。我々は，n-ZnOとp-CuAlO$_2$の組み合わせを対象に，多成分系の酸化物の薄膜形成に適した手法と考えられているパルスレーザ蒸着法を用いて図3に示すような構造の可視光透過pn接合の形成に取り組んだ。KrFエキシマレーザーのλ=248nmの紫外光を用い，図4に示すような機器構成でガラス基板上に高導電性ZnO/n-ZnO/p-CuAlO$_2$/ITO透明電導膜の多層構造を作製した[12]。基板にはホウケイ酸ガラスを用い，ターゲットの上方30mmの位置に配置した。基板直前にはメタルマスクを配置し，デバイス形成に必要な電極などのパターンを形成できるようにした。レーザの繰り返しは20Hz，ターゲット表面でのレーザエネルギーは1J/cm^{2}と見積もられる。成膜チャンバーを1×10^{-5}Pa程度になるまで排気した後，ターゲットと基板を約30rpmにて回転させながら成膜を行った。1層目は電極としてのITO (indium oxide doped with 5 wt% tin oxide) 膜であり，基板温度200℃，酸素分圧1Paの条件で成膜した。基板加熱にはランプヒーターを用い速やかに昇温と冷却ができるようにした。2層目のCuAlO$_2$は400℃にて酸素分圧0.3Paの条件で，3層目のZnOについては酸素分圧を1Paに固定しデバイス特性の変化を調べるために基板温度を200〜350℃と変化させて成膜した。4層目もZnOであるが最表面の電極としての働きを持たせるために，100℃以下の低温で成膜することにより高導電性層とした。

　上記のような方法で作製したp-CuAlO$_2$/n-ZnO接合について，電圧-電流特性を測定し図5に示すような結果を得た。ZnO（3層目）を200℃で成膜した場合には非線形な電圧-電流曲線であったが，この層の成膜温度を高めるにしたがい，半導体pn接合に特徴的な整流特性が得られた。逆バイアス電圧の特性はZnO（3層目）成膜時の基板温度に大きく依存し，300℃成膜の試料では逆方向リーク電流がバイアス電圧-2Vあた

図3　n-ZnO/p-CuAlO$_2$透明pn接合の基本構造

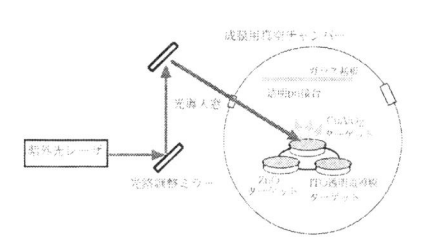

図4　パルスレーザ蒸着法による成膜

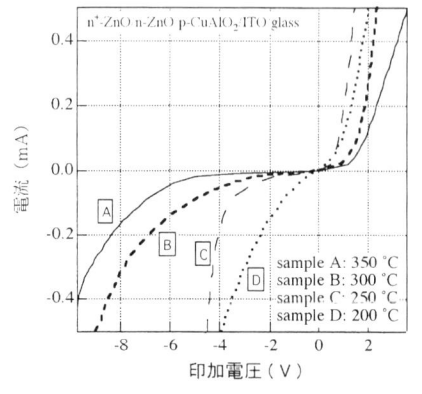

図5 ガラス基板に形成した p-CuAlO$_2$/n-ZnO 接合の電圧-電流特性

3層目 ZnO の基板温度を 200〜350℃と変化させて成膜しデバイス特性の変化を調べた。

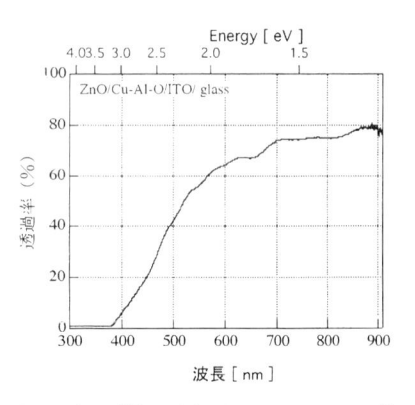

図6 ガラス基板に形成した p-CuAlO$_2$/n-ZnO 接合の分光透過率

バンドギャップに相当する波長は約 360nm であるが，より長波長から光吸収が観測された。

りから急激に増大したが，成膜時の基板温度350℃の試料では逆方向特性が大きく改善しバイアス電圧-4V あたりまでリーク電流を押さえることができた。このように成膜時のガス雰囲気と基板温度を制御することにより，デバイスの基礎となる酸化物 pn 接合を500℃以下のプロセスによりガラス基板上に形成することが可能である。成膜時の基板温度を高めると ZnO の結晶性が向上するので，n-ZnO/p-CuAlO$_2$ 接合の電気特性が改善すると考えられる。同様に，p型 CuAlO$_2$ 半導体層についても結晶性を改善するためには高温で成膜することが有利と推定されるが，我々は，ガラス基板の使用を前提にしているのでプロセス温度を500℃以下に制限した。

試作した p-CuAlO$_2$/n-ZnO 接合の中で pn 接合に特徴的な整流特性が最も明確に得られた試料（3層目の ZnO を 350℃にて成膜した試料）について，透明な太陽電池としての可能性を検討するために紫外-可視域における分光透過率と光起電圧特性を測定した。図6に高導電性 ZnO/n-ZnO/p-CuAlO$_2$/ITO 透明電導膜/ガラス構造の試料について分光光度計（Shimadzu UV-2550PC）により測定した分光透過率の結果を示す。赤外光に対しては約80％の透過率が得られたが，波長600nm あたりから吸収がしだいに増して380nm にて透過率は0％となった。接合を形成する ZnO（E_g=3.4eV）と CuAlO$_2$（E_g=3.5eV）のバンドギャップに相当する波長が約360nm であることから，光学特性改善の余地が見込まれる。光吸収の測定結果を X 線回折による解析の結果と併せて検討したところ，CuAlO$_2$ 層の結晶性が不十分なために光吸収が大きくなっていると推定された。すなわち，CuAlO$_2$ 層の高品質化により可視光の透過率を向上できると考えられる。光学透過率を測定した試料について光起電圧特性を測定し，図7に示すような結果を

第6章 有機薄膜太陽電池:応用の可能性

得た。波長360nm(紫外光)から500nm(青)の光照射によって光起電圧が得られ、波長400nm(青)にて最大を示した。バンドギャップに相当する波長(約360nm)よりも長波長側において光起電圧が得られているが、バンドギャップの狭まりやバンドギャップ端のぼやけが主な原因と考えられる。このような現象はアモルファス半導体に見られ、ZnO層と比べて結晶性が劣るCuAlO₂層によるものと推定されるので、特性改善のためにはCuAlO₂層の結晶化を促進するようプロセスを改良する必要がある。

このように、パルスレーザ蒸着法を用いてガラス基板上に高導電性ZnO/n-ZnO/p-CuAlO₂/ITO透明電導膜の多層構造を作製し、"透明な太陽電池"としての基本機能を確認した。光学特性やX線回折による結果を併せて考えると、試作したデバイスはn-ZnO層に対して電気的および光学的に特性が劣るp-CuAlO₂層により特性が制約されていると推定された。透明酸化物半導体では、通常、n型材料と比べて特性が劣るp型材料がデバイス高性能化のネックとなる。表1に示したデラフォサイト型酸化物の他に、最近はp型のZnO[13,14]が注目されるなど、高性能なp型透明半導体材料を作成するための研究が続けられている。pn接合は半導体デバイスの基礎であり、ガラス基板上に酸化物半導体により形成した透明pn接合を"透明太陽電池"はじめ将来のシースルーエレクトロニクスへと発展させたいと考えている。

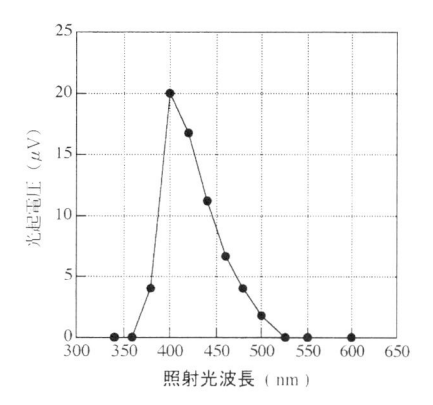

図7 ガラス基板に形成したp-CuAlO₂/n-ZnO接合の光起電圧特性

バンドギャップに相当する波長(約360nm)より長波長の約400nmにおいて光起電圧が得られたが、CuAlO₂層の結晶性が不十分なためと改定される。

文　献

1) H. Kawazoe, M. Yasukawa, H. Hyodo, M. Kurita, H. Yanagi, H. Hosono, *Nature*, **389**, 939 (1997)
2) P. Pushparajah, A. K. Arof, S. Radhakrishna, *J. Phys. D*, **27**,1518 (1994)
3) J. I. Jeong, J. H. Moon, J. H. Hong, J. S. Kang, Y. P. Lee, *Appl. Phys. Lett.*, **64**, 1215 (1994)

4) G. Sanon, R. Rup, A. Mansingh, *Phys. Status Solidi A*, **128**, 109 (1991)
5) A. Kudo, H. Yanagi, H. Hosono, H. Kawazoe, *Applied Physics Letters*, **73**, 220 (1998)
6) H. Kawazoe, H. Yanagi, K. Ueda, H. Hosono, *MRS Bulletin*, **25**, 28 (2000)
7) N. Duan, A. W. Sleight, M. K. Jayaraj, J. Tate, *Appl. Phys. Lett.*, **77**, 1325 (2000)
8) R. D. Shannon, D. B. Rogers, C. T. Prewitt, *Inorganic Chemistry*, **10**, No.4, 713 (1971)
9) C. T. Prewitt, R. D. Shannon, D. B. Rogers, *Inorganic Chemistry*, **10**, No.4, 719 (1971)
10) C. T. Prewitt, R. D. Shannon, D. B. Rogers, *Inorganic Chemistry*, **10**, No.4, 723 (1971)
11) K. Tonooka, K. Shimokawa, O. Nishimura, *Thin Solid Films*, **411**, 129 (2002)
12) K. Tonooka, H. Bando, Y. Aiura, *Thin Solid Films*, **445**, 327 (2003)
13) K. Minegishi, Y. Koiwai, Y. Kikuchi, K. Yano, M. Kasuga, A. Shimizu, *Jpn. J. Appl. Phys. 2*, **3**, 1453 (1997)
14) T. Aoki, D. C. Look, Y. Hatanaka, *Appl. Phys. Lett.*, **76**, 3257 (2000)

2 デザイン自在のカラフル太陽電池：電気自動車用太陽電池塗装をめざして

吉田　司*

　低コスト，低環境負荷型次世代太陽電池として，色素増感太陽電池は世界的な研究開発競争の渦中にある。特に我が国では産業界も巻き込んだ研究開発がここ数年で急速に活発化し，周辺技術も含めて今や世界のトップランナーとなった感がある。それにも関わらず，極く近い将来での実用化については慎重とならざるを得ないという意見を耳にすることが多い。理由の一つにはグレッツェルらの提案した基礎技術を踏襲する場合，関連の特許を回避することが困難であり，高額のライセンスフィーを支払ったのでは利益を生み出しにくいということがある。しかしそれにも増して問題なのは，実用サイズの太陽電池について充分な性能を発揮出来ないことや，通常太陽電池に求められる長期間の安定性が得られないことである。それら発電装置としての太陽電池の本来の評価基準について展望すれば，期待通りに低価格に出来たとしても既存の太陽電池に対するメリットを見出すことは容易でない。発電装置としてでなくても構わないから，色素増感太陽電池ならではの魅力を活かした具体的なアプリケーションを想定して実用化のきっかけをつかむことが必要である。シリコンに代表される無機半導体太陽電池に比べて驚くほど簡単に作ることが出来る色素増感太陽電池は，太陽光発電の本格的普及に必須な発電コストの低減に極めて有望なことは確かなのだから，これをそのレベルにまで確実に育て上げる持続的な努力が必要である。夢は大きく持った方が良いが，急ぎ過ぎは禁物である。関連の研究に10年近く携わって来た者として，やや過熱気味で一種の焦りも感じられる最近の状況には，一気にその熱を失いかねない危険性を感じる。

　我々は色素増感太陽電池の可能性に早くから注目しつつも，酸化チタンナノ微粒子ペーストの塗布と高温での焼結という一般的に用いられる光電極作製法とは全く別の手法を選択した。高温とは言っても通常は450℃前後なので，これを導電性プラスチック基板が耐える温度に下げて，言わば生焼け状態の酸化チタンを使用することは早くから試みられてきた。有機ELを始めとする有機デバイスが目指す方向と同様に，太陽電池のプラスチック化は従来技術との差別化に有効と期待されるからである。しかしながら，典型的セラミックス材料である酸化チタンは，高温での熱処理を経て始めて本来の機能を発揮する。我々は酸化チタン微粒子とチタンアルコキシドを混合したペーストを用い，アルコキシドの加水分解によって生成する酸化チタンによって微粒子を接着する手段によって酸化チタン多孔質電極を低温合成する方法を検討したが[1,2]，微粒子同

---

* Tsukasa Yoshida　岐阜大学　大学院工学研究科　環境エネルギーシステム専攻　助教授

士のネッキングが不十分なこの様な電極では電子拡散が極めて遅いため性能が上がりきらない[3]。高温焼結以外の手段による酸化チタンは所詮妥協の産物という印象が拭えない。溶液から直接酸化チタン薄膜を形成する手段を求めて酸化チタン薄膜の電気化学的作製も試み、キノン分子とチタン酸のハイブリッド薄膜をアノード電析する手法も開発したが[4]、得られる薄膜は結晶性の酸化チタンではなく、熱処理を要することに変わりは無かった。

極めて高い化学的安定性ゆえに、合成には比較的高い励起エネルギーを要する酸化チタンに対して、化学的にややもろい酸化亜鉛ではごく温和な環境において高品質な材料を形成することが可能となる。酸化亜鉛はそのバンドエネルギーが酸化チタンに

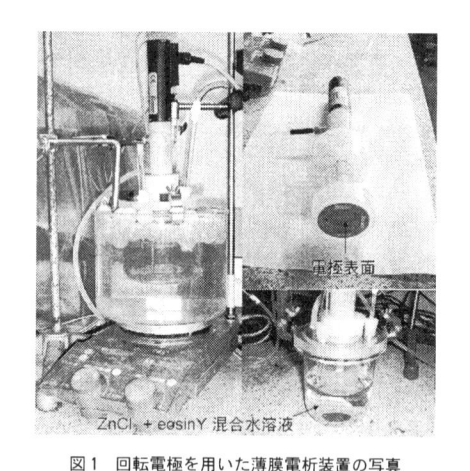

図1 回転電極を用いた薄膜電析装置の写真
透明導電基板はステンレスに溝彫りしたアタッチメントに取りつけ、銅テープで表面から導通をとって、絶縁テープでマスクした状態で回転電極に取り付けている。浴温度70℃、回転数500rpm、エオシンY濃度 $50\mu M$、電位 $-1.0V$ vs. SCE、20分の電析で膜厚さは $3\mu m$、色素導入量は 1×10^{-7} mol cm^{-2} になる。

ほぼ等しい一方で、キャリア移動度はこれに大幅に勝る[5]など電極材料としてはより魅力的な性質を備えている。酸化亜鉛ならば極めて高結晶性の薄膜を亜鉛塩水溶液からの電気化学析出によって、70℃程度の極低温で得ることが出来る。例えば塩化亜鉛水溶液中での溶存酸素のカソード還元反応によって、atom-by-atomな結晶成長反応によって酸化亜鉛薄膜が析出する[6]。この電解浴中にエオシンYなどの特定の色素分子を共存させると、色素分子で濃厚に着色された酸化亜鉛と色素のハイブリッド薄膜が得られ、これが色素増感太陽電池の光電極として優れた機能を有することを我々は見出した[7,8]。加えたエオシンY分子は酸素還元に対する電極触媒となって酸化亜鉛形成を促進すると同時に酸化亜鉛と複合化して三次元的なナノポーラス構造を形成するテンプレートとなる。酸素の拡散限界に近い反応となるため、物質輸送をコントロールすることが均一な薄膜を再現性良く得るために重要であり、我々は図1に示した様な回転電極型電解装置などを用いることでこれを実現している。酸化チタンナノ微粒子の塗布と焼結による通常の方法よりも手間がかかる様に思われ勝ちだが、一旦条件を確立すると、極めて安定的且つ高速に材料を形成することが可能となる。

図2には色素を添加しない浴から得られる酸化亜鉛薄膜の表面と、酸化亜鉛／エオシンYハイブリッド薄膜を形成した後にこれを希アルカリで洗浄してエオシンY分子を除去して得られ

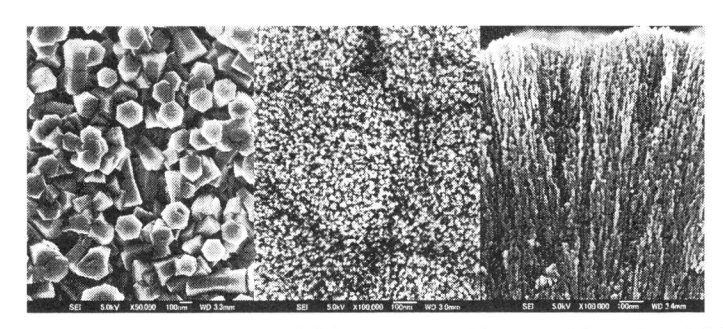

第6章 有機薄膜太陽電池：応用の可能性

図2 溶存酸素の還元を利用する塩化亜鉛水溶液からのカソード電析によって作製した酸化亜鉛薄膜の表面（左）とこれにエオシンYを添加した浴から得られる酸化亜鉛/エオシンYハイブリッド電析膜のアルカリ洗浄によってエオシンYを脱着することで得られたポーラス結晶酸化亜鉛薄膜の表面（中）及び断面（右）の電子顕微鏡写真

るポーラス薄膜の表面及び断面の電子顕微鏡写真を示した。色素無添加の薄膜が六角柱状の結晶粒子で構成されているのに対し、ハイブリッド薄膜はワイヤー状の酸化亜鉛が相互に連結した多孔質構造となっている。ここで興味深いのは、エオシンY分子との複合化によって酸化亜鉛結晶成長が阻害されることは無く、規則的な結晶成長は維持されるため、膜厚さ方向には結晶粒子一層でありながらその内部にナノポアが形成されることで高結晶性と高比表面積を両立するポーラス結晶となっていることである[7]。電子の輸送方向となる膜の厚さ方向には結晶粒界が存在せず、電子拡散が極めて速いために電荷捕集効率が高いことがIMPS測定等によって確認された[9]。エオシンYやクマリン343などの有機色素との組み合わせにおいて、90%前後の高いIPCE値を達成する優れた光電極となる。これら有機色素はルテニウム色素に比べて可視光の利用効率が低いため、変換効率の点では不利だが、エオシンYを用いた場合でも2.5%前後の変換効率が得られている[8]。酸化チタンとの組み合わせで最良の性能を発揮するルテニウム色素は可視域に幅広い吸収を有するために高い電流が得られ、逆電子移動が起こりにくいために高い起電力を発生する優れた色素であるが、酸化亜鉛との組み合わせではその能力を充分には発揮出来ない。これは、化学的にもろい酸化亜鉛に対してルテニウム色素が強い酸として働き、表面を溶解して亜鉛イオンとの凝集体を形成してしまうためと考えられている[10,11]。電極としての機能の高さは確認出来ても、それを活かしきる色素が存在しないことが酸化亜鉛光電極の泣き所であったが、近年開発された幅広い光吸収帯域を有する有機増感色素のいくつかは酸化亜鉛に対しても好適であることが確認され、低温合成酸化チタン電極とルテニウム色素の組み合わせを凌駕する4%以上の変換効率も達成されるようになっている。

　色素次第で変換効率向上の余地が大きいことは電析酸化亜鉛を用いる太陽電池の特色ではある

が，そもそも低温プロセスであるために，基材に非耐熱性の樹脂を用いることが可能となることは本手法の大きなメリットである。酸化亜鉛が暗色のルテニウム色素と相性が悪い一方で，可視光の利用効率が低いゆえにカラフルな有機色素との組み合わせで優れていることから，色素本来の持つ色を活かすことで独自の存在意義を与えることを我々は早くから提唱してきた。プラスチック化とカラフル化，すなわち色も形も自在に出来るデザイン性の高さと，軽量，割れないなどの特色は既存の太陽電池には無い特色であり，色素増感太陽電池に独自の存在意義を与えて早期に実用化する動議付けとなり得る。屋根の上の発電機ならば，太陽電池の導入にいくらかかって，何年で元が取れて，という計算は太陽光発電導入の根拠になるから，一般の消費者にとっても「変換効率」，さらに言えば「変換効率÷価格」は重要な尺度になるが，モバイル電子機器の電源用途など，より限定的な使用については目的とする機能を果たせるかどうかが重要なだけで，ユーザーの視点からは変換効率などはどうでも良い。もちろん変換効率が低すぎて製品本体に収まりきらないほど太陽電池が大きくなってしまえば問題だが，必要な電力が充分小さい用途についてはまず問題にならないだろう。むしろ製品としての見栄えの良さと価格が一番重要となるだろうから，製品のデザイン的要求に応えることが出来るデザイン自由度の高さはこの太陽電

図3 ITOコートPETフィルムに星形のマスクをして電析した酸化亜鉛薄膜を様々な色素で染色した光電極（上）とこれを対極と貼り合わせ，電解液を注入して完成する星形のフィルム太陽電池（下）の写真

図4 プロダクトスタディとして試作したウェアラブル太陽電池
変換効率1.4％の赤い星型フィルム電池を28個取り付けてあり，携帯電話の充電回路も内蔵されている。充電の効力は低いので，実用には多くの改良が必要だが，薄くて軽くて割れない，色も形も自在なきれいな太陽電池ならこんな使い方も可能になる。ウェアデザインは大阪・梅田の上田安子服飾専門学校の大江瑞子校長先生による。

第6章　有機薄膜太陽電池：応用の可能性

池の大きなメリットになる。それを実践する取り組みとしてのプロダクトスタディを企業との連携によって現在進めている。電極基板に貼り付けるマスキングテープを様々な形状に切り抜くだけで，電極となる酸化亜鉛で図形を描くことが簡単に出来る。例えば図3に示した様に，星型のマスクを使って星型の酸化亜鉛薄膜を作り，これを使って星型の太陽電池を加工することが出来る。星型であることが太陽電池としての性能に重要なわけではないが，使い方次第で従来の太陽電池には出来なかったことも可能になる。例えば図4の様に，衣服にこの星型太陽電池を多数取り付けて，携帯電話を充電するシステムを試作した。必要な電圧に昇圧するDCDCコンバータも衣服に内蔵されており，晴天の下では充電動作を確認出来た。実際の発電能力はまだまだ不十分で，このまま商品になる様なものでは決して無いのだが，軽量で割れないフィルム型ならば衣服に取り付けることも可能である。黒くて硬い板状の従来の太陽電池では，それに合わせて服をデザインすることになるが，これだと太陽電池が服のデザインの一部になる。この他さらに敷居の低いアプリケーションとしては，図5の様なオールプラスチックのシースルー電卓も試作した。電卓程度の電力ならば，室内光でも充分に駆動可能である。計算機としての機能だけならば100円ショップの電卓で充分であり，実際この試作品も100円ショップで購入した電卓の部品を利用しているのだが，透明な電卓ボディそのものが発電して動作する様は使い古された電卓に新しい価値を与えるデモンストレーションとして面白い。

図5　フィルム型カラフル酸化亜鉛太陽電池を用いたシースルーソーラー電卓
4色の色素を用いたセルを直列に接続して用いている。よりきれいに加工すれば，カラフルな透明ボディ自体が太陽電池の電卓にすることも可能。

　太陽光発電装置としての機能と外装としての美観を高レベルで両立し，さらには自立型エネルギー供給装置としてのメリットを最大限活かすことの出来る究極的応用例として，電気自動車の車体塗装にこれを適用することを我々は考えている。大量のエネルギーを要する自動車を太陽電池だけで駆動することは，現在入手可能な最も高効率な太陽電池を使ったとしても困難だが，実際には自動車を運転している時間よりも駐車している時間の方がずっと長いので，駐車中にいくらかでもバッテリーを回復させる補助的な装置として機能すれば，その効果は実感されるはずである。電気自動車の普及の妨げとなる課題の一つは急速充電が困難な上に，充電に必要なインフ

ラ整備が容易ではないことである。バッテリーを統一規格として交換式にすることが合理的だが、極めて高価なリチウム電池をレンタルするシステムの整備はなかなか難しそうである。ワンチャージでの航続距離を伸ばして充電の手間を極力減らすことが最も現実的な対策と思われ、太陽電池塗装の使用がこれにいくらかでも貢献すれば電気自動車の普及加速に役立つことが期待出来る。もちろん太陽電池自体のクリーンエネルギーシステムとしてのイメージの良さは商品性向上にも貢献するだろう。この様な考え方から、色素増感太陽電池を電気自動車の車体に利用するアイデアを提案し、NEDO技術開発機構の産業技術研究助成により平成13年度から17年度まで「電気自動車用太陽電池塗装の開発」というテーマの下研究開発を推進してきた。

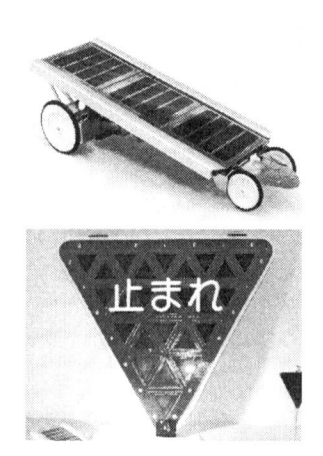

図6 積水樹脂株式会社が試作した、硬質樹脂基板を用いた酸化亜鉛カラフル太陽電池パネルの応用例
（上）プラスチック太陽電池自体を構造材として、これにモーターや車輪を取り付けることで作製したソーラーカー。（下）三角形のプラスチック太陽電池を組み合わせて作った自発光式一旦停止標識。明るい時は太陽電池が作る電気を蓄電し、暗くなって発電量が一定値を下回ると周囲に埋め込まれたLEDランプがフラッシュして夜間の注意を促す仕組み。

塗装の中でも究極の技術と言われる自動車塗装の要求水準を満たす耐久性と美観を達成することは現状では到底不可能であり、太陽電池としての性能も不十分なので、実際の自動車への応用はまだまだ先の話ではあるが、模型自動車程度ならば既に試作を重ねている。省電力型モーターで駆動される車体にフィルム型の太陽電池を貼り付けたタイプに始まり[12]、現在では硬質樹脂板に透明導電膜を付けた電極に酸化亜鉛薄膜を電解析出させることで作製したプラスチック板状太陽電池を用い、それ自体を車体の構造材としたソーラーカーも出来ている（図6）。猛ダッシュ！とはいかないものの、うす曇の日でも良く走るので、シリコン太陽電池を使ったこの手のおもちゃよりも性能は高いかも知れない。これを試作した積水樹脂株式会社では更にユニークな応用も検討している。自動車に使用するより先に、それを取り巻く環境の中でこの太陽電池を活かそうというアイデアで、夜間にLEDのフラッシュで注意を促す自発光型の道路標識について、道路標識そのものを太陽電池にしてしまおうというのだ（図6）。夜間周囲に灯りが全く無い田舎道などでは、この手の標識が最近増えて、事故発生件数の低減に効果を上げているらしいが、通常はシリコンの太陽電池を電源として使用するため、これが目立ってしまいいたずらの格好のターゲッ

第6章 有機薄膜太陽電池：応用の可能性

トになってしまうそうだ。標識そのものに発電機能を与えて，一挙に問題解決というわけである。三角形の赤色太陽電池をつなぎ合わせて作った一時停止の標識は，もう少し改良すれば実用になりそうなほどの完成度であり，色や形を自在に変えられることで太陽電池の新しい使い方が広がりそうな期待を抱かせる。

太陽電池としての究極は，発電装置として火力発電や原子力発電を凌ぐ経済的メリットを獲得することであり，「発電効率÷価格」のレベルアップが何より重要なのは明らかだ。先に挙げた様な遊び感覚の使い方は楽しいけれど，つまらない屋根の上の発電機が太陽電池本来の姿なので，色素増感太陽電池だっていずれは屋根の上に行きたいのである。しかし初めからそこで勝負しようとすれば，レベルの低い太陽電池という烙印を押されることは避けがたい。まずは色素増感太陽電池ならではの使い方を考えて，そこに照準を合わせた研究開発が大切だと思う。実用化されることで，持続的な努力によってこれを発展させる意義が見出され，そのための基盤が作られるはずだからである。

文　　献

1) D. Zhang, T. Yoshida and H. Minoura, *Adv. Mater.*, **15**, 814 (2003)
2) D. Zhang, T. Yoshida, K. Furuta and H. Minoura, *J. Photochem. Photobiol. A ; Chem.*, **164**, 159 (2004)
3) T. Oekermann, D. Zhang, T. Yoshida and H. Minoura, *J. Phys. Chem. B*, **108**, 2227 (2004)
4) S. Sawatani, T. Yoshida, T. Ohya, T. Ban, Y. Takahashi and H. Minoura, *Electrochem. Solid-State Lett.*, **8**, C69 (2005)
5) P. Wagner and R. Helbig, *J. Phys. Chem. Solids*, **35**, 327 (1974)
6) S. Peulon and D. Lincot, *Adv. Mater.*, **8**, 166 (1996)
7) T. Yoshida, T. Pauporté, D. Lincot, T. Oekermann and H. Minoura, *J. Electrochem. Soc.*, **150**, C608 (2003)
8) T. Yoshida, M. Iwaya, H. Ando, T. Oekermann, K. Nonomura, D. Schlettwein, D. Wohrle and H. Minoura, *Chem. Commun.*, 400 (2004)
9) T. Oekermann, T. Yoshida, H. Minoura, K. G. U. Wijayantha, L. M. Peter, *J. Phys. Chem. B*, **108**, 8364 (2004)
10) K. Keis, J. Lindgren, S.-E. Lindquist and A. Hagfeldt, *Langmuir*, **16**, 4688 (2000)
11) H. Horiuchi, R. Katoh, K. Hara, M. Yanagida, S. Murata, H. Arakawa and M. Tachiya, *J. Phys. Chem. B*, **107**, 2570 (2003)
12) レインボーセルホームページ, http://apchem.gifu-u.ac.jp/~pcl/special/frame1.htm

3 プラスチック色素増感太陽電池の高効率化とモジュール化

雉鳥優二郎[*1]　宮坂　力[*2]

3.1 はじめに

有機 EL をはじめフラットデバイスの多くがフレキシブル化の方向で動く中で，フィルム化が可能な色素増感太陽電池（DSC）にもその期待が高まっている。モバイルを含めた用途拡大につながる理由はもちろんだが，実はフレキシブル化は DSC のもつ特長を引き立たせる方向にはたらく。DSC は有機／無機ハイブリッド材料であり多孔膜を光吸収層に使う特徴から，入射角度の低い拡散光を効率よく吸収できるという優位点を持っている。曇天下や屋内の環境光も屈折率の高い固体シリコンに比べるとはるかに高い利用率で吸収し，発電につなげる。この電力を蓄電すれば高い積算発電量が期待できるわけだが，この蓄電の能力をセルの構造中に内蔵させる技術については別の節で述べよう。DSC の特長を活かし，多方向から入射する光（拡散光）を利用し発電量を稼ぐためには，曲面をうまく活用することが大切である。この曲面の活用にはフレキシブルなボディーが必要であり，また，曲率が変化するような柔軟な面に取り付けるにもフレキシブルな構造体が要求される。このフレキシブル化にはプラスチックを用いるだけでなく，ステンレススチールなどの耐熱性基板を用いる試みも提案されている。しかし金属基板は不都合な点も多い。腐食性の問題に加え，セルを組むモジュールをつくる際に，各々の単セルを電気的に独立させる構造が容易でない。透明導電膜をプラスチック上でパターニングする方法がずっと容易であることに気づく。本稿ではまず，モジュール化に必要なプラスチック DSC の製作方法を解説するが，プラスチック DSC は高温でつくるガラス型に比べて光電変換効率が低い点が基本的な解決課題である。その鍵を握る基盤技術が半導体ナノ多孔膜の低温での成膜である。ポリイミドなど 300℃以上まで安定な耐熱型プラスチック支持体は開発されてきているが，肝心なプラスチック用導電膜（酸化インジウムスズ（ITO）など）の導電性（低い抵抗）が結晶化の問題によって高温までもたない。現実には半導体膜の成膜を 200℃以下で仕上げなければならない。しかし 150℃付近の低温成膜でつくるプラスチック DSC のエネルギー変換効率はおよそ 6％のレベルまで近づいている。ガラス型の最高効率の半分であるが，アモルファスシリコンを用いる薄膜フィルム型太陽電池[1]の効率に匹敵するレベルである。

3.2 プラスチック電極に用いる半導体の低温成膜法

高効率の色素増感電池の通常用いる二酸化チタンのメソポーラス膜は，粒径 20～30nm の結晶

---

*1　Yujiro Kijitori　桐蔭横浜大学　大学院工学研究科
*2　Tsutomu Miyasaka　桐蔭横浜大学　大学院工学研究科　教授

第6章 有機薄膜太陽電池:応用の可能性

性TiO$_2$ナノ粒子が凝集し連結した多孔膜であり,粒子の連結には400℃以上の熱処理を要する。これを他の物理的な方法に換えて低温で行うには,Hagdfeltらが試みた機械的プレス法がある[2]。が,導電膜を壊すリスクがあるために,これに換えてわれわれが進めてきたのが低温下の化学的処理方法である。これは水熱合成を介したTiO$_2$ナノ粒子の結合であり,ナノ粒子の表面を水酸基で覆い粒子間を水素結合で凝集させ,150℃加熱によって脱水することでTi酸化物の連結したメソポーラス構造体を作製する。この方法は,はじめに,泳動電着法によるナノ粒子膜の形成とTiO$_2$の水性ゾルを用いた粒子の化学的結合処理において試みた[3]。極性有機溶媒中で負に荷電したナノ粒子(ζ電位>200mV)を,−1.2kV/cmの直流電界のもとで導電性フィルム(ITO-PETなど)の表面に集め,次いで粒子間結合処理(ネッキング)のためにチタニアの酸性ゾル水分散液を含浸して150℃で5分処理する。このネッキング処理によって泳動電着膜の色素増感光電流は2倍〜3倍に増加する。Ruビピリジル錯体色素(N719)で増感された厚さ10μmほどの電着膜をITO被覆ポリエチレンテレフタレート(PET)に形成して光電極とすると,4%以上の変換効率が得られ,開回路光起電力も0.72Vと従来の高温焼成膜ガラス電極と同等のレベルに達した。

以上の系ではプラスチックセルとして高い効率が得られたが,電着と化学処理という2つの工程を必要とする。これに換えて,1回の塗布と加熱という単純な工程で電極を作製できれば,フレキシブルなフィルムを搬送することでRoll-to-rollの生産工程も実現できる。そこで,化学的ネッキング処理に有効なチタニアの酸性ゾル水分散液をあらかじめナノ粒子と混合して分散し,増粘効果の上がる溶媒組成を最適化することによって粘性のペーストを調製した。TiO$_2$粒子の含量がおよそ15重量%,水とtert-butanolなど分岐状アルコールを混合して分散することでバインダー(樹脂などの結合材)を含まない高粘度ペーストを得ることができた。このペーストを基板に塗布し150℃で5分の乾燥処理をすると,TiO$_2$粒子のメソポーラス膜が得られる。この方法で,厚さ10μmほどの膜を,面抵抗の低い(10〜15Ω/□)ITO被覆PETフィルムに担持し,N719の吸着によって増感すると,揮発性有機溶媒(メトキシアセトニトリル)をI$^-$/I$_3^-$系電解液に用いて4.3〜5.2%の変換効率が得られた(図1)。酸化チタンだけを固形分とする「バインダーフリーペースト」は粘度2,000mP・s以上を与えドクターブレード塗布に有用であり,ペクセル・テクノロジーズ社を通じて実用化した。

効率が最大となった成膜条件において,ナノ粒子の平均粒子径は60nmであり,これは通常,ポリエチレングリコールなどの高分子バインダーを用いるペーストを焼成して作る多孔膜に要求される最適の粒径(およそ20nm)より大きい(図2)。また,TiO$_2$膜厚の最適値は10μmとなり,これは焼成膜が最大光電流を与える厚み(およそ20μm)より薄い(図3)。前者はこの低温成膜法で作った膜の細孔径が小さく電解液の通路となるイオンパスが狭いことを反映している。

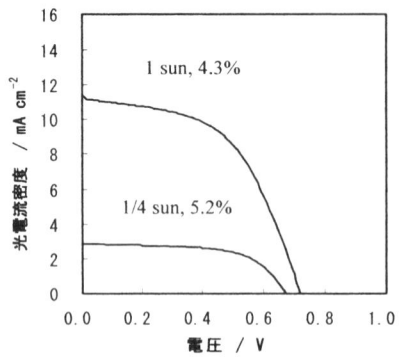

有機薄膜太陽電池の最新技術

図1 フィルム色素増感電極の I-V 特性
(Ru 錯体増感 TiO$_2$/ITO-PET フィルム,メトキシア
セトニトリル系電解液)

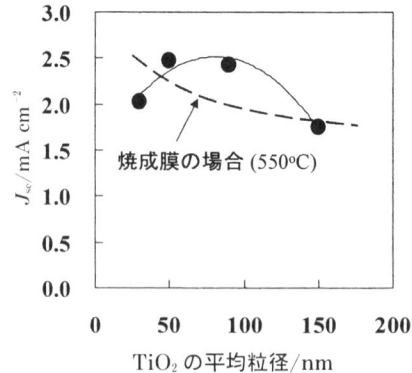

図2 低温成膜フィルム電極における光電流密度の
TiO$_2$ 粒子サイズ依存性
入射光量 23mW/cm^2(1/4sun) において計測。

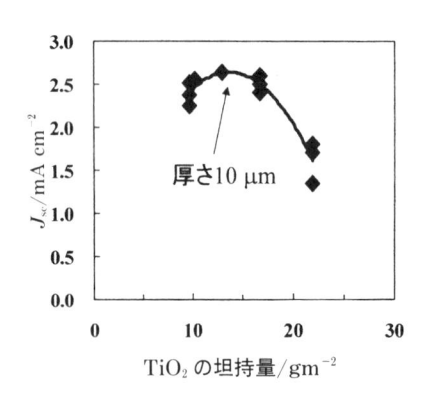

図3 低温成膜フィルム電極における光電流密度の
TiO$_2$ 担持量依存性
入射光量 23mW/cm^2(1/4sun) において計測。

バインダーを使った焼成という方法を用いなかったことの結果であり、粒径の大きい粒子を混合することで空孔率を向上させ、電流値を改善させた。後者の最適膜厚の減少は、低温成膜において粒子間が結合してできるネットワークにおいて電子拡散の距離が小さいこと（電子が遠くに届かないこと）を反映した結果である。熱融着法を用いない低温処理による粒子結合の不完全が原因であり、これは光電流発生の外部量子効率（IPCE）が 50％前後と低いことに現れている。これらの課題を克服することによって、プラスチック DSC 電極のエネルギー変換効率はまだ大きく増加する可能性を残している。

3.3 エネルギー変換効率の改善

効率の改善には、粒子間結合を強化することのほかに、フレキシブルな基板上の導電膜表面と TiO$_2$ 層の界面に起こる微小剥離を防ぐための対策が必要である。硬いガラス基板では起こりにくい特殊な問題である。その対策としてまず、ITO 導電膜をより耐熱性の高い材料（IZO など）

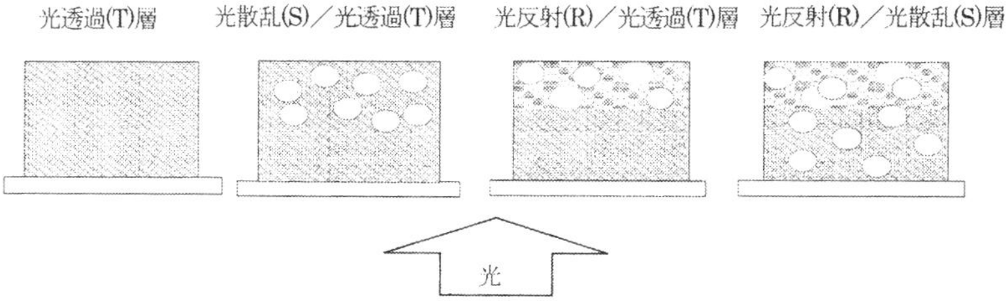

第6章 有機薄膜太陽電池：応用の可能性

| | 光透過(T)層 | 光散乱(S)／光透過(T)層 | 光反射(R)／光透過(T)層 | 光反射(R)／光散乱(S)層 |

↑ 光

	J_{sc} / mA cm^{-2}	V_{oc} / V	FF	η / %
T層	1.40	0.678	0.619	4.66
S層	1.42	0.690	0.656	5.11
T/S層	1.54	0.677	0.630	5.23
S/R層	1.65	0.663	0.629	5.44
T/R層	1.75	0.673	0.606	5.67

図4 光反射効果を利用する重層構成のフィルム電極における光電変換特性
入射光量 13mW/cm^2(1/8sun) において計測。

に換えてより高温の処理によって界面の密着性を強化する手続きが必要である。このような新規の導電膜を試作する研究も現在進めている。一方，TiO$_2$層では限られた膜厚のなかで光吸収率を高める方法を検討しなければならない。その1つは，吸光係数の低いRu錯体（ε = 13,000 L mol^{-1} cm^{-1}）に換えてより吸光係数の高い色素を増感に用いることで光吸収率を上げることである。他の方法として，光学的な光閉じ込めによって光吸収率を向上させることも効果をもたらす。われわれは，後者の方法を，図4のような重層構成の膜を作製して試みた。粒子サイズが可視光の波長と同等に大きいTiO$_2$（約500nm）と中程度に大きい粒子（約150nm）を含む光散乱層と反射層をナノ粒子からなる光透過層の上部に設けた各種の2層構成の膜を塗布によって形成した。このような複数の層を容易に重ねることができる塗布法の強みである。これらの試みを行った中で，反射層を透過層の上部に設けた膜において，最も高いエネルギー変換効率としておよそ5.7％が得られている。

3.4 プラスチック DSC モジュールの製作

低温成膜法に基づいて，ITO被覆ポリエチレンナフタレート（PEN）フィルム上に直列6セルならびに8セルのTiO$_2$電極パターンをパターンマスクを介した塗布によって配列し，直列モジュール用のフィルム電極を作製した。電極の集電用金属グリッドと封止剤はスクリーン印刷によって塗設し，電解液にはプロピレンカーボネートを溶媒とする高沸点の低粘度電解液を用いた。

対極には白金に代わるカソード活性を持ちヨウ素に腐食されない材料としてチタン系合金をPENフィルム表面に被覆したものを用いた。図5は，15cm角サイズの8セルモジュールであり，厚さ400μm，重さ20gで，太陽光下で5.2V以上，屋内の照明下でも4.5V以上を出力する。この電圧範囲は，リチウムイオン電池への充電も可能であることを示す。大面積セルの作製で起こる共通の問題は，集電の能力が十分でないために直流抵抗が上昇しフィルファクター（FF）が低下することである。このモジュール製作も同じ課題をかかえているが，光電流値の低い1/8sunの光照射下ではおよそ0.04Wを出力した。

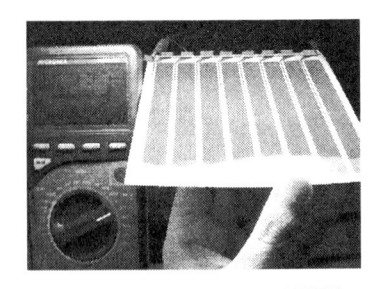

図5　8セル直列構造のフィルム太陽電池モジュール
太陽光下で出力5.5V，重さ20g，厚さ400μm。

大面積モジュールの開発に向けて，有効電極面積が大きく集電能率の良い単セルの製作を進めている。図6はこの目的で試作した面積47cm^{2}の短冊状の単セル（重さ6g，厚さ350μm）であり，集電用の銀系グリッドを取り付けて集電を強化し，セルの内部抵抗を下げる対策を施した。太陽光下の1sunで0.25A，0.05Wを出力する。これを直列に連結した3セルモジュールでは2%以上の変換効率で0.11Wの出力が得られている。

DSCの大きな優位点である「拡散光の吸収能力」を評価する試験を行った。色素吸着多孔膜は低い角度で入射する光つまり拡散光を効率よく吸収できる。この差は，基板をガラスからプラスチックに変えるとさらに有利となる。太陽光下で光電流値を計測し，多結晶Si太陽電池と比較した結果，太陽直射光が70°という浅い入射角の条件においても光電流は2割程度しか減少せず，光利用効率は2倍以上高まることが示された（図7）。フレキシブルセルを用いて曲面を利用した発電においては，この多方向からの入射光を利用する能力がDSCのメリットとなる。

3.5　今後の開発に向けて

小型セルの評価からモジュール製作への移行（直列大面積化）は必ず効率低下を伴うが，フィルムDSCの場合は，利用できる透明導電フィルムの面抵抗がまだ十分に

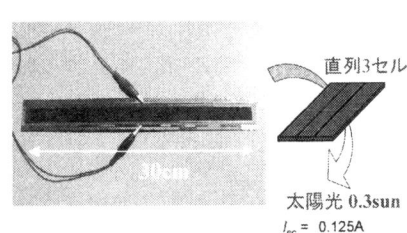

直列3セル
太陽光 0.3sun
I_{sc} = 0.125A
V_{oc} = 2.08 V
Efficiency = 2.1 %
Power 0.11W

図6　短冊状フィルム太陽電池
47cm^2，6g，400μm，太陽光下で0.25A，0.05W（1sun）。

第6章 有機薄膜太陽電池：応用の可能性

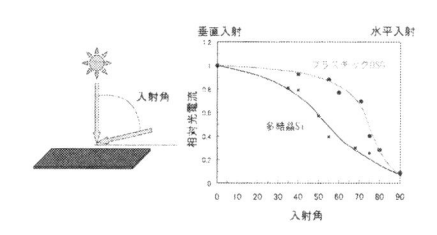

図7 フィルム色素増感太陽電池モジュールを用いて得られた光電流と太陽光入射角の関係

低くないことが大きく影響している。酸化性の電解液に対して高い耐腐食性を持つとともに集電にも優れる低抵抗フィルムの開発が急務である。一方，成膜においては低温で付ける半導体膜の基板密着性を高めることで実用レベルの耐久性確保につなげなければならない。この開発の先にある目標は，電荷輸送層を固体に置き換えたセルの完全固体化である。現在，電解液層を電荷輸送ポリマーに置き換えた固体型 DSC で変換効率 5 % 以上を目指す研究を展開している[4]。

謝辞

DSC フィルムモジュール開発に協力いただいた株式会社エンプラス研究所・三好幸三氏，帝人デュポンフィルム株式会社・久保耕司氏，西尾玲氏，帝人株式会社・水谷圭氏，ニチバン株式会社・鈴木吉博氏，藤森工業株式会社・長塚和志氏に感謝します。

文　　　献

1) 薄膜太陽電池の開発最前線，エヌティーエス，2005 年
2) G. Boschloo, H. Lindström, E. Magnusson, A. Hormberg and A. Hagfeldt, *J. Photochem. Photobiol. A*. **148**, 11 (2002)
3) T. Miyasaka and Y. Kijitori, *J. Electrochem. Soc.*, **151**, A1767–A1773 (2004)
4) N. Ikeda and T. Miyasaka, *Chem. Commun.*, 1886–1888 (2005)

4 色素増感半導体を用いる光キャパシタの開発

宮坂　力[*1]　村上拓郎[*2]　手島健次郎[*3]

4.1 はじめに

　色素増感太陽電池（DSC）は，メソポーラス膜がつくる光入射界面の反射率が低い特徴から，曇天下や屋内の拡散光を効率よく吸収し，日陰や屋内の弱い環境光も有効に利用できることが1つの特長である。また太陽光直射下においても温度の上昇による効率損失の影響が小さい。したがって弱い拡散光から強い直射光までを安定に変換するDSCの電力を効率よく蓄電することができれば，高い積算発電量が期待できる。電気化学反応を用いるDSCには，シリコンなどの従来型光電変換素子には無い様々な機能を持たせることができるが，蓄電という観点で見れば，DSCの大きな付加価値の1つは，この蓄電の機能を内蔵できることにある。これは電気化学方式であること（イオン電解質を用いること）の強みであり，発電だけでなく電気化学界面における in situ の蓄電が可能になる。

　DSCの電解液に還元剤としてよく用いるヨウ化リチウムのリチウムカチオン（Li^+）は色素増感電極に用いる酸化チタン粒子の結晶構造中に挿入されることが知られる。酸化チタン自体はまたリチウムイオン二次電池の充放電を担う正極用Li挿入活物質として実用化している。酸化チタンに限らず，こういった充放電を行う無機，有機の活物質を光発電層に組み合わせることによっても光蓄電のできる二次電池を設計することができる。有機活物質としてポリマー材料を色素増感電極に応用して光二次電池を開発する研究は，瀬川らによって進められている[1]。

4.2 光充電機能を持つキャパシタ "光キャパシタ"

　光二次電池では，二次電池と同様に酸化還元反応が充放電の駆動力になる。これに対して，われわれは色素増感チタニア表面で生じた光電子と正孔を，対極と作用極を覆うカーボン表面の電気二重層の電荷として直接に蓄える方法で，自己蓄電能力のある色素増感太陽電池の設計を試みた。この成果としてできあがったのが "光キャパシタ（Photocapacitor）" である[2]。

　光キャパシタの基本構成は，光発電極と対向電極の二極からなる積層型サンドイッチセルである（図1）。光発電極は，色素増感ナノ多孔性半導体層（ナノ酸化チタン層）に活性炭層が物理的に接合した構造で，基板には色素増感電池と同様に透明導電ガラスなどの光透過性の電極を用いる。対極は活性炭層のみを担持した電極であり，基板には白金などの金属膜を被覆した基板

---

*1　Tsutomu Miyasaka　桐蔭横浜大学　大学院工学研究科　教授
*2　Takurou Murakami　スイス連邦工科大学（EPFL）　博士研究員
*3　Kenjiro Teshima　ペクセル・テクノロジーズ㈱　特任研究員

第6章 有機薄膜太陽電池：応用の可能性

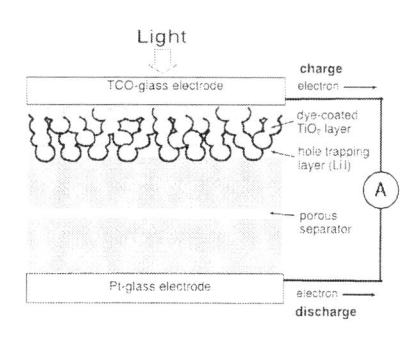

図1 光キャパシタの構造

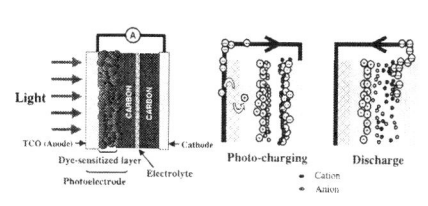

図2 光キャパシタの充放電の動作原理

を用いる。ここで，両電極の活性炭層はセパレータフィルムによって電気的に絶縁され共通の電解液と接している。活性炭層は多孔性でその表面積は色素増感半導体層に比べて一段と大きく，電荷を溜め込むための電気二重層を形成する役目を持つ。電解液には電気二重層の形成に有効なキャパシタ用の汎用電解液が有効であり，典型的な支持塩は，電気二重層吸着量の多いテトラアルキルアンモニウム塩（アニオン＝BF_4など）であり，溶媒には炭酸プロピルなどが用いられる。

光蓄電の動作原理を図2に示す。可視光の照射によって，色素が光励起されて酸化チタンに電子注入が起こると，電子は基板に集められ外部回路を回って対極に移動し，対極上の活性炭の表面に負電荷として蓄えられ，電解液中のカチオンが吸着して電気二重層を形成する。一方，色素の酸化体（正孔）は，色素層に接する活性炭に移動する。正孔は正電荷として活性炭の表面に蓄積され，アニオンが吸着して電気二重層を形成する。この電荷蓄積による蓄電は，既存のキャパシタの蓄電原理と同様である。まずこの蓄電によって，両電極間に電圧が発生する。「光蓄電」においては，外部回路を短絡させた状態で，色素増感電極に光照射を行う。本光キャパシタの原理に基づけば，到達可能な最大理論電圧は色素の励起電子のレベル（LUMO）と色素の正孔のレベル（HOMO）の差として表され，色素にRu錯体（吸収長波長端800nm）を用いた場合は，この理論値は1.5Vときわめて高い。しかし，電荷移動の不効率や内部抵抗ロスなどによって現実の電圧は大きく減少する。

4.3 光キャパシタの充放電性能

電荷移動に伴う不効率の大部分は，ナノサイズの酸化チタン粒子層とミクロンサイズの二次粒子径をもつ活性炭粒子層との界面で粒子間の十分な物理的接合が取れないことに由来する。この界面を占める空間に電荷輸送材料を充填することによって充放電を効率的に行う目的で，色素増感TiO_2層と活性炭層の間に，中間層としてLiIなどのヨウ化アルカリを挿入することが有効であることがわかった。LiIをアセトニトリル溶液としてメソポーラス膜に添加して乾燥させ固体

289

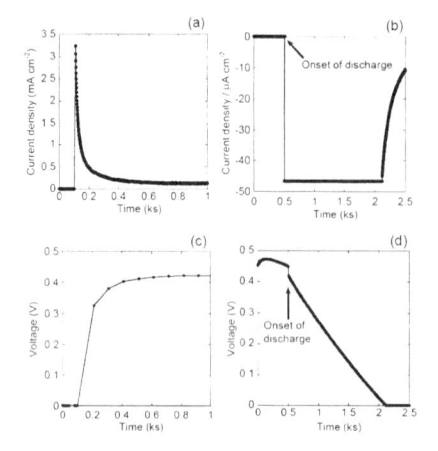

図3 光キャパシタの充放電特性[2]
(a)(c)はそれぞれ光充電における電流密度変化と電圧変化の特性。(b)(d)はそれぞれ放電における電流密度変化と電圧変化の特性を示す。

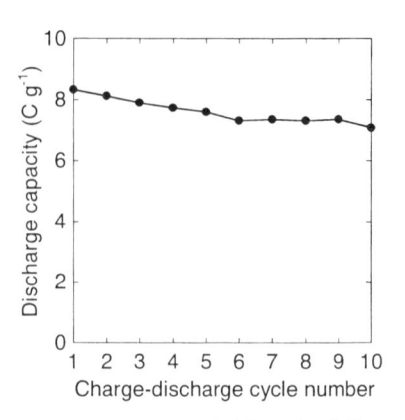

図4 光キャパシタの充放電サイクル特性
放電容量は対極の活性炭重量あたりの電気容量を示す。

LiI層を形成し、この上に、活性炭粒子をポリフッ化ビニリデン（PVDF）を結着材（バインダー）として含む粘性のDMF溶液としてコーティングし乾燥固化する。活性炭層を厚くすることで充放電の容量は増加する。活性炭層（厚さ$200\mu m$以上）を光電極と対極に用いた二電極式の光キャパシタの性能は、充電電圧が0.45V、放電の容量はセルの単位面積当たり211mC cm^{-2}である。またキャパシタの性能を決める静電容量（キャパシタンス）は0.69F cm^{-2}のレベルにあり、これは汎用のキャパシタの性能と比べて遜色ない。

図3は光充電と暗中の放電における電流値と開回路起電力の時間特性を示した。ここで光充電は、光すなわち光起電力が駆動力であるから一般のキャパシタのように定電流の条件で評価をすることはできない。図3(a)のように、光照射時間とともに電荷の蓄積によって対極の負の電位が高まるほど充電の電流値は急速に減少する。一方、放電は通常のキャパシタの評価と同様に一定電流で開始し（Galvanostatic放電）、目的の電圧に到達した後は定電圧に切り替えて行なう（Potentiostatic放電）。この結果として電圧は一定の勾配で時間とともに単調に低下し、この勾配からキャパシタンスが求まる。LiIを中間層に用いる二電極式の光キャパシタでは充電電圧として0.45Vが得られた。

図4は光キャパシタの繰り返しの充放電における容量変化（サイクル特性）を示す。充放電サイクルには容量の低下が伴うが、繰り返しの光充電と放電の能力を持つことがわかる。光充電において増感色素が電子注入を行なうターンオーバー数は25回以上と計算され、これは色素分子

第6章　有機薄膜太陽電池：応用の可能性

数の数10倍の電子と正孔が活性炭層に注入されて蓄電されたことになる。

この単純な二電極式セルは光蓄電原理として実証はできたものの，実用に向けて高い充電容量を達成するまではいくつかの課題がある。1つは色素増感メソポーラス膜と活性炭層の間のキャリア移動の効率よく行なう構造上の対策，もう1つは放電の際に電子移動の律速となる酸化チタンの電位障壁を軽減する何らかの対策である。これらの課題を解決す

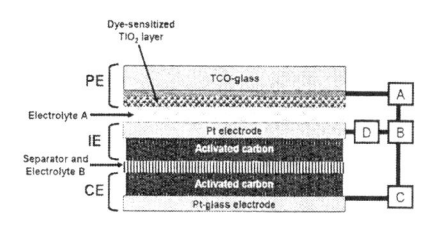

図5　三電極式光キャパシタの構造
PE：色素増感 TiO_2 層を担持した光電極，IE：活性炭を担持した内部対極，CE：活性炭を担持した外部対極

る層構成を現在検討中であるが，実用化の近道として光発電と蓄電を2つの電解液系に分けてこれらを接合することによる三電極式の光キャパシタも試作を行った[3]。図5はその層構成である。光発電ユニット（PE+IE）ではヨウ素系の酸化還元電解液が用いられ，蓄電ユニット（IE+CE）ではキャパシタ用の支持塩電解液が用いられる。ここで光電極に対して2つの対極（IE，CE）が用いられ，光充電は外部回路のA，B，Cを閉じて行なわれ，放電はB，C，Dを閉じて行なわれる。対極の1つは，放電時の抵抗損失を低減するために設けられた内部対極（IE）である。内部対極は，2つの電極表面が，発電機能を持つ色素増感電極（PE）の側と蓄電機能を持つキャパシタの対極（CE）の側に対向し，光充電において発電セル側ではカソードとして働き，蓄電セル側ではアノードとして働く。この三電極セル構造を用いて得られた性能改善を図6に示した。充電の電圧は，色素増感太陽電池の光起電力に等価な 0.8V まで向上した。これに伴って，容量も 470mC cm^{-2} まで改善されるに至っている[3]。

4.4　おわりに

拡散光を従来固体太陽電池に比べて効率よく利用できる DSC は，蓄電を併用することによって積分発電量として高い値を得ることが期待できる。実用化している蓄電池は円筒型，角型を中心にサイズが大きいが，ここで紹介した光キャパシタは，太陽電池と蓄電池を機械的・電気的に組み合わせる従来のシステムに比べて，フラットな薄型の一体型素子として使える点がメリットである。さらに素子をフレキシブルプラスチック化す

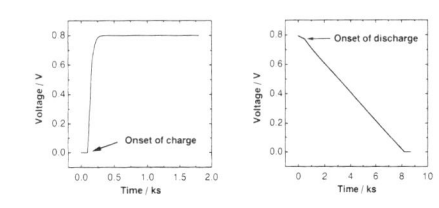

図6　三電極式光キャパシタの充放電における電圧特性
左は光による充電，右は暗中放電の特性を示す。

ることで曲面に設置する応用も可能となる。京都議定書の発効によって太陽電池開発は様々な機能と環境負荷削減効果（低コスト化）をにらんで活発化する。この開発競争の中で，これからは光蓄電型もこれらの1つとして技術競争に加わることになろう。

謝辞

　本研究は独立行政法人新エネルギー・産業技術総合開発機構（NEDO）の「太陽光発電技術研究開発・革新的次世代太陽光発電システム技術研究開発・光充電型色素増感太陽電池の研究開発」のプロジェクトの研究助成を受けて実施しました。

文　　献

1) H. Nagai and H. Segawa, *Chem. Commun.*, 974-975 (2004)
2) T. Miyasaka and T. N. Murakami, *Appl. Phys. Lett.*, **85**, 3932-3934 (2004)
3) T. N. Murakami, N. Kawashima and T. Miyasaka, *Chem. Commun.*, 3346-3348 (2005)

5 導電性ポリマーを用いたエネルギー貯蔵型色素増感太陽電池

瀬川浩司[*]

5.1 色素増感太陽電池とエネルギー貯蔵

　湿式太陽電池[1]によく使われるZnO, n-TiO_2などのワイドバンドギャップ半導体は、可視光を吸収しない。このため、半導体電極表面に色素を吸着させ、可視光も利用できるようにした湿式太陽電池が、いわゆる色素増感太陽電池（DSSC）である[2]。DSSCは、1990年代に入ってグレッツェルセルが発表されると、実用的太陽電池のひとつとしても注目されるようになった。既に1970年代から多孔質半導体電極を用いると光エネルギー変換効率が向上することは知られていたが[3]、グレッツェルらのTiO_2多孔質薄膜を用いたDSSCが8％の光エネルギー変換効率を出したことで大きな注目を集めることとなった[4]。その後、色素などの改良によって10％を超える効率も報告されている[5]。これらの研究の波及効果は大きく、以来TiO_2多孔質膜電極を用いたDSSCは通称グレッツェルセルと呼ばれ、シリコン系太陽電池に替わる低コスト次世代太陽電池として大変期待されるようになっている。現在、グレッツェルセルは、エネルギー変換効率向上と耐久性向上、全固体化やゲル化など[6,7]、応用面を重視した研究が数多くなされている。また、フィルム型DSSCの研究も行われている[8,9]。グレッツェルセルは、これまでの湿式太陽電池と比べ高い効率を持ち、耐久性もある。また、カラフルにしたりフィルムにしたりできるという形状自由度の高さから、従来の太陽電池にはできない機能を付与することができる。

　一方、太陽電池は、DSSCも含め一般に光強度に依存して出力が変動する。例えば日中の太陽光下では出力は最大となるが、暗闇では出力は得られない。われわれは、DSSC自体に蓄電機能を付与し、光強度が低下しても安定な出力が得られるエネルギー貯蔵型色素増感太陽電池（Energy Storable Dye Sensitized Solar Cell, ES-DSSC）を開発した[10]。太陽電池自体に蓄電機能を付与することは、従来のp-n型太陽電池では原理的に不可能であるが、湿式太陽電池は光エネルギーをいったん化学エネルギーに変換した後電気エネルギーを生じるので、途中で生じた化学エネルギーを貯蔵すれば蓄電機能を持たせることができるのである[11~14]。これまで2極式セル[11]、3極式セル[12,13]、4極式セル[14]などが報告されているが、その中でも3極式セルは他のセル構成よりも利点が多い。外部回路に何も負荷がない時、光エネルギーは化学エネルギーに変換され貯蔵される。また、太陽電池出力時にも充電が行え、光照射時および放電時においても同じ方向に出力が取り出せる。本稿では、このES-DSSCについて解説する。

---

[*] Hiroshi Segawa　東京大学　大学院総合文化研究科　広域科学専攻　助教授

5.2 エネルギー貯蔵型色素増感太陽電池の構造

ES-DSSCの基本構造（図1）はDSSCと二次電池の融合型になっている。こうすることにより，単に太陽電池と二次電池を外部回路でつないだものに比べスケールメリットが生まれる。ES-DSSCでは，DSSC部分以外に電荷を蓄積する酸化還元対を含む半電池が必要である。この半電池とDSSCはセパレータにより隔てられている。この半電池部分を電荷蓄積セル，電極を電荷蓄積電極とする。DSSC部分は基本的にはグレッツェルセルと同じ構成で，TiO_2電極はFTO電極に10～30nmのTiO_2ナノ粒子が10μm程度の膜厚となったものである。このTiO_2上にRu色素を吸着させたものが光アノードとなる。光アノード側の電解質溶液はヨウ素レドックス（I^-/I_3^-）を使用している。溶媒にはアセトニトリルまたはプロピレンカーボネートなどを用いた。対極にはヨウ素レドックスに対する触媒作用があるPtをメッシュにした電極を用いた。電荷蓄積部分にはTiO_2光アノードからの電子を有効に蓄えられる電位を持つ材料が必要である。具体的には電荷蓄積部分の酸化還元電位がTiO_2の伝導帯（E_c）よりも低く，DSSC内のヨウ素レドックスの酸化還元電位よりも十分高いものである必要がある。一般的にTiO_2の伝導帯の電位は-0.5V vs. SCE程度であることが知られ，ヨウ素レドックスの酸化還元電位は$+0.2$～0.3V vs. SCE程度であることが知られている。そのため電荷蓄積部分の酸化還元電位はこれらの間でできるだけ負の電位を持つ材料が好ましく，またより可逆性の高い電子移動を行う材料がよい。われわれは蓄電材料に主として導電性高分子を用いている。光照射時にA-B間を閉じC-D間に負荷がない状態は光充電のみがおこる。C-D間に負荷がある状態では太陽電池出力しながら光充電もできる。暗時にC-D間に負荷がある場合，十分に光充電が行われていれば出力がとれる。DSSC部分と電荷蓄積部分との間にイオン交換膜が挟まれていることにより電荷蓄積部分で還元された酸化還元種はDSSC内のヨウ素レドックスにより酸化されることなく還元状態が維持される。ここで光照射によって生じたエネルギーはヨウ素レドックスの酸化還元電位$E(I^-/I_3^-)$と電荷蓄積部分の酸化還元種（導電性高分子）の酸化還元電位$E(\text{redox})$との差分の化学エネルギーとして変換され貯蔵される。自己放電などがおこらないとするとこの開

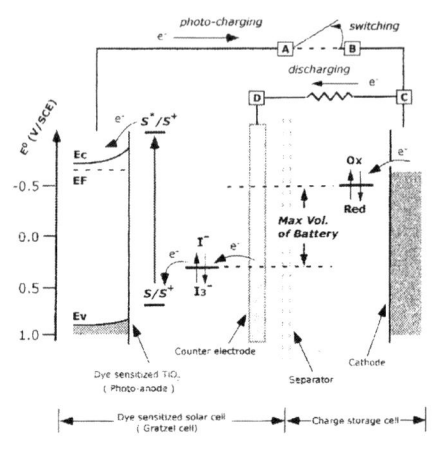

図1 ES-DSSCのエネルギーダイアグラムおよび作動原理図

第6章 有機薄膜太陽電池：応用の可能性

回路電圧の最大値 V_{max} は理想的にはヨウ素レドックスの酸化還元電位 $E(I^-/I_3^-)$ と電荷蓄積部分の酸化還元電位 $E(\text{redox})$ との差の電圧に保持される。

$$V_{max} = E(I^-/I_3^-) - E(\text{redox})$$

最大開回路電圧だけを考えると電荷蓄積部分の導電性高分子の酸化還元電位 $E(\text{redox})$ は TiO_2 の伝導帯の電位よりも少し低くヨウ素レドックスの酸化還元電位よりも十分高い電位を持つものを選ぶことが望ましい。C-D間に外部抵抗を負荷させた時には、光充電に生じる反応とは逆の反応が生じ放電が進行する。つまりヨウ素レドックスが還元され、電荷蓄積部分の導電性高分子が酸化される反応が起こる。以上のプロセスからわかるように、ES-DSSCでは太陽電池出力時の光充電過程と放電過程とでは、同じ方向に出力できる。ES-DSSCの作成で最も重要な点は電荷蓄積部分に用いる材料の選択である。

5.3 導電性高分子を用いた ES-DSSC

ポリピロールやポリアニリンなどの導電性高分子はドープ脱ドープにともなう酸化還元応答を示し、2次電池材料として研究されてきた[15〜18]。また、ポリピロールなどはその多孔質性からスーパーキャパシターなどの研究もなされている[19]。導電性高分子のなかでもポリピロールは高い導

Polypyrrole (PPy)

電性と化学的安定性を兼ね備えており、酸化によりアニオンがドーピングされ、電気化学重合も容易である。これらポリピロール膜はリチウムイオンバッテリーの正極活物質としても期待されている。これに対し本研究ではポリピロール膜電極を負極材料として利用している。この方法ではポリピロール膜の過剰酸化によるセル特性の低下などがおきない利点がある。充電時においてはポリピロール膜の脱ドーピング、放電時にはドーピングにより充放電が行える。図2には実際に作成したES-DSSCのセル分解構成図を示す。スペーサーにシリコンゴムを用いたとても単

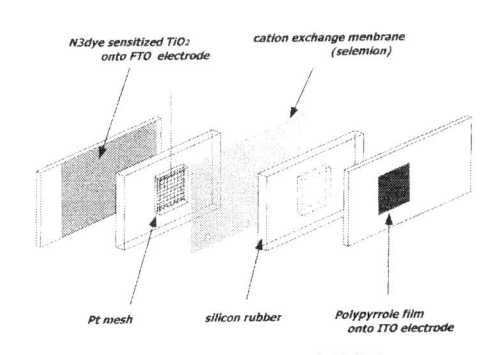

図2　ES-DSSCのセル分解構成図

純な構造で，DSSC同様に製造がきわめて簡単である。DSCC部分と電荷蓄積電極はカチオン交換膜を介して接続した。使用したカチオン交換膜は炭化水素系イオン交換膜，セレミオン（旭硝子）である。AM1.5の光照射下でI-V曲線はDSSC単体のみとほぼ一致したことから，ES-DSSCの太陽電池特性はDSSCとほぼ同等の特性をもつことがわかる。ES-DSSCの暗時における開回路電圧は原理的に電荷蓄積部分の酸化還元電位とヨウ素レドックスの酸化還元電位により決まる。異なる対アニオンのドープによって，ポリピロール膜電荷蓄積電極における酸化還元電位が異なることから，ES-DSSCの光充電後の暗時におけるセル開回路電圧もドーパントに依存する。ES-DSSCの起電力を高くするには，ドープ脱ドープの酸化還元電位ができるだけ負側のポリピロール膜電荷蓄積電極を用いる必要がある。またドープ脱ドープが高い可逆性をもち，繰り返しサイクル特性の良いものが必要である。このようなポリピロール膜は，プロピレンカーボネート中でピロールを低い電流密度で定電流電解重合することで得られる[20, 21]。低い電流密度での定電流電解重合により得られたポリピロール膜電極は，アノードおよびカソードピーク電位のピークセパレーションが狭く，高い可逆性をもつ。本研究では，酸化還元電位が-0.33V vs. SCE付近にある高い性能を持つポリピロール膜を用いた。一方，ポリピロール膜は，ドープ脱ドープの過程で構造変化することも知られている。ドープ状態では対アニオンが浸透することで膨張した状態となり，脱ドープ状態では対アニオンが排出される収縮構造となる。ポリピロール膜が還元されるとき対アニオンは膜中から排出され，膜内の高分子鎖の体積が減少し，膜が収縮する。

　光充電を行った後，ES-DSSCのVoc_{dark}の光充電時間依存性について調べた。光充電1分においては，Voc_{dark}は10分後には200mVまで低下してしまうが，光充電30分の十分な光充電においは，Voc_{dark}は15分でも約600mVの開回路電圧が維持されていることがわかった。これは光充電時間の増加とともにポリピロール膜の脱ドープが進み，膜中のドープ率が徐々に減少するためと考えられる。光充電電気量は光充電時間の増加とともに増大し，光照射時間30分における十分な光充電時間においては最大で1.91mC/cm^{2}に達した。光充電時に10kΩの抵抗を負荷させた状態とそうでない状態とでも同等の充電電気量が得られたことが確認された。しかしながら，基本的な構成のES-DSSCで得られた光充電電気量はかなり小さく，また閉回路電流値も小さいことから，これを増大させる必要がある。ポリピロール膜の重合電気量を50mC/cm^2，100mC/cm^2，200mC/cm^{2}と変化させ，それぞれの重合量で電気化学特性がどのような変化をするかの検討を行った。ポリピロール膜の重合量を増加させるにつれて，アノードおよびカソードでのピーク電流は大きくなるが，それぞれのピーク電位は共にアノード方向にシフトし，アノード電流の立ちあがり電位もアノード側にシフトすることがわかった。このような重合量の増加に伴うアノード方向へのシフトは，（ⅰ）膜厚の増大によるによる要因，（ⅱ）膜表面の不均一性によるドープ脱ドープにともなう構造変化による要因，の二つが考えられる。ポリピロール膜の重

第6章 有機薄膜太陽電池：応用の可能性

合量の増加によって膜厚が増加していることはAFM像によっても明らかである。ポリピロール膜の膜厚の増加によって，膜抵抗が増加するだろうと考えられる。つまり，膜厚の増加により膜のバルク中の電位勾配がより大きくなると考えられ，これにより，膜抵抗がより増大すると考えられる。これは膜の重合量の増加における自然電位が $50mC/cm^2$，$100mC/cm^2$，$200mC/cm^2$ でそれぞれ $+180mV$ vs. SCE，$+282mV$，$376mV$ とアノード側にシフトしていることからもわかる。このアノードシフトを抑えるためには，重合量の増加による膜厚の増大や膜表面の不均一性を抑えることが必要であると考えられる。つまり膜の重合量を増加させたときに，より薄膜でより均一な膜が得られれば，より可逆で，よりカソード側にピークを持つようなポリピロール膜が得られると考えられる。重合量の増加により光充電電気量が増加することも確認され，光充電30min での光充電電気量は $200mC/cm^2$，$100mC/cm^2$，$50mC/cm^2$ においてそれぞれ 7.75 mC/cm^2，$4.68mC/cm^2$，$1.91mC/cm^2$ が得られた。

5.4 セパレータの改良

ES-DSSC の特性向上にはさまざまな課題がある。そのひとつは，セパレータである。われわれは，電荷蓄積電極の導電性高分子上にイオン交換膜を直接複合化することでセパレータと電荷蓄積電極を一体にした低抵抗型 ES-DSSC を作成し，著しくセル特性が向上することを明らかにした。比較のため低分子アニオンである ClO_4^- をドープしたポリピロール膜（PPy(ClO_4^-)）と，高分子アニオンである Nafion をドープしたポリピロール膜（PPy(Nafion)）を用いて低抵抗型 ES-DSSC を作成した（図3）。定電流電解重合により作成した PPy(ClO_4^-) および PPy(Nafion) 膜電極上にそれぞれセパレータの役割をする Nafion 117 の溶液を均一に塗布し，約80度で加熱アニールし，電荷蓄積電極に用いた。

本研究で作成した異なるドーパントを持つポリピロール膜電極では，それぞれの還元過程において異なるイオンの移動が起こる。PPy(ClO_4^-) では通常通り対アニオンの脱ドーピングがおこるのに対し，PPy(Nafion) ではポリアニオンが動けないため，逆に対カチオンのドーピングが行われる。この2種類のポリピロール膜電荷蓄積電極を用いたセルにおいて光充電を行った。その結果，光充電により，PPy(ClO_4^-) では対アニオンの脱ドーピングによる膜収縮がおこり，その重合電気量の増加により膜の構

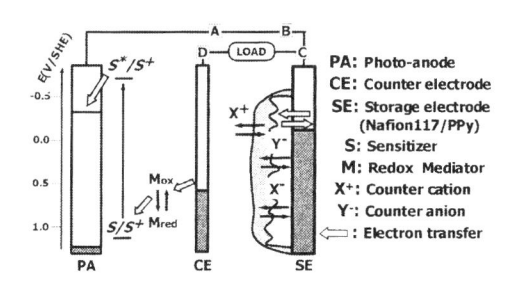

図3 電荷蓄積電極セパレーター体型の低抵抗型 ES-DSSC

PA: Photo-anode
CE: Counter electrode
SE: Storage electrode (Nafion117/PPy)
S: Sensitizer
M: Redox Mediator
X+: Counter cation
Y-: Counter anion
: Electron transfer

造変化がさらに顕著になることが明らかとなった。その結果として，電荷蓄積電極が劣化し，セル特性の低下がおこる。一方，PPy(Nafion)では光充電により対カチオンのドーピングが行われるため，膜収縮はおこりにくい。このため，重合電気量を増大させてもセル特性は低下せず，全体として高いセル特性が得られることが明らかとなった（図4）。また，光充電時および放電時においても同じ向きに出力電圧が取り出せ，出力安定化も達成されることが確認された。

5.5 電荷蓄積電極の改良

これまでの研究で，ITO平板電極上では，PPy膜の重合電気量が増大するにつれ，ES-DSSCの電圧が著しく低下するという問題が生じていた。さらに，充放電過程に伴うPPy膜の膨張収縮によるITO基板からの剥離によって，放電電気量の低下や耐久性に問題があることも分かってきた。これらの問題を解決するには，電極表面積を大きくするとともに膜の剥がれ難い基板を選択する必要がある。そこで，PPy膜と接着性が良いと言われるステンレス素材と，表面積が大きく膜が剥がれ難いメッシュ構造に着目し，ステンレスメッシュを基板に用いた。ステンレスメッシュを基板にしたことにより，PPy膜電極の酸化還元電位はカソードシフトし，非常にシャープな電流ピークを持った。この結果から，PPy/ステンレスメッシュが電荷蓄積電極として有用な特性を持つことが分かる。次に，PPy/ステンレスメッシュを電荷蓄積電極に用いたES-DSSCを作成し，特性評価を行った。基板にステンレスメッシュを用いることによりPPy/ITOの場合に比べて，充放電速度が向上し，放電電気量も約2倍に上昇した。また，充電後の電圧も約40mV向上した。

次にこのステンレスメッシュ上のPPy膜に直接Nafionカチオン交換膜溶液を塗布した電荷蓄積電極を用いたES-DSSCを作成した。図5には，PPy/ステンレスメッシュにカチオン交換膜をコートし，セパレータをなくしたES-DSSCを示す。対極にはFTO上に白金を蒸着させたものを用い，電解液には0.5M LiI，0.05M I_2 のAN（アセトニトリル）溶液を用いた。カチオン交換膜には5 wt% Nafion 117® を用い，メタノールで10倍希釈したものをコーティング液とした。コーティング後は，140℃のオーブンで45秒間アニールした。この操作を100回繰り返すことにより，電極をしっか

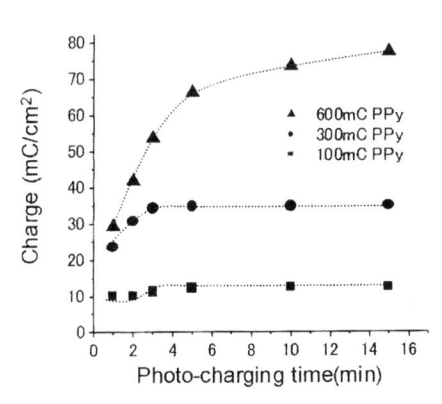

図4 光蓄電電気量のポリピロール重合量依存性

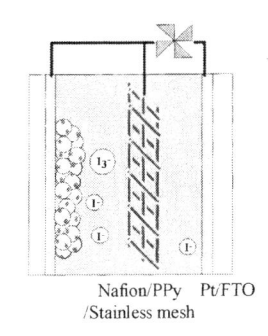

第6章 有機薄膜太陽電池:応用の可能性

図5 Nafion/PPy/ステンレスメッシュを電荷蓄積電極に用いた ES-DSSC の概略図

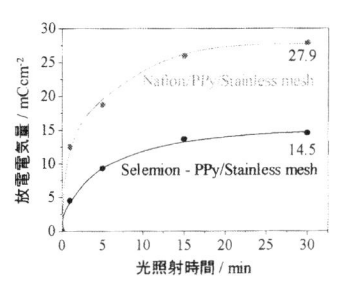

図6 200mCcm^{-2}PPy/ステンレスメッシュ及びセレミオンを用いた ES-DSSC と Nafion/PPy/ステンレスメッシュを用いた ES-DSSC の各光照射時間に対する放電電気量

りコーティングすることができる(膜厚は 15μm 程度)。その後,0.1M LiClO$_4$AN 溶液中に 2 時間浸漬させて,Nafion 膜中の H$^+$ を Li$^+$ にイオン交換した。この Nafion/PPy/ステンレスメッシュを電荷蓄積電極に用いた ES-DSSC を作成し,特性評価を行った。セレミオンを用いた場合に比べて,充放電速度が向上し,放電電気量も約 2 倍に上昇した(図 6)。さらに,電荷蓄積電極の蓄電容量を増加させるために,PPy の重合電気量を 1 Ccm^{-2},5 Ccm^{-2} と増大させた。30 分の光照射によって 235.2mCcm^{-2} の大きな放電電気量を持ちながら,500mV 以上という高い電圧を保持した(図 7)。

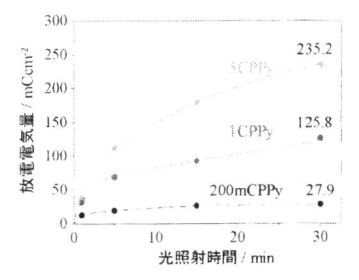

図7 PPy の重合電気量 200mCcm^{-2},1 Ccm^{-2},5 Ccm^{-2} の Nafion/PPy/ステンレスメッシュを電荷蓄積電極に用いた ES-DSSC の各光照射時間に対する放電電気量

5.6 おわりに

本稿では ES-DSSC の基本的な特性を紹介した。まず,電流密度制御による可逆性の高い高性能ポリピロール膜の作成が重要である。このポリピロール膜の重合量変化においては重合量が増加するにしたがいドープ脱ドープにともなう酸化還元電位がアノード方向にシフトする。これは,重合量の増加によるポリピロール膜表面の morphology が大きく関わっている。高性能なポリピロール膜電荷蓄積電極を用いた ES-DSSC においては,実際に光充電が行われることを確認した。光充電電気量に関しては,重合量の増加により増大することが分かった。一方,重合量の増加により,暗時の開回路電圧は減少してしまうことも明らかとなり,これについても重合量変化

のCV挙動と一致することが分かった。また，ステンレスメッシュ基板上にイオン交換膜と導電性高分子をハイブリッドした電荷蓄積電極を用いて，光充電速度を高めること，エネルギー貯蔵効率を高めること，充放電の繰り返し安定性を高めることなどを示した。色素増感太陽電池の多機能化のひとつとして蓄電機能を付与した光二次電池の展開には期待が持たれる。

文　　献

1) A. Fujishima and K. Honda, *Nature*, **238**, 37 (1972)
2) H. Tsubomura, M. Matsumura, Y. Nomura, T. Amamiya, *Nature*, **261**, 402 (1976)
3) J. B. Goodenough et al., *Nature*, **280**, 571-573 (1979)
4) B. O'Regan and M. Gratzel, *Nature*, **353**, 737 (1991)
5) M. K. Nazeeruddin, A. Kay, I. Rodicio, R. Humphyry-Baker, E. Muller, P. Liska, N. Vlachopoulos and M. Gratzel, *J. Am. Chem. Soc.*, **115**, 6382 (1993)
6) T. Tennakone, G. R. R. A. Kumara, I. R. M. Kottegeda, K. G. U. Wijajantha and U. P. S. Perera, *J. Phys. D.*, **31**, 1492 (1998)
7) S. Murai, S. Mikoshiba, H. Sumino and S. Hayase, *J. Photochem. Photobiol.*, **148**, 33 (2002)
8) H. Lindstrom, A. Holmberg, E. Magnusson, S. E. Lindquist, L. Malmqvist and A. Hagfeldt, *Nanolett.*, **1**, 97-100 (2001)
9) 吉田　司, 箕浦秀樹, 機能材料, **23**, 5-18, 83 (2003)
10) H. Nagai and H. Segawa, *Chem. Commun.*, 974 (2004)
11) H. J. Gerritsen, W. Ruppel and P. Wurfel, *J. Electrochem. Soc.*, **131**, 2037 (1984)
12) G. Hoges, J. manassen and D. Cahen, *Nature*, **261**, 403 (1976)
13) S. Licht, G. Hodes, R. Tenne and J. Monassen, *Nature*, **326**, 363 (1987)
14) A. J. Bard, F.-R. F. Fan, H. S. White and B. L. Wheeler, *J. Am. Chem.. Soc.*, **102**, 5442 (1980)
15) B. Coffey et al., *J. Electrochem. Soc.*, **142**, 321 (1995)
16) T. Yeu and R. E. White, *J. Electrochem. Soc.*, **137**, 1327 (1990)
17) T. Osaka, T. Momma, H. Ito and B. Scrosati, *J. Power Sources*, **68**, 392 (1997)
18) H. Tsutsumi, S. Yamashita and T. Oishi, *J. Appl. Electrochem.*, **27**, 477 (1997)
19) A. Rudge, J. Davey, I. Raistrick, S. Gottesfeld and J. P. Ferraris, *J. Power sources*, **47**, 89 (1994)
20) M. D. Levi, E. Lankri, Y. Gofer, D. Aurbach and T. Otero, *J. Electrochem. Soc.*, **149**, E 204 (2002)
21) K. West, B. Zachau-Chrustuansen, T. Jacobsen and S. Skaarup, *Mater. Sci. Eng.*, **B 13**, 229 (1992)

6 宇宙太陽光発電長期計画

篠原真毅[*1], 松本 紘[*2]

6.1 はじめに

生物が永遠に生き続けるためには多様性が必要であるといわれている。大きいもの，小さいもの，足が長いもの，首が長いもの，生物を取り巻く環境に変化が起こった場合に何かが対応し生き残れるからである。人間も，社会も，そしてエネルギーシステムにも当てはまる真理であろう。どんなに完璧なものでも1種類しか存在しなければ，その1種が適応できない状況になったときにはその種は全滅するしかない。残念ながら今の日本のエネルギー政策はこの「完璧な1種類」に特化した政策に見える。将来長期にわたり安定なエネルギー供給を行うためにはエネルギー源の多様化を図り，リスクを軽減しなければならない。

6.2 宇宙太陽発電所 SPS

宇宙太陽発電所 SPS (Space Solar Power Station/Satellite) は，CO_2 フリーでありながら大規模基幹電源として用いることが可能な将来構想である。SPSは宇宙空間で超大型の太陽電池パネルを広げ，太陽光発電によって得られる直流電力をマイクロ波に変換して送電アンテナから地球や宇宙都市の受電所に設置されるレクテナと呼ばれる受電アンテナへ伝送し，再び直流電力に戻す方式の発電所である（図1）。発電量は地上で100万kW程度を想定しており，30年の経済寿命の間発電/売電を行う。SPSは静止衛星軌道3万6,000km上空に建設する計画である。地球の半径は約6,000kmであり，地軸が傾いていることから，静止衛星軌道では地上が夜でも地球の影にはほとんど入らない。SPSの太陽電池は常に太陽を向くように制御し（太陽指向），逆にマイクロ波送電アンテナは常に地球の受電サイトを向くように制御するため（地球指向），SPSは24時間の安定した太陽光発電が可能となる。SPSは現在日[2,2]米[3,4]欧[5]で様々な角度から検討が進められており，中長期のエネルギー計画，宇宙開発計画の中でも重要な研究の一つとして現在検討が行われている。

SPSは宇宙空間に浮かぶ発電所から地上に電力を送らなければならないため，無線による電力伝送技術が重要となってくる。京都大学ではマイクロ波を用いた無線電力電送技術の研究を行っており，世界の拠点の一つとなっている[6,7]。

SPSは，地球上のエネルギー不足を補い，放射性廃棄物問題を抱える原子力発電所の不足を補い，環境破壊や地球温暖化をもたらす火力発電所に代わる大型基幹電力供給源となり得るもの

[*1] Naoki Shinohara 京都大学 生存圏研究所 助教授

[*2] Hiroshi Matsumoto 京都大学 生存圏研究所 教授

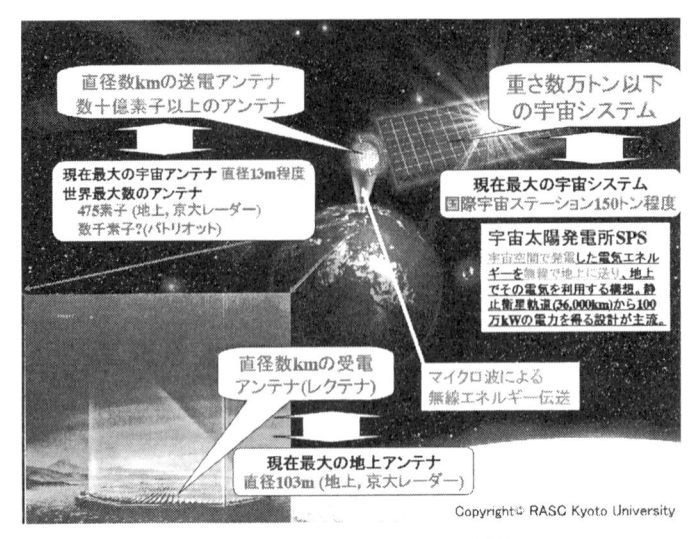

図 1 宇宙太陽発電所 SPS の概念図と特徴

であり、温暖化ガス抑制に大きく貢献する発電方式でもある。例えば石油火力発電の CO_2 排出量は建設時に $2 g-CO_2/kWh$、運用時に $844 g-CO_2/kWh$ であり、原子力発電の CO_2 排出量は建設時に $3 g-CO_2/kWh$、運用時に $19 g-CO_2/kWh$ であるのに対し、SPS の CO_2 排出量は建設時に $20 g-CO_2/kWh$ となるが、運用時には 0 となるという試算がなされている[8]。建設時の CO_2 排出量は既存発電電力による太陽電池生産等によるものであるため、SPS で発電した電力で太陽電池を生産し、新たな SSPS（宇宙太陽光発電システム）を生産する場合は $11 g-CO_2/kWh$ となる。

地上太陽光発電は、地上においては当然可能であるが、太陽光の大気及び気象状態による減衰、日変化、季節変化等に基づく供給の不安定性等の問題があり、現在の火力や原子力発電に代わる代替え基幹電力には成り難い。これに対し、宇宙空間で静止衛星軌道上での発電は、大量の資材の宇宙への運搬、宇宙における大規模建設作業と保守運用、環境問題対策、通信網への電磁障害対策等の技術開発を必要とするにも関わらず、春分と秋分前後の短期間の地方時真夜中の短期間と、月等による日陰、及び地球公転軌道に起因する極く僅かの太陽輻射強度の年変化以外、安定した太陽エネルギーが期待されるため、基幹電力として有望である。太陽電池に入射する太陽光エネルギー密度は、大気反射のため、地上の太陽光エネルギー密度に比べ宇宙でのそれは 1.37 kW/m^2 と、1.4 倍強く、日照時間は宇宙では地上の 4～5 倍あるため、発電量を地上と SPS で

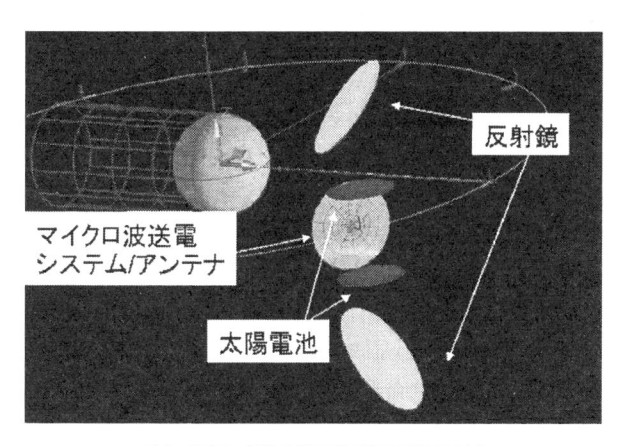

第6章 有機薄膜太陽電池：応用の可能性

図2　JAXA-SPS の概念図（2004 年モデル）[1]
一次ミラー：2.5 km×3.5km，1,000t×2，発電部：1.2km〜2 kmφ（TBD），
送電部：1.8〜2.5kmφ，発電部と送電部をあわせて 8,000t 程度

比較すると 5.5〜7 倍の差がある。

　人類活動による地球生態・経済系への影響の長期的な動態を表すモデルとして MIT の Forrester や Meadows たちにより約 25 年前に開発されたワールドモデルがある。「ローマクラブからの警告」として有名なモデルであるが，このモデルでは，特別な制限無しに現在までの人口，経済の成長が続けば，主として資源の枯渇により，21 世紀前半には地球生態・経済系は成長の限界を迎え，その後は衰退しかないことが示されている。このモデルに対し，エネルギーコスト解析に基づいた SSPS を含むワールド・ダイナミックス・シミュレーションモデルを作成し，SPS が地球生態・経済系に及ぼす影響が評価されている[4]。論文によると，SSPS へのエネルギー投資が少ない場合は，SSPS の成長が地球上でのエネルギー消費の成長を支えきれないので，成長の限界を回避できないが，SSPS への投資が大きい場合は，SSPS の成長が地球上のエネルギー消費の増加を充分支えることが可能となり，地球上の人口，資本の継続的な成長が可能となるとされている。SPS のエネルギー投資が大きい場合，SSPS 自体から地球へ供給されるエネルギーによって SPS の成長が増進されるという"自己増殖状態"となり，一度この状態が達成されると，地球上での成長の限界は完全に回避できることが，シミュレーション結果によって示されている。

　これまで様々な SPS が検討されてきたが，最近の主流は大きな反射板を用いて太陽光を制御・集中させて太陽光発電を行い，発生させた電力をマイクロ波機器にある程度分散配電してからマイクロ波送電を行うものである。図2が日本の宇宙航空研究開発機構 JAXA が提唱している最

新のSPSである[1]。図1のSPSは1970年代に検討されたもので、太陽電池で発電した電力を集中配電してマイクロ波送電するものであるが、100万kW以上の配電システムの重量が非常に嵩むことと、太陽電池とマイクロ波送電アンテナの太陽指向-地球指向という矛盾した動きを電気的に接続しながら実現するために、技術の障壁が非常に高いロータリージョイントが必要であったことから非常に高コストのSPSとなっていた。JAXA-SPSの利点は(1)太陽指向-地球指向という矛盾した動きを、太陽電池と独立な巨大な反射板の動きで光段階で解消することができる、(2)太陽電池とマイクロ波送電アンテナ間の配電を分散型としたことで配電システムの低電圧化=軽量化を実現できる、という点である。逆に太陽電池とマイクロ波送電アンテナが近いためにより高度な廃熱システムが必要になるため、現在様々な熱検討が行われている。しかし、この廃熱問題は太陽電池への光の集中度と太陽電池の効率に依存度が高いため、今後より高効率の太陽電池が実現することで設計が容易になっていくと予想している。

6.3 SPSに必要な太陽電池

SPSに求められる太陽電池の性能は1) 軽量（＝高効率）、2) 量産性、3) 低コスト、4) 高耐放射線性、である。これらの要求からも有機薄膜太陽電池の今後の研究が期待されている。

100万kWSPSは重さ数万トンと非常に重くなっているが、割り算を行うと数十 kg/kWとなる。これは太陽電池、マイクロ波送電システム、構造、制御系、放熱システム等すべて含んでいるため、太陽電池に限れば数 kg/kW 以下を実現しなければならないとされる。これは現状の宇宙用シリコン太陽電池の数分の一から十分の一の軽量化であり、非常に軽量な太陽電池が必要となる。

1970年代のSPSでは太陽電池としてSiもしくはGaAsが検討されていた。現在は太陽電池の軽量化の方向性として、SiもしくはGaAsに拘らず、材料の薄膜化による軽量化、高効率化による結果の軽量化、レンズによる集光型太陽電池の利用による軽量化、等様々なアプローチが考えられている。

1990年代の日本では薄膜軽量化という観点からアモルファスシリコン（a-Si）太陽電池のSPS応用が検討されていた[10, 11]。しかし、90年代には盛んに研究されていたa-Siは近年研究例も多くなく、技術的飽和点に達したかのように見えるため、最近のSPS検討の話題になることは少ない。有機薄膜太陽電池はa-Siと比較されるが、性能等同等であればコスト削減のポテンシャルが高いとされ[12]、a-Si利用SPSの発展形として有機薄膜太陽電池の今後の動向が注目される。

a-Siのような薄型太陽電池に代わり近年SPS設計で検討されているのが、現在宇宙用として検討/開発が進んでいるInGaP/GaAs/Ge構造を有する3接合太陽電池（3接合セル）である。

第6章　有機薄膜太陽電池：応用の可能性

現在初期変換効率で28％程度の3接合セルが市販されている。集光動作によってさらに効率を上げ，高価な3接合セルの必要面積を減らすことにより，SPS用に軽量化がはかれるのではないかと検討されている[13]。集光型3接合セルを用いたSPSの問題は熱設計である。宇宙空間では十分な放熱がかなわないため，特に最近のSPSのような放熱面を取りにくい構造の場合，熱的に成立する集光度も限界がある[14]。

　放熱と同じく，宇宙空間特有の問題となるのが放射線暴露による太陽電池性能の劣化である。SPSは巨大システムであるため，一旦低軌道（高度数百km）に資材を打ち上げ，そこから3万6,000km上空の静止衛星軌道へ電気推進ロケットでゆっくりと輸送するシナリオが最も経済性が高いとされている。しかし，低軌道から静止衛星軌道への輸送途中にバンアレン帯の放射線とスペースデブリ（宇宙ゴミ）の衝突でSPSは大きな悪影響を受ける。現在のSiセルの静止衛星軌道10年後の保存率0.925となっているが，このSiセルを低軌道から静止衛星軌道へ輸送する場合，保存率1（＝劣化なし）とした場合より3～6倍の資材量が必要となってしまうというシミュレーション結果が得られている[15]。保存率を0.93に改善するだけで資材量を大きく軽減することができるとも提言されているため，高耐放射線性の太陽電池が求められている。有機薄膜太陽電池の宇宙利用に関しては今後の研究が期待されるところである。

　どのような太陽電池を選択したとしてもSPSで必ず考慮しなければならないのは量産性とコストである。2004年度の全世界の地上用太陽電池の生産量は1.194GWであるが，この量ではSPS1基でほぼ全世界の年間生産量を利用しなければならないということになってしまう。しかも単結晶及び多結晶シリコンが生産量の9割近くを占めており，a-SiほかSPSに期待されている新しい太陽電池は一桁パーセントにすぎない。今後世界の太陽電池生産量があと数倍から10倍程度になり，さらに宇宙用，SPS用の新しい太陽電池の生産量が伸びることがSPS1GWの太陽電池を確保するための必須条件となる。量産性とも関連するが，SPSは発電所であり，売電を行い利益を得なければならないため，コスト低減も今後の重要な研究課題である。日本の太陽電池生産量は世界の半分を占めており，太陽光発電技術はマイクロ波機器等と並び世界を牽引しているSPS必須の技術である。今後も有機薄膜太陽電池を初めとする太陽電池のイノベーションを日本が牽引することで，日本がSPS自体を世界に先駆け実現し，デファクトスタンダードを確保することができるであろう。

6.4　SPS長期計画

　SPSを実現するために必要なのは太陽光発電，マイクロ波送電，ロケット，宇宙構造・ロボット技術，熱制御等であるが，乗り越えなければならない技術の壁は無く，各技術の研磨と低コスト化が必要である。SPSが提唱され40年近くがたち，その実現は2020～2030年頃と目されて

305

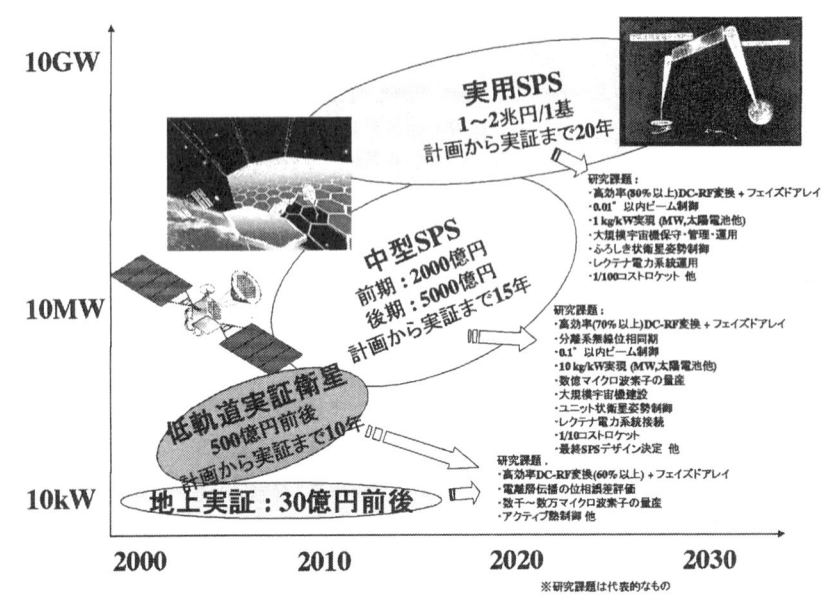

図3 SPSロードマップ

いるにもかかわらず多くの研究者がSPS研究を行っているのはその実現可能性と将来性の高さのためである。図3に我々が考えるSPSロードマップを示す。通常のサイズの人工衛星ですら計画から実施まで平均10年はかかる。SPSのような巨大な宇宙システムは事前に数回の実証実験を行いつつ実施しなければならないため、今すぐにでも計画を進めなければ地球環境問題の悪化や石油枯渇の時期に間に合わなくなってしまう。

6.5 おわりに

人間はすぐ目の前に締め切りが迫らないと実感が薄く何もしない生き物である。特に日本人は熱しやすく冷めやすい気質があるため、70年代のオイルショック、80年代の環境問題意識の高まりをもう忘れてしまったかのようである。しかし、地球の生存圏の危機は私達の子供の世代、孫の世代まで迫ってきており、その対応は私達の世代からはじめなければ到底間に合わない。幸いSSPSは既存技術を研磨することで実現可能な新しいクリーンな発電所であり、その核となるマイクロ波送電技術は京都大学を拠点として世界中で研究が行われている。SPSは太陽光発電を今後新しい産業としてさらに発展させる起爆剤になりうる。SPSはSPS単独で進むプロジェ

第6章 有機薄膜太陽電池：応用の可能性

クトではなく，太陽電池を初めとする産業の上に立脚して初めて実現が可能となるような巨大プロジェクトであり，今後さらに有機的な産官学民の協力を目指したい．

文　　献

1) 斉藤由佳，森雅裕，香河英史，"JAXA における宇宙エネルギー利用システム実現性検討"，信学技報，SPS 2005-01（2005-04），pp.1-4，2005
2) 三原荘一郎，斉藤孝，小林裕太郎，金井宏，川崎繁男，"最近の SSPS に関する USEF の取り組み"，信学技報，SPS 2005-02（2005-04），pp.5-10，2005
3) http://procurement.nasa.gov/cgi-bin/EPS/sol.cgi?acqid=150#Amendment 01，"SPACE SOLAR POWER（SSP）EXPLORATORY RESEARCH AND TECHNOLOGY（SERT）PROGRAM，SOL NRA 8-23"
4) http://space-power.grc.nasa.gov/ppo/sctm/
5) Summerer L. and F. Ongaro, "Solar Power from Space - Validation of Options for Future", Proc. of the 4th Int. Conf. on Solar Power from Space - SPS'04, pp.17-26, 2004
6) Matsumoto, H., "Research on Solar Power Station and Microwave Power Transmission in Japan: Review and Perspectives", IEEE Microwave Magazine, pp.36-45,（Dec. 2002）
7) Matsumoto, H., K. Hashimoto, N. Shinohara, and T. Mitani, "Experimental Equipments for Microwave Power Transmission in Kyoto University", Proc. of the 4th Int. Conf. on Solar Power from Space - SPS'04, pp.131-138, 2004
8) 吉岡完治，管幹雄，野村浩二，朝倉啓一郎，"宇宙太陽発電衛星の CO_2 負荷"，学振未来 WG 2-1，1998
9) Yamagiwa, Y. and M. Nagatomo, "An Evaluation Model of Solar Power Satellites Using World Dynamics Simulation", *Space Power*, vol.11, No.2, pp.121-131, 1992
10) 宇宙発電システムに関する調査研究，三菱総合研究所（新エネルギー・産業技術総合開発機構），1992.3，1993.3，1994.3
11) SPS 2000 タスクチーム，"SPS 2000 概念計画書"，宇宙科学研究所，1993
12) 宮坂力，"フレキシブル色素増感太陽電池"，太陽エネルギー，vol.31，No.1，pp.31-35，2005
13) 今泉充，田中孝治，川北史朗，住田泰史，内藤均，桑島三郎，"太陽光発電衛星に向けた発電部の検討"，第 48 回宇宙科学技術連合講演会講演集，pp.111-115，2004
14) 川崎春夫，遠山伸一，森雅裕，"太陽発電衛星の熱制御システム基礎検討"，第 47 回宇宙科学技術連合講演会講演集，pp.67-70，2003
15) 歌島昌由，"放射線によるセル劣化及びデブリ衝突を考慮した SSPS 軌道間輸送"，第 47 回宇宙科学技術連合講演会講演集，pp.662-667，2003

付　　録

用語の解説

フェルスターの理論[*]

　ドナー分子Dからアクセプター分子Aへの励起エネルギー移動速度定数は次のフェルスター式で表される。
$$k_F = (2\pi/\hbar)J_{DA}^2 \int L_D(E)I_A(E)dE$$
ここで，J_{DA}はドナーDの遷移モーメントとアクセプターAの遷移モーメント間の相互作用，$L_D(E)$はドナーDの発光スペクトル，$I_A(E)$はアクセプターAの光吸収スペクトルを表す。
　もしDの発光スペクトルとAの光吸収スペクトルとの重なりがない場合，両者の重なり積分がゼロになり，励起エネルギー移動速度定数もゼロとなる。
　一方，住（1999）は光合成初期過程における色素会合体の励起子移動の速度定数を次式で表した。
$$k = (2\pi/\hbar)\mathrm{Tr}^{(D)}\int W_{A,D}' \cdot I_A(E) \cdot W_{A,D} \cdot L_D(E)dE$$
ここでは，発光スペクトルと吸収スペクトルの代わりに励起子の状態密度関数が導入されている。たとえ，フェルスターの式で重なり積分がゼロであっても，励起子の状態密度関数が値を持つ限り，励起エネルギー移動の速度定数はゼロにならない。
　紅色光合成細菌のLH2アンテナリングにあるB800のバクテリオクロロフィル（BChl）の1つのDから，最も近いB850のBChl（A）への遷移双極子相互作用J_{DA}のみによりB850リングに励起伝達する近似では，励起エネルギー移動速度定数は次式で近似される。
$$k \approx (2\pi/\hbar)J_{DA}^2 \int L_D(E)\rho_{B850}(E)dE/N$$
ここで，$\rho_{B850}(E)$はB850リング上の全励起子状態密度関数$\rho_{B850}(E) = \sum_k \rho_k(E)$，$\int \rho_{B850}(E)dE = N$である。フェルスターの理論式ではアクセプター（B850リング）の光吸収スペクトルに対応しているが，それはB850分子の発光スペクトルと重なりを持たない。住の理論式では，励起子状態密度関数は値を持つため，大きな励起エネルギー移動速度を説明することができる。

量子力学コヒーレンス[*]

　コヒーレントとは，「位相の揃った波形が空間的，時間的に十分に長く保たれ干渉性（コヒーレンス）を持つ」という意味。コヒーレント光は干渉性が高く，互いに容易に干渉して干渉縞をつくる。二重スリット（1，2）から多数の電子を打ち出すと，P1およびP2波の干渉により

311

P12 なる干渉縞が生成する。その結果，電子を観測できない場所ができる（たとえば，← の箇所）。しかしながら，一方を閉じれば電子像は観測可能である。

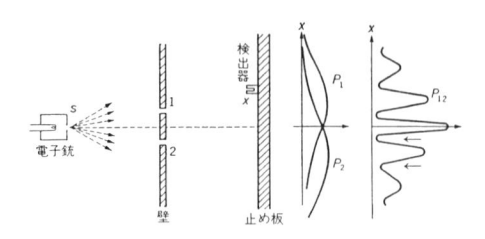

　光合成系においては多数の色素上にまたがる量子力学コヒーレンスを持った電子励起が存在し，それが超高速の励起エネルギー移動に必須な役割を演じていることが，実験的にも理論的にも明らかにされた（前述，住の理論式）。量子力学コヒーレンスが生体機能で重要な役割を演ずる初めての例である。

ビルドインポテンシャル（＝内蔵電位）

　半導体と金属との界面，または p 型半導体と n 型半導体との界面に自発的に生じる電位差（＝電場勾配）のことをいう。たとえば，n 型半導体と p 型半導体が接触しているとき，n 型半導体のキャリア電子の一部は界面を越えて p 型半導体中に移動し，ホールと対消滅する。その結果，界面付近で n 型半導体側は正，p 型半導体側は負の電荷を帯び電位差が生じる。このような電位差は，半導体と金属との間でも生じ，ビルドインポテンシャルと呼ばれる。また，電位が大きく変化する領域を内部電場といい，素子の整流作用を引き起こしたり，励起子の電荷分離の場となったりする。

＜注＞
＊　住　斉（筑波大学）教授から頂いた講義資料を参考にさせて頂いた。
　　紙数の都合で以下省略する。
　　太陽電池関係の重要用語については「光エネルギー−太陽電池とその応用−」（Ohm MOOK 光シリーズ No.3，オーム社，2002,）pp.136−139 を参照。

付　録

仕事関数表[**]

物質名	LUMO (CB)	HOMO (VB)	出　　典
Ag		4.8 (IP)	安達千波矢 et al.,「有機電子デバイス研究者のための仕事関数データ集」(シーエムシー出版, 2004)
Al		3.5 (IP)	安達千波矢 et al.,「有機電子デバイス研究者のための仕事関数データ集」(シーエムシー出版, 2004)
Alq$_3$	3.1	5.7	森　竜雄 (4章3)
Alq$_3$	3.1	5.8	G. Hill, A. Kahu, J. Appl., Phys., **86**, 4067-4075 (1999)
Au		4.8	高橋光信・村田和彦・中村潤一 (2章5)
BAlq	2.85	5.87	森　竜雄 (4章3)
BCP	3.2	6.7	森　竜雄 (4章3)
BCP	2.9	6.4	G. Hill, A. Kahu, J. Appl., Phys., **86**, 4067-4075 (1999)
C$_{60}$	3.6	6.2	R. Mitsumoto et al., J. Phys. Chem., A, **102**, 552-560 (1998)
CdSe	4.3	6.4	阪井　淳・安達淳治 (2章6)
CuPc	3.5	5.2	大佐々崇宏・松村道雄 (2章2)
CuPc	3.6	5.2	G. Hill, A. Kahu, J. Appl., Phys., **86**, 4067-4075 (1999)
H$_2$Pc	3.9	5.2	平本昌宏 (2章3)
ITO		4.8	高橋光信・村田和彦・中村潤一 (2章5)
In		4.4	高橋光信・村田和彦・中村潤一 (2章5)
MDMO-PPV	2.8	5.0	C. J. Brabec et al., Adv. Funct. Mater., **11**, 15-26 (2001)
MEH-PPV	3.0	5.2	高橋光信・村田和彦・中村潤一 (2章5)
NPD	2.3	5.25	森　竜雄 (4章3)
NPD	2.3	5.4	G. Hill, A. Kahu, J. Appl., Phys., **86**, 4067-4075 (1999)
NTCDA	2.6	5.5	平本昌宏 (2章3)
P3HT	3.0	5.2	阪井　淳・安達淳治 (2章6)
P3HT	3.0	4.9	Y. Kim et al., Appl. Phys. Lett., **86**, 063502 (2005)
P3HT	3.53	5.2	M. Al-Ibrahim et al., Sol. Energ. Mater. Sol. Cel., **85**, 13-20 (2005)
PCBM	3.7	6.1	C. J. Brabec et al., Adv. Funct. Mater., **11**, 15-26 (2001)
PEDOT : PSS		5.3	大佐々崇宏・松村道雄 (2章2)
PEDOT : PSS		5.0	高橋光信・村田和彦・中村潤一 (2章5)
PEDOT : PSS		5.2 (Fermi level)	T. M. Brown et al., Appl. Phys. Lett., **75**, 1679-1681 (1999)
PTCBI (PV)	4.4	6.1	I. G. Hill et al., Org. Electronics, **1**, 5-13 (2000)
PV	4.4	6.1	大佐々崇宏・松村道雄 (2章2)
PV	4.4	5.9	高橋光信・村田和彦・中村潤一 (2章5)
PVK	2.3	5.7	J. C. Bernede et al., Sol. Energ. Mater. Sol. Cel., **87**, 261-270 (2005)
TPD	2.3	5.5	大佐々崇宏・松村道雄 (2章2)
ZnPc	3.8	5.2	J. C. Bernede et al., Sol. Energ. Mater. Sol. Cel., **87**, 261-270 (2005)

[**]早川明伸氏(京都大学大学院エネルギー理工学研究科院生)の協力を得た。その他の物質については、安達千波矢・小山田崇人・中島嘉之,「有機電子デバイス研究者のための有機薄膜仕事関数データ集」(シーエムシー出版, 2004)を参照。

《CMCテクニカルライブラリー》発行にあたって

　弊社は、1961年創立以来、多くの技術レポートを発行してまいりました。これらの多くは、その時代の最先端情報を企業や研究機関などの法人に提供することを目的としたもので、価格も一般の理工書に比べて遙かに高価なものでした。

　一方、ある時代に最先端であった技術も、実用化され、応用展開されるにあたって普及期、成熟期を迎えていきます。ところが、最先端の時代に一流の研究者によって書かれたレポートの内容は、時代を経ても当該技術を学ぶ技術書、理工書としていささかも遜色のないことを、多くの方々が指摘されています。

　弊社では過去に発行した技術レポートを個人向けの廉価な普及版《CMCテクニカルライブラリー》として発行することとしました。このシリーズが、21世紀の科学技術の発展にいささかでも貢献できれば幸いです。

2000年12月

株式会社　シーエムシー出版

有機薄膜太陽電池の開発動向　(B0941)

2005年11月30日　初　版　第1刷発行
2010年10月22日　普及版　第1刷発行

監　修　　上原　赫
　　　　　吉川　暹

発行者　　辻　賢司

発行所　　株式会社　シーエムシー出版
　　　　　東京都千代田区内神田1-13-1　豊島屋ビル
　　　　　電話 03(3293)2061
　　　　　http://www.cmcbooks.co.jp

Printed in Japan

〔印刷　倉敷印刷株式会社〕　　© K. Uehara, S. Yoshikawa, 2010

定価はカバーに表示してあります。
落丁・乱丁本はお取替えいたします。

ISBN978-4-7813-0274-4 C3054 ¥4600E

本書の内容の一部あるいは全部を無断で複写（コピー）することは、法律で認められた場合を除き、著作者および出版社の権利の侵害になります。

CMCテクニカルライブラリーのご案内

LTCCの開発技術
監修／山本 孝
ISBN978-4-7813-0219-5　　　B926
A5判・263頁　本体4,000円＋税（〒380円）
初版2005年5月　普及版2010年6月

構成および内容：【材料供給】LTCC用ガラスセラミックス／低温焼結ガラスセラミックグリーンシート／低温焼成多層基板用ペースト／LTCC用導電性ペースト 他【LTCCの設計・製造】回路と電磁界シミュレータの連携によるLTCC設計技術 他【応用製品】車載用セラミック基板およびベアチップ実装技術／携帯端末用Txモジュールの開発 他
執筆者：馬屋原芳夫／小林吉伸／富田秀幸 他23名

エレクトロニクス実装用基板材料の開発
監修／柿本雅明／高橋昭雄
ISBN978-4-7813-0218-8　　　B925
A5判・260頁　本体4,000円＋税（〒380円）
初版2005年1月　普及版2010年6月

構成および内容：【総論】プリント配線板および技術動向【素材】プリント配線板の構成材料（ガラス繊維とガラスクロス 他）【基材】エポキシ樹脂銅張積層板／耐熱性材料（BTレジン材料 他）／高周波用材料（熱硬化型PPE樹脂 他）／低熱膨張性材料-LCPフィルム／高熱伝導性材料／ビルドアップ用材料／受動素子内蔵基板】 他
執筆者：高木 清／坂本 勝／宮里桂太 他20名

木質系有機資源の有効利用技術
監修／舩岡正光
ISBN978-4-7813-0217-1　　　B924
A5判・271頁　本体4,000円＋税（〒380円）
初版2005年1月　普及版2010年6月

構成および内容：木質系有機資源の潜在量と循環資源としての視点／細胞壁分子複合系／植物細胞壁の精密リファイニング／リグニン応用技術（機能性バイオポリマー 他）／糖質の応用技術（バイオナノファイバー 他）／抽出成分（生理機能性物質 他）／炭素骨格の利用技術／エネルギー変換技術／持続的工業システムの展開
執筆者：永松ゆきこ／坂 志朗／青柳 充 他28名

難燃剤・難燃材料の活用技術
著者／西澤 仁
ISBN978-4-7813-0231-7　　　B927
A5判・353頁　本体5,200円＋税（〒380円）
初版2004年8月　普及版2010年5月

構成および内容：解説（国内外の規格、規制の動向／難燃材料、難燃剤の動向／難燃化技術の動向 他）／難燃剤データ（総論／臭素系難燃剤、塩素系難燃剤／無機系難燃剤、窒素系難燃剤、窒素-りん系難燃剤／シリコーン系難燃剤 他）／難燃材料データ（高分子材料と難燃材料の動向／難燃性PE／難燃性ABS／難燃性PET／難燃性変性PPE樹脂／難燃性エポキシ樹脂）

プリンター開発技術の動向
監修／髙橋恭介
ISBN978-4-7813-0212-6　　　B923
A5判・215頁　本体3,600円＋税（〒380円）
初版2005年2月　普及版2010年5月

構成および内容：【総論】【オフィスプリンター】IPSiO Color レーザープリンタ 他【携帯・業務用プリンター】カメラ付き携帯電話用プリンターNP-1 他【オンデマンド印刷機】デジタルドキュメントパブリッシャー（DDP） 他【ファインパターン技術】インクジェット分注技術 他【材料・ケミカルスと記録媒体】重合トナー／情報用紙 他
執筆者：日高重助／佐藤眞澄／醍井雅裕 他26名

有機EL技術と材料開発
監修／佐藤佳晴
ISBN978-4-7813-0211-9　　　B922
A5判・279頁　本体4,200円＋税（〒380円）
初版2004年5月　普及版2010年5月

構成および内容：【課題編（基礎、原理、解析）】長寿命化技術／高発光効率化技術／駆動回路技術／プロセス技術【材料編（課題を克服する材料）】電荷輸送材料（正孔注入材料 他）／発光材料（蛍光ドーパント／共役高分子材料 他）／リン光用材料（正孔阻止材料 他）／周辺材料（封止材料）／各社ディスプレイ技術 他
執筆者：松本敏男／照元幸次／河村祐一郎 他34名

有機ケイ素化学の応用展開
―機能性物質のためのニューシーズ―
監修／玉尾皓平
ISBN978-4-7813-0194-5　　　B920
A5判・316頁　本体4,800円＋税（〒380円）
初版2004年11月　普及版2010年5月

構成および内容：有機ケイ素化合物群／オリゴシラン、ポリシラン／ポリシランのフォトエレクトロニクスへの応用／ケイ素を含む共役電子系（シロールおよび関連化合物 他）／シロキサン、シルセスキオキサン、カルボシラン／シリコーンの応用（UV硬化型シリコーンハードコート剤 他）／シリコン表面、シリコンクラスター 他
執筆者：岩本武明／吉良満夫／今 喜裕 他64名

ソフトマテリアルの応用展開
監修／西 敏夫
ISBN978-4-7813-0193-8　　　B919
A5判・302頁　本体4,200円＋税（〒380円）
初版2004年11月　普及版2010年4月

構成および内容：【動的制御のための非共有結合性相互作用の探索】生体分子を有するポリマーを利用した新規細胞接着基質 他【水素結合を利用した階層構造の構築と機能化】サーフェースエンジニアリング 他【複合機能の時空間制御】モルフォロジー制御 他【エントロピー制御と相分離リサイクル】ゲルの網目構造の制御 他
執筆者：三原久和／中村 聡／小畠英理 他39名

※書籍をご購入の際は、最寄りの書店にご注文いただくか、
㈱シーエムシー出版のホームページ（http://www.cmcbooks.co.jp/）にてお申し込み下さい。

CMCテクニカルライブラリーのご案内

ポリマー系ナノコンポジットの技術と用途
監修／岡本正巳
ISBN978-4-7813-0192-1　B918
A5判・299頁　本体4,200円＋税（〒380円）
初版2004年12月　普及版2010年4月

構成および内容：【基礎技術編】クレイ系ナノコンポジット（生分解性ポリマー系ナノコンポジット／ポリカーボネートナノコンポジット　他）／その他のナノコンポジット（熱硬化性樹脂系ナノコンポジット／補強用ナノカーボン調製のためのポリマーブレンド技術）【応用編】耐熱、長期耐久性ポリ乳酸ナノコンポジット／コンポセラン　他
執筆者：祢宜行成・上田一恵・野中ócs文　他22名

ナノ粒子・マイクロ粒子の調製と応用技術
監修／川口春馬
ISBN978-4-7813-0191-4　B917
A5判・314頁　本体4,400円＋税（〒380円）
初版2004年10月　普及版2010年4月

構成および内容：【微粒子製造と新規微粒子】微粒子作製技術／注目を集める微粒子（色素増感太陽電池　他）／微粒子集積技術【微粒子・粉体の応用展開】レオロジー・トライボロジーと微粒子／情報・メディアと微粒子／生体・医療と微粒子（ガン治療法の開発　他）／光と微粒子／ナノテクノロジーと微粒子／産業用微粒子　他
執筆者：杉本忠夫・山本孝夫・岩村武　他45名

防汚・抗菌の技術動向
監修／角田光雄
ISBN978-4-7813-0190-7　B916
A5判・266頁　本体4,000円＋税（〒380円）
初版2004年10月　普及版2010年4月

構成および内容：防汚技術の基礎／光触媒を応用した防汚技術（光触媒の実用化例　他）／高分子材料によるコーティング技術（アクリルシリコン樹脂　他）／帯電防止技術の応用（粒子汚染への静電気の影響と制電技術　他）／実際の応用例（半導体工場のケミカル汚染対策／超精密ウェーハ表面加工における防汚　他）
執筆者：佐伯義夫・高濱孝一・砂田香矢乃　他19名

ナノサイエンスが作る多孔性材料
監修／北川進
ISBN978-4-7813-0189-1　B915
A5判・249頁　本体3,400円＋税（〒380円）
初版2004年11月　普及版2010年3月

構成および内容：【基礎】製造方法（金属系多孔性材料／木質系多孔性材料　他）／吸着理論（計算機科学　他）【応用】化学機能材料への展開（炭化シリコン合成法／ポリマー合成への応用／光応答性メソポーラスシリカ／ゼオライトを用いた単層カーボンナノチューブの合成　他）／物性材料への展開／環境・エネルギー関連への展開
執筆者：中嶋英雄・大久保達也・小倉賢　他27名

ゼオライト触媒の開発技術
監修／辰巳敬／西村陽一
ISBN978-4-7813-0178-5　B914
A5判・272頁　本体3,800円＋税（〒380円）
初版2004年10月　普及版2010年3月

構成および内容：【総論】【石油精製用ゼオライト触媒】流動接触分解／水素化分解／水素化精製／パラフィンの異性化【石油化学プロセス用】芳香族化合物のアルキル化／酸化反応【ファインケミカル合成用】ゼオライト系ピリジン塩基類合成触媒の開発【環境浄化用】NO_x選択接触還元／Co-βによるNO_x選択還元／自動車排ガス浄化【展望】
執筆者：窪田好浩・増田立男・岡崎肇　他16名

膜を用いた水処理技術
監修／中尾真一／渡辺義公
ISBN978-4-7813-0177-8　B913
A5判・284頁　本体4,000円＋税（〒380円）
初版2004年9月　普及版2010年3月

構成および内容：【総論】膜ろ過による水処理技術　他【技術】下水・廃水処理システム　他／膜型浄水システム／用水・下水・排水処理システム（純水・超純水製造／ビル排水再利用システム／産業廃水処理システム／廃棄物最終処分場浸出水処理システム／膜分離活性汚泥法を用いた畜産廃水処理システム　他）／海水淡水化施設　他
執筆者：伊藤雅喜・木村克輝・住田一郎　他21名

電子ペーパー開発の技術動向
監修／面谷信
ISBN978-4-7813-0176-1　B912
A5判・225頁　本体3,200円＋税（〒380円）
初版2004年7月　普及版2010年3月

構成および内容：【ヒューマンインターフェース】読みやすさと表示媒体の形態的特性／ディスプレイ作業と紙上作業の比較と分析【表示方式】表示方式の開発動向（異方性流体を用いた微粒子ディスプレイ／摩擦帯電型トナーディスプレイ／マイクロカプセル型電気泳動方式／液晶とELの開発動向【応用展開】電子書籍普及のためには　他
執筆者：小清水実・眞島修・高橋泰樹　他22名

ディスプレイ材料と機能性色素
監修／中澄博行
ISBN978-4-7813-0175-4　B911
A5判・251頁　本体3,600円＋税（〒380円）
初版2004年9月　普及版2010年2月

構成および内容：液晶ディスプレイと機能性色素（課題／液晶プロジェクターの概要と技術課題／高精細LCD用カラーフィルター／ゲスト-ホスト型液晶用機能性色素／偏光フィルム用機能性色素／LCD用バックライトの発光材料　他）／プラズマディスプレイと機能性色素／有機ELディスプレイと機能性色素／LEDと発光材料／FED　他
執筆者：小林駿介・鎌倉弘・後藤泰行　他26名

※書籍をご購入の際は、最寄りの書店にご注文いただくか、㈱シーエムシー出版のホームページ（http://www.cmcbooks.co.jp/）にてお申し込み下さい。

CMCテクニカルライブラリーのご案内

難培養微生物の利用技術
監修／工藤俊章・大熊盛也
ISBN978-4-7813-0174-7　　　　　B910
A5判・265頁　本体3,800円＋税（〒380円）
初版2004年7月　普及版2010年2月

構成および内容：【研究方法】海洋性VBNC微生物とその検出法／定量的PCR法を用いた難培養微生物のモニタリング　他【自然環境中の難培養微生物】有機性廃棄物の生分解処理と難培養微生物／ヒトの大腸内細菌叢の解析／昆虫の細胞内共生微生物／植物の内生窒素固定細菌　他【微生物資源としての難培養微生物】EST解析／系統保存化　他
執筆者：木暮一啓／上田賢志／別府輝彦　他36名

水性コーティング材料の設計と応用
監修／三代澤良明
ISBN978-4-7813-0173-0　　　　　B909
A5判・406頁　本体5,600円＋税（〒380円）
初版2004年8月　普及版2010年2月

構成および内容：【総論】【樹脂設計】アクリル樹脂／エポキシ樹脂／環境対応型高耐久性フッ素樹脂および樹脂／硬化方法／ハイブリッド樹脂【塗料設計】塗料の流動性／顔料分散／添加剤【応用】自動車用塗料／アルミ建材用電着塗料／家電用塗料／缶用塗料／水性塗装システムの構築　他【塗装】【排水処理技術】塗装ラインの排水処理
執筆者：石倉慎一／大西　清／和田秀一　他25名

コンビナトリアル・バイオエンジニアリング
監修／植田充美
ISBN978-4-7813-0172-3　　　　　B908
A5判・351頁　本体5,000円＋税（〒380円）
初版2004年8月　普及版2010年2月

構成および内容：【研究成果】ファージディスプレイ／乳酸菌ディスプレイ／酵母ディスプレイ／無細胞合成系／人工遺伝子系【応用と展開】ライブラリー創製／アレイ系／細胞チップを用いた薬剤スクリーニング／植物小胞輸送工学による有用タンパク質生産／ゼブラフィッシュ系／蛋白質相互作用領域の迅速同定　他
執筆者：津本浩平／熊谷　泉／上田　宏　他45名

超臨界流体技術とナノテクノロジー開発
監修／阿尻雅文
ISBN978-4-7813-0163-1　　　　　B906
A5判・300頁　本体4,200円＋税（〒380円）
初版2004年8月　普及版2010年1月

構成および内容：超臨界流体技術（特性／原理と動向）／ナノテクノロジーの動向／ナノ粒子合成（超臨界流体を利用したナノ微粒子創製／超臨界水熱合成／マイクロエマルションとナノマテリアル／ナノ構造制御／超臨界流体材料合成プロセスの設計（超臨界流体を利用した材料製造プロセスの数値シミュレーション　他）／索引
執筆者：猪股　宏／岩井芳夫／古屋　武　他42名

スピンエレクトロニクスの基礎と応用
監修／猪俣浩一郎
ISBN978-4-7813-0162-4　　　　　B905
A5判・325頁　本体4,600円＋税（〒380円）
初版2004年7月　普及版2010年1月

構成および内容：【基礎】巨大磁気抵抗効果／スピン注入・蓄積効果／磁性半導体の光磁化と光操作／配列ドット格子と磁気物性　他【材料・デバイス】ハーフメタル薄膜とTMR／スピン注入による磁化反転／室温強磁性半導体／磁気抵抗スイッチ効果　他【応用】微細加工技術／Development of MRAM／スピンバルブトランジスタ／量子コンピュータ　他
執筆者：宮﨑照宣／高橋三郎／前川禎通　他35名

光時代における透明性樹脂
監修／井手文雄
ISBN978-4-7813-0161-7　　　　　B904
A5判・194頁　本体3,600円＋税（〒380円）
初版2004年6月　普及版2010年1月

構成および内容：【総論】透明性樹脂の動向と材料設計【材料と技術各論】ポリカーボネート／シクロオレフィンポリマー／非複屈折脂環式アクリル樹脂／全フッ素樹脂とPOFへの応用／透明ポリイミド／エポキシ樹脂／スチレン系ポリマー／ポリエチレンテレフタレート　他【用途展開と展望】光通信／光部品用接着剤／光ディスク　他
執筆者：岸本祐一郎／秋原　勲／橋本昌和　他12名

粘着製品の開発
―環境対応と高機能化―
監修／地畑健吉
ISBN978-4-7813-0160-0　　　　　B903
A5判・246頁　本体3,400円＋税（〒380円）
初版2004年7月　普及版2010年1月

構成および内容：総論／材料開発の動向と環境対応（基材／粘着剤／剥離剤および剥離ライナー）／塗工技術／粘着製品の開発動向と環境対応（電気・電子関連用粘着製品／建築・建材関連用／医療関連用／表面保護用／粘着ラベルの環境対応／構造用接合テープ）／特許から見た粘着製品の開発動向／各国の粘着製品市場とその動向／法規制
執筆者：西川一哉／福田雅之／山本宣延　他16名

液晶ポリマーの開発技術
―高性能・高機能化―
監修／小出直之
ISBN978-4-7813-0157-0　　　　　B902
A5判・286頁　本体4,000円＋税（〒380円）
初版2004年7月　普及版2009年12月

構成および内容：【発展】【高性能材料としての液晶ポリマー】樹脂成形材料／繊維／成形品【高機能性材料としての液晶ポリマー】電気・電子機能（フィルム／高熱伝導性材料）／光学素子（棒状高分子液晶／ハイブリッドフィルム）／光記録材料【トピックス】液晶エラストマー／液晶性有機半導体での電荷輸送／液晶性共役系高分子　他
執筆者：三原隆志／井上俊英／真壁芳樹　他15名

※書籍をご購入の際は、最寄りの書店にご注文いただくか、
㈱シーエムシー出版のホームページ（http://www.cmcbooks.co.jp/）にてお申し込み下さい。

CMCテクニカルライブラリーのご案内

CO_2固定化・削減と有効利用
監修／湯川英明
ISBN978-4-7813-0156-3　　　B901
A5判・233頁　本体3,400円＋税（〒380円）
初版2004年8月　普及版2009年12月

構成および内容：【直接的技術】CO_2隔離・固定化技術（地中貯留／海洋隔離／大規模緑化／地下微生物利用）／CO_2分離・分解技術／CO_2有効利用【CO_2排出削減関連技術】太陽光利用（宇宙空間利用発電／化学的水素製造／生物的水素製造）／バイオマス利用（超臨界流体利用技術／燃焼技術／エタノール生産／化学品・エネルギー生産　他）
執筆者：大隅多加志／村井重夫／富澤健一　他22名

フィールドエミッションディスプレイ
監修／齋藤弥八
ISBN978-4-7813-0155-6　　　B900
A5判・218頁　本体3,000円＋税（〒380円）
初版2004年6月　普及版2009年12月

構成および内容：【FED 研究開発の流れ】歴史／構造と動作　他【FED 用冷陰極】金属マイクロエミッタ／カーボンナノチューブエミッタ／横型薄膜エミッタ／ナノ結晶シリコンエミッタ BSD／MIM エミッタ／転写モールド法によるエミッタアレイの作製【FED 用蛍光体】電子線励起用蛍光体【イメージセンサ】高感度撮像デバイス／赤外線センサ
執筆者：金丸正剛／伊藤茂生／田中　満　他16名

バイオチップの技術と応用
監修／松永　是
ISBN978-4-7813-0154-9　　　B899
A5判・255頁　本体3,800円＋税（〒380円）
初版2004年6月　普及版2009年12月

構成および内容：【総論】【要素技術】アレイ・チップ材料の開発（磁性ビーズを利用したバイオチップ／表面処理技術　他）／検出技術開発／バイオチップの情報処理技術【応用・開発】DNA チップ／プロテインチップ／細胞チップ（発光微生物を用いた環境モニタリング／免疫診断用マイクロウェルアレイ細胞チップ　他）／ラボオンチップ
執筆者：岡村好子／田中　剛／久本秀明　他52名

水溶性高分子の基礎と応用技術
監修／野田公彦
ISBN978-4-7813-0153-2　　　B898
A5判・241頁　本体3,400円＋税（〒380円）
初版2004年5月　普及版2009年11月

構成および内容：【総論】概説【用途】化粧品・トイレタリー／繊維・染色加工／塗料・インキ／エレクトロニクス工業／土木・建築／用廃水処理【応用技術】ドラッグデリバリーシステム／水溶性フラーレン／クラスターデキストリン／極細繊維製造への応用／ポリマー電池・バッテリーへの高分子電解質の応用／海洋環境再生のための応用　他
執筆者：金田　勇／川副智行／堀江誠司　他21名

機能性不織布
—原料開発から産業利用まで—
監修／日向　明
ISBN978-4-7813-0140-2　　　B896
A5判・228頁　本体3,200円＋税（〒380円）
初版2004年5月　普及版2009年11月

構成および内容：【総論】原料の開発（繊維の太さ・形状・構造／ナノファイバー／耐熱性繊維　他）／製法（スチームジェット技術／エレクトロスピニング法　他）／製造機器の進展【応用】空調エアフィルタ／自動車関連／医療・衛生材料（貼付剤／マスク）／電気材料／新用途展開（光触媒空気清浄機／生分解性不織布）他
執筆者：松尾達樹／谷岡明彦／夏原豊和　他30名

RFタグの開発技術 II
監修／寺浦信之
ISBN978-4-7813-0139-6　　　B895
A5判・275頁　本体4,000円＋税（〒380円）
初版2004年5月　普及版2009年11月

構成および内容：【総論】市場展望／リサイクル／EDI と RF タグ／物流【標準化，法規制の現状と今後の展望】ISO の進展状況　他【政府の今後の対応方針】ユビキタスネットワーク　他【各事業分野での実証試験及び適用検討】出版業界／食品流通／空港手荷物／医療分野　他【諸団体の活動】郵便事業への活用　他【チップ・実装】微細RFID　他
執筆者：藤浪　啓／藤本　淳／若泉和彦　他21名

有機電解合成の基礎と可能性
監修／淵上寿雄
ISBN978-4-7813-0138-9　　　B894
A5判・295頁　本体4,200円＋税（〒380円）
初版2004年4月　普及版2009年11月

構成および内容：【基礎】研究手法／有機電極反応論　他【工業的利用の可能性】生理活性天然物の電解合成／有機電解法による不斉合成／選択的電解フッ素化／金属錯体を用いる有機電解合成／電解重合／超臨界 CO_2 を用いる有機電解合成／イオン性液体中での有機電解合成／電極触媒を利用する有機電解合成／超音波照射下での有機電解反応
執筆者：跡部真人／田嶋稔樹／木瀬直樹　他22名

高分子ゲルの動向
—つくる・つかう・みる—
監修／柴山充弘／梶原莞爾
ISBN978-4-7813-0129-7　　　B892
A5判・342頁　本体4,800円＋税（〒380円）
初版2004年4月　普及版2009年10月

構成および内容：【第1編　つくる・つかう】環境応答（微粒子合成／キラルゲル　他）／力学・摩擦（ゲルダンピング材　他）／医用（生体分子応答性ゲル／DDS 応用　他）／産業（高吸水性樹脂　他）／食品・日用品（化粧品　他）他【第2編　みる・つかう】小角 X 線散乱によるゲル構造解析／中性子散乱／液晶ゲル／熱測定・食品ゲル／NMR　他
執筆者：青島貞人／金岡鍾局／杉原伸治　他31名

※ 書籍をご購入の際は、最寄りの書店にご注文いただくか、
㈱シーエムシー出版のホームページ（http://www.cmcbooks.co.jp/）にてお申し込み下さい。

CMCテクニカルライブラリーのご案内

静電気除電の装置と技術
監修／村田雄司
ISBN978-4-7813-0128-0　B891
A5判・210頁　本体3,000円＋税　（〒380円）
初版2004年4月　普及版2009年10月

構成および内容：【基礎】自己放電式除電器／ブロワー式除電装置／光照射除電装置／大気圧グロー放電を用いた除電／除電効果の測定機器　他【応用】プラスチック・粉体の除電と問題点／軟X線除電装置の安全性と適用法／液晶パネル製造工程における除電技術／湿度環境改善による静電気障害の予防　他【付録】除電装置製品例一覧
執筆者：久本　光／水谷　豊／菅野　功他13名

フードプロテオミクス
―食品酵素の応用利用技術―
監修／井上國世
ISBN978-4-7813-0127-3　B890
A5判・243頁　本体3,400円＋税　（〒380円）
初版2004年3月　普及版2009年10月

構成および内容：食品酵素化学への期待／糖質関連酵素（麹菌グルコアミラーゼ／トレハロース生成酵素　他）／タンパク質・アミノ酸関連酵素（サーモライシン／システイン・ペプチダーゼ　他）／脂質関連酵素／酸化還元酵素（スーパーオキシドジスムターゼ／クルクミン還元酵素　他）／食品分析と食品加工（ポリフェノールバイオセンサー　他）
執筆者：新田康則／三宅英雄／秦　洋二他29名

美容食品の効用と展望
監修／猪居　武
ISBN978-4-7813-0125-9　B888
A5判・279頁　本体4,000円＋税　（〒380円）
初版2004年3月　普及版2009年9月

構成および内容：総論（市場　他）／美容要因とそのメカニズム（美白／美肌／ダイエット／抗ストレス／皮膚の老化／男性型脱毛）／効用と作用物質／ビタミン／アミノ酸・ペプチド・タンパク質／脂質／カロテノイド色素／植物性成分／微生物成分（乳酸菌、ビフィズス菌）／キノコ成分／無機成分／特許から見た企業別技術開発の動向／展望
執筆者：星野　拓／宮本　達／佐藤友里恵他24名

土壌・地下水汚染
―原位置浄化技術の開発と実用化―
監修／平田健正／前川統一郎
ISBN978-4-7813-0124-2　B887
A5判・359頁　本体5,000円＋税　（〒380円）
初版2004年4月　普及版2009年9月

構成および内容：【総論】原位置浄化技術について／原位置浄化の進め方【基礎編―原理，適用事例，注意点―】原位置抽出法／原位置分解法【応用編】浄化技術（土壌ガス・汚染地下水の処理技術／重金属等の原位置浄化技術／バイオベンティング・バイオスラーピング工法　他）／実際事例（ダイオキシン類汚染土壌の現地無害化処理　他）
執筆者：村田正敏／手塚裕樹／奥村興平他48名

傾斜機能材料の技術展開
編集／上村誠一／野田泰稔／篠原嘉一／渡辺義見
ISBN978-4-7813-0123-5　B886
A5判・361頁　本体5,000円＋税　（〒380円）
初版2003年10月　普及版2009年9月

構成および内容：傾斜機能材料の概観／エネルギー分野（ソーラーセル　他）／生体機能分野（傾斜機能型人工歯根等）／高分子分野／オプトデバイス分野／電気・電子デバイス分野（半導体レーザ／誘電率傾斜基板　他）／接合・表面処理分野（傾斜機能構造CVDコーティング切削工具　他）／熱応力緩和機能分野（宇宙往還機の熱防護システム　他）
執筆者：鴇田正雄／野口博徳／武内浩一他41名

ナノバイオテクノロジー
―新しいマテリアル，プロセスとデバイス―
監修／植田充美
ISBN978-4-7813-0111-2　B885
A5判・429頁　本体6,200円＋税　（〒380円）
初版2003年10月　普及版2009年8月

構成および内容：マテリアル（ナノ構造の構築／ナノ有機・高分子マテリアル／ナノ無機マテリアル／インフォーマティクス／プロセスとデバイス（バイオチップ・センサー開発／抗体マイクロアレイ／マイクロ質量分析システム　他）／応用展開（ナノメディシン／遺伝子導入法／再生医療／蛍光バイオイメージング　他）
執筆者：渡邊英一／阿尻雅文／細川和生他68名

コンポスト化技術による資源循環の実現
監修／木村俊範
ISBN978-4-7813-0110-5　B884
A5判・272頁　本体3,800円＋税　（〒380円）
初版2003年10月　普及版2009年8月

構成および内容：【基礎】コンポスト化の基礎と要件／脱臭／コンポストの評価　他【応用技術】農業・畜産廃棄物のコンポスト化／生ごみ・食品残さのコンポスト化／技術開発と応用事例（バイオ式家庭用生ごみ処理機／余剰汚泥のコンポスト化）他【総括】循環型社会にコンポスト化技術を根付かせるために（技術的課題／政策的課題）他
執筆者：藤本　潔／西尾道徳／井上高一他16名

ゴム・エラストマーの界面と応用技術
監修／西　敏夫
ISBN978-4-7813-0109-9　B883
A5判・306頁　本体4,200円＋税　（〒380円）
初版2003年9月　普及版2009年8月

構成および内容：【総論】【ナノスケールで見た界面】高分子三次元ナノ計測／分子力学物性　他【ミクロで見た界面と機能】走査型プローブ顕微鏡による解析／リアクティブプロセシング／オレフィン系ポリマーアロイ／ナノマトリックス分散天然ゴム　他【界面制御と機能化】ゴム再生プロセス／水添NBR系ナノコンポジット／免震ゴム　他
執筆者：村瀬平八／森田裕史／高原　淳他16名

※　書籍をご購入の際は、最寄りの書店にご注文いただくか、
㈱シーエムシー出版のホームページ（http://www.cmcbooks.co.jp/）にてお申し込み下さい。